技术丛书

R and Data Mining

R语言与数据挖掘

张良均 谢佳标 杨坦 肖刚 黄博 陈玉辉 万正勇◎著

机械工业出版社
China Machine Press

图书在版编目（CIP）数据

R 语言与数据挖掘 / 张良均等著 . —北京：机械工业出版社，2016.6（2023.6 重印）
（大数据技术丛书）

ISBN 978-7-111-54052-6

I. R…　II. 张…　III. 数据处理　IV. TP274

中国版本图书馆 CIP 数据核字（2016）第 130201 号

R 语言与数据挖掘

出版发行：机械工业出版社（北京市西城区百万庄大街 22 号　邮政编码：100037）

责任编辑：李　艺　　责任校对：殷　虹

印　　刷：北京建宏印刷有限公司　　版　　次：2023 年 6 月第 1 版第 10 次印刷

开　　本：186mm × 240mm　1/16　　印　　张：19.5

书　　号：ISBN 978-7-111-54052-6　　定　　价：59.00 元

客服电话：（010）88361066　68326294

Preface 前　　言

为什么要写本书

R语言是什么?

R是一种适用于统计分析计算和图像处理的语言，受S语言和Scheme语言影响发展而来。早期R是基于S语言的一个GNU项目，所以也可以当作S语言的一种实现，通常用S语言编写的代码都可以不做任何修改地在R环境下运行。R的语法来自Scheme，作为一款诞生于20世纪90年代的语言，R已经成为S统计编程语言的一类实现方式。

R编程语言在数字分析与机器学习领域已经成为一款重要的工具。随着机器逐步成为愈发核心的数据生成器，该语言的人气也一路攀升。正如Tiobe、PyPL以及Redmonk等编程语言人气排名所指出，R语言所受到的关注程度正在快速提升。Rexer Analytics发布的2013年数据挖掘人员调查显示，70%的数据挖掘人员使用R软件进行分析工作，其中有24%将其作为主要工具。这些结果类似于2013年KDnuggets调查的结果，该调查指出有61%的响应者表示正在使用R处理分析、数据挖掘和数据科学工作。相比前一年，这一比例上升了16%。

R语言有一些明显的优势：

1）R语言作为一款开源软件，是完全免费的，对比昂贵的SPSS和SAS等统计软件，这无疑是一个巨大的优势。

2）R语言拥有一个庞大的社区来进行维护，庞大的软件包生态系统无疑是R语言最为突出的优势之一。

3）R语言具备可扩展能力且拥有丰富的功能选项，帮助开发人员构建自己的工具及方法，从而顺利实现数据分析。

4）R语言简单易学。虽与C语言之类的程序设计语言已差别很大（比如语言结构相对松散，使用变量前不需要明确正式定义变量类型等），但仍保留了程序设计语言的基础逻辑与自然的语言风格。

从R的普及来看，国外的普及度要明显好于国内，与盗版Windows的泛滥会影响Linux在中国的普及一样，破解的MATLAB与SPSS的存在也影响了R在中国的使用。但在国外高校的统计系，R几乎是一门必修的语言，具有统治性的地位。在工业界，作为互联网公司翘楚的Google内部也有不少工程使用R进行数据分析工作。随着数据挖掘在国内的发展，国内对R语言的需求必将随之一起发展。

总的来说，R语言是一款用于统计分析、数据可视化和预测建模的数据分析软件，它不单单只是一门语言，更是一个数据计算与分析的环境。R支持几乎所有数据分析所需的数据处理、统计模型和图表，支持大量的第三方功能包，涵盖了从统计计算到机器学习，从金融分析到生物信息，从社会网络分析到自然语言处理，从各种数据库各种语言接口到高性能计算模型等内容。随着大数据时代的来临，数据挖掘将更加广泛地渗透到各行各业中去，而R语言作为数据挖掘里的热门工具，将会有更多其他行业的人加入到R语言的使用者行列中来。R语言的使用课程成为高校中数学与统计学专业的重要课程将是必然的趋势。

本书特色

本书从实际应用出发，结合实例及应用场景，深入浅出地介绍了R语言应用的相关知识：R语言的安装及使用、数据对象与数据读写、常用数据管理、图形探索、高级绘图工具及常用的建模算法在R语言中的实现方式。书中以R语言的函数应用为主，先介绍了函数的应用场景及使用格式，再给出函数的应用实例，最后对函数的运行结果做出了解释，将掌握函数应用的所需知识点按照实际使用的流程展示出来。

为方便理解R语言中相关函数的使用，本书提供示例代码及所用数据等相关资源下载，读者可以从泰迪云教材网站（https://book.tipdm.org）免费下载。

本书适用对象

❑ 开设有数据挖掘课程的高校教师和学生。

目前国内不少高校将数据挖掘引入本科教学中，在数学、计算机、自动化、电子信息、金融等专业开设了数据挖掘技术相关的课程，但目前这一课程的教学工具仍然为SPSS、SAS等传统统计工具，并没有使用R语言作为挖掘工具。本书提供了有关R语言的从安装到使用的一系列知识，将能有效指导高校教师和学生使用 R 语言工具进行数据挖掘。

❑ 数据挖掘开发人员。

这类人员可以在理解数据挖掘应用需求和设计方案的基础上，结合书中提供的 R 语言的使用方法快速实现数据挖掘应用的编程。

❑ 进行数据挖掘应用研究的科研人员。

许多科研院所为了更好地对科研工作进行管理，纷纷开发了适应自身特点的科研业务管理系统，并在使用过程中积累了大量的科研信息数据。R 语言可以提供一个优异的环境对这些数据进行挖掘分析应用。

❑ 关注高级数据分析的人员。

R 语言作为一个专业的数据分析软件，能为数据分析人员提供可靠的依据。

如何阅读本书

本书主要分为三个部分，基础篇、建模应用篇和 Rattle 篇。基础篇介绍了有关 R 语言的安装与使用、R 语言中的数据结构、常用操作和绘图功能等基础功能。建模应用篇主要介绍了目前在数据挖掘中常用的建模方法在 R 语言中的实现函数，并对输出结果进行了解释，有助于读者快速掌握应用 R 语言进行分析挖掘建模的方法。读者可结合本书提供的示例代码及数据进行上机实验，快速掌握 R 语言的使用方法。

第一部分是基础篇（第 1 ～ 5 章），第 1 章主要介绍了 R 语言及图形操作工具 RStudio 的安装及使用方法，第 2 章对 R 语言中的数据类型和数据对象及不同格式的数据读入和导出 R 语言进行了介绍，第 3 章描述了 R 语言中对数据所能做的常用操作，包括变量的重命名、缺失值分析、排序、随机抽样等，第 4、5 章主要对 R 语言的绘图功能进行了介绍，涵盖常用图形如散点图、直方图、条形图、箱线图等，且一并介绍了一些基于 R 语言的可用于生成交互式图形的软件包。

第二部分是建模应用篇（第 6 ～ 10 章），主要对数据挖掘中常用算法的函数在 R 语言中的使用方法及其结果进行了介绍，涵盖了目前数据挖掘的 5 大类算法，包括分类与预测、聚类分析、关联规则、智能推荐和时间序列。按照从模型建立到模型评价架构的顺序进行介绍，使读者能熟练地掌握从建模到对模型评价的完整建模过程。

第三部分是 Rattle 篇（第 11 章），介绍了一个 R 语言的图形界面工具 Rattle，此工具能够在一个图形化的界面上对本书介绍的 R 语言功能进行操作，使读者能更好地体验到使用 R 语言进行数据挖掘的整个流程。

勘误和支持

除封面署名作者外，参加本书编写工作的还有黄博、陈婷婷、王路、陈玉辉、杨征、施兴、徐英刚、郑泽如、张乐儿、黄东鑫等。由于水平有限，编写时间仓促，书中难免会出现一些错误或者不准确的地方，恳请读者批评指正。读者可通过微信公众号 TipDM（微信号：TipDataMining）、TipDM 官网（www.tipdm.com）反馈有关问题。也可通过热线电话（40068-40020）或企业 QQ（40068-40020）进行在线咨询。

如果你有更多的宝贵意见，欢迎发送邮件至邮箱 13560356095@qq.com，期待能够得到你的真挚反馈。

致谢

本书编写过程中得到了广大高校师生的大力支持，在此谨向华南农业大学、华南师范大学、广东工业大学、广东技术师范学院、华南理工大学、韩山师范学院、中山大学、贵州师范学院等单位给予支持的领导及师生致以深深的谢意。

在本书编辑和出版过程中还得到了参与“泰迪杯”全国数据挖掘挑战赛（http://www.tipdm.org）的众多师生及机械工业出版社杨福川老师无私的帮助与支持，在此一并表示感谢。

张良均

2016 年 4 月

Contents 目　录

第二部分 建模应用篇

第三部分 Rattle 篇

第一部分 *Part 1*

基 础 篇

- 第1章　R语言的安装与使用
- 第2章　数据对象与数据读写
- 第3章　R语言常用数据管理
- 第4章　图形探索
- 第5章　高级绘图工具

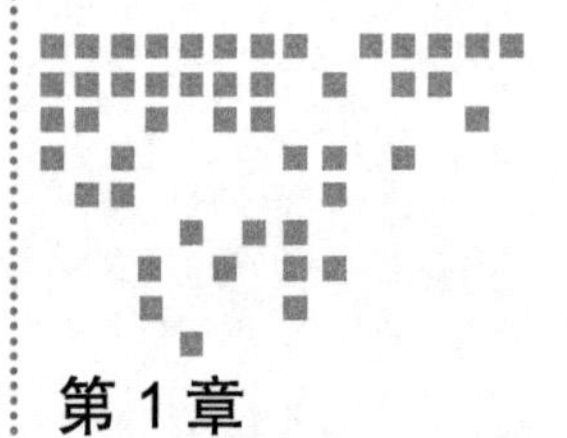

Chapter 1 第1章

R语言的安装与使用

R语言是一种为统计计算和图形显示而设计的语言环境，是贝尔实验室（Bell Laboratory）的Rick Becker、John Chambers和Allan Wilks开发的S语言的一种实现，提供了一系列统计和图形显示工具。它是面向对象的一种编程语言，是一套开源的数据分析解决方案，由一个庞大且活跃的全球性研究型社区维护。它具有下列优势：

（1）作为一个免费的统计软件，R可运行于多种平台之上，包括Windows、UNIX、MacOS和Linux。

（2）R可以轻松地从各种类型的数据源导入数据，包括文本文件、数据库管理系统、统计软件，乃至专门的数据仓库。它同样可以将数据输出并写入这些系统中。

（3）R具有较高的开放性，不仅提供功能丰富的内置函数供用户调用，也允许用户编写自定义函数来扩充功能。

（4）R拥有顶尖水准的制图功能。如果希望复杂数据可视化，那么R拥有最全面且最强大的一系列可用功能。

R是一个体系庞大的应用软件，主要包括核心的R标准包和各专业领域的其他包。R在数据分析、数据挖掘领域具有特别优势，本书针对数据分析和挖掘相关的内容采用原理加实战的方式来对R相关函数进行介绍。本章主要简单介绍R软件的安装及升级、一些数据分析和挖掘相关的包以及常用函数的使用。在后续的章节中，首先介绍R中的数据对象及数据结构，然后选取R中常用的数据管理函数及绘图函数进行演示，最后介绍在数据挖掘中经常用到的几种类型的挖掘建模的函数，读者可以通过本书提供的R相关实例切实感受R在数据挖掘方面的强大功能。

1.1　R 安装与升级

本书使用的 R 版本为 R 3.2.3。根据操作系统不同，可选择安装 64 位或 32 位版本。安装时直接运行下载的 R-3.2.3-win.exe。可以在其主页（http://www.r-project.org/）上的 R 综合资料网（Comprehensive R Archive Network，CRAN）获得相关资源。Linux、Mac OS X 和 Windows 都有相应编译好的二进制版本，根据相应平台的安装说明进行安装即可。

安装好 R 后，单击安装目录中 bin 目录下的 Rgui.exe 启动 R，打开如图 1-1 所示的界面。

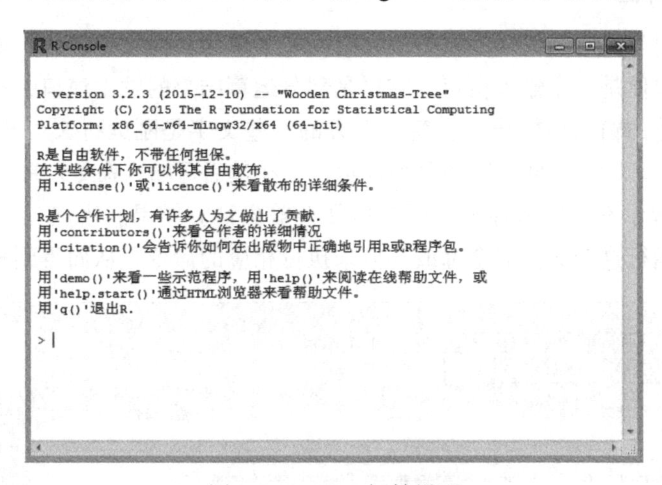

图 1-1　R 3.2.3 初始界面

为了方便使用 R，可以使用免费的图形界面编辑器 RStudio，可从 http://www.rstudio.com/products/rstudio/download/ 中下载，根据本机操作系统选择相应版本自行下载安装。安装 RStudio 后，可以选择从安装目录或者“开始”菜单栏中启动。

R 的升级通常是通过从 CRAN（http://cran.r-project.org/bin/）上下载和安装最新版的 R，这种方式需要重新设置各种自定义选项，包括之前安装的扩展包。可以将 R 目录下 etc 文件夹中的 Rprofile.site 文件及 R 目录下的 library 文件夹保存到其他的地方，待安装新版本的 R 后，移动到相应的位置进行覆盖即可。

R 作为一个开放式的平台，在 Windows 系统上有一种更加方便的更新 R 的方式，运行以下代码：

```
install.packages("installr")
require(installr)            #load / install+load installr
updateR()
```

之后按照提示即可很方便地将 R 升级至最新的版本。

安装最新版本的 R 后，在 Windows 系统上并不会自动覆盖旧版本的 R，即允许系统中存在多种版本的 R，可以通过控制面板卸载旧版本的 R。而在 Linux 和 Mac 系统上，新版的 R 会覆盖老版本。在 Mac 上要删除剩余的东西，可以用 Finder 打开 /Library/

Frameworks/R.frameworks/versions/，删除其中旧版本的文件夹。在 Linux 系统上，不需要做任何额外的操作。

1.2 R 使用入门

1.2.1 R 操作界面

R 软件的界面与其他编程软件相类似，由一些菜单和快捷按钮组成，如图 1-2 所示。快捷按钮下面的窗口便是命令输入窗口，它也是部分运算结果的输出窗口，有些运算结果（如图形）则会在新建的窗口中输出。主窗口上方的一些文字是刚运行 R 时出现的一些说明和指引，文字下的“>”符号便是 R 的命令提示符，在其后可输入命令。R 一般采用交互式工作方式，在命令提示符后输入命令，回车后便会输出计算结果。当然也可将所有的命令建立成一个文件，运行这个文件的全部或部分来执行相应的命令，从而得到相应的结果。

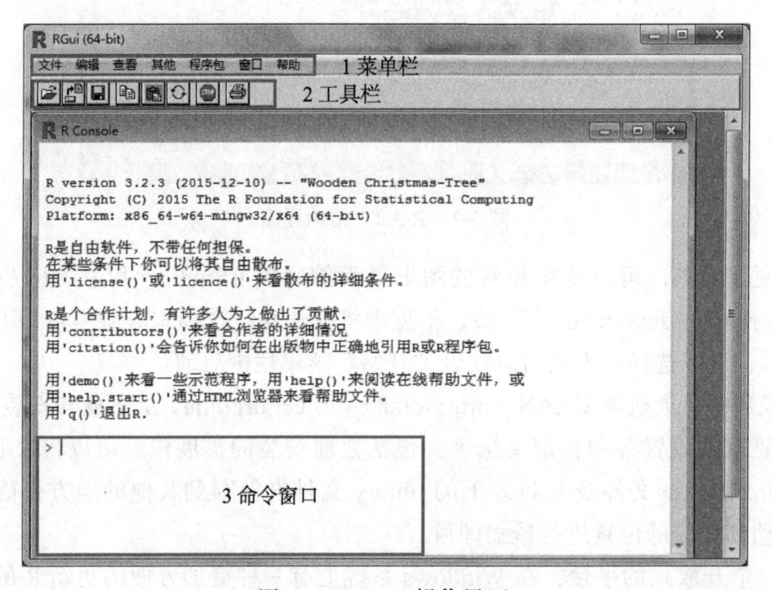

图 1-2 R 3.2.3 操作界面

菜单栏位于工作环境的最上方。文件（File）菜单可以实现以下功能：输入 R 代码、建立新的程序脚本、打开程序脚本、显示文件、载入工作空间、保存工作空间、载入历史、保存历史、改变当前目录、打印、保存到文件以及退出；编辑（Edit）菜单可以实现复制、粘贴、清除控制台和数据编辑等功能；视图（View）菜单可以选择是否显示工具栏；其他（Misc）菜单可以实现中断目前计算、缓冲输出及列出目标对象等功能；程序包（Packages）菜单可以实现载入程序包、设定 CRAN 镜像、安装以及更新程序包等功能；窗口（Windows）菜单可以选择将所有窗口层叠或者平铺；帮助（Help）菜单提供 R 的常见问答和帮助途径。当执行不同的窗口操作时，菜单的内容会发生不同的变化。例如，打开R文件或一个编写好的R函数后，菜单栏就会缺失视图（View）、其他（Misc）两个菜单。

工具栏从左至右可以依次进行打开程序脚本、载入映像、保存映像、复制、粘贴、复制和粘贴、终止目前计算以及打印的操作。当打开R文件或一个编写好的R函数时，工具栏会发生相应的变化，此时的快捷按钮从左至右依次为打开程序脚本、保存映像、运行当前行代码或所选代码、返回主界面以及打印。

命令窗口是R进行工作的窗口，也是实现R各种功能的窗口。其中的“>”是命令提示符，表示R处于准备编辑的状态，用户可以直接在命令提示符后输入命令语句，按“Enter”键执行。

1.2.2　RStudio 窗口介绍

RStudio的启动界面如图1-3所示，由代码编辑、命令控制台、资源栏和其他栏组合而成。

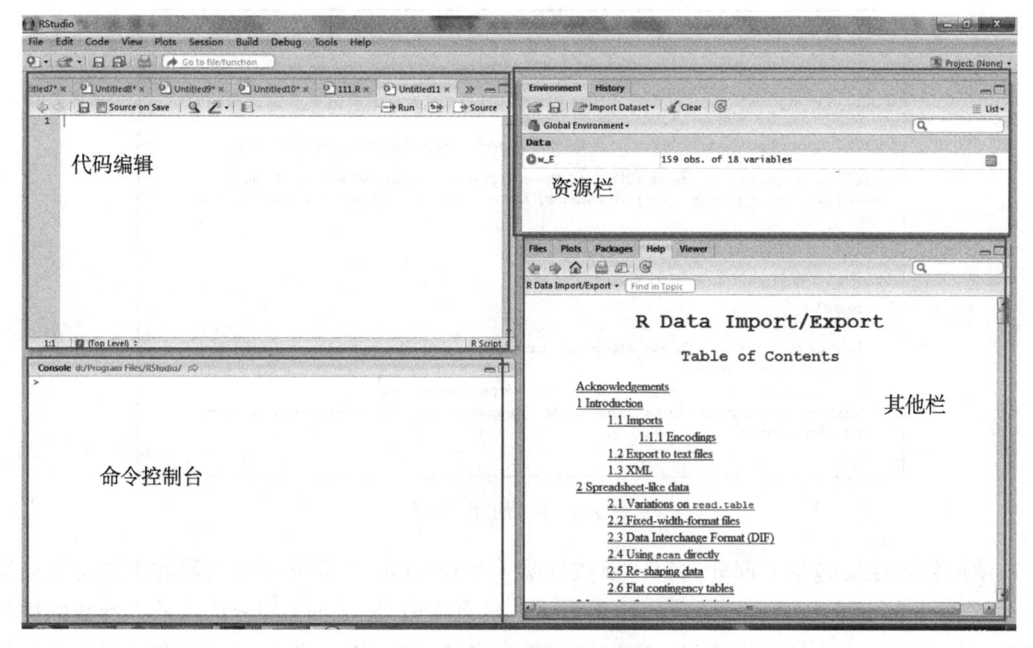

图1-3　RStudio启动界面

代码栏可以编写代码，以及打开R脚本或者txt文本。创建新的文件可以从File -> New中选择，可以从目录File -> Open打开文件或者从Open Recent目录中打开最近的文件。运行文件可以选择相应的代码，单击Run按钮。

命令控制台：代码运行后，控制台会显示相应的代码或者返回结果。也可以在命令控制台单独输入命令，和R的命令模式相同。

其他栏是有关于R使用方面的显示栏。可以在Packages目录下安装以及加载R包（包安装好后，并不可以直接使用，如果需要使用包，必须在每次使用前将包加载到内存中，可以直接选择包或者在控制台输入library（package_name）命令）。Help目录下是R相关函数或者命令的帮助。Plot目录下显示图形相关方面的描述。

1.2.3 R常用操作

（1）help

❑ 功能：提供R函数和R文件的在线式帮助。

在命令窗口输入help（函数名），或？函数名，按“Enter”键执行，或者在R的帮助（Help）菜单下的Search Help弹出框中输入函数名，打开帮助浏览器。帮助浏览器是R自带的帮助系统，是学习R的一个非常有用的工具。例如，要了解plot函数的使用，可以在命令窗口输入help（plot），或?plot，按“Enter”键执行，或者在Search Help弹出框中输入plot，如图1-4所示。

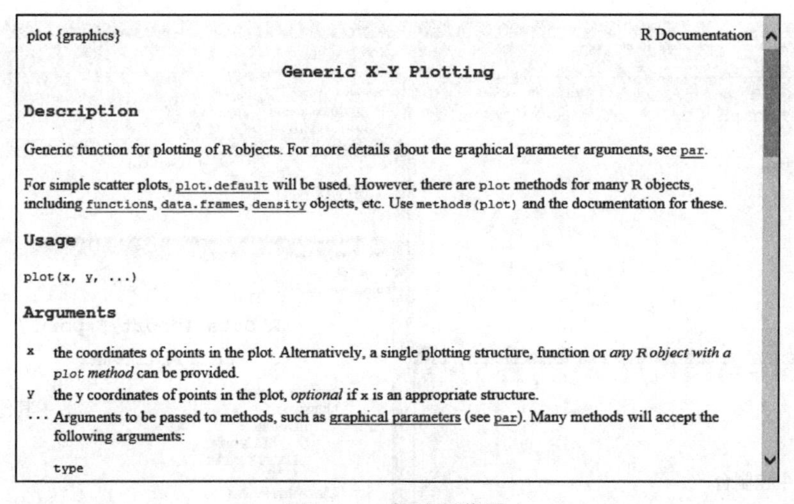

图1-4 R帮助浏览器

使用帮助主要包括6部分内容：函数说明（Description）部分描述函数的主要功能；用法（Usage）部分给出了plot函数的调用方法；参数（Arguments）部分给出输入参数的详细解释，包括输入参数的取值范围、数据格式等；详情（Details）部分给出了和该函数相关的信息；其他（See Also）则提供了与该函数相关的其他函数的链接；例子（Examples）部分给出plot函数的常用例子，用户可以直接运行示例程序得到结果。有些帮助文档还包括输出参数（Value）部分，给出输出参数的详细描述，类似输入参数；参考文献（References）部分给出有关学者对该函数的研究文献。

使用R的帮助系统是一种快速学习和掌握R的有效方法。下面以绘制一个给定的时序y的时序图为例进行说明。R中最基本的绘图命令是plot，在帮助系统中查找plot，查看其基本语法，找到和自己需求相关的语法，这里使用 plot（*x*，*y*）语法即可。接下来查看其语法详细解释，由于这里的 ***y*** 是一个时序向量，直接调用即可。然后编写脚本代码，运行程序，即可得到所要的时序图。当然在查看完语法的详细解释后，还可以查看其示例程序，直接拷贝其代码片段到命令窗口执行，查看结果。这样就不会对 plot 函数只停留在简单理解的水平上。最后，针对所作的时序图，如果需要进一步调整，如设置标题、*x* 轴、*y* 轴等信息，还可以在其他（See Also）中查询到相关的函数。

（2）Ctrl+L

- 功能：清除命令窗中的所有显示内容。

（3）rm(list=ls())

- 功能：清除 R 工作空间中的内存变量。

一般利用 rm(list=ls()) 命令与 gc() 命令，清除内存变量并释放内存空间。

（4）install.packages、library

- 功能：install.packages() 用来下载和安装包；library() 函数不仅可以显示库中有哪些包，还可以载入所下载的包，进而在会话中使用包。

还可以使用 RStudio 的图形界面来安装和加载包，如图 1-5 所示。选中其他栏中的 Packages 目录，单击 Install 按钮弹出安装对话框，选择安装来源及安装路径，如图 1-6 所示。单击 Update 按钮可更新已经安装的包。勾选包前面的方框即可加载相应的包。

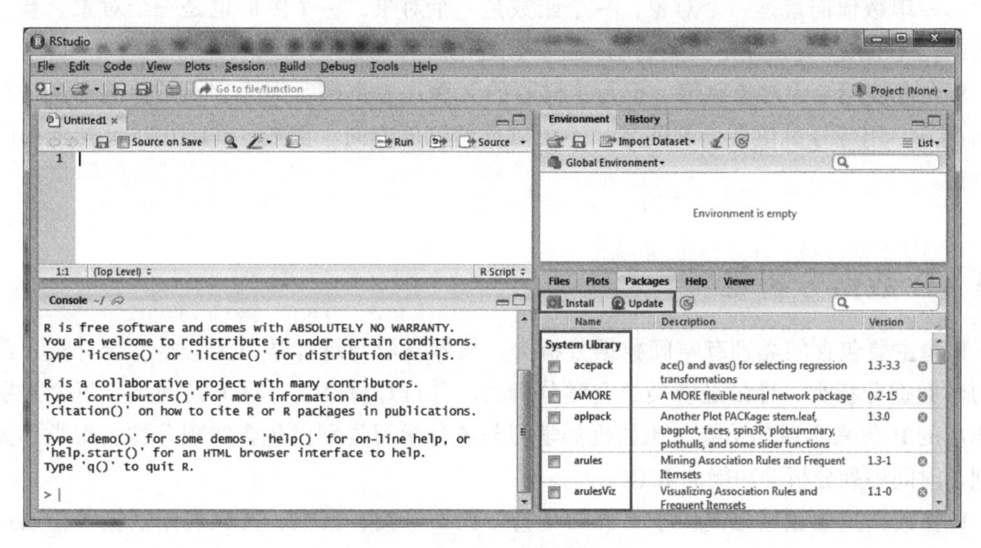

图 1-5　RStudio 包安装界面

（5）getwd、setwd

获取或者设置当前工作目录的位置。

（6）save、load

- 功能：save 将 R 工作空间中的指定对象保存到指定的文件中，load 从磁盘文件中读取一个工作空间到当前会话中。

（7）source、sink

❑ 功能：source("filename") 可在当前回话中执行一个脚本；sink("filename") 将输出重定向到文件 filename 中。默认情况下，如果文件已经存在，则它的内容将被覆盖；使用参数 append=TRUE 可以将文本追加到文件后；参数 split=TRUE 可将输出同时发送到屏幕和输出文件中。不加参数调用的命令 sink() 仅向屏幕返回输出结果。

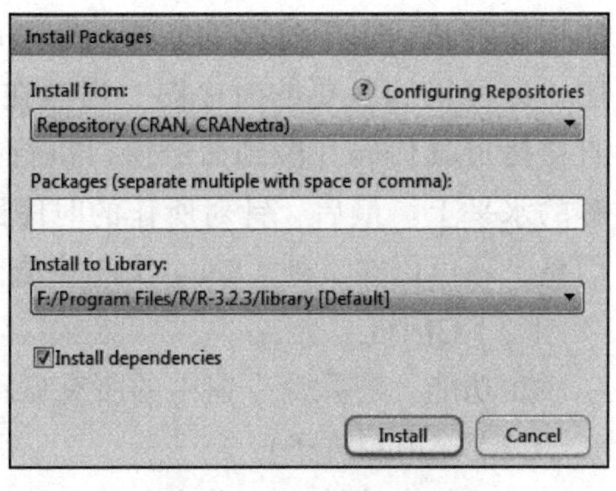

图 1-6 安装对话框

（8）<-、=、->

❑ 功能：R 使用 <-，而不是传统的 = 作为赋值符号。R 语句由函数和赋值构成。例如以下语句：

```
x<-c(1:10)
```

创建了一个名为 x 的向量对象，它包含一个 1 ～ 10 的序列。

R 是一种基于对象（Object）的语言，所以用户在 R 语言中接触到的每样东西都是一个对象，一串数值向量是一个对象，一个函数是一个对象，一个图形也是一个对象。基于对象的编程（OOP）就是在定义类的基础上，创建与操作对象。

R 允许使用 = 为对象赋值。但是这样写的 R 程序并不多，因为它不是标准语法，在某些情况下，用等号赋值会出现问题。还可以反转赋值方向。例如，c(1:10)-> x 与上面的语句等价。

1.3 R 数据分析包

R 包主要包含的类别有空间数据分析类、机器学习与统计学习类、多元统计类、药物动力学数据分析类、计量经济类、金融分析类、并行计算类、数据库访问类。每个类别都有相应的 R 包来实现其功能。比如机器学习与统计学习类别就包含实现分类、聚类、关联规则、时间序列分析等功能的 R 包。

R 在数据挖掘领域也提供了足够的支持，比如分类、聚类、关联规则挖掘等，通过加载不同的 R 包就能够实现相应的数据挖掘功能，如表 1-1 所示。

表 1-1 R 数据挖掘相关包

功能	函数及加载包
分类与预测	nnet() 需要加载 BP 神经网络 nnet 包；randomForest() 需要加载随机森林 randomForest 包；svm() 需要加载 e1071 包；tree() 需要加载 CRAT 决策树 tree 包等

（续）

功能	函数及加载包
聚类分析	hclust() 函数、kmeans() 函数在 stats 包中
关联规则	apriori() 需要加载 arules 包
时间序列	arima() 需要加载 forecast、tseries 包

分类与预测是数据挖掘领域研究的主要问题之一，分类器作为解决问题的工具一直是研究的热点。常用的分类器有神经网络、随机森林、支持向量机、决策树等，这些分类器都有各自的性能特点。

nnet 包执行单隐层前馈神经网络，nnet() 函数涉及的主要参数有隐层节点数（size）、节点权重（weights）、最大迭代次数（maxit）等，为了达到最好的分类效果，这些都需要用户根据经验或者不断地尝试来确定。随机森林分类器利用基于 Breiman 随机森林理论的 R 语言软件包 randomForest 中的 randomForest() 函数来实现，需要设置三个主要的参数：森林中决策树的数量（ntree）、内部节点随机选择属性的个数（mtry）及终节点的最小样本数（nodesize）。

支持向量机分类器采用 R 语言软件包 e1071 实现，该软件包是以台湾大学林智仁教授的 libsvm 源代码为基础开发的。svm() 函数提供了 R 与 LIBSVM 的接口，涉及的参数主要有类型（type，“C”实现支持向量机分类，“eps-regression”实现支持向量机回归）、核函数（kernel）。SVM 包含 4 种主要的核函数：线性核函数（Linear）、多项式核函数（Polynomial）、径向基核函数（RBF）以及 Sigmoid 核函数。一般情况下会选择径向基核函数，这主要源于：①线性核函数只能处理线性关系，且被证明是径向基核函数的一个特例；② Sigmoid 核函数在某些参数上近似径向基核函数的功能，径向基核函数取一定参数也可得到 Sigmoid 核函数的性能；③多项式核函数参数较多，不易于参数优选。而径向基核函数支持向量机包含两个重要的参数：惩罚参数 Cost 和核参数 Gamma，tune() 函数可以为两者进行网格寻优（Grid-search）确定最优值。

常用的聚类方法有系统聚类与 K-Means 聚类。系统聚类可以使用 hclust() 函数实现，涉及的参数有距离矩阵（d）和系统聚类方法（method），其中距离矩阵可以使用 dist() 函数求得，常用的系统聚类方法有最短距离法（single）、最长距离法（complete）、类平均法（average）、中间距离法（median）、重心法（centroid）以及 Ward 法（ward）。K-Means 法是一种快速聚类法，可以使用 kmeans() 函数实现，涉及的主要参数为聚类数（centers）。

K-Means 法和系统聚类法的不同之处在于：系统聚类对不同的类数产生一系列的聚类结果，而 K 均值法只能产生指定类数的聚类结果。具体类数的确定，离不开实践经验的积累。有时也可借助系统聚类法，以一部分样本为对象进行聚类，其结果作为 K 均值法确定类数的参考。

作为数据挖掘中的一个独立课题，关联规则用于从大量数据中挖掘出有价值的数据项之间的相关关系，常用的有 arules 包中的 Apriori 算法。使用 Apriori 算法生成规则前，要把数据转换为 transcation 格式，通过 as() 转换；其中涉及的参数列表（parameter）用于自定义最小支持度与置信度。

时间序列分析是根据系统观测得到的时间序列数据，通过曲线拟合和参数估计来建立数学模型的理论和方法。进行时间序列分析时，可以使用 ts() 函数将数据转化成时间序列格式；模型拟合可以通过 arima() 函数实现，涉及的主要参数有 order（自回归项数、滑动平均项数及使时间序列成为平稳序列的差分阶数）、seasonal（序列表现出季节性趋势时需要，除了上述 order 内容，还有季节周期 period）、method（参数估计方法，“CSS”为条件最小二乘法，“ML”为极大似然法）等。R 中的 auto.arima() 函数可以自动生成一个最优拟合模型。

1.4 配套资源使用说明

本书资源按照章节组织，目录中会有对应的文件夹（如第 1 章、第 2 章等）。章节文件夹中包含两个子目录（除第 1 章外）：示例程序和上机实验。示例程序包含了正文部分的资料，包括 code、data 和 tmp。其中 code 为章节正文中使用到的代码，按照章节顺序依次排列，代码文件以三行空格，分隔同章节中的上下两段代码。data 为使用的数据文件。tmp 为运行程序产生的文件。上机实验内的文件格式参照示例程序。

读者只须把整个章节如“第 2 章”复制到本地，通过 RStudio 运行代码，或将代码复制至 R 软件中，即可运行程序并得到结果。运行前请按照章节内容，安装及加载对应的包。这里需要注意，在示例程序中使用的一些自定义函数在对应的章节可以找到相应的 R 文件。同时示例程序中的参数初始化可能需要根据具体设置进行配置，比如数据库驱动的地址、文件路径，如果和示例程序不同，请自行修改。

1.5 小结

本章主要对 R 进行简单介绍，包括软件的安装与升级、使用入门及相关注意事项和 R 数据分析及挖掘相关包。R 包含多个领域的程序包，本章只介绍了与数据分析及数据挖掘相关的包，包括实现分类、聚类、关联规则、时间序列分析等功能的包。在后续的章节中将详细介绍 R 中用于数据分析及数据挖掘的函数，通过示例来帮助读者掌握应用 R 来解决数据分析和挖掘技术的实际问题。

1.6 上机实验

1. 实验目的

- 了解 R 及 RStudio 的安装过程及操作界面，熟悉基本的操作过程。

❑ 了解 R 包的安装及加载的过程。

2. 实验内容

依据本章的 R 及 RStudio 下载安装方法安装 R 及 RStudio，通过熟悉基本操作的命令及操作界面，掌握软件的使用方法。

❑ 登录 R 及 RStudio 的主页，下载安装对应的版本。

❑ 通过命令或界面操作掌握 R 包的安装及使用方法。

3. 实验方法与步骤

（1）实验一

安装 R 及 RStudio，进行查看帮助文档、设置工作目录、清除工作空间中的内存变量等日常操作。

1）登录 R 及 RStudio 的主页，下载安装程序。

2）安装 R 及 RStudio。

3）打开 RStudio，通过 help 命令，查看 plot 函数的使用帮助文档，将 plot 函数的示例代码复制到 R 的命令控制台中运行。

4）完成操作后，关闭 RStudio 并保存工作空间的印象。

（2）实验二

利用 R 完成 rattle 包的安装，以及通过命令打开 rattle 工具的图形界面。

1）打开 R，安装 rattle 包。

2）通过 library 命令加载 rattle 包，打开 rattle 工具的图形界面。

4. 思考与实验总结

1）如何通过 R 查找其他函数的帮助文档?

2）如何安装本地的 R 包?

Chapter 2 第 2 章

数据对象与数据读写

2.1 数据类型

1. 基本数据类型

R 语言的对象包括数值型、逻辑型、字符型、整数型、日期型等。此外，也有可能是缺省值（NA）。R 语言中有一系列的函数可以进行数据类型的判别及转换，见表 2-1。

表 2-1 数据类型的辨别及转换函数

类型	辨别函数	转换函数
numeric	is.numeric()	as.numeric()
logical	is.logical()	as.logical()
character	is.character()	as.character()
NA	is.na()	as.na()
double	is.double()	as.double()
complex	is.complex()	as.complex()
integer	is.integer()	as.integer()

- 实例：构建一个对象，辨别其中函数的类型，以及进行类型转换。

```
## 数据类型的判别及转换
> x<-c(1,2,3,NA)                        # 构建一个对象
> is.na(x)                              # 判别是否存在缺失值
[1] FALSE FALSE FALSE  TRUE
> x1<-c(1,2,3)                          # 构建一个对象
> is.numeric(x1)                        # 判别是否是数值型数据
[1] TRUE
> x2<-as.character(x1)    # 将对象转化为字符型数据
> is.character(x2)        # 判别是否转化为字符型数据
[1] TRUE
```

2. 日期变量

日期值通常以字符串的形式传入 R 中，然后转化为以数值形式存储的日期变量。在 R

中，字符型的日期值无法计算日期变量，因此可通过日期值处理函数，将字符型的日期值转换成日期变量。日期变量的常用函数见表 2-2。

表 2-2　日期变量常用函数

函数	功能	函数	功能
Sys.Date()	返回系统当前的日期	as. POSIXlt	将字符串转化为包含时间及时区的日期变量
Sys.time()	返回系统当前的日期和时间	strptime()	将字符型变量转化为包含时间的日期变量
date()	返回系统当前的日期和时间（返回的值为字符串）	strftime()	将日期变量转换成指定格式的字符型变量
as.Date()	将字符串形式的日期值转换为日期变量	format()	将日期变量转换成指定格式的字符串

（1）as.Date()

❑ 功能：将字符串形式的日期值转换为日期变量。

❑ 使用格式：

```
as.Date(x, format = "", ...)
```

其中 x 是要转换的对象，为字符型数据，format 则给出了用于读入日期的适当格式（见表 2-3）。

表 2-3　读入日期的格式

符号	含义	示例	符号	含义	示例
%d	数字表示的日期（00 ～ 31）	01~31	%y	二位数的年份	16
%a	缩写的星期名	Mon	%Y	四位数的年份	2016
%A	非缩写的星期名	Monday	%H	24 小时制小时	00-23
%w	数字表示的星期天数	0 ～ 6，周日为 0	%I	12 小时制小时	01-12
%m	数字表示的月份（00 ～ 12）	00~12	%p	AM/PM 指示	AM/PM
%b	缩写的月份	Jan	%M	十进制的分钟	00 ～ 60
%B	非缩写的月份	January	%S	十进制的秒	00 ～ 60

注意　as.Date() 函数只能转换包含年月日星期的字符串，无法转换具体到时间的字符串。

❑ 实例：将字符型日期值转换为日期变量。

```
## 日期变量的转换
# 创建字符串的日期值
> dates <- c("01/27/2016", "02/27/2016", "01/14/2016", "02/28/2016",
"02/01/2016")
# 按照月日年的格式进行转换
> (date<-as.Date(dates, "%m/%d/%Y"))
[1] "2016-01-27" "2016-02-27" "2016-01-14" "2016-02-28" "2016-02-01"
```

（2）as.POSIXlt()

❑ 功能：将字符串形式的日期时间值转换为指定的格式的时间变量。

❑ 使用格式：

```
as.POSIXlt(x, tz = "", format)
```

其中 x 为想要转换的字符串型日期时间值；tz 指定转换后的时区，"" 为当前时区，"GMT" 为 UTC 时区；format 指定要转换的日期值的格式。

❑ 实例：将字符串型日期时间值转换为时间变量。

```
## 时间变量的转换
# 创建一个字符型日期时间变量
> x <- c("2016-02-08 10:07:52", "2016-08-07 19:33:02")
# 判定是否为字符型变量
> is.character(x)
[1] TRUE
# 对字符串形式的日期时间值按照格式进行转换
> as.POSIXlt(x,tz="","%Y-%m-%d %H:%M:%S")
[1] "2016-02-08 10:07:52 CST" "2016-08-07 19:33:02 CST"
```

注意 指定 format 格式中的年月日与时分秒之间要有空格隔开，CST 为当前时区即中国标准时间。

（3）strptime()

❑ 功能：将字符型的日期时间值转换为时间变量。

❑ 使用格式：

```
strptime(x, format,tz="")
```

其中 x 是字符型数据，format 指定要转换的日期值的格式，tz 指定时区，"" 为当前时区，"GMT" 为 UTC 时区。可以看出，strptime() 函数的格式与 as.POSIXlt() 函数的格式略有不同。

❑ 实例：将字符型日期时间值转换为时间变量。

```
## 时间变量的转换
# 沿用上例的数据
> x
[1] "2016-02-08 10:07:52" "2016-08-07 19:33:02"
# 按年月日 时分秒的格式转换为时间变量
> (x <- strptime(x,"%Y-%m-%d %H:%M:%S"))
[1] "2016-02-08 10:07:52 CST" "2016-08-07 19:33:02 CST"
```

（4）strftime()

❑ 功能：与 strptime() 函数相对应，strftime() 函数用于将时间变量按指定的格式转换为字符型日期值。

❑ 使用格式：

```
strftime(x, format = "")
```

其中 x 是时间变量，format 为想要转化成的字符型日期值的输出格式。

❑ 实例：将时间变量转化为指定格式的字符型日期值。

```
## 转化日期时间变量为字符串
# 使用上例的结果
> x
[1] "2016-02-08 10:07:52 CST" "2016-08-07 19:33:02 CST"
# 输出的格式转换成 format 指定的格式
> strftime(x, format = "%Y/%m/%d")
[1] "2016/02/08" "2016/08/07"
```

（5）format()

❑ 功能：将对象按指定格式转化成字符串。

❑ 使用格式：

```
format(x,…)
```

其中 x 为要转换为字符串的对象，…指定要转换成的字符串的格式。

注意　format() 函数不仅限于将日期变量按格式转化为字符串，也可以将其他类型的变量转化为字符串。

❑ 实例：将时间变量转化为字符串日期值。

```
## 使用 format() 函数转换为字符串
# 使用和上例同样的数据
> x
[1] "2016-02-08 10:07:52 CST" "2016-08-07 19:33:02 CST"
# 输出的格式转换成 format 定义的格式
> format(x,"%d/%m/%Y")
[1] "08/02/2016" "07/08/2016"
```

3. 查看对象的类型

对于未知类型的对象，在 R 中有 3 个函数可以查看对象的类型：class()、mode()、typeof()。

❑ 使用格式：

```
class(x)
```

其中 x 为需要查看类型的对象，mode()、typeof() 函数的使用格式与 class() 函数相同。

❑ 实例：创建 3 个不同类型的数据，展示 3 个辨别函数的区别。

```
## 查看对象类型
# 创建一个数据框，内含 3 个不同类型的向量，设置参数避免自动转化为因子型
> df=data.frame(c1=letters[1:3], c2=1:3, c3=c(1,-1,3), stringsAsFactors=F)
# 使用 mode() 函数分别查看 3 个向量的数据类型
> sapply(df, mode)
```

```
     c1          c2          c3
"character"   "numeric"   "numeric"
#使用class()函数分别查看3个向量的数据类型
> sapply(df, class)
     c1          c2          c3
"character"   "integer"   "numeric"
#使用typeof()函数分别查看3个向量的数据类型
> sapply(df, typeof)
     c1          c2          c3
"character"   "integer"    "double"
```

可以发现，在展现数据的细节上，mode()<class()<typeof()。mode() 函数只查看数据的大类，class() 函数查看数据的类，typeof() 函数则更加细化，查看数据的细类。

2.2 数据结构

2.2.1 向量

向量是 R 语言中最基本的数据类型，是以一维数组管理数据的一种对象类型。向量可以是数值型、字符型、逻辑值型和复数型。

1. 向量创建

向量可以使用执行组合功能的 c() 函数来创建。同一个向量中无法混杂多种不同类型的数据。

❑ 实例：创建不同类型的向量。

```
## 向量创建
>x1<-c(1,2,3,4)                  #创建数值型向量，可写成 x1=c(1:4)
>x2<-c("a","b","c","d")           #创建字符型变量
>x3<-c(TRUE,FALSE,FALSE,TRUE)                 #创建逻辑型变量
```

2. 向量索引

向量中数据的索引通过下标来完成。通过方括号中给定元素所处的位置即元素的下标，即可访问向量中特定位置的元素。which() 函数将返回逻辑向量中为 TRUE 的位置，可将逻辑索引切换到整数索引中。此外还有多种方式可以进行向量索引。向量的索引示例如代码清单 2-1 所示，分别使用按下标索引、按名称索引、使用 which() 函数以及其他几种方式索引元素。

代码清单 2-1 向量索引

```
## 向量索引
#下标方式索引（元素的值）
vector<-c(1,2,3,4)                              #创建向量
```

```
vector[1]                                    #查看第一个元素
vector[c(1:3)]                               #查看前三个元素
vector[-1]                                   #查看除了第一个元素之外的所有元素
vector[-c(1:3)]                              #查看除了前三个元素之外的所有元素
vector[c(TRUE,TRUE,FALSE,FALSE)]   #通过逻辑序列查看前两个元素
#按名称索引
names(vector) <-c("one","two","three","four")    #给向量中每个元素命名
vector[c("one","two","four")]                #查看名称为"one","two","four"的元素
#which方式索引(元素的位置)
which(vector==1)                             #向量中等于1的元素所在的位置
which(vector==c(1,2))                        #向量中等于1和2的元素所在的位置
which(vector!=1)                             #向量中不等于1的元素所在的位置
which(vector>2 & vector<4)                   #满足多重条件的元素所在的位置
which.max(vector)                            #最大值所在的位置
which.min(vector)                            #最小值所在的位置
#subset方式索引
subset(vector,vector>2&vector<4)              #检索向量中满足条件的元素
#match方式索引
match(vector,c(1,3))                         #判断向量中的元素是否等于1或3
#%in%方式索引
c(1,5)%in%vector                             #判断向量中是否包含某项数据
```

* 代码详见：第 2 章 / 示例程序 /code/code2-2-1.R

3. 向量编辑

R 语言可以对已经创建好的向量直接进行元素扩展及删除等编辑操作。向量的扩展通过 c() 函数实现，要注意的是，扩展的元素必须和原向量中包含的元素类型保持一致，否则会报错。删除向量中的元素通过减号加元素下标的形式实现。

❑ 实例：向量元素的扩展及删除。

```
##向量编辑
>x<-c(1,2,3,4)
#向量扩展
>(x<-c(x,c(5,6,7)))
[1] 1 2 3 4 5 6 7
#单个元素的删除
>(x<-x[-1])
[1] 2 3 4 5 6 7
#多个元素的删除
> (x<-x[c(3:5)])
[1] 4 5 6
```

4. 向量排序

sort() 函数为 R 语言中对向量进行排序的常用函数。此外，rev() 函数可以将向量倒序放置。

❑ 使用格式：

```
sort(x, decreasing = FALSE, na.last = NA, ...)
```

❑ 函数的参数见表 2-4。

表 2-4 sort() 函数常用参数

常用参数	参数描述	选项
x	排序的对象	排序的对象为数值型，也可以是字符型
decreasing	排序的顺序	默认设置为 FALSE，即升序排序。设置为 TRUE 时，为降序排序
na.last	是否将缺失值放到序列的最末尾	默认设置为 FALSE，设置为 TRUE 时，将向量中的 NA 值放到序列的最末尾

❑ 实例：向量的排序及倒序。

```
## 向量排序
# 创建 3 个无序的向量
>x<-c(5,6,8,7,4,1,9)
>x1<-c("B","A","C")
>x2<-c(3,2,NA,1,4,5)
# 数值型数据排序（默认顺序为升序）
> sort(x,decreasing = FALSE)
[1] 1 4 5 6 7 8 9
> sort(x,decreasing=TRUE)
[1] 9 8 7 6 5 4 1
# 字符型数据排序
> sort(x1)
[1] "A" "B" "C"
# 将缺失值（NA）放置到序列最末尾
> sort(x2,na.last = TRUE)
[1]  1  2  3  4  5 NA
# 倒序
> rev(x)
[1] 9 1 4 7 8 6 5
```

5. 等差序列的创建

R 语言中的 seq() 函数用于生成等距间隔的数列。

❑ 使用格式：

```
seq(from = 1, to = 1, by = ((to - from)/
(length.out - 1)), length.out = NULL, along.with
= NULL, ...)
```

❑ 函数的参数见表 2-5。

❑ 实例：创建等差序列。

表 2-5 seq() 函数常用参数

参数	描述
from	等差数列的首项数据，默认为 1
to	等差数列的尾项数据，默认为 1
by	等差的数值
length.out	产生序列的长度

```
## 等差序列
> seq(1,-9)                       # 只给出首项和尾项数据，by 自动匹配为 1 或 -1
[1]  1  0 -1 -2 -3 -4 -5 -6 -7 -8 -9
> seq(1,-9,length.out=5)          # 给出首项和尾项数据以及长度，自动计算等差
```

```
[1]  1.0 -1.5 -4.0 -6.5 -9.0
> seq(1,-9,by=-2)                  #给出首项和尾项数据以及等差，自动计算长度
[1]  1 -1 -3 -5 -7 -9
> seq(1,by=2,length.out=10)        #给出首项和等差以及序列长度数据，自动计算尾项
[1]  1  3  5  7  9 11 13 15 17 19
```

6. 重复序列的创建

R 语言中的 rep() 函数用于创建重复序列，它能将某一向量重复若干次。

❑ 使用格式：

```
rep(x, times = 1, length.out = NA, each = 1)
```

❑ 函数的参数见表 2-6。

表 2-6 rep() 函数常用参数

参数	描述	参数	描述
x	预重复的序列对象	length.out	产生的序列的长度
times	预重复的序列重复的次数	each	预重复的序列中每个元素重复的次数，初始值为 1

❑ 实例：创建重复序列。

```
## 重复序列
> rep(1:3,2)                              #重复序列两次
[1] 1 2 3 1 2 3
> rep(1:3,each=2)                         #序列中各个元素分别重复两次
[1] 1 1 2 2 3 3
> rep(1:3, c(2,1,2))                      #按照规则重复序列中的各个元素
[1] 1 1 2 3 3
> rep(1:3, each = 2, length.out = 4) #序列中各个元素分别重复两次，规定生成序列的长度为 4
[1] 1 1 2 2
> rep(1:3, each = 2, times = 3)           #序列中各个元素分别重复两次，整个序列重复 3 次
 [1] 1 1 2 2 3 3 1 1 2 2 3 3 1 1 2 2 3 3
> rep(as.factor(c("因子1","因子2","因子3")),3)  #将因子型变量序列重复 3 次
[1] 因子1 因子2 因子3 因子1 因子2 因子3 因子1 因子2 因子3
Levels: 因子1 因子2 因子3
```

2.2.2 矩阵

矩阵是一个二维数组，可以描述二维数据。和向量相似，矩阵内每个元素都拥有相同的模式（数值型、字符型或逻辑型）。

1. 创建矩阵

可通过函数 matrix() 创建矩阵。

❑ 使用格式：

```
matrix(data = NA, nrow = 1, ncol = 1, byrow = FALSE,dimnames = NULL)
```

❑ 函数的参数见表 2-7。

❑ 实例：创建按照不同方式读取数据的矩阵及定义矩阵的行列名。

表 2-7 matrix() 函数常用参数

参数	描述
data	矩阵的元素
nrow	行的维数
ncol	列的维数
byrow	矩阵的元素是否按行填充，默认为 FALSE
dimnames	以字符型向量表示的行名和列名

```
## 创建矩阵
# 创建向量作为矩阵的数据
x<-c(1:10)
# 创建一个矩阵，定义矩阵的列数为 2，行数为 5，按行读取数据
(a<-matrix(x,ncol=2,nrow=5,byrow=T))
     [,1]  [,2]
[1,]   1     2
[2,]   3     4
[3,]   5     6
[4,]   7     8
[5,]   9    10
# 创建一个矩阵，定义矩阵的列数为 2，行数为 5，按列读取数据
> b<-matrix(x)
> dim(b)=c(5,2)
> b
     [,1]  [,2]
[1,]   1     6
[2,]   2     7
[3,]   3     8
[4,]   4     9
[5,]   5    10
# 创建一个 5 行 2 列，按列读取数据的矩阵，dimnames 定义矩阵行列的名称
> (c<-matrix(x,ncol=2,nrow=5,byrow=F,
+            dimnames=list(c("r1","r2","r3","r4","r5"),c("c1","c2"))))
   c1 c2
r1  1  6
r2  2  7
r3  3  8
r4  4  9
r5  5 10
```

*代码详见：第 2 章 / 示例程序 /code/code2-2-1.R

2. 矩阵转化为向量

矩阵可以通过 as.vector() 函数转化为向量。当矩阵转化为向量时，元素按列读取。

❑ 实例：不同数据排列方式的矩阵转化为向量。

```
## 矩阵转化为向量
> x<-c(1:10)
# 创建一个 5 行 2 列的矩阵，元素按列填充
> (a<-matrix(x,ncol=2,nrow=5,byrow=F))
     [,1]  [,2]
[1,]   1     6
[2,]   2     7
```

```
[3,]  3    8
[4,]  4    9
[5,]  5   10
# 将矩阵转化为向量
> (b<-as.vector(a))
 [1]  1  2  3  4  5  6  7  8  9 10
# 创建一个 5 行 2 列的矩阵，元素按行填充
> (c<-matrix(x,ncol=2,nrow=5,byrow=T))
     [,1]  [,2]
[1,]  1     2
[2,]  3     4
[3,]  5     6
[4,]  7     8
[5,]  9    10
# 将矩阵转化为向量
> (d<-as.vector(c))
[1]  1  3  5  7  9  2  4  6  8 10
```

3. 矩阵索引

跟向量类似，矩阵也可以使用下标和方括号来选择矩阵中的行、列或者元素。X[i,] 指矩阵 X 中的第 i 行，X[,j] 指第 j 列，X[i, j] 指第 i 行第 j 个元素。选择多行或多列时，下标 i 和 j 可为数值型向量。

❑ 实例：多种不同的矩阵索引方式。

```
## 矩阵索引
# 示例矩阵
> x<-c(1:10)
> a<-matrix(x,ncol=2,nrow=5,byrow=F,dimnames=list(c("r1","r2","r3","r4","r5"),c(
"c1","c2")))
> a
   c1  c2
r1  1   6
r2  2   7
r3  3   8
r4  4   9
r5  5  10
# 根据位置索引
> a[2,1]
[1] 2
# 根据行和列的名称索引
> a["r2","c1"]
[1] 2
# 使用一维下标索引
> a[1,]              # 检索第一行
c1 c2
 1  6
> a[,1]              # 检索第一列
r1 r2 r3 r4 r5
```

```
 1  2  3  4  5
#使用数值型向量索引
> a[c(3:5),]           #检索第三至第五行
   c1  c2
r3  3   8
r4  4   9
r5  5  10
```

4. 矩阵的编辑

矩阵的编辑通过函数 rbind() 和 cbind() 实现。函数 rbind() 把其自变量按列的形式纵向拼成一个大矩阵，cbind() 把其自变量按行的形式横向拼成一个大矩阵。

cbind() 的自变量是矩阵或者看作列向量的向量时，自变量的高度（行数）应该相等。rbind() 的自变量是矩阵或者看作行向量的向量时，自变量的宽度（列数）应该相等。如果参与合并的自变量比其变量短，则循环不足后合并。

与向量相似的是，删除矩阵中的元素也可以通过下标和方括号完成。

❑ 实例：矩阵的合并与删除。

```
##矩阵的编辑
#示例矩阵
> x<-c(1:10)
> (a<-matrix(x,ncol=2,nrow=5,byrow=F))
     [,1]  [,2]
[1,]    1     6
[2,]    2     7
[3,]    3     8
[4,]    4     9
[5,]    5    10
#矩阵合并
> (a1<-rbind(a,c(11,12)))              #按行的形式合并
     [,1]  [,2]
[1,]    1     6
[2,]    2     7
[3,]    3     8
[4,]    4     9
[5,]    5    10
[6,]   11    12
> (a2<-cbind(a,c(11:15)))              #按列的形式合并
     [,1]  [,2]  [,3]
[1,]    1     6    11
[2,]    2     7    12
[3,]    3     8    13
[4,]    4     9    14
[5,]    5    10    15
> (a3<-rbind(a,1))                     #按行的形式合并时，循环不足后合并
     [,1]  [,2]
[1,]    1     6
[2,]    2     7
```

```
[3,]    3    8
[4,]    4    9
[5,]    5   10
[6,]    1    1
> (a4<-cbind(a,1))                          #按列的形式合并时，循环不足后合并
     [,1]  [,2]  [,3]
[1,]    1    6    1
[2,]    2    7    1
[3,]    3    8    1
[4,]    4    9    1
[5,]    5   10    1
#删除矩阵中的元素
> (a5<-a[-1,])                              #删除矩阵的第一行
     [,1]  [,2]
[1,]    2    7
[2,]    3    8
[3,]    4    9
[4,]    5   10
> (a6<-a[,-1])                              #删除矩阵的第一列
[1]   6   7   8   9 10
```

5. 矩阵的运算

R 语言中有丰富的矩阵运算函数，包括四则运算、对矩阵各行列的求和、对矩阵各行列的求均值、转置等。R 语言中部分常用的矩阵运算函数见表 2-8。

表 2-8　矩阵运算常用函数

函数	功能
+-*/	四则运算，要求矩阵的维数相同，对对应位置的各元素进行运算
colSums()	对矩阵的各列求和
rowSums()	对矩阵的各行求和
colMeans()	对矩阵的各列求均值
rowMeans()	对矩阵的各行求均值
t()	对矩阵的行列进行转置
det()	求解方阵的行列式
crossprod()	求解两个矩阵的内积
outer()	求解矩阵的外积（叉积）
%*%	矩阵乘法，要求第一个矩阵的列数与第二个矩阵的行数相同
diag()	对矩阵取对角元素，若对象为向量，则生成以向量为对角元素的对角矩阵
solve()	对矩阵求解逆矩阵，要求矩阵可逆
eigen()	对矩阵求解特征值和特征向量

❑ 矩阵运算函数的示例如代码清单 2-2 所示。

代码清单 2-2　矩阵的运算

```
##矩阵的运算
A<-matrix(c(1:9),ncol=3,nrow=3)
B<-matrix(c(9:1),ncol=3,nrow=3)
```

```
# 四则运算：加减乘除，要求两个矩阵的维数相同，对对应位置的各元素进行运算
C=2*A+B-B/A
# 对矩阵的各列求和
colsums_A=colSums(A)
# 对矩阵的各列求均值
colmeans_A=colMeans(A)
# 对矩阵的各行求和
rowsums_A=rowSums(A)
# 对矩阵的各行求均值
rowmeans_A=rowMeans(A)
# 转置运算
trans_A=t(A)                # 行列转置
# 方阵求解行列式
det_A=det(A)
# 矩阵的内积
crossprod(A,B)
inner_product=t(A)%*%B      # 等价于 crossprod(A,B)
# 矩阵的外积（叉积）
outer(A,B)
cross_product=A%o%B         # 等价于 outer(A,B)
# 矩阵的乘法，要求矩阵 A 的列数和矩阵 B 的行数相等
(D=A%*%B)
# 矩阵取对角运算及生成对角阵
diag_A=diag(A)              # 矩阵取对角
diag(diag_A)                # 生成对角阵
# 求解逆矩阵，要求矩阵可逆（行列式不为 0）
M<-matrix(c(1:8,10),ncol=3,nrow=3)
inverse_M=solve(M)
# 求解矩阵的特征值和特征向量
ev_M=eigen(M)
```

2.2.3 数组

数组与矩阵类似，是矩阵的扩展，它把数据的维度扩展到两个以上，可以认为矩阵是特殊的数组。数组中元素的类型也是单一的，可以为数值型、逻辑型及字符型。

1. 创建数组

与创建矩阵类似，数组可以通过 array() 函数创建。

❑ 使用格式：

```
array(data = NA, dim = length(data),
dimnames = NULL)
```

函数的参数见表 2-9。

表 2-9 array() 函数常用参数

参数	描述
data	数组的元素
dim	数组的维数，以数值型向量表示的各个维度下标的最大值
dimnames	可选参数，各维度名称标签的列表

❑ 实例：创建一个数组。

```
## 创建数组
> x<-c(1:30)
```

```
#定义数组各维度的名称
> dim1<-c("A1","A2","A3")
> dim2<-c("B1","B2","B3","B4","B5")
> dim3<-c("C1","c2")

#创建数组，数组维数为3，各维度下标的最大值为3，5，2
> (a<-array(x,dim=c(3,5,2),dimnames = list(dim1,dim2,dim3)))
, , C1

    B1  B2  B3  B4  B5
A1   1  4   7   10  13
A2   2  5   8   11  14
A3   3  6   9   12  15

, , c2

    B1  B2  B3  B4  B5
A1  16  19  22  25  28
A2  17  20  23  26  29
A3  18  21  24  27  30
```

2. 数组的索引

与矩阵和向量类似，数组也可以通过下标和方括号来索引数组中的元素。不同的是数组的维度更高，下标也更为复杂。

❑ 实例：数组索引的几种方式。

```
##数组索引
#示例数组
> x<-c(1:30)
> dim1<-c("A1","A2","A3")
> dim2<-c("B1","B2","B3","B4","B5")
> dim3<-c("C1","c2")
> a<-array(x,dim=c(3,5,2),dimnames = list(dim1,dim2,dim3))
#根据位置索引
> a[2,4,1]
[1] 11
#根据维度名称索引
> a["A2","B4","C1"]
[1] 11
#查看数组的维度
> dim(a)
[1] 3 5 2
```

2.2.4 数据框

数据框是仅次于向量的最重要的数据对象类型。由于不同的列可以包含不同模式（数值型、字符型等）的数据，数据框的概念较矩阵来说更为一般。在R语言中，很多数据分析算法函数的输入对象都是数据框对象，而且在使用读取 excel/txt 等格式数据集的函数时，也是以数据框为对象输入的。

需要注意的是，虽然数据框内不同的列可以是不同模式的数据，但是数据框内每个列的长度必须相同。

在实际操作中，通常会用数据框的一列代表某一变量属性的所有取值，用一行代表某一样本数据。

数据框是 R 语言中最常处理的数据结构。

1. 创建数据框

数据框可以通过函数 data.frame() 把多个向量组合起来创建，并设置列名称。

❑ 使用格式：

```
data.frame(col1,col2,col3,…)
```

其中的列向量 col1,col2,col3,…可以为任意类型（如数值型、字符型或者逻辑型）。矩阵也可以通过 data.frame() 函数转化为数据框。

❑ 实例：创建数据框的几种方式。

```
## 创建数据框
# 向量组成数据框
> data_iris<-data.frame(Sepal.Length=c(5.1,4.9,4.7,4.6),Sepal.Width=c(3.5,3.0,
3.2,3.1),
+                         Petal.Length=c(1.4,1.4,1.3,1.5),Pe.tal.Width=rep(0.2,4))
> data_iris
  Sepal.Length  Sepal.Width  Petal.Length   Pe.tal.Width
1          5.1          3.5           1.4            0.2
2          4.9          3.0           1.4            0.2
3          4.7          3.2           1.3            0.2
4          4.6          3.1           1.5            0.2
# 矩阵转化为数据框
> (data_matrix<-matrix(1:8,c(4,2)))          # 创建一个矩阵
     [,1]   [,2]
[1,]    1    5
[2,]    2    6
[3,]    3    7
[4,]    4    8
> (data.frame(data_matrix))                  # 将矩阵转化为数据框
  X1 X2
1  1  5
2  2  6
3  3  7
4  4  8
```

2. 数据框索引

数据框的索引和矩阵类似，由于都是二维数据，所以它也有两个维度的下标，同时数据框的列名称也可以方便地索引数据框的列数据。数据框可以使用 $ 符号很方便地按名称

索引列数据。此外，还可以用 subset() 函数按条件索引。sqldf 包中的 sqldf() 函数可以使用 sql 语句索引。

❑ 实例：常用的数据框索引方式详见代码清单 2-3。

代码清单 2-3　数据框索引

```
## 数据框索引
# 示例数据
data_iris<-data.frame(Sepal.Length=c(5.1,4.9,4.7,4.6),Sepal.Width=c(3.5,3.0,3.2,
3.1),
+                        Petal.Length=c(1.4,1.4,1.3,1.5),Pe.tal.Width=rep(0.2,4))
# 列索引
data_iris[,1]                      # 索引第一列
data_iris$Sepal.Length             # 按列的名称索引
data_iris["Sepal.Length"] # 按列的名称索引
# 行索引
data_iris[1,]                      # 索引第一行
data_iris[1:3,]                    # 索引第一至三行
# 元素索引
data_iris[1,1]                     # 索引第一列第一个元素
data_iris$Sepal.Length[1]          # 索引 Sepal.Length 列第一个元素
data_iris["Sepal.Length"][1]       # 索引 Sepal.Length 列第一个元素
#subset 函数索引
subset(data_iris,Sepal.Length<5) # 按条件索引行
#sqldf 函数索引
library(sqldf)
newdf<-sqldf("select * from mtcars where carb=1 order by mpg",row.names=TRUE)
```

3. 数据框编辑

与矩阵类似，数据框的编辑可以通过 rbind() 和 cbind() 函数。需要注意的是，使用 rbind() 和 cbind() 函数对于数据框而言，分别为增加新的样本数据和增加新属性变量。因此，rbind() 的自变量的宽度（列数）应该与原数据框的宽度相等，cbind() 的自变量的高度（行数）应该与原数据框的高度相等，否则程序将会报错。

此外，names() 函数可以读取数据框的列名进行修改。

❑ 实例：数据框的扩展、删减及列名的修改。

```
## 数据框编辑
# 创建示例数据框
> data_iris<-data.frame(Sepal.Length=c(5.1,4.9,4.7,4.6),Sepal.
Width=c(3.5,3.0,3.2,3.1),
+                        Petal.Length=c(1.4,1.4,1.3,1.5),Pe.tal.Width=rep(0.2,4))
> data_iris
  Sepal.Length  Sepal.Width  Petal.Length  Pe.tal.Width
1          5.1          3.5           1.4           0.2
2          4.9          3.0           1.4           0.2
3          4.7          3.2           1.3           0.2
4          4.6          3.1           1.5           0.2
```

```
#增加新的样本数据
> (data_iris<-rbind(data_iris,list(5.0,3.6,1.4,0.2)))
   Sepal.Length  Sepal.Width  Petal.Length  Pe.tal.Width
1           5.1          3.5           1.4           0.2
2           4.9          3.0           1.4           0.2
3           4.7          3.2           1.3           0.2
4           4.6          3.1           1.5           0.2
5           5.0          3.6           1.4           0.2
#增加数据集的新属性变量
> (data_iris<-cbind(data_iris,Species=rep("setosa",5)))
   Sepal.Length  Sepal.Width  Petal.Length  Pe.tal.Width  Species
1           5.1          3.5           1.4           0.2  setosa
2           4.9          3.0           1.4           0.2  setosa
3           4.7          3.2           1.3           0.2  setosa
4           4.6          3.1           1.5           0.2  setosa
5           5.0          3.6           1.4           0.2  setosa
#数据框的删除
> data_iris[,-1]                              #删除第一列
   Sepal.Width  Petal.Length  Pe.tal.Width  Species
1          3.5           1.4           0.2  setosa
2          3.0           1.4           0.2  setosa
3          3.2           1.3           0.2  setosa
4          3.1           1.5           0.2  setosa
5          3.6           1.4           0.2  setosa
> data_iris[-1,]                              #删除第一行
   Sepal.Length  Sepal.Width  Petal.Length  Pe.tal.Width  Species
2           4.9          3.0           1.4           0.2  setosa
3           4.7          3.2           1.3           0.2  setosa
4           4.6          3.1           1.5           0.2  setosa
5           5.0          3.6           1.4           0.2  setosa
#数据框列名的编辑
> names(data_iris)                            #查看数据框的列名
[1] "Sepal.Length" "Sepal.Width"  "Petal.Length" "Pe.tal.Width" "Species"
> names(data_iris)[1]="sepal.length"    #将数据框的第一列列名改为 sepal.length
> names(data_iris)                            #查看修改后数据框的列名
[1] "sepal.length" "Sepal.Width"  "Petal.Length" "Pe.tal.Width" "Species"
```

2.2.5 因子

变量可归结为名义型、有序型或连续型变量。名义型变量是没有顺序之分的类别变量。糖尿病类型 Diabetes(Type1、Type2) 是名义型变量的一例。在数据中，Type1 编码为 1，而 Type2 编码为 2，并不意味着二者是有序的。有序型变量表示一种顺序关系，而非数量关系。病情 Status（poor, improved, excellent）是顺序型变量的一个示例。

类别（名义型）变量和有序类别（有序型）变量在 R 中称为因子（factor)，因子提供了一个简单而有紧凑的形式来处理分类（名义型）数据。因子用水平来表示所有可能的取值。如果数据集有取值个数固定的名义变量，因子特别有用。

1. 创建因子

(1)通过 factor() 函数创建因子

❑ 使用格式：

```
factor(x = character(), levels, labels = levels,exclude = NA, ordered = is.ordered(x), nmax = NA)
```

❑ 函数的参数见表 2-10。

表 2-10 factor() 函数常用参数

参数	描述
x	表示需要创建为因子的数据，是一个向量
levels	表示所创建的因子数据的水平，如果不指定的话，就是 x 中不重复的所有值
labels	用来标识这一水平的名称，与水平一一对应，方便用户识别
exclude	表示有哪些水平是不需要的
ordered	一个逻辑值，为 TRUE 表示有序因子，为 FALSE 则表示无序因子
nmax	表示水平个数的上限

❑ 实例：因子型向量的转换及创建。

```
## 创建因子
# 将 statistics 分解为因子型向量，水平为 26 个小写字母
> (ff <- factor(substring("statistics", 1:10, 1:10), levels=letters))
[1] s t a t i s t i c s
Levels: a b c d e f g h i j k l m n o p q r s t u v w x y z
# 去除没有包含在向量中的水平
> (f. <- factor(ff))
[1] s t a t i s t i c s
Levels: a c i s t
> ff[, drop = TRUE]          # 等价于 f. <- factor(ff)
[1] s t a t i s t i c s
Levels: a c i s t
# 创建因子型向量，水平名称为 letter
> factor(letters[1:20], labels = "letter")
[1] letter1  letter2  letter3  letter4  letter5  letter6  letter7  letter8  letter9
[10] letter10 letter11 letter12 letter13 letter14 letter15 letter16 letter17
letter18
[19] letter19 letter20
20 Levels: letter1 letter2 letter3 letter4 letter5 letter6 letter7 letter8 ...
letter20
# 创建有序的因子型向量
> z <- factor(LETTERS[3:1], ordered = TRUE)
> z
[1] C B A
Levels: A < B < C
```

(2)通过 gl() 函数创建因子序列

❑ 使用格式：

```
gl(n, k, length = n*k, labels = seq_len(n), ordered = FALSE)
```

❑ 函数的参数见表 2-11。

表 2-11 gl() 函数常用参数

参数	描述
n	表示因子水平的个数
k	表示每个水平的重复数
length	表示生成的序列的长度
labels	一个 n 维向量，表示因子水平
ordered	一个逻辑值，为 TRUE 表示有序因子，为 FALSE 则表示无序因子

❑ 实例：创建不同水平的因子序列。

```
## 创建因子序列
# 生成水平数为 3，每个水平重复 3 次的因子序列
> gl(3,3)
[1] 1 1 1 2 2 2 3 3 3
Levels: 1 2 3
# 生成水平为 "TRUE" 和 "FALSE"，每个水平重复 3 次的序列
> gl(2,3,labels=c("TRUE","FALSE"))
[1] TRUE  TRUE  TRUE  FALSE  FALSE  FALSE
Levels: TRUE FALSE
# 生成水平数为 2，序列长度为 10 的序列
> gl(2, 1, 10)
    [1] 1 2 1 2 1 2 1 2 1 2
Levels: 1 2
# 生成水平数为 2，每个水平重复 2 次，序列长度为 10 的序列
> gl(2, 2, 10)
    [1] 1 1 2 2 1 1 2 2 1 1
Levels: 1 2
# 生成水平数为 3，每个水平重复 3 次的有序因子序列
> gl(3,3,ordered = TRUE)
[1] 1 1 1 2 2 2 3 3 3
Levels: 1 < 2 < 3
```

2. 因子的存储方式

在 R 语言中，因子是以整数型向量存储的，每个因子水平对应一个整数型数字。对于字符型向量创建的因子，会按照字母顺序排序，再对应到整数型向量中。

❑ 实例：展示因子在 R 中的存储方式。

```
## 因子存储方式
# 创建字符型向量
> status<-c("Poor","Improved","Excellent","Poor")
> class(status)                                    # 查看向量的类型
[1] "character"
# 创建有序因子序列
> status.factor<- factor(status,ordered = TRUE)
```

```
> class(status.factor)                              # 查看数据的类型
[1] "ordered" "factor"
# 查看存储模式，可以看出因子是按整数储存的
> storage.mode(status.factor)
[1] "integer"
> as.numeric(status.factor)      # 转化为数值型向量
[1] 3 2 1 3
> levels(status.factor)          # 查看因子的水平
[1] "Excellent" "Improved"  "Poor"
```

2.2.6 列表

列表（list）是R的数据类型中最为复杂的一种。一般来说，列表就是一些对象（或成分，component）的有序集合。列表允许整合若干（可能无关的）对象到单个对象名下。例如，某个列表中可能是若干向量、矩阵、数据框，甚至其他列表的组合。

一般地，在使用R语言进行数据分析和挖掘的过程中，向量和数据框的使用频率是最高的，列表则在存储较复杂的数据时作为数据对象类型。

由于两个原因，列表成为了R中的重要数据结构。首先，列表允许以一种简单的方式组织和重新调用不相干的信息。其次，许多R函数的运行结果都是以列表的形式返回的。

（1）创建列表

通过list()函数创建列表。

❑ 使用格式：

```
list(object1,object2,...)
```

其中的对象可以是目前为止讲过的任何类型。

❑ 为列表中的对象命名：

```
list(name1=object1,name2=object2,...)
```

❑ 实例：创建包含多种类型的向量的列表及内含多种结构的列表。

```
## 创建列表
# 创建一个包含不同数据类型的向量的列表
> data<-list(a=c(1,2,3,4),b=c("one","two","three"),c=c(TRUE,FALSE),d=(1+2i))
> data
$a
[1] 1 2 3 4

$b
[1] "one"   "two"   "three"

$c
[1]  TRUE FALSE

$d
```

```
[1] 1+2i
> summary(data)              #查看列表的数据结构
   Length  Class  Mode
a   4      -none- numeric
b   3      -none- character
c   2      -none- logical
d   1      -none- complex
#创建一个内含多种结构的列表
> g<-"My List"
> h<-c(25,26,18,39)
> j<-matrix(1:10,nrow=5)
#创建一个包含字符串、向量、矩阵的列表
> mylist<-list(title=g,ages=h,j)
> mylist                     #输出列表
$title
[1] "My List"

$ages
[1] 25 26 18 39

[[3]]
     [,1]  [,2]
[1,]    1     6
[2,]    2     7
[3,]    3     8
[4,]    4     9
[5,]    5    10

> summary(mylist)            #查看列表的数据结构
       Length  Class  Mode
title   1      -none- character
ages    4      -none- numeric
       10      -none- numeric
```

(2)列表索引

与数据框类似，可以在双重方括号中指明代表某个成分的数字或名称来访问列表中的元素，也可以通过 $ 符号来按名称索引列。

❑ 实例：使用多种方式进行列表索引。

```
##列表索引
#示例列表
> data<-list(a=c(1,2,3,4),b=c("one","two","three"),c=c(TRUE,FALSE),d=(1+2i))
> data
$a
[1] 1 2 3 4

$b
[1] "one"  "two"  "three"

$c
```

```
[1]  TRUE FALSE

$d
[1] 1+2i
#列索引
> data[[1]]              #索引第一列
[1] 1 2 3 4
> data$a                 #索引列名称为 a 的列
[1] 1 2 3 4
> data[["a"]]            #索引列名称为 a 的列
[1] 1 2 3 4
#元素索引
> data[[1]][1]           #索引第一列的第一个元素
[1] 1
```

（3）列表编辑

列表的编辑与向量类似，使用 c() 函数进行合并。与其他数据结构不同的是，把列表转化为向量需要用到函数 unlist()。

❑ 实例：对列表进行合并及将列表转化为向量。

```
##列表编辑
#示例列表
> data<-list(a=c(1,2,3,4),b=c("one","two","three"),c=c(TRUE,FALSE),d=(1+2i))
> data
$a
[1] 1 2 3 4

$b
[1] "one"   "two"   "three"

$c
[1]  TRUE FALSE

$d
[1] 1+2i

#增加名称为 e 的一列
> (data1<-c(data,list(e=c(5,6,7))))
$a
[1] 1 2 3 4

$b
[1] "one"   "two"   "three"

$c
[1]  TRUE FALSE

$d
[1] 1+2i
```

```
$e
[1] 5 6 7

#另外一种形式，与上面等价
> (data2<-c(data,e=list(c(5,6,7))))
$a
[1] 1 2 3 4

$b
[1] "one"   "two"   "three"

$c
[1]  TRUE FALSE

$d
[1] 1+2i

$e
[1] 5 6 7

#列表转化为向量
> unlist(data1)
    a1      a2      a3      a4      b1       b2      b3       c1      c2      d
    "1"     "2"     "3"     "4"    "one"    "two"  "three"  "TRUE"  "FALSE"  "1+2i"
    e1      e2      e3
    "5"     "6"     "7"
```

2.3 数据文件的读写

R 可从键盘、文本文件、Microsoft Excel 和 Access、流行的统计软件、特殊格式的文件，以及多种关系型数据库中导入数据，如图 2-1 所示。

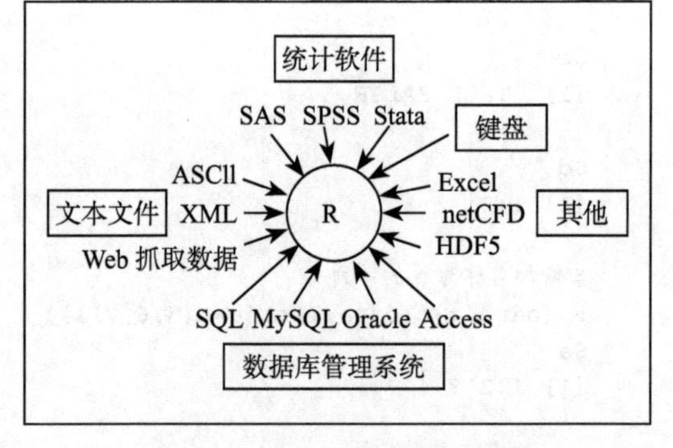

图 2-1 R 可以导入的数据源

2.3.1 键盘输入数据

R 中的函数 edit() 会自动调用一个允许手动输入数据的文本编辑器。具体步骤如下：

创建一个空数据框（或矩阵），其中变量名和变量的类型需与理想中的最终数据集一致。

针对这个数据对象调用文本编辑器，输入数据，并将结果保存到此数据对象中。

❑ 实例：使用键盘输入数据。

```
##键盘输入
#创建一个指定模式但不含数据的变量
```

```
mydata<-data.frame(age=numeric(0),gender=character(0),weight=numeric(0))
#键盘输入变量
mydata<-edit(mydata)
#另外一种键盘输入的方法
fix(mydata)
```

运行代码中的 edit() 函数后，弹出 R 语言中的数据编辑器，如图 2-2 所示。

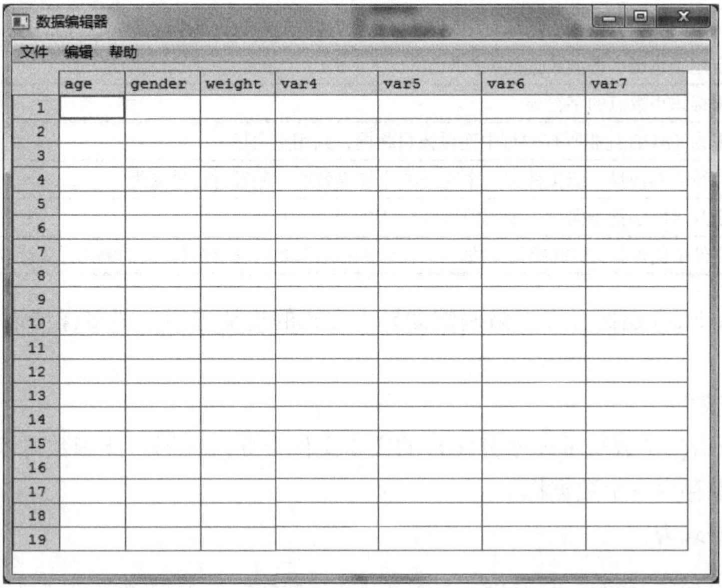

图 2-2　数据编辑器

需要注意的是，edit() 函数实际上是在对象的副本上进行操作，如果不将其赋值到一个目标，则不会保留改动，而 fix() 函数会保留改动。

从键盘手动输入数据只适合小数据集，大部分时候，需要处理的都是较大的数据集，这时候就需要别的方式来从文本文件、Excel 电子表格、其他统计软件或者数据库中读取文件。

2.3.2　读取不同格式的数据

R 语言提供丰富的函数读取不同格式的数据，包括文本文件（TXT）、逗号分隔文件（CSV）。此外，通过 R 扩展包也可以读取 Excel 文件。

（1）TXT 文件

使用 read.table() 函数从带分隔符的文本文件中导入数据。此函数可读入一个表格格式的文件并将其保存为一个数据框。

❑ 其语法如下：

```
read.table(file, header = FALSE, sep = "", quote = "\"", dec = ".",
fill=TRUE,row.names,col.names, encoding="unkown",...)
```

❑ 函数参数见表 2-12。

表 2-12 read.table() 函数常用参数

参数	描述
file	文件名（包在 "" 内，或使用一个字符型变量），可能需要全路径（即使是在 Windows 下，符号 \ 也不允许包含在内，必须用 / 或者 \\ 替换），或者是一个 URL 链接（用 URL 对文件远程访问）
header	一个逻辑值，用来反映这个文件的第一行是否包含变量名，为 TRUE 时，表示文件的第一行为变量名
sep	文件中的字段分离符，例如对用制表符分隔的文件使用 sep="\t"
quote	指定用于包围字符型数据的字符
dec	用来标识小数点的字符
fill	如果为 TRUE 且非所有的行中变量数目相同，则用空白填补
row.names	保存行名的向量，或文件中一个变量的序号或名字，缺省时行号取为 1，2，3，…
col.names	指定列名的字符型向量，缺省值为 V1，V2，V3，…
encoding	若文件中包含非 ASCII 字符字段，使用此参数进行设置，确保以正确的编码方式读取，避免出现乱码

函数 read.table() 还拥有许多微调数据导入方式的追加选项。更多详情请参阅 help(read.table)。

（2）CSV 文件

使用 read.csv() 函数从带逗号分隔符的文本文件中导入数据。此函数可读入一个逗号分隔文件并将其保存为一个数据框。

❑ 其使用格式为：

```
read.csv(file, header = TRUE, sep = ",", quote = "\"",dec = ".", fill = TRUE,
comment.char = "", encoding="unkown",...)
```

❑ 函数参数见表 2-13。

表 2-13 read.csv() 函数常用参数

参数	描述
file	文件名（包在”” 内，或使用一个字符型变量），可能需要全路径（即使是在 Windows 下，符号 \ 也不允许包含在内，必须用 / 或者 \\ 替换），或者是一个 URL 链接（用 URL 对文件远程访问）
header	一个逻辑值，用来反映这个文件的第一行是否包含变量名，为 TRUE 时，表示文件的第一行为变量名
sep	文件中的字段分离符，CSV 文件默认为 sep=","
quote	指定用于包围字符型数据的字符
dec	用来标识小数点的字符
fill	如果为 TRUE 且非所有的行中变量数目相同，则用空白填补
comment.char	一个字符用来在数据文件中写注释，以这个字符开头的行将被忽略（要禁用这个参数，可使用 comment.char=""）
encoding	若文件中包含非 ASCII 字符字段，使用此参数进行设置，确保以正确的编码方式读取，避免出现乱码

（3）Excel 文件

读取一个 Excel 文件的最好方式，就是在 Excel 中将其导出为一个逗号分隔文件（csv），并使用 read.csv 将其导入 R 中。在 Windows 系统中，也可以使用 RODBC 包来访问 Excel 文件。

❑ 实例：使用 RODBC 包来读入 xls 文件。

```
## 使用 RODBC 读取 xls 文件
# 安装 RODBC 包
install.packages("RODBC")
# 加载 RODBC 包
library(RODBC)
# 建立 RODBC 连接对象至 Excel 文件，并将连接赋予一个对象，myfile.xls 为文件路径
channel<-odbcConnectExcel("myfile.xls")
# 读取工作簿中的工作表至一个数据框，mysheet 为要读取的工作表名
mydataframe<-sqlFetch(channel,"mysheet")
odbcClose(channel)                          # 关闭 RODBC 连接
```

要注意的是，odbcConnectExcel() 函数只能在 32 位的 R 中运行。

Excel 2007 使用了一种名为 XLSX 的文件格式，实质上是多个 XML 文件组成的压缩包。xlsx 包可以用来读取这种格式的电子表格。在第一次使用此包之前请务必先下载并安装好。包中的函数 read.xlsx() 可将 XLSX 文件中的工作表导入为一个数据框。其最简单的调用格式是 read.xlsx(file, n)，其中 file 是 Excel 2007 工作簿的所在路径，n 为要导入的工作表序号。xlsx 包不仅仅可以导入数据表，还能够创建和操作 XLSX 文件。需要注意的是，xlsx 包依赖 rJava 包，需要在本地配置好 java。

2.3.3 从其他统计软件获取数据

由于某些原因，可能需要从其他格式的文件中读入数据，如 SAS 的数据文件、SPSS 的数据文件等。

表 2-14 列出了读取其他格式的文件的函数。

表 2-14 读取其他格式文件的函数

统计软件	函数格式
SPSS	read.spss(file,to.data.frame=TRUE)
SAS	read.ssd(libname,sectionnames,tmpXport=tempfile(),tmpProgLoc=tempfile(),sascmd=" sas ")
Minitab	read.mtp(file)
STATA	read.dta(file,convert.dates=TRUE,convert.factors=TRUE,missing.type=FALSE,convert.underscore=FALSE,warn.missing,lables=TRUE)
SYSTAT	read.systat(file,to.data.frame=TRUE)

2.3.4 从数据库获取数据

R 中有多种面向关系型数据库管理系统（DBMS）的接口，包括 Microsoft SQL Server、

MicrosoftAccess、MySQL、Oracle、PostgreSQL、DB2、Sybase、Teradata 以及 SQLite。其中一些包通过原生的数据库驱动来提供访问功能，另一些则是通过 ODBC 或 JDBC 来实现访问的。

在 R 中通过 RODBC 包访问一个数据库也许是最流行的方式，这种方式允许 R 连接到任意一种拥有 ODBC 驱动的数据库，其实几乎就是市面上的所有数据库。

第一步是针对系统和数据库类型安装和配置合适的 ODBC 驱动，它们并不是 R 的一部分。

针对选择的数据库安装并配置好驱动后，请安装 RODBC 包。

安装并调用 RODBC 包的代码如下：

```
#安装 RODBC 包
install.packages("RODBC")
library(RODBC)
```

- RODBC 包的常用函数见表 2-15。

表 2-15　RODBC 包常用函数

常用函数	描述	示例
odbcConnect(dsn,uid="" ,pwd="")	建立并打开连接	mycon=odbcConnect("mydsn",uid="user" ,pwd=" rply")
sqlFetch(channel,sqtable)	从数据库读取数据表，并返回一个数据框对象	sqlFetch(mycon, " USArrests " ,rownames=" state")
sqlQuery(channel,query)	向数据库提交一个查询，并返回结果	sqlQuery(mycon, " select * from USArrests")
sqlDrop(channel,sqtable)	从数据库删除一个表	sqlDrop(channel," USArrests")
close(channel)	关闭连接	close(mycon)

- 功能：odbcConnect 建立一个到 ODBC 数据库的连接；sqlFetch 读取 ODBC 数据库中的某个表到 R 的一个数据框中；sqlQuery 向 ODBC 数据库提交一个查询并返回结果。
- R 通过 RODBC 包访问一个数据库的实例如代码清单 2-4 所示。

代码清单 2-4　通过 RODBC 包访问数据库示例程序

```
##访问 SQL 数据库示例程序
#查看内存使用及清理 R 工作空间中的内存变量
gc();rm(list=ls())
install.packages("RODBC")  #安装 RODBC 包
library(RODBC)             #载入 RODBC 包
#通过一个数据源名称（mydsn)、用户名（user）以及密码（rply，如果没有设置，可以直接忽略）打开了一个 ODBC 数据库连接
mycon<-odbcConnect("mydsn",uid="user",pwd="rply")
#将 R 自带的"USArrests"表写进数据库里
data(USArrests)
#将数据流保存，这时打开 SQL Server 就可以看到新建的 USArrests 表
sqlSave(mycon, USArrests,rownames="state",append=TRUE)
```

```
# 清除 USArrests 变量
rm(USArrests)
# 输出 USArrests 表中的内容
sqlFetch(mycon, "USArrests" ,rownames="state")
# 对 USArrests 表执行了 SQL 语句 select，并将结果输出
sqlQuery(mycon,"select * from USArrests")
# 删除 USArrests 表
sqlDrop(channel,"USArrests")
# 关闭连接
close(mycon)
```

* 代码详见：第 2 章 / 示例程序 /code/code2-3.R

2.3.5 从网页获取数据

网络数据正在逐渐增多。R 中有若干用于抓取网络数据的包。

（1）quantmod 包

quantmod 包是 R 平台用于金融建模的扩展包，主要功能有：从多个数据源获取历史数据、绘制金融数据图表、在金融数据图表中添加技术指标、计算不同时间尺度的收益率、金融时间序列分析、金融模型拟合与计算等。

❑ 实例：使用 quantmod 包抓取创梦天地每日的股票信息。

```
## 利用 quantmod 包抓取股票数据
#  抓取创梦天地每日的股票信息
library(quantmod)
getSymbols("DSKY",scr="yahoo")
# 查看最后六天的股票记录
tail(DSKY)
# 主绘图
chartSeries(DSKY,theme="white")
# 三个基本图形
barChart(DSKY,theme="white")      # 条形图
candleChart(DSKY,theme="white")   # 蜡烛图
lineChart(DSKY,theme="white")     # 线图
# 技术分析图
chartSeries(DSKY,theme="white")
require(TTR)
addADX()    # 平均取向指标 ADX
addATR()    # 平均真实波幅指标 ART
addBBands() # 布林线指标 BBands
addCCI()   # 顺势指标 CCI
addEMA() # 指数平均指标 EMA
```

（2）XML 包

XML 包包含了一些抓取网络数据的常用函数。网络数据最简单的形式是网络上的表格数据，这种数据通过剪切板复制粘贴到 Excel 中。在 R 中也可以很容易将其直接抓取成数

据框。

❑ 实例：使用 XML 包抓取 163 体育频道中超栏目的网络表格数据。

```
##XML包抓取网络表格数据
# readHTMLtable() 函数
library(XML)
strurl <- 'http://sports.163.com/zc/'
tables <- readHTMLTable(strurl,header = FALSE,stringsAsFactors = FALSE)
# 解决中文乱码问题的方法：将数据导出到本地的 txt 文件，再重新导入即可
table_sub <- tables[[1]]
write.table(table_sub,"table_sub.txt",row.names=F)
read.table("table_sub.txt",encoding = 'UTF-8',header = T)
```

2.4 小结

本章首先介绍了 R 语言中常用的数据类型，包括常用数据类型的判别及转换函数，重点介绍了 R 语言中日期时间值的处理，以及未知类型对象的辨别函数。然后介绍了 R 语言中的多种数据对象结构，其中数据框将是之后最常接触到的数据对象。最后介绍了 R 语言中有关数据文件的读写，重点介绍了 txt 及 csv 文件的读写，这两种文件将是实际工作中最常使用的两种文件。

2.5 上机实验

1. 实验目的

❑ 了解 R 语言中数据类型的判别及转换函数，及其应用方法。

❑ 了解 R 语言中对数据结构操作的函数，及其应用方法。

❑ 了解 R 语言中读写数据文件的方法。

2. 实验内容

❑ 掌握读取日期时间值、数据类型的判别方法及转换函数。

❑ 掌握不同数据结构的构建方式和转换函数。

❑ 掌握数据文件读写的函数。

3. 实验方法与步骤

（1）实验一

读取系统日期时间，进行变量类型的转换，对转换前后的变量类型进行辨别对比。

1）使用读取系统当前日期时间的 3 个函数：Sys.Date()、Sys.time()、date()。

2）使用类型辨别函数 class() 判断读取的 3 个不同的结果的类型。

3）将读取到的日期时间值转换为另外一种数据类型：将年月日格式的日期时间值转化为月日年格式的字符串。

4）判断转换后的结果的类型，判定是否转换成功。

（2）实验二

创建多种数据结构，并进行数据结构的转换、索引、扩展等编辑操作。

1）设置工作空间目录。

2）创建一个向量 x，内含元素为序列：5.1 4.9 4.7 4.6 5.0 3.5 3.0 3.2 3.1 3.6。

3）查询向量 x 中序号为 3,6,9 的元素，查询向量 x 中大于 4.0 小于等于 5.0 的元素的位置。

4）创建一个向量 Petal.Length，内含等差序列：首位为 1.7，等差为 0.1，长度为 5。

5）创建一个向量 Petal.Width，内含重复序列：重复 0.2 五次。

6）创建一个向量为重复因子序列 Species：水平数为 3，各水平重复 2 次，序列长度为 5，三个水平为：setosa、versicolor、virginica。

7）创建一个 5 行 2 列的矩阵，元素为向量 x，按列填充。

8）将矩阵写入数据框 data_iris，更改列名为：Sepal.Length 、Sepal.Width。

9）将向量 Petal.Length、Petal.Width、Species 按列合并至数据框 data_iris 中。

10）将数据框 data_iris 保存为 txt 文件，保存到工作空间的 test 目录下。

（3）实验三

读取 txt 文件，进行编辑操作，再写入另外一个 csv 文件中。

1）读取实验二保存在 test 目录下的 txt 文件 data_iris。

2）将 R 的示例数据集 iris 中的第 6 ～ 10 行写入数据框 data_iris1 中。

3）将数据框 data_iris 与 data_iris1 合并为数据框 data_iris2，并保存为 csv 文件在同目录下。

4. 思考与实验总结

1）不同的数据结构之间是如何转换的？

2）如果读取的数据中出现乱码，如何处理？

Chapter 3 第3章

R语言常用数据管理

3.1 变量的重命名

在数据集创建之后，如果发现此前的变量名称输入有误，或者对原来的变量名称不满意，可以修改变量的名称。R修改变量名的方式有很多种，这里将介绍几种常用的修改变量名的方法，分别是利用交互式编辑器，rename()函数，names()函数，colnames()函数和rownames()函数等来修改变量名字。

（1）交互式编辑器修改变量名

利用交互式编辑器修改变量名通过fix()函数来实现，若要修改数据集x中的变量名，键入fix(x)即可打开交互式编辑器的界面。若数据集为矩阵或数据框，单击交互式编辑器界面中对应要修改的变量名，可手动输入新的变量名；若数据集为列表形式，则交互式编辑器为一个记事本，只要修改".Names"之后对应的变量名，即可修改变量名。

下面通过示例展示如何用交互式编辑器修改变量名。

❑ 实例：利用交互式编辑器将score数据集中变量p1的名称修改为student。

```
## 交互式编辑器修改变量名
> score<-data.frame(student=c("A","B","C","D"),
+                   gender=c("M","M","F","F"),
+                   math=c(90,70,80,60),
+                   Eng=c(88,78,69,98),
+                   p1=c(66,59,NA,88) )
> fix(score) #打开交互式编辑器，数据框的交互式编辑器为一个Data Editor
> score.list=as.list(score) #将score转化为列表
> fix(score.list) #打开交互式编辑器，列表的交互式编辑器为一个记事本
```

对于数据框 score，键入 fix(score) 后，显示的交互式编辑器如图 3-1 所示，而对于列表 score.list，键入 fix(score.list) 后，呈现的界面则如图 3-2 所示。

Data Editor

File Edit Help

	student	gender	math	Eng	p1	var6	var7	var8
1	A	M	90	88	66			
2	B	M	70	78	59			
3	C	F	80	69	NA			
4	D	F	60	98	88			
5								
6								
7								
8								

Variable editor

variable name Chinese

type ⊙ numeric ○ character

图 3-1　使用 fix() 函数修改数据框变量名

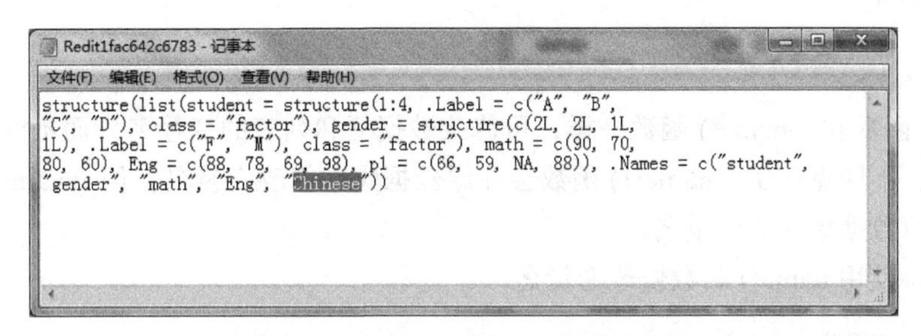

Redit1fac642c6783 - 记事本

文件(F) 编辑(E) 格式(O) 查看(V) 帮助(H)

```
structure(list(student = structure(1:4, .Label = c("A", "B",
"C", "D"), class = "factor"), gender = structure(c(2L, 2L, 1L,
1L), .Label = c("F", "M"), class = "factor"), math = c(90, 70,
80, 60), Eng = c(88, 78, 69, 98), p1 = c(66, 59, NA, 88)), .Names = c("student",
"gender", "math", "Eng", "Chinese"))
```

图 3-2　使用 fix() 函数修改列表变量名

（2）rename() 函数修改变量名

reshape 包中的 rename() 函数可用于修改数据框和列表的变量名，但不能用于修改矩阵的变量名。

❑ 使用格式：

```
dataframe=rename(dataframe,c(oldname="newname" ,...))
```

其中 oldname 为原变量名，newname 为新变量名。

❑ 实例：使用 rename() 函数修改变量名。

```
##rename() 函数修改变量名
> library(reshape) # 加载 reshape 包
> rename(score,c(p1="Chinese")) # 将 score 中的 p1 重命名为 Chinese
      sudent     gender     math    Eng    Chinese
1
                 M          90      88     66
2       B        M          70      78     59
3       C        F          80      9      NA
4       D        F          60      98     88

> rename(score.list,c(p1="Chinese")) # 将 score.list 中的 p1 重命名为 Chinese
$student
```

```
[1]     A       B       C   D
Levels: A       B       C   D
$gender
[1]     M       M       F   F
Levels: F       M
$math
[1]     90      70      80  60
$Eng
[1]     88      78      69  98
$Chinese
[1]     66      59      NA  88
```

（3）names() 函数修改变量名

❑ 功能：用于修改变量名。

❑ 使用格式：

```
names(x) <- value
```

names() 函数和 rename() 函数一样，可修改数据框和列表的变量名，而不能用于修改矩阵的变量名，不同点在于，names() 函数会在原数据集中修改变量名，但 rename() 函数并不会直接改变原数据集中的变量名。

❑ 实例：使用 name() 函数修改变量名。

```
##names() 函数修改变量名
> names(score)[5]="Chinese" # 将 score 的第 5 列列名改为 Chinese
> score
        student    gender    math    Eng    Chinese
1       A          M         90      88     66
2       B          M         70      78     5
3       C          F         80      69     NA
4       D          F         60      98     88
```

（4）colnames() 函数和 rownames() 函数修改变量名

上面介绍的 rename() 函数和 names() 函数都不能用于修改矩阵的变量名，R 中用于修改矩阵行名和列名的函数是 rownames() 和 colnames()，这两个函数也能够修改数据框的行名和列名。

❑ 使用格式：

```
rownames(x) <- value
colnames(x) <- value
```

其中，x 为数据集，value 为新的变量名。

注意 rownames() 函数和 colnames() 不能用于修改列表的变量名。

❑ 实例：使用 colnames() 函数修改变量名。

```
##colnames 函数和 rownames 函数修改变量名
> colnames(score)[5]="Chinese" # 将 score 的第 5 列列名改为 Chinese
>rownames(score)=letters[1:4]  # 将 score 的行名改为 a,b,c,d
> score
       student   gender   math   Eng   Chinese
a      A         M        90     88    66
b      B         M        70     78    59
c      C         F        80     69    NA
d      D         F        60     98    88
```

3.2　缺失值分析

在数据分析过程中，数据对象经常是不够完整的，也就是说，存在一定的缺失值。当数据集存在缺失值时，建模过程中就容易出现报错的情况，因此，缺失值分析是数据分析过程中重要的一步。缺失值分析过程通常包括缺失值检测和缺失值处理。在R语言中，常用的缺失值分析函数如表3-1所示。

表 3-1　缺失值分析函数

函数	描述
is.na(x)	返回一个与x等长的逻辑向量，并且由相应位置的元素是否是NA来决定这个逻辑向量相应位置的元素是TRUE还是FALSE。TRUE表示该位置的元素是缺失值
anyNA(x, recursive = FALSE)	判断数据中是否存在缺失值，返回TRUE或FALSE值。若存在缺失值，则返回TRUE，否则返回FALSE
na.omit(x)	删除含有缺失值的观测
complete.cases(x)	返回一个逻辑向量，不存在缺失值的行的值为TRUE，存在缺失值的行的值为FALSE

下面通过一个简单的实例来演示这几个函数的用法。

❑ 实例：检验数据集score中的缺失值，并删除score中含有缺失值的行。

```
## 缺失值分析
> is.na(score)  # 缺失值检测，TURE 表明该位置的值为缺失值
       student   gender   math    Eng     Chinese
[1,]   FALSE     FALSE    FALSE   FALSE   FALSE
[2,]   FALSE     FALSE    FALSE   FALSE   FALSE
[3,]   FALSE     FALSE    FALSE   FALSE   TRUE
[4,]   FALSE     FALSE    FALSE   FALSE   FALSE
> anyNA(score) # 检测 score 是否存在缺失值
[1] TRUE
> na.omit(score) # 删除 score 中存在缺失值的行
       student   ender    math    Eng     Chinese
1                M        90      88      66
2      B         M        70      78      59
4      D         F        60      98      88
> complete.cases(score)  # 检测哪一行存在缺失值，FALSE 表明该值对应的行存在缺失值
[1]  TRUE  TRUE  FALSE  TRUE
```

```
> score[complete.cases(score),]  # 删除 score 中存在缺失值的行
      student  gender  Math  Eng  Chinese
1     A        M       90    88   6
2     B        M       70    78   59
4     D                60    98   88
```

3.3 数据排序

数据排序作为一个重要的数据处理方法，在数据预处理和数据建模中都显得尤其重要。在 R 语言中，数据排序可以通过多种方式实现。常用的函数有三个，sort() 函数、rank() 函数和 order() 函数，需要注意的是，这三种函数的用法和返回结果是不同的。

（1）sort()

- 功能：对向量进行排序，返回的结果是经过排序后的向量。
- 使用格式：

```
sort(x, na.last = NA, decreasing = FALSE)
```

其中，x 表示需要排序的数据集；na.last 参数设定对数据集中缺失值的处理，na.last=NA（默认）表示在排序结果中缺失值将被删除，na.last=TRUE 表示将数据缺失值放在最后，na.last=FALSE 表示将数据缺失值放在前面；decreasing = FALSE 表示按从小到大的顺序排序，decreasing =TRUE 表示按从大到小的顺序排序。

- 实例：对数据集 score 中的变量 math 和 Chinese 进行排序。

```
## 使用 sort 函数排序
> sort(score$math) # 对 score 的 math 列按照从小到大排列
[1] 60  70  80  90
> sort(score$math,decreasing=TRUE)          # 对 score 的 math 列按照从大到小排列
[1] 90  80  70  60
> sort(score$Chinese,na.last=TRUE)          # 对 score 的 Chinese 列按照从小到大排列，并且
把缺失值放在最后
[1] 59  66  88  NA
```

（2）rank()

- 功能：返回向量中每个数值对应的秩。
- 使用格式：

```
rank(x, na.last = TRUE,ties.method = c("average", "first", "random", "max",
"min"))
```

其中，x 和 na.last 参数含义同 sort() 函数，ties.method 用于设定对数据集中重复数据的秩的处理方式，ties.method =“average”表示对重复数据的秩取平均值作为这几个数据共同的秩，ties.method =“ first”表示重复数据中的位于前面的数据的秩取小，位于后边的依次递增，“ random”表示随机定义重复数据的秩，”max”表示以重复数据可能对应的最大秩

作为这几个数据共同的秩,”min”表示以重复数据可能对应的最小秩作为这几个数据共同的秩。

❑ 实例：对向量 x 进行排序。

```
## 使用 rank 函数排序
> x<-c(3,4,2,5,5,3,8,9)
> rank(x)    # 求出 x 的秩
[1] 2.5  4.0  1.0  5.5  5.5  2.5  7.0  8.0
> rank(x, ties.method= "first")    # 求 x 的秩, ties.method="first"
[1] 2  4  1  5  6  3  7  8
> rank(x, ties.method= "random") # 求 x 的秩, ties.method=" random "
[1] 2  4  1  5  6  3  7  8
> rank(x, ties.method= "max")      # 求 x 的秩, ties.method=" max "
[1] 3  4  1  6  6  3  7  8
```

（3）order()

❑ 功能：对数据进行排序，返回值为最小(大)值、次小（大）值……次大（小）值、最大（小）值所在的位置。

❑ 使用格式：

```
order(x, na.last = TRUE, decreasing = FALSE)
```

其中，x 和 na.last 参数含义同 sort() 函数。与前面两个排序函数不同的是，order() 函数可以对数据框进行排序，对数据集 data_frame 按变量 v1、v2 进行排序的实现形式是：

```
data_frame[order(data_frame$v1, data_frame$v2, ]
```

如果 v1 相同，则按 v2 的升序排列。如果要将升序改为降序，只需在变量前添加负号或 decreasing = TRUE 即可。

❑ 实例：将数据集 score 按照变量 math 进行排序。

```
## 使用 order 函数排序
> order(score$math) # 对 score$math 升序排列，返回的值表示对应值在原向量中的位置。
[1] 4 2 3 1
> score[order(score$math),]
        student     gender     math    Eng     Chinese
4       D           M          60      98       88
2       B            M         70      78      9
3       C            F         80      69       NA
1       D            M         90      88       6
> score[order(-score$math),] # 输出排序结果
        student     gnder      math    Eng     Chinese
1       A           M          90      8       66
3                   F          80      69      NA
2       B           M          70      78      59
4       D           F          60      98      88
```

3.4 随机抽样

在模拟实际数据情况时，常常会使用随机抽样函数来从整体中挑出部分样本数据。简单随机抽样是最基本的抽样方法，是指从总体 N 个单位中任意抽取 n 个单位作为样本，使每个可能的样本被抽中的概率相等的一种抽样方式。

随机抽样又分为重复随机抽样和不重复随机抽样两种。重复抽样是指：本次从整体中抽取出的数据样本，在下一次抽取时同样有机会被抽取。不重复抽样就是：一旦被抽取为样本，下次就不能再被抽取了。

简单随机抽样可通过 srswr() 函数、srswor() 和 sample() 函数实现。srswr() 函数和 srswor() 函数在 sampling 包中，使用前需要先加载 sampling 包。

（1）srswr()

❑ 功能：放回简单随机抽样。

❑ 使用格式：

```
srswr(n,N)
```

表示在总体 N 中有放回地抽取 n 个样本，返回一个长度为 N 的向量，每个分量的值表示抽取次数。

❑ 实例：放回简单随机抽样。

```
## 放回简单随机抽样
> library(sampling)
> LETTERS
 [1] "A" "B" "C" "D" "E" "F" "G" "H" "I" "J" "K" "L" "M" "N" "O" "P" "Q" "R" "S"
"T" "U" "V"
[23] "W" "X" "Y" "Z"
> (s<-srswr(10,26))  # 在 26 个字母中有放回地抽取 10 个样本
 [1] 0 0 0 0 1 0 0 0 0 1 0 0 0 1 1 0 0 0 0 1 2 0 2 0 0 1
> (obs<-((1:26)[s!=0]) ) # 提取被抽到的样本单元的编号
[1]  5 10 14 15 20 21 23 26
> (n<-s[s!=0]) # 提取每个样本被抽到的次数
[1] 1 1 1 1 1 2 2 1
> (obs<-rep(obs,times=n)) # 被抽到的样本单元的编号按照抽到的次数重复。
 [1]  5 10 14 15 20 21 21 23 23 26
> (sample<-LETTERS[obs])
 [1] "E" "J" "N" "O" "T" "U" "U" "W" "W" "Z"
```

（2）srswor()

❑ 功能：不放回简单随机抽样。

❑ 使用格式：

```
srswor(n,N)
```

表示在总体 N 中无放回地抽取 n 个样本，返回一个长度为 N 的向量，每个分量的值表

示抽取次数，取值为 0 或 1。

❑ 实例：不放回简单随机抽样。

```
## 不放回简单随机抽样
> library(sampling)
> LETTERS
 [1] "A" "B" "C" "D" "E" "F" "G" "H" "I" "J" "K" "L" "M" "N" "O" "P" "Q" "R" "S"
"T" "U" "V"
[23] "W" "X" "Y" "Z"
> (s<-srswor(10,26)) # 在 26 个样本中无放回地抽取 10 个样本
 [1] 1 0 0 0 1 0 0 1 0 0 0 0 0 1 1 0 0 1 0 0 1 1 1 0 1 0
> (obs<-((1:26)[s!=0]))# 提取被抽到的样本单元的编号
 [1]  1  5  8 14 15 18 21 22 23 25
> (sample<-LETTERS[obs])
 [1] "A" "E" "H" "N" "O" "R" "U" "V" "W" "Y"
```

（3）sample()

❑ 功能：实现放回简单抽样和不放回简单随机抽样，也可对数据进行随机分组。

❑ 使用格式：

```
sample(x, size, replace = FALSE, prob = NULL)
```

随机抽取 x 中的数据，size 为抽取样本数，replace= FALSE 为不放回简单随机抽样，replace=TRUE 为放回简单随机抽样。若使用 sample() 函数对数据进行分组，x 为分组数，size 为抽取样本数，prob 为权重向量，replace=TRUE。

❑ 实例：用 sample 函数进行简单随机抽样。

```
## 使用 sample 函数抽样
> LETTERS
     [1] "A" "B" "C" "D" "E" "F" "G" "H" "I" "J" "K" "L" "M" "N" "O" "P" "Q" "R"
"S" "T" "U" "V"
[23] "W" "X" "Y" "Z"
> sample(LETTERS,5,replace=TRUE) # 放回简单随机抽样
[1] "H" "D" "R" "R" "U"
> sample(LETTERS,5,replace=FALSE) # 不放回简单随机抽样
[1] "D" "M" "S" "U" "I"
# 生成随机分组结果，第一组和第二组的比例为 7:3
> n<-sample(2,26,replace=TRUE,prob=c(0.7,0.3))
> n
    [1] 2 1 1 1 1 2 1 1 1 2 1 1 1 1 1 1 1 1 2 1 2 2 1 1 1 1 1
> (sample1<-LETTERS[n==1]) # 第一组
     [1] "B" "C" "D" "E" "G" "H" "I" "K" "L" "M" "N" "O" "P" "Q" "S" "V" "W" "X"
"Y" "Z"
> (sample2<-LETTERS[n==2]) # 第二组
[1] "A" "F" "J" "R" "T" "U"
```

3.5 数值运算函数

和其他数据分析软件一样，在 R 语言中，也有许多可应用于数值计算和统计分析的数

值函数，主要可以分成数学函数、统计函数和概率函数三大类。

1. 数学函数

常用的数学函数和统计函数见表 3-2 和表 3-3。

表 3-2 数学函数

函数	描述	函数	描述
abs(x)	绝对值	floor(x)	不大于 *x* 的最大整数
sqrt(x)	平方根	round(x,digits=n)	将 *x* 舍入为指定位的小数
ceiling(x)	不小于 *x* 的最小整数	signif(x,digits=n)	将 *x* 舍入为指定的有效数字位数

代码清单 3-1 为表 3-2 中各统计函数的实例。

代码清单 3-1 数学函数实例

```
## 数学函数实例
x<-c(1.12,-1.234,3.1,2.3,-4)
abs(x)      # 绝对值
sqrt(25)    # 平方根
ceiling(x) # 不小于 x 的最小整数
floor(x)    # 不大于 x 的最大整数
round(x,digits=1) #x 舍入为指定位的小数
signif(x,digits=1) #x 舍入为指定的有效数字位数
```

2. 统计函数

❑ 实例：表 3-3 中各统计函数的使用。内容见代码清单 3-2。

表 3-3 统计函数

函数	描述
mean(x)	平均数
median(x)	中位数
sd(x)	标准差
var(x)	方差
quantile(x,probs)	求分位数。其中 *x* 为待求分位数的数值型向量，probs 为一个由 [0，1] 的概率值组成的数值向量
range(x)	求值域
sum(x)	求和
min(x)	求最小值
max(x)	求最大值
scale(x,center=TRUE, scale=TRUE)	为数据对象 *x* 按列进行中心化或标准化，center=TRUE 表示数据中心化，scale=TRUE 表示数据标准化
diff(x,lag=n)	滞后差分，lag 用以指定滞后几项。默认的 lag 值为 1
difftime (time1, time2, units = c("auto", "secs", "mins", "hours", "days", "weeks"))	计算时间间隔，并以星期、天、时、分、秒来表示

代码清单 3-2 统计函数实例

```
## 统计函数实例
mean(rivers)                                      # 平均值
median(rivers)                                    # 中位数
sd(rivers)                                        # 标准差
var(rivers)                                       # 方差
quantile(rivers,c(.3,.84))                        # 计算 0.3 和 0.84 的分位数
range(rivers)                                     # 值域
min(rivers)                                       # 最小值
max(rivers)                                       # 最大值
scale(cars,center = T,scale = F)                  # 中心化
scale(cars,center = T,scale = T)                  # 标准化
diff(cars[,1])                                    # 滞后差分
# 求时间间隔
date<-c("2016-01-27","2016-02-27")
difftime(date[2],date[1],units = "days")          # 时间间隔为天
difftime(date[2],date[1],units = "weeks")         # 时间间隔为周
```

3. 概率函数

在介绍概率函数之前，首先汇总常用分布在 R 中的缩写，包括 Beta 分布、Logistic 分布等，详见表 3-4。

表 3-4 常见分布的名称及其在 R 中的缩写

分布名称	缩写	分布的参数名称及默认值	分布名称	缩写	分布的参数名称及默认值
Beta 分布	beta	shape1, shape2	F 分布	f	df1, df2
Logistic 分布	logis	location=0, scale=1	Wilcoxon 符号秩分布	signrank	n
二项分布	binom	size, prob	Gamma 分布	gamma	shape, scale=1
多项分布	multinom	size, prob	t 分布	t	df
柯西分布	cauchy	location=0, scale=1	几何分布	geom	prob
负二项分布	nbinom	size, prob	均匀分布	unif	min=0, max=1
(非中心) 卡方分布	chisq	df	超几何分布	hyper	m, n, k
正态分布	norm	mean=0, sd=1	Weibull 分布	weibull	shape, scale=1
指数分布	exp	rate=1	对数正态分布	lnorm	meanlog=0, sdlog=1
泊松分布	pois	lambda	Wilcoxon 秩和分布	wilcox	m, n

在 R 语言中，常用的概率函数有密度函数、分布函数、分位数函数和生成随机数函数。这些函数的用法都是以函数结合分布的形式来引用的，比如正态分布密度函数 dnorm()，其中 d 表示密度函数，norm 表示正态分布。这 4 种概率函数的写法如下：

d = 密度函数（density）

p = 分布函数（distribution function）

q = 分位数函数（quantile function）

r = 生成随机数（随机偏差）。

需要注意的是，生成随机数的函数格式为：

```
rfunc(n,p1,p2,...)
```

其中 func 指概率分布函数，n 为生成数据的个数，p1，p2，... 是分布的参数数值，可参考表 3-4 中分布的参数名称为参数赋值。

❑ 实例：随机生成正态分布数据并求其密度和分位数。

```
## 随机生成正态分布数据并求其密度和分位数。
> data=rnorm(20)    # 生成 20 个标准正态分布的数据
> data
 [1]  0.8928  0.6640  -1.1013  -0.8140  0.5293  -0.0698  1.3456  0.2517
 [9]  0.7235  -0.2462  -0.3034  -1.1686  1.0073  0.2068  -0.5349  0.0770
[17]  1.7353  0.1398  0.2915  0.5170
> dnorm(data)       # 计算 data 中各个值对应标准正态分布的密度
 [1] 0.2678   0.3200   0.2175   0.2864   0.3468   0.3980   0.1613   0.3865   0.3071
0.3870
[11] 0.3810   0.2015   0.2402   0.3905   0.3458   0.3978   0.0885   0.3951   0.3823
0.3490
> pnorm(data)       # 计算 data 中各个值对应标准正态分布的分位数
 [1] 0.814  0.747  0.135  0.208  0.702  0.472  0.911  0.599  0.765  0.403  0.381
[12] 0.121  0.843  0.582  0.296  0.531  0.959  0.556  0.615  0.697
> qnorm(0.9,mean=0,sd=1)    # 计算标准正态分布的 0.9 分位数
[1] 1.28
```

3.6 字符串处理

1. 正则表达式简介

正则表达式不是 R 的专属内容，但大多数字符串处理函数都使用正则表达式。因此，在介绍字符串处理函数前，先简单介绍正则表达式。

正则表达式是用于描述或匹配一个文本集合的表达式。所有英文字母、数字和很多可显示的字符本身就是正则表达式，用于匹配它们自己。比如 “a” 就是字母 “a” 的正则表达式。一些特殊的字符在正则表达式中不再用来描述它自身，它们在正则表达式中已经被“转义”了，这些字符称为“元字符”。常用的元字符见表 3-5。

表 3-5 常用元字符

符号	描述
.	除了换行以外的任意字符
\\	转义字符，如要匹配括号就要写成 “\\(\\)”
|	表示可选项，即 | 前后的表达式任选一个
^	放在表达式开始处表示匹配文本开始位置，放在方括号内开始处表示非方括号内的任一字符
$	放在句尾，表示一行字符串的结束

（续）

符号	描述
()	提取匹配的字符串，(\\s*) 表示连续空格的字符串
[]	选择方括号中的任意一个（如 [a-z] 表示任意一个小写字符）
{}	前面的字符或表达式的重复次数。如 {5,12} 表示重复的次数不能少于 5，不能多于 12，否则都不匹配
*	前面的字符或表达式重复零次或更多次
+	前面的字符或表达式重复一次或更多次
?	前面的字符或表达式重复零次或一次

正则表达式符号运算顺序：圆括号括起来的表达式最优先，然后是表示重复次数的操作（即 * + {} ），接下来是连接运算（其实就是几个字符放在一起，如 abc），最后是表示可选项的运算（|）。

2. 字符串处理函数

字符处理函数可以从文本型数据中抽取信息，或者为打印输出和生成报告重设文本的格式。常用的字符串处理函数见表 3-6，在分析过程中，可根据不同的需要选择不同的函数对字符串数据进行处理。

表 3-6　字符串处理

函数	描述
nchar(x)	计算 x 中的字符数量
substr(x, start, stop)	提取或替换一个字符向量中的子串
grep(pattern, x, ignore.case = FALSE, perl = FALSE, value = FALSE, fixed = FALSE, useBytes = FALSE, invert = FALSE)	字符串查询，返回结果为匹配项的下标
grepl(pattern, x, ignore.case = FALSE, perl = FALSE, fixed = FALSE, useBytes = FALSE)	字符串查询，返回所有的查询结果，并用逻辑向量表示有没有找到匹配
sub(pattern, replacement, x, ignore.case=FALSE, fixed=FALSE)	对第一个满足条件的匹配做替换，原字符串并没有改变，要改变原变量只能通过再赋值的方式
gsub(pattern, replacement, x, ignore.case = FALSE, perl = FALSE, fixed = FALSE, useBytes = FALSE)	把所有满足条件的匹配都做替换，原字符串并没有改变，要改变原变量只能通过再赋值的方式
strsplit(x, split, fixed = FALSE, perl = FALSE, useBytes = FALSE)	在 split 处分割字符向量 x 中的元素
paste (..., sep = " ", collapse = NULL)	连接字符串，分隔符为 sep
toupper(x)	大写转换
tolower(x)	小写转换

下面介绍 grep()、sub()、gsub()、strsplit() 和 paste() 函数。

（1）grep()

- 功能：字符串查询，返回结果为匹配项的下标。
- 使用格式：

```
grep(pattern, x, ignore.case = FALSE, perl = FALSE, value = FALSE, fixed = FALSE,
useBytes = FALSE, invert = FALSE)
```

若 fixed=FALSE，则 pattern 为一个正则表达式。若 fixed=TRUE，则 pattern 为一个文本字符串。

grepl() 函数也用于字符串的查询和替换，grep() 仅返回匹配项的下标，而 grepl() 返回一个逻辑向量，TRUE 表示匹配，FALSE 表示不匹配。两者用于提取数据子集的结果相同。

除了上述提到的 grep 函数和 grep1 函数，可用于字符串提取的函数还有 regexpr、gregexpr 和 regexec。

❑ 实例：对字符串进行查询。详见代码清单 3-3。

代码清单 3-3 字符串查询

```
## 字符串查询
txt=c("Whatever","is","worth","doing","is","worth","doing","well")
#grep() 函数
grep("e.*r|wo", txt,fixed=FALSE)  # 查询含有 "e...r" 或 "wo" 的字符串，返回匹配项下标
#grepl() 函数
grepl("e.*r|wo", txt)    # 返回一个逻辑向量，TRUE 表示匹配
#gregexpr() 函数
gregexpr("e.*r|wo", txt)  # 返回一个列表，结果包括匹配项的起始位置及匹配项长度
#regexec() 函数
regexec("e.*r|wo", txt)   # 结果与 gregexpr() 函数相同
#regexpr() 函数
regexpr("e.*r|wo", txt)   # 返回匹配项的起始位置及匹配项长度
```

运行代码清单 3-3，得到部分结果如下：

```
> grep("e.*r|wo", txt,fixed=FALSE)  # 查询含有 "e...r" 或 "wo" 的字符串，返回匹配项下标
[1] 1 3 6
> grepl("e.*r|wo", txt) # 返回一个逻辑向量，TRUE 表示匹配
[1]  TRUE FALSE  TRUE FALSE FALSE  TRUE FALSE FALSE
> regexpr("e.*r|wo", txt) # 返回匹配项的起始位置及匹配项长度
[1]  5  -1  1  -1  -1  1  -1  -1
attr(,"match.length")
[1]  4  -1  2  -1  -1  2  -1  -1
attr(,"useBytes")
[1] TRUE
```

（2）sub()

❑ 功能：对第一个满足条件的匹配做替换。

❑ 使用格式：

```
sub(pattern, replacement, x, ignore.case=FALSE, fixed=FALSE)
```

在 x 中搜索 pattern，并以文本 replacement 将其替换。若 fixed=FALSE，则 pattern 为一个正则表达式。若 fixed=TRUE，则 pattern 为一个文本字符串。

sub 函数只对第一个满足条件的匹配做替换，若 x 为向量，则对每个分量第一个满足条件的匹配做替换。sub 函数并没有改变原字符串，要改变原字符串只能通过再赋值的方式。

（3）gsub()

❑ 功能：把所有满足条件的匹配都做替换。

❑ 使用格式：

```
gsub(pattern, replacement, x, ignore.case=FALSE, fixed=FALSE)
```

gsub函数的用法与sub函数相同，但是二者的结果不同。sub函数只对第一个满足条件的匹配做替换，而gsub函数会替换所有满足条件的匹配。下面通过一个简单的例子来比较sub函数和gsub函数的替换结果。

❑ 实例：字符串替换。

```
## 字符串替换
> txt=c("Whatever","is","worth","doing","is","worth","doing","well")
> sub("[tr]", "k", txt)  # 各分量第一个 "t" 或 "r" 替换为 "k"
[1] "Whakever"  "is"  "wokth"   "doing"   "is"  "wokth"    "doing"   "well"
> gsub("[tr]", "k", txt)  # 所有 "t" 和 "r" 替换为 "k"
[1] "Whakevek"  "is"  "wokkh"   "doing"   "is"  "wokkh"   "doing"   "well"
```

（4）strsplit()

❑ 功能：字符串拆分。

❑ 使用格式：

```
strsplit(x, split, fixed = FALSE, perl = FALSE, useBytes = FALSE)
```

在split处分割字符向量x中的元素，分割结果为一个列表。若fixed=FALSE，则split为一个正则表达式。若fixed=TRUE，则split为一个文本字符串。

❑ 实例：字符串拆分。

```
## 字符串拆分
> data <- c("2016年1月1日","2016年2月1日")
> strsplit(data,"年")  # 以"年"为分隔符拆分字符串，字符串拆分后以列表形式存储
[[1]]
[1] "2016"    "1月1日"
[[2]]
[1] "2016"    "2月1日"
> strsplit(data,"年")[[1]][1]  # 提取列表中的元素
[1] "2016"
```

（5）paste()

❑ 功能：字符串连接。

❑ 使用格式：

```
paste(..., sep = " ", collapse = NULL)
```

参数sep表示分隔符，默认为空格；参数collapse可选，如果不指定值，那么函数paste的返回值是自变量之间通过sep指定的分隔符连接后得到的一个字符型向量；如果为

其指定了特定的值，那么自变量连接后的字符型向量会再被连接成一个字符串，之间通过collapse的值分隔。

❑ 实例：字符串连接。

```
## 字符串连接
> paste("AB", 1:5, sep = "") # 将"AB"与向量1:5连接起来
[1] "AB1" "AB2" "AB3" "AB4" "AB5"
> x <- list(a = "1st", b = "2nd", c = "3rd")
> y <- list(d = 1, e = 2)
> paste(x, y, sep = "-")   # 用符号"-"连接x与y，较短的向量被循环使用
[1] "1st-1" "2nd-2" "3rd-1"
> paste(x, y, sep = "-", collapse = "; ")  # 设置collapse参数，连成一个字符串
[1] "1st-1; 2nd-2; 3rd-1"
> paste(x, collapse = ", ") # 将x的各分量连接为一个字符串，符号", "为各分量的分隔符
[1] "1st, 2nd, 3rd"
```

3.7 文本分词

在电商平台激烈竞争的大背景下，了解更多消费者的心声对于电商平台来说也变得越来越有必要，其中非常重要的方式就是对消费者的文本评论数据进行内在信息的数据挖掘分析。文本分词作为文本挖掘中的重要步骤，是非常有必要了解和学习的。所谓文本分词，也就是对文本进行合理的分割，从而可以比较便捷地获取关键信息。

在R语言中，对中文分词支持较好的有RWordseg包和jiebaR包。

1. RWordseg包

Rwordseg包依赖于rJava和java环境，下面简单介绍rJava包和Rwordseg包的安装。

步骤一：安装rJava包。在R中输入命令：

install.packages(“rJava”)

步骤二：安装JDK(Java Development Kit)。JDK的版本需要与R的版本对应，如R64就需要安装JDK64位。

步骤三：设置环境变量。在R中运行如下命令：

Sys.setenv(JAVA_HOME='C:\\Program Files\\Java\\jre')

'C:\\Program Files\\Java\\jre' 修改为JDK的实际路径。

步骤四：安装RWordseg包。在R中输入命令：

install.packages(“Rwordseg” , repos = “http://R-Forge.R-project.org”)

步骤五：加载rJava和Rwordseg包。

实现文本分词，关键的步骤包括导入和删除词库、添加和卸载词典、中文分词等，RWordseg包常用的函数及其描述如表3-7所示。

表 3-7　RWordseg 包常用文本分词函数

函数	描述
insertWords(x,save=TRUE)	向词库中导入新词汇，save=TRUE 时，表示把操作记录下来，下回启动能直接用
deleteWords(x)	从词库中删除词汇
getOption(“isNameRecognition”)	查看人名识别功能的状态，结果为 TRUE 表明能够识别，结果为 FALSE 表明不能识别
segment.options(“isNameRecognition”=TRUE)	设置人名识别功能的状态，设为 TRUE 即可实现人名识别功能
listDict()	查看词典
installDict()	添加用户自定义的字典
uninstallDict()	卸载用户自定义的字典
segmentCN()	中文分词

下面进一步介绍 installDict()，uninstallDict() 和 segmentCN() 函数。

（1）installDict()

❑ 功能：添加用户自定义的字典。

❑ 使用格式：

```
installDict(dictpath, dictname,dicttype = c("text", "scel"), load = TRUE)
```

其中，dictpath 表示需要安装词典的路径；dictname 为自定义的词典名称；dicttype 表示安装的词典类型，”tex” 为普通文本格式，”scel” 为 Sogou 细胞词典（可在 Sogou 官网下载）；load 表示安装后是否自动加载到内存，默认为 TRUE。

（2）uninstallDict()

❑ 功能：卸载用户自定义的字典

❑ 使用格式：

```
uninstallDict(removedict = listDict()$Name, remove = TRUE)
```

其中，removedict 指定要卸载的词典名称；remove 表示是否立即清除词典中的词语，默认为 TRUE。

（3）segmentCN()

❑ 功能：中文分词。

❑ 使用格式：

```
segmentCN(x,nature=TRUE, nosymbol=TURE)
```

其中，参数 nature 可以设置是否输出词性，默认不输出，如果选择输出，那么返回的向量名为词性的标识。参数 nosymbol 默认为 TURE，表示不输出标点，只能有汉字、英文和数字。不过目前的词性识别和标点识别比较容易出现识别出错的情况，结果仅作为参考。

这些函数的用法将通过下面的简单例子来更好地展示，如代码清单 3-4 所示。

代码清单 3-4　RWordseg 包文本分词

```
library(rJava)
library(Rwordseg)
## 文本分词
segmentCN("雷克萨斯品牌")                #对"雷克萨斯品牌"进行分词
insertWords(c("雷克萨斯"))               #导入词汇
segmentCN("雷克萨斯品牌")                #导入词汇后再次分词
deleteWords(c("雷克萨斯"))               #删除词汇
segmentCN("雷克萨斯品牌")                #删除词汇后再次分词

## 载入词典并进行文本分词
#词典下载链接: http://pinyin.sogou.com/dict/detail/index/15153
installDict(dictpath = ".\\data\\汽车词汇大全.scel", dictname = 'qiche' ) #加载词典并命名为qiche
listDict()                              #查看词典
segmentCN("雷克萨斯品牌")                #加载词典后再次分词
uninstallDict()                         #卸载词典
```

运行代码清单 3-4 得到部分结果如下：

```
## 文本分词
> segmentCN("雷克萨斯品牌")              #对"雷克萨斯品牌"进行分词
[1] "雷"   "克"   "萨"   "斯"   "品牌"
> insertWords(c("雷克萨斯"))             #导入词汇
> segmentCN("雷克萨斯品牌")              #导入词汇后再次分词
[1] "雷克萨斯" "品牌"
> deleteWords(c("雷克萨斯"))             #删除词汇
> segmentCN("雷克萨斯品牌")              #删除词汇后再次分词
[1] "雷"    "克"    "萨"    "斯"    "品牌"
> installDict(dictpath = "E:\\汽车词汇大全.scel", dictname = 'qiche' ) #加载词典并命名为qiche
2388 words were loaded! ... New dictionary 'qiche' was installed!
> listDict()  #查看词典
  Name  Type          Des
1   qiche   汽车   官方推荐，词库来源于网友上传!
                        Path
1 d:/Program Files/R/R-3.2.0/library/Rwordseg/dict/qiche.dic
> segmentCN("雷克萨斯品牌")              #加载词典后再次分词
[1] "雷克萨斯" "品牌"
> uninstallDict()                       #卸载词典
2388 words were removed! ... The dictionary 'qiche' was uninstalled!
```

2. jiebaR 包

jiebaR 包支持最大概率法（Maximum Probability）、隐式马尔科夫模型（Hidden Markov Model）、索引模型（QuerySegment）、混合模型（MixSegment）4 种分词模式，还有词性标注、关键词提取、文本 Simhash 相似度比较等功能。

（1）分词

使用jiebaR包进行分词，需要先使用worker()函数初始化分词引擎。worker函数各参数说明如表3-8所示。

❑ 使用格式：

```
worker(type = "mix", dict = DICTPATH, hmm = HMMPATH, user = USERPATH,  idf =
IDFPATH, stop_word = STOPPATH, write = T, qmax = 20, topn = 5, encoding = "UTF-8",
detect = T, symbol = F, lines = 1e+05, output = NULL, bylines = F)
```

表3-8 worker函数参数说明

参数	描述
type	分词引擎类型。包括mix、mp、hmm、query、tag、simhash、and keywords，分别为混合模型、支持最大概率法、隐式马尔科夫模型、索引模型、词性标注、文本Simhash相似度比较、关键词提取
dict	一个词库的路径，默认为DICTPATH，可用于mix、mp、query、tag、simhash and keywords分词引擎
hmm	隐马尔科夫模型的路径，默认为HMMPATH，可用于mix、hmm、query、tag、simhash and keywords分词引擎
user	用户自定义词库
idf	逆文本频率指数路径，默认为IDFPATH，可用于simhash and keywords分词引擎
stop_word	停止词词库路径，默认为STOPPATH，可用于simhash、keywords、tagger and segment分词引擎
qmax	词的最大查询长度，默认为20，可用于query分词引擎
topn	关键词个数，默认为5，可用于simhash and keywords分词引擎
symbol	输出结果是否保留符号，默认为F

初始化分词引擎后，使用分词运算符"<="或者segment()函数进行分词。segment()函数的使用格式如下：

```
segment(code, jiebar, mod = NULL)
```

code为中文句子或者一个文本文档路径，jiebar为一个jiebarR分词引擎，mod可改变默认的分词引擎，其值可为”mix”、”hmm”、”query”、”full”、”level”、“mp”。

另外，介绍jiebaR包中用于分词的符号”qseg”，其用法如下：

```
qseg<=code 或者 qseg[code]
```

code为中文句子或者一个文本文档路径。qseg默认分词模式为”mix”，可通过qseg$type修改分词模式。

❑ 实例：jiebaR包分词函数的使用方法，详见代码清单3-5。

代码清单3-5 jiebaR包分词代码

```
## jiebaR包文本分词
library(jiebaR)                    #接受默认参数，建立分词引擎
mixseg = worker()                  #默认mix分词引擎
mpseg=worker(type="mp")            #mp分词引擎
hmmseg=worker(type="hmm")          #hmm分词引擎
word="人们都说桂林山水甲天下"         #使用分词运算符进行分词
```

```
mixseg <= word                          #<= 分词运算符
mpseg<=word
hmmseg<=word                            # 使用 segment 进行分词
segment(word, mixseg)                   # 分词结果与分词运算符的结果相同

# 使用 qseg 进行分词
qseg<=word
qseg[word]

# 对文件进行分词
segment(".\\data.txt",mixseg)
mixseg <= ".\\data.txt"
qseg<=".\\data.txt"
```

运行代码清单 3-5 得到部分结果如下：

```
# 使用分词运算符进行分词
> mixseg <= word          #<= 分词运算符
[1] "人们"       "都"        "说"          "桂林山水" "甲天下"
> mpseg<=word
[1] "人们"       "都"        "说"          "桂林山水" "甲天下"
> hmmseg<=word
[1] "人们"     "都"       "说"       "桂林山" "水甲天" "下"
# 使用 segment 进行分词
> segment(word, mixseg)  # 分词结果与分词运算符的结果相同
[1] "人们"       "都"        "说"          "桂林山水" "甲天下"
```

初始化分词引擎后，可输出 worker 的设置，并通过"$"符号重设一些 worker 的参数。一些参数在初始化时已经确定，无法修改，可通过 mixseg$PrivateVarible 获得无法修改的参数信息。

❑ 实例：获取 worker 的信息。

```
## 获取 worker 的信息
# 输出 mixseg 的设置
> mixseg
Worker Type:  Jieba Segment
Default Method  :  hmm
Detect Encoding :  TRUE
Default Encoding:  UTF-8
Keep Symbols    :  TRUE
Output Path     :
Write File      :  TRUE
By Lines        :  FALSE
Max Word Length :  20
Max Read Lines  :  1e+05

Fixed Model Components:
$dict
[1] "d:/Program Files/R/R-3.2.0/library/jiebaRD/dict/jieba.dict.utf8"
```

```
$user
[1] "d:/Program Files/R/R-3.2.0/library/jiebaRD/dict/user.dict.utf8"
$hmm
[1] "d:/Program Files/R/R-3.2.0/library/jiebaRD/dict/hmm_model.utf8"
$stop_word
NULL
$timestamp
[1] 1456726743
$default $detect $encoding $symbol $output $write $lines $bylines can be reset.
#通过"$"符号改变mixseg的参数
>mixseg$symbol = T #在输出中保留标点符号
#通过mixseg$PrivateVarible获得无法修改的参数信息
> mixseg$PrivateVarible
$dict
[1] "d:/Program Files/R/R-3.2.0/library/jiebaRD/dict/jieba.dict.utf8"
$user
[1] "d:/Program Files/R/R-3.2.0/library/jiebaRD/dict/user.dict.utf8"
$hmm
[1] "d:/Program Files/R/R-3.2.0/library/jiebaRD/dict/hmm_model.utf8"
$stop_word
NULL
$timestamp
[1] 1456726743
```

（2）词性标注

可以使用<=.tagger或者tag来进行分词和词性标注，词性标注使用混合模型分词，标注采用和ictclas兼容的标记法。

❑ 实例：词性标注。

```
## 词性标注
> word="人们都说桂林山水甲天下"
> tagger = worker("tag")  #初始化分词引擎，type="tag"
> tagger <= word #对word进行词性标注
n        d        v        ns          l
"人们"   "都"     "说"     "桂林山水"   "甲天下"
## 使用qseg进行词性标注
> qseg$type<-"tag" #将分词模式改为"tag"
> qseg[word] #对word进行词性标注
n        d        v        ns          l
"人们"   "都"     "说"     "桂林山水"   "甲天下"
```

标注的含义可对照表3-9汉语文本词性标注。

表3-9 汉语文本词性标注

标注	词性	标注	词性	标注	词性	标注	词性	标注	词性	标注	词性
Ag	形语素	an	名形词	Dg	副语素	f	方位词	i	成语	l	习用语
a	形容词	b	区别词	d	副词	g	语素	j	简称略语	m	数词
ad	副形词	c	连词	e	叹词	h	前接成分	k	后接成分	Ng	名语素

（续）

标注	词性	标注	词性	标注	词性	标注	词性	标注	词性	标注	词性
n	名词	nz	其他专名	r	代词	u	助词	vd	副动词	x	非语素字
nr	人名	o	拟声词	s	处所词	Vg	动语素	vn	名动词	y	语气词
ns	地名	p	介词	Tg	时语素	v	动词	w	标点符号	z	状态词
nt	机构团体	q	量词	t	时间词						

（3）关键词提取和 Simhash 计算

进行关键词提取或 Simhash 计算时，需要将 worker 中的 type 参数设置成”keywords”或”simhash”，并使用 topn 参数来设置关键词个数。

❑ 实例：关键词提取和 Simhash 计算。

```
## 关键词提取和 Simhash 计算
# 初始化分词引擎，type=" keywords "，关键词个数为 1
> keys = worker("keywords",topn = 1)
> keys<=word # 提取 word 中的关键词
    10.6048
" 桂林山水 "
# 初始化分词引擎，type=" simhash "，关键词个数为 2
> simhash = worker("simhash",topn = 2)
> simhash <=word
$simhash
[1] "17867597785105042892"

$keyword
    10.6048    10.2631
" 桂林山水 "       " 甲天下 "
```

3.8 apply 函数族

R 函数的诸多有趣特性之一，就是它们可以应用到一系列的数据对象上，包括标量、向量、矩阵、数组、数据框和列表。将函数应用于不同的数据对象，主要是借助 apply 函数族来实现的，该函数族内的函数有 apply()、lapply() 等多个函数，各个函数的功能相似，需要注意的是，各函数的使用对象和返回结果的形式存在一定的差异，详见表 3-10。

表 3-10 apply 函数族中的常用函数

函数名称	使用对象	返回结果
apply()	对矩阵、数组或者数据框	向量、数组或列表
lapply()	对列表、数据框或者向量	列表
sapply()	对列表、数据框或者向量	向量、数组或列表
tapply()	对不规则阵列	阵列
mapply()	对多个列表或者向量参数	列表

下面分别介绍各个函数的使用。

（1）apply()

❑ 功能：对数组或者矩阵的一个维度使用函数生成列表或者数组、向量。

❑ 使用格式：

```
apply(x,MARGIN,FUN,…)
```

其中，x 为数据对象，可以是矩阵、数组或者数据框，MARGIN=1 表示矩阵行，2 表示矩阵列，也可以是 c（1，2），FUN 表示使用的函数。

❑ 实例：计算矩阵 x 各行各列的均值。

```
## 使用 apply 函数计算矩阵的均值
>x<-matrix(1:20,ncol=4)
> x
          [,1]  [,2]  [,3]  [,4]
    [1,]    1     6    11    16
    [2,]    2     7    12    17
    [3,]    3     8    13    18
    [4,]    4     9    14    19
    [5,]    5    10    15    20
> apply(x,1,mean) # 计算各行的均值
[1] 8.5  9.5  10.5  11.5  12.5
> apply(x,2,mean) # 计算各列的均值
[1] 3  8  13  18
```

（2）lapply()

❑ 功能：对 x 的每一个元素运用函数，生成一个与元素个数相同的值列表。

❑ 使用格式：

```
lapply(x,FUN,…)
```

其中，x 为数据对象，可以是列表、数据框或者向量，FUN 表示使用的函数。

❑ 实例：对列表 x 的每一个元素计算均值。

```
## 使用 lapply 函数计算各子列表的均值
> x <- list(a = 1:5, b = exp(0:3))
> x
$a
[1] 1  2  3  4  5
$b
[1]  1.000000  2.718282  7.389056  20.085537
> lapply(x,mean) # 对列表 x 的每一个元素计算均值
$a
[1] 3
$b
[1] 7.798219
```

（3）sapply()

❑ 功能：通过对 x 的每一个元素运用函数，生成一个与元素个数相同的值列表或矩阵。

❑ 使用格式：

```
sapply(x,FUN,…,simplify=TRUE, USE.NAMES = TRUE)
```

sapply 函数比 lapply 函数多了一个 simplify 参数。如果 simplify=FALSE，则等价于

lapply，否则将 lapply 输出的 list 简化为 vector 或 matrix。

❑ 实例：列表 list 中的元素与数字 1 ～ 3 连接，并以矩阵和列表两种形式输出。

```
## 使用 sapply 函数处理列表的字符串连接
> list=list(c("a", "b", "c"),c("A", "B", "C"))
> list
[[1]]
[1] "a"  "b"  "c"
[[2]]
[1] "A"  "B"  "C"
# 列表 list 中的元素与数字 1 ～ 3 连接，输出结果为矩阵
> sapply(list, paste,1:3, simplify=TRUE)
     [,1]   [,2]
[1,] "a 1"  "A 1"
[2,] "b 2"  "B 2"
[3,] "c 3"  "C 3"
# 列表 list 中的元素与数字 1 ～ 3 连接，输出结果为列表
> sapply(list, paste,1:3 ,simplify=F)
[[1]]
[1] "a 1"  "b 2"   "c 3"
[[2]]
[1] "A 1"  "B 2"  "C 3"
```

（4）tapply()

❑ 功能：对不规则阵列使用向量，即对一组非空值按照一组确定因子进行相应计算。

❑ 使用格式：

```
tapply(x, INDEX, FUN, …, simplify = TRUE)
```

其中，x 通常是一个向量。INDEX 是因子列表，和 x 长度一样。simplify 是逻辑变量，若取值为 TRUE（默认值），且函数 FUN 的计算结果总是为一个标量值，那么函数 tapply 返回一个数组；若取值为 FALSE，则函数 tapply 的返回值为一个 list 对象。需要注意的是，当第二个参数 INDEX 不是因子时，函数 tapply() 同样有效，因为必要时，R 会用 as.factor() 把参数强制转换成因子。

❑ 实例：计算不同 sex 对应的 height 的均值。

```
## 使用 tapply 函数进行分组统计
> height <- c(174, 165, 180, 171, 160)
> sex<-c("F","F","M","F","M")
> tapply(height, sex, mean) # 计算不同 sex 对应的 height 的均值
  F   M
170  170
```

（5）mapply()

mapply() 函数是 sapply 的多变量版本。将对多个变量的每个参数运行 FUN 函数，如有必要，参数将被循环。

❑ 使用格式：

```
mapply(FUN,…,MoreArgs=NULL,SIMPLIFY=TRUE,USE.NAMES=TRUE)
```

其中，MoreArgs 为 FUN 函数的其他参数列表。SIMPLIFY 是逻辑或者字符串，取值为 TRUE 时，将结果转换为一个向量、矩阵或者更高维阵列，但不是所有结果都能够转换。

❑ 实例：使用 mapply 函数重复生成列表 list(x = 1:2))。

```
## 使用 mapply 函数重复生成列表
# 重复生成列表 list(x = 1:2))，重复次数 times=1:3，结果为一个列表
> mapply(rep, times = 1:3, MoreArgs = list(x = 1:2))
[[1]]
[1]  1  2
[[2]]
[1]  1  2  1  2
[[3]]
[1]  1  2  1  2  1  2
# 重复生成列表 list(x = 1:2))，重复次数 times=c(2,2)，结果为一个矩阵
> mapply(rep, times = c(2,2), MoreArgs = list(x = 1:2))
        [,1]  [,2]
[1,]       1     1
[2,]       2     2
[3,]       1     1
[4,]       2     2
```

3.9 数据整合

R 提供了许多整合和重塑数据的强大方法。在整合数据时，往往将多组观测替换为根据这些观测计算的描述性统计量。在重塑数据时，则会通过修改数据的结构（行和列）来决定数据的组织方式。本节将介绍几种数据整合和重塑数据的方法。

1. 数据汇总统计

数据汇总统计通过 aggregate() 实现。它首先将数据分组（按行），然后对每一组数据进行函数统计，最后把结果组合成一个表格返回。

❑ 使用格式：

```
aggregate(x, by, FUN)
```

其中 x 是待折叠的数据对象，by 是一个变量名组成的列表，这些变量将被去掉以形成新的观测，FUN 是用来计算描述性统计量的标量函数，它用来计算新观测中的值。

❑ 实例：对数据集 mtcars 汇总统计。

```
## 数据汇总统计
> attach(mtcars)
> colnames(mtcars) # 变量重命名
```

```
 [1] "mpg"  "cyl"  "disp" "hp"   "drat" "wt"   "qsec" "vs"   "am"   "gear" "carb"
> aggregate(mtcars[,c(1,3)], by=list(cyl,gear),FUN=mean) # 数据汇总统计
        Group.1    Group.2    mpg       disp
1       4          3          21.500    120.1000
2       6          3          19.750    241.5000
3       8          3          15.050    357.6167
4       4          4          26.925    102.625
5       6          4          19.50     163.8000
                   5          28.200    107.7000
7       6          5          19.700    145.0000
8       8          5          15.400    326.0000
```

aggregate 函数计算的结果中，Group.1 表示变量 cy1，Group.2 表示变量 gear，第一行的结果表示 cy1 为 4，gear 为 3 时，mpg 和 disp 的均值分别为 21.5 和 120.1。

2. 数据融合

在 R 中，数据融合通过 reshape2 包中的 melt() 函数实现。它会根据数据类型（数据框、数组或列表）选择 melt.data.frame, melt.array 或 melt.list 函数进行实际操作。

如果是数组类型，melt 的用法就很简单，它依次组合各维度的名称，将数据进行线性 / 向量化。如果数组有 *n* 维，那么得到的结果共有 *n*+1 列，前 *n* 列记录数组的位置信息，最后一列才是观测值。

❑ 使用格式：

```
melt(data, varnames, value.name = "value", na.rm = FALSE)
```

其中，data 为用于融合的数据集；varnames 为融合后各维度的变量名；value.name 为观测值的变量名；na.rm 表示是否从数据集中删除缺失值，默认为 FALSE，不删除。

如果是列表数据，melt 函数将列表中的数据拉成两列，一列记录列表元素的值，另一列记录列表元素的名称；如果列表中的元素是列表，则增加列变量存储元素名称。元素值排列在前，名称在后，越是顶级的列表元素，名称越靠后。

如果数据是数据框类型，melt 的参数就稍微复杂些。

❑ 使用格式：

```
melt(data, id, measure, variable.name, value.name, na.rm = FALSE)
```

其中 id 是被当作维度的列变量，每个变量在结果中占一列；measure 是被当成观测值的列变量，它们的列变量名称和值分别组成 variable 和 value 两列，列变量名称分别由 variable.name 和 value.name 指定。

❑ 实例：使用 melt() 函数融合数据框和数组的数据。

```
### 数据融合
> library(reshape2)
## 作用于数据框的例子
> head(airquality)
```

```
    Ozone     Solar.R     Wind     Temp     Month     Day
1   41        190         7.4      67       5         1
2   36        118         8.      72       5         2
3   12        19          12.6     74       5         3
    18        313         11.5     62       5         4
5   NA        NA          14.3     56       5         5
6   28        NA          14.9     66       5         6
#保留变量"Ozone","Month","Day",其他的变量作为观测值,拉长数据框。
> air_melt<-melt(airquality,id=c("Ozone","Month","Day"),na.rm=TRUE)
> head(air_melt)
    Ozone     Month     Day     variable     value
1   41        5         1       Soar.R       190
2   3                   2       Solar.R      118
3   12        5         3       Solar.R      149
4   18        5         4       Solar.R      313
7   23        5         7       Solar.R      299
8   19        5         8       Solar.R      99
## 作用于数组的例子
> a<-array(c(1:11,NA),c(2,3,2));a
, , 1
        [1]    [2]    [3]
[1]       1      3     5
[2]       2      4     6

, , 2
        [1]    [2]    [3]
[]        7      9     11
[2]       8     10     NA

> a_melt<-melt(a,na.rm=TRUE,varnames=c("X","Y","Z")) #把高维数组a拉成一个数据框
> head(a_melt)
    X    Y    Z    value
1   1    1    1    1
2   2    1    1    2
3   1    2    1    3
4   2    2    1    4
5   1    3    1    5
6   2    3    1    6
```

3. 数据重塑

melt获得的数据可以用acast或dcast还原。acast获得数组，dcast获得数据框。

❑ 使用格式：

```
cast(data, formula, fun.aggregate = NULL,...)
```

其中，x为已融合的数据；formula描述了想要的最后结果，公式左边的每个变量都会作为结果中的一列，而右边的变量被当成因子类型，每个水平都会在结果中产生一列；fun.aggregate是数据整合函数。

❑ 实例：数据重塑。

```
## 数据重塑
## 分别求各月份 Solar.R, Wind, Temp 的平均值
> air_cast<-dcast(air_melt, Month~variable,fun.aggregate = mean)
> air_cast
   Month    Soar.R      Wind        Tem
1  5        181.2963    11.622581   65.54839
2  6        190.1667    10.266667   79.10000
3  7        216.4839    8.941935    83.90323
4  8        171.8571    8.793548    83.96774
5  9        167.4333    10.180000   76.90000
```

3.10 控制流

1. 分支语句

条件分支语句在编程语言中非常常见。在 R 语言中，常用的条件分支语句包括 if/else 语句和 switch 语句。下面简单介绍这两种语句的用法。

（1）if/else 语句

❑ 使用格式：

```
if (condition) {expr1} else {expr2}
```

如果满足条件 condition，则执行语句 expr1，若不满足，则执行语句 expr2。expr1 和 expr2 可为一个或一组语句，若只有一个语句，可省略大括号。该语句可以实现多重条件的嵌套，两重嵌套的条件语句的写法如下：

```
if (condition1) {expr1} else
if (condition2) {expr2} else
{expr3}
```

注意，if/else 语句不能写成如下形式：

```
if (condition) {expr1}
else {expr2}
```

即 else 语句不能单独一行，除非 if/else 语句在大括号 { } 内。

❑ 实例：若 a<0，result1=0，若 0<a<1，result1=1，若 a>1，result1=2。

```
## if/else 语句
> a=-1
> if(a<0)
+   result=0 else if(a<1){
+     result=1
+   }  else
```

```
+     result=2
> result
[1] 0
```

（2）switch 语句

❑ 使用格式：

```
switch(expression,list)
```

其中，expression 为表达式，list 为列表，可以用有名定义。如果表达式返回值在 1 到 length(list) 之间，则返回列表相应位置的值；否则返回”NULL”值。当 list 是有名定义，表达式等于变量名时，返回变量名对应的值；否则返回”NULL”值。

❑ 实例：使用 switch 函数控制输出结果。

```
## switch 语句
> switch(2,mean(1:10),1:5,1:10) # 输出第二个向量
[1] 1  2  3  4  5
> y<-"fruit"
> switch(y,fruit="apple",vegetable="broccoli",meat="beef") # 输出 fruit 对应的值
[1] "apple"
```

2. 循环语句

常用的循环语句主要有 for 循环、while 循环和 repeat 循环。它们的用法如下。

（1）for 循环

使用格式：

```
for(name in expr1) {expr2}
```

其中，name 是循环变量，在每次循环时从 expr1 中顺序取值；expr1 是一个向量表达式（通常是个序列，如 1:20）；expr2 通常是一组表达式，当 name 的值包含在 expr1 中时，执行 expr2 的语句，否则循环将终止。

在循环过程中，若需要输出每次循环的结果，可使用 cat() 函数或 print() 函数，下面将介绍 cat() 函数的使用方法。

❑ 使用格式：

```
cat(expr1,expr2,...)
```

expr1，expr2 为需要输出的内容，可以为字符串或表达式。例如，若 expr1 为”name”，则输出字符串”name”，若 expr1 为变量 name，则输出 name 的值。另外，符号”\n”表示换行，表示”\n”后的语句在下一行输出。

❑ 实例：使用 for 语句循环输出 2、5、10 的平方根。

```
##for 循环
> n<-c(2,5,10)
> for(i in n){
```

```
+   x<-sqrt(i) #计算平方根
+   cat("sqrt(" , i , "): " , x , "\n" ) #输出每次循环的结果
+ }
sqrt( 2 ): 1.414214
sqrt( 5 ): 2.236068
sqrt( 10 ): 3.162278
```

(2) while 循环

❑ 使用格式：

```
while(cond) {expr}
```

其中，cond 为判断条件，expr 为一个或一组表达式。while 循环重复执行语句 expr，直到条件 cond 不为真为止。

❑ 实例：使用 while 语句生成 10 个斐波那契数列。

```
##while 循环
> x <- c(1,1)
> i <- 3
> while (i <= 10) {          # 当 i>10 时循环停止
+   x[i] <- x[i-1]+x[i-2]    # 计算前两项的和
+   i <- i +1 }
> x
   [1]  1  1  2  3  5  8  13  21  34  55
```

(3) repeat-break 循环

repeat 是无限循环语句，并且会在达到循环条件后，使用 break 语句直接跳出循环。

❑ 使用格式：repeat expr 或 repeat {if (cond) {break}}

❑ 实例：根据用户的单击数将用户分为“初级用户”，“中级用户”和“高级用户”。

```
## repeat-break 循环
> pv<-c(1,1,2,3,1,1,15,7,18)
> i<-1
> result<-""
> repeat{
+   if(i>length(pv)){ #设置循环结束时的跳出语句
+     break
+   }
+   if(pv[i]<=5){
+     result[i]<- "初级用户"; #单击数小于等于 5 的用户为"初级用户"
+   } else if(pv[i]<=15){
+     result[i]<- "中级用户"; #单击数大于 5 小于等于 15 的用户为"中级用户"
+   } else{
+     result[i]<- "高级用户"; #单击数大于 15 的用户为"高级用户"
+   }
+   i<-i+1
+ }
> result
```

```
[1] "初级用户" "初级用户" "初级用户" "初级用户" "初级用户" "初级用户"
[7] "中级用户" "中级用户" "高级用户"
```

3.11　函数的编写

R 语言实际上是函数的集合，用户可以使用 base、stats 等包中的基本函数，也可以自己编写函数完成一定的功能。

一个函数的结构大致如下：

```
myfunction<-function(arglist){
    statements
    return(object)
}
```

其中，myfunction 为函数名称，arglist 为函数中的参数列表，大括号 {} 内的语句为函数体，函数参数是在函数体内部将要处理的值，函数中的对象只在函数内部使用。

函数体通常包括三个部分：异常处理、运算过程、返回值。

1）异常处理：输入的数据不能满足函数计算的要求，或者类型不符，这时应设计相应的机制提示哪个地方出现错误。

2）运算过程：包括具体的运算步骤。运算过程和该函数要完成的功能有关。

3）返回值：用 return() 函数给出，返回对象的数据类型是任意的，从标量到列表皆可。函数在内部处理过程中，一旦遇到 return()，就会终止运行，将 return() 内的数据作为函数处理的结果给出。

❑ 实例：自编函数的使用方法，详见代码清单 3-6。

代码清单 3-6　自编函数计算标准差代码

```
### 计算标准差
## 自编函数
sd2 <- function(x)
{
    # 异常处理，当输入的数据不是数值类型时报错
    if(!is.numeric(x)){
        stop("the input data must be numeric!\n")
    }
    # 异常处理，当仅输入一个数据时，告知不能计算标准差
    if(length(x) == 1){
        stop("can not compute sd for one number,
            a numeric vector required.\n")
    }
    # 初始化一个临时向量，保存循环的结果
    # 求每个值与平均值的平方
    x2 <- c()
    # 求该向量的平均值
```

```
    meanx <- mean(x)
    # 循环
    for(i in 1:length(x)){
        xn <- x[i] - meanx
        x2[i] <- xn^2
    }
    # 求总平方和
    sum2 <- sum(x2)
    # 计算标准差
    sd <- sqrt(sum2/(length(x)-1))
    # 返回值
    return(sd)
}

## 程序的检验
# 正常的情况
sd2(c(2,6,4,9,12))
# 一个数值的情况
sd2(3)
# 输入数据不为数值类型时
sd2(c("1", "2"))
```

运行代码清单 3-6，得到部分结果如下：

```
## 程序的检验
# 正常的情况
> sd2(c(2,6,4,9,12))
[1] 3.974921
# 一个数值的情况
> sd2(3)
Error in sd2(3) : can not compute sd for one number,
        a numeric vector required.
# 输入数据不为数值类型时
> sd2(c("1", "2"))
Error in sd2(c("1", "2")) : the input data must be numeric!
```

创建好自己的函数以后，下次使用该函数时可通过函数 source() 调用。

❑ 使用格式：

```
source(".../myfunction.R ")
```

" .../myfunction.R "为自编函数的保存路径。若自编的函数在当前工作目录中，可直接使用语句 source(" myfunction.R ") 调用。

3.12 小结

本章总结了 R 语言常用的数据管理函数，包括变量的重命名、缺失值分析、数据排序随机抽样、字符串处理、文本分词以及数十种数值运算函数，等等。也介绍了如何将这些函数应用到范围广泛的数据对象上，其中包括向量、矩阵和数据框。然后探索了数据重整与融合的方法，以及控制流结构的使用方法。最后编写自己的函数，并将它们应用到数据上。

3.13　上机实验

1. 实验目的

了解 R 中常用的数据管理方法，熟悉基本的操作过程。

2. 实验内容

- 对数据集进行变量重命名、缺失值分析、数据排序、随机抽样、变量计算等基本操作，熟悉 apply 函数族的使用。
- 编写一个函数 stat，对数据进行描述性统计分析。

3. 实验方法与步骤

（1）实验一

对于表 3-11 的数据集 CO2：

表 3-11　CO2 数据集

	Plant	Type	Treatment	conc	uptake
1	Qn1	Quebec	nonchilled	95	16.0
2	Qn1	Quebec	nonchilled	175	30.4
3	Qn1	Quebec	nonchilled	250	34.8
⋮	⋮	⋮	⋮	⋮	⋮
84	Mc3	Mississippi	chilled	1000	19.9

1）查看数据集 CO2 中的变量名称，并将变量 Treatment 的名称更改为 Treat。

2）检验 CO2 中是否存在缺失值，若有，检测缺失值的位置并删除含有缺失值的行。

3）对变量 uptake 按从大到小和从小到大排序，并对数据集 CO2 按照 uptake 排序（从大到小和从小到大）。

4）将 CO2 随机分成两组数据，第一组和第二组的比例为 6:4。

5）应用 tapply() 函数，计算不同植物（Plant）对应的 uptake 的平均值。

6）应用 aggregate() 函数，计算不同植物（Plant）、不同类型（Type）对应的 uptake 的平均值。

7）应用 lapply() 函数，同时计算 con 和 uptake 的均值。

8）使用 grep() 函数，查找出植物名称（Plant）中含有“Qn”的行的位置，并将这些行储存于变量 Plant_Qn 中。

9）使用 gsub() 函数，将 CO2 中植物名称（Plant）中的字符串“Qn”改为“QN”。

（2）实验二

1）编写函数 stat，要求该函数同时计算均值、最大值、最小值、标准差、峰度和偏度。（提示：R 默认不提供函数计算峰度和偏度，可以自编公式或者使用 fBasics 包。加载 fBasics 包，可使用 skewness(x) 计算 x 的偏度，kurtosis(x) 计算 x 的峰度。）

2）生成自由度为 2 的 t 分布的 100 个随机数 t，并通过函数 stat 计算 t 的均值、最大值、最小值、标准差、峰度和偏度。

4. 思考与实验总结

1）对于一个新的未知的数据集，可以从哪些方面实现对数据的探索？

2）如何通过数据管理得到实际情况中需要的数据集格式？

第4章 Chapter 4

图形探索

R 语言除了拥有良好的数据处理和分析能力外，对于数据的展现也有极其灵活和强大的应用。由于图形对分析结果的表达往往更直观和简单，所以对于优秀的数据分析报告而言，把数据结果以适当的图形方式展示后，其沟通效果和说服力会更佳。

本章重点介绍向一幅简单的图形中添加元素，以得到更加有用和更吸引人的图形，绘制各种类型的图形的函数也将着重介绍，将多幅图形组合为实用的单幅图形以及指定图形和边界的大小，这些绘图技巧也是我们所关注的。下面以一个简单的例子开始 R 语言图形探索之旅。

以 mtcars 数据集为例，探究汽车行驶速度与车身重量的关系，可以用一个散点图直观展示。

❑ 实例：绘制速度与重量的散点图，绘制出的图形如图 4-1 所示。

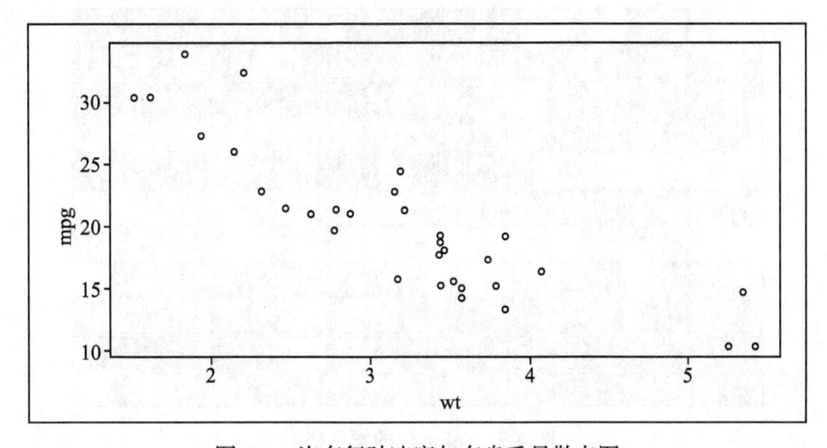

图 4-1　汽车行驶速度与车身重量散点图

```
## 绘图示例代码
attach(mtcars)       # 绑定数据框 mtcars
plot(wt,mpg)         # 打开图形窗口，绘制散点图
detach(mtcars)       # 解除绑定数据框 mtcars
```

4.1 图形元素

R 是一个功能强大的图形构建平台，可以逐条输入语句构建图形元素（颜色、点、线、文本以及图例等），逐渐完善图形特征，直至得到想要的效果。图形元素的显示可以用图形函数和 par 函数的绘图参数来改良，也可以用绘制图形元素的基础函数来控制。

4.1.1 颜色

R 语言通过设置绘图参数 col，改变图像、坐标轴、文字、点、线等的颜色。关于颜色的函数大致分为三类：固定颜色选择函数、颜色生成和转换函数和特定颜色主题调色板。

（1）固定颜色选择函数

R 语言提供了自带的固定种类的颜色，主要涉及的函数是 colors()，该函数可以生成 657 种颜色名称，代表 657 种颜色，具体如下：

```
> colors()[1:20]            # 查看前 20 种颜色
[1] "white"          "aliceblue"      "antiquewhite"   "antiquewhite1"
[5] "antiquewhite2"  "antiquewhite3"  "antiquewhite4"  "aquamarine"
[9] "aquamarine1"    "aquamarine2"    "aquamarine3"    "aquamarine4"
[13] "azure"          "azure1"         "azure2"         "azure3"
[17] "azure4"         "beige"          "bisque"         "bisque1"
```

运行 colors() 只能获知颜色名称，而不知道颜色样式，需要使用 col 参数方能将二者联系起来，设置 col 参数时，直接填写相关颜色的代表文字即可。图 4-2 是 colors() 函数的 657 种颜色。

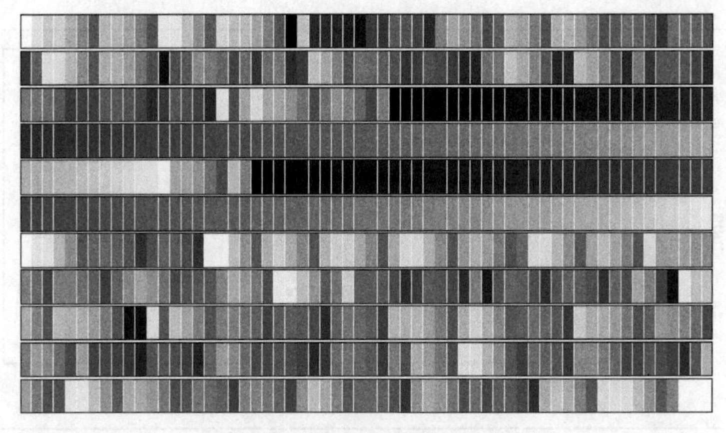

图 4-2 colors() 的颜色样式

❑ 实例：生成 colors() 函数的 657 种颜色。

```
par(mfrow=c(length(colors())%/%60+1,1));
par(mar=c(0.1,0.1,0.1,0.1),xaxs="i", yaxs="i")
for(i in 1:(length(colors())%/%60+1)){
barplot(rep(1,60),col=colors()[((i-1)*60+1):(i*60)],border=colors()
[((i-1)*60+1):(i*60)],
axes=FALSE)
box()
}
```

另一种是 palette() 固定调色板函数，用来设置调色板，只要设定好了调色板，它的取值就不会再改变（直到下一次重新设定调色板）。

❑ 实例：palette 函数的应用。

```
> palette()                      #返回当前的调色板设置，此时为默认值
[1] "black"   "red"    "green3"  "blue"    "cyan"    "magenta" "yellow" "gray"
>palette(colors()[1:10])        #重新设置调色板为 colors() 的前 10 种颜色
>palette()                      #返回当前的调色板设置，此时为 colors() 的前 10 种颜色
[1]  "white"  "aliceblue"  "antiquewhite"  "antiquewhite1" "antiquewhite2"
"antiquewhite3" [7]"antiquewhite4" "aquamarine"  "aquamarine"    "aquamarine e2"
>palette("default")             #恢复默认的调色板设置
```

调色板的好处在于设置 col 参数时，直接用一个整数来表示颜色，这个整数对应的颜色就是调色板中相应位置的颜色。若整数值超过了调色板颜色向量的长度，那么 R 会自动取该整数除以调色板颜色向量长度的余数。

❑ 实例：使用 palette() 调色板函数，图形如图 4-3 所示。

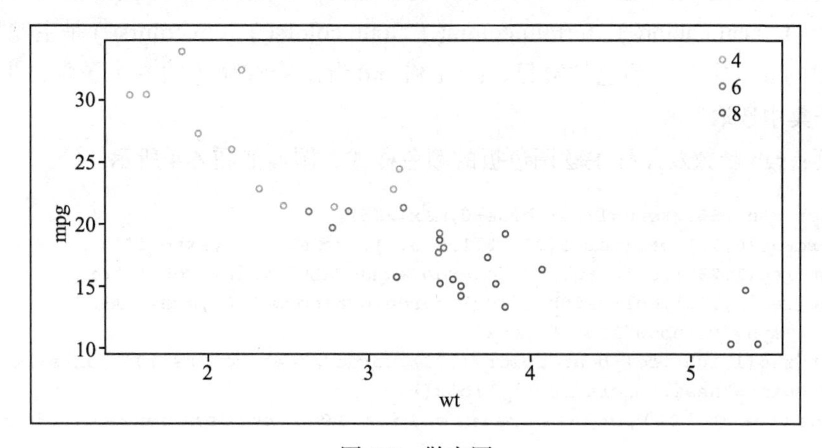

图 4-3 散点图

```
attach(mtcars)
#使用 colors() 函数
plot(wt,mpg,col="red")
points(wt[cyl==8],mpg[cyl==8],col="blue")
```

```
#使用palette()调色板函数
plot(wt,mpg,col=2)
points(wt[cyl==6],mpg[cyl==6],col=3)
points(wt[cyl==8],mpg[cyl==8],col=4)
legend(5,35,c(4,6,8),pch=1,col=cl,bty = "n")
```

points() 和 legend() 分别是点和图例元素函数，详见 4.1.2 和 4.1.5 节。

（2）渐变色生成函数

除了固定颜色选择函数外，R 还提供了一系列渐变颜色生成函数，这些函数用来控制颜色值逐步变化。主要的渐变色生成函数见表 4-1。

表 4-1 主要的渐变色生成函数

函数名称	生成原理	使用格式
rgb	RGB 模型（红绿蓝混合）	rgb(red,green,blue,alpha,names=NULL,max=1)
rainbow	彩虹色（赤橙黄绿青蓝紫）	rainbow(n,s=1,v=1,start=0,end=max(1,n-1)/n,gamma=1)
heat.coclor	高温、白热化（红黄白）	同上
terrain.colors	地理地形（绿黄棕白）	同上
topo.colors	蓝青黄棕	同上
cm.colors	青白粉红	同上
brewer.pal	RColorBrewer 包提供的 3 套配色方案	col=brewer.pal(n," 颜色组 * ")) 颜色组 *：3 类配色方案的颜色组名称

rgb 函数把 RGB 颜色转化为十六进制数值，使用格式的前四个参数都取值于区间 [0, max]，names 参数用来指定生成颜色向量的名称。前三个参数，值越大就说明那种颜色的成分越高；alpha 表示颜色的透明度，取 0 表示完全透明，取最大值表示完全不透明（默认）。

rainbow()、heat.coclor( )、terrain.colors( )、topo.colors( )、cm.colors( ) 是主题配色函数，使用格式中的 n 设定产生颜色的数目，start 和 end 设定彩虹颜色的一个子集，生成的颜色将从这个子集中选取。

❑ 实例：rgb 函数及几种主题调色板的颜色样式，图形如图 4-4 所示。

```
rgb<-rgb(red=255,green=1:255,blue=0,max=255)
par(mfrow=c(6,1));par(mar=c(0.1,0.1,2,0.1), xaxs="i", yaxs="i");
barplot(rep(1,255),col= rgb,border=rgb,axes=FALSE,main="rgb");box()
barplot(rep(1,100),col=rainbow(100),border=rainbow(100),axes=FALSE,
        main="rainbow(100))");box()
barplot(rep(1,100),col=heat.colors(100),border=heat.colors(100),axes=FALSE,
        main="heat.colors(100))");box()
barplot(rep(1,100),col=terrain.colors(100),border=terrain.colors(100),
axes=FALSE,
        main="terrain.colors(100))");box()
barplot(rep(1,100),col=topo.colors(100),border=topo.colors(100),axes=FALSE,
        main="topo.colors(100))");box()
barplot(rep(1,100),col=cm.colors(100),border=cm.colors(100),axes=FALSE,
        main="cm.colors(100))");box()
```

RColorBrewer 包提供如下 3 套配色方案。

连续型 Sequential：生成一系列连续渐变的颜色，通常用来标记连续型数值的大小。共 18 组颜色，每组分为 9 个渐变颜色展示。执行下面代码，得到的结果如图 4-5 所示。

```
library(RColorBrewer)
par(mar=c(0.1,3,0.1,0.1))
display.brewer.all(type="seq")
```

极端型 Diverging：生成用深色强调两端、浅色标示中部的系列颜色，可用来标记数据中的利群点。共 9 组颜色，每组分为 11 个渐变颜色展示。执行下面代码，得到的结果如图 4-6 所示。

```
display.brewer.all(type="div")
```

离散型 Qualitative：生成一系列彼此差异比较明显的颜色，通常用来标记分类数据。共 8 组颜色，每组渐变颜色数不同。执行下面代码，得到的结果如图 4-7 所示。

```
display.brewer.all(type="qual")
```

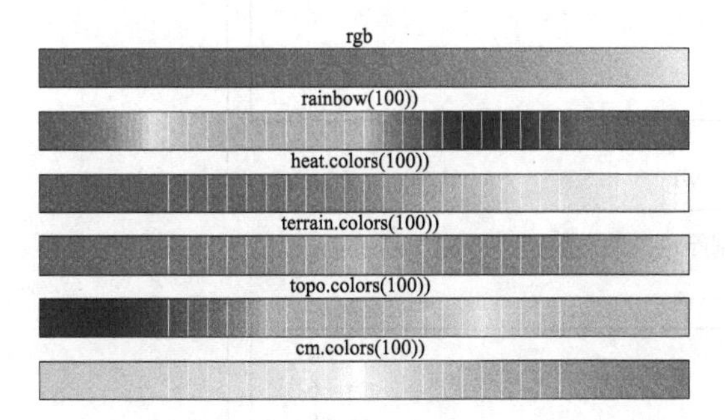

图 4-4　rgb 函数及几种主题调色板的颜色样式

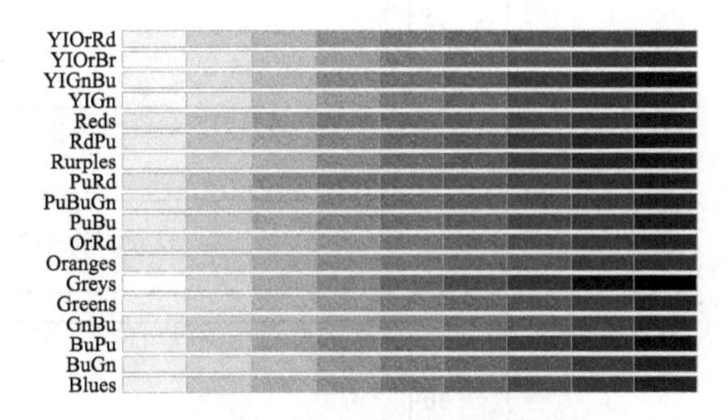

图 4-5　连续型 Seq 的颜色展示

图 4-6　极端型 Div 的颜色展示

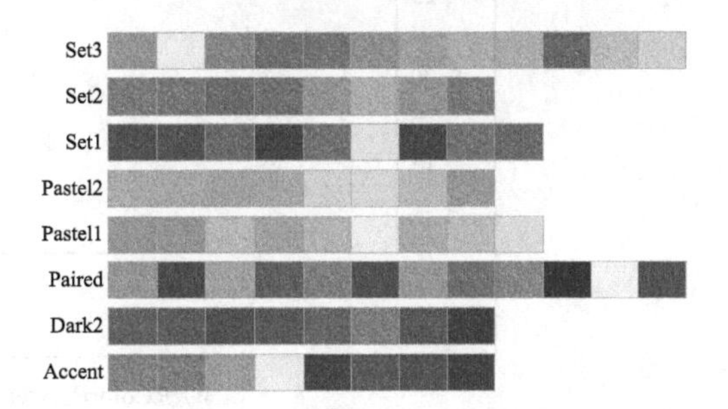

图 4-7　离散型 Qua 的颜色展示

渐变色生成函数的具体使用方式如下：

❑ 实例：生成 rainbow()、RColorBrewer 包绘制颜色的散点图，图形如图 4-8 所示。

```
cl=brewer.pal(3,"Dark2")          ## 左图代码   # RColorBrewer 包配色方案的使用
```

```
par(mfrow=c(1,1))
plot(wt,  mpg,col=cl[1])
points(wt[cyl==6],mpg[cyl==6],col=cl[2])
points(wt[cyl==8],mpg[cyl==8],col=cl[3])
legend(5,35,c(4,6,8),pch=1,col=cl,bty="n")

cl=rainbow(3)                        ## 右图代码  ##rainbow 函数的使用
plot(wt,mpg,col=cl[1])
points(wt[cyl==6],mpg[cyl==6],col=cl[2])
points(wt[cyl==8],mpg[cyl==8],col=cl[3])
legend(5,35,c(4,6,8),pch=1,col=cl,bty = "n")
```

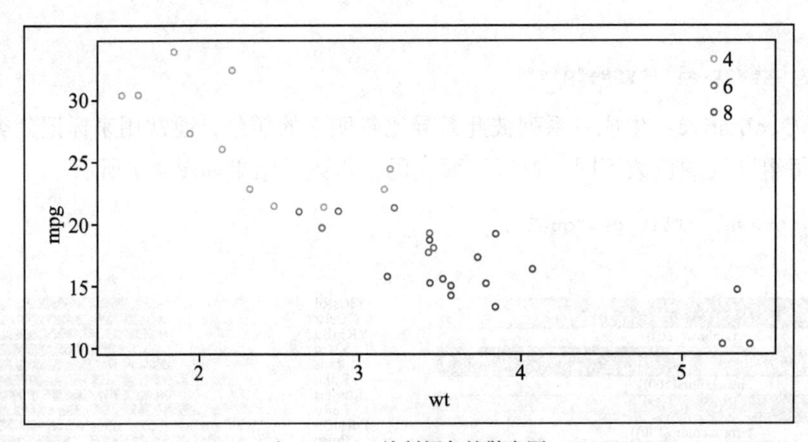

a）rainbow() 绘制颜色的散点图

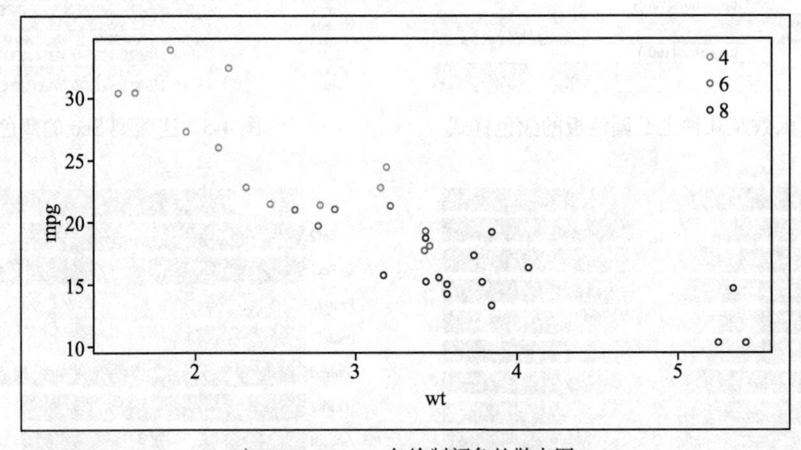

b）RColorBrewer 包绘制颜色的散点图

图 4-8

4.1.2 点

常用的点符号的相关参数见表 4-2。

表 4-2　常用的点符号参数

参数	描述
pch	点的样式，取整数 0 ～ 25 或字符 "*"、"、"、"."、"o"、"O"、"0"、"+"、"−"、"|" 等
cex	点的大小，1（默认）表示不缩放，小于 1 表示缩放，大于 1 表示放大
col	点边框填充的颜色
bg	点内部填充的颜色，仅限 21 ～ 25 样式的点
font	字体设置，1（默认）为正常字体，2 表示粗体，3 表示斜体，4 表示粗斜体
lwd	点边框的宽度，1（默认）表示正常宽度，小于 1 表示缩放，大于 1 表示放大

points() 函数可以在画布中添加点，可以设置的参数一般包括点样式（pch）、颜色（col）、大小（缩放倍数 cex）等。

❑ 使用格式：

```
points(x, y = NULL, pch=,cex=,bg= ...)
```

其中 x，y 确定点的位置。

❑ 实例：点的样式展示，图形如图 4-9 所示。

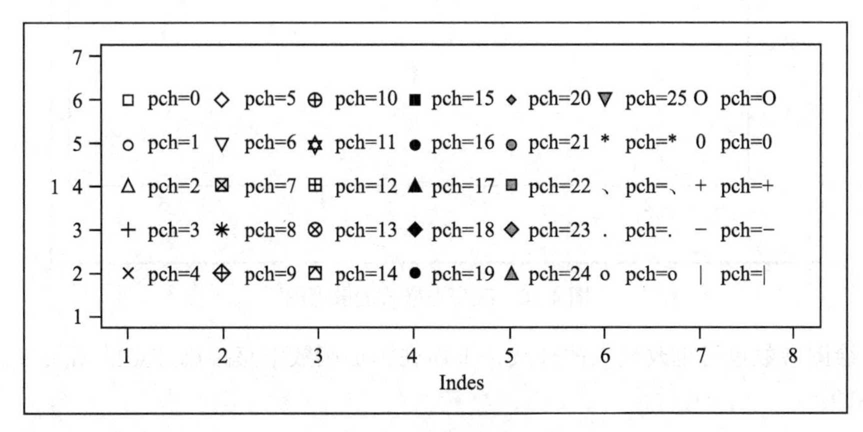

图 4-9　点的符号展示

```
## 添加点
# 绘制空白画布
plot(1,col="white",xlim=c(1,8),ylim=c(1,7))
symbol=c("*","、",".","o","O","0","+","-","|")
# 创建循环添加点
for(i in c(0:34)){
    x<-(i %/% 5)*1+1
    y<-6-(i%%5)
    if(i>25){
        points(x,y,pch=symbol[i-25],cex=1.3)
        text(x+0.5,y+0.1,labels=paste("pch=",symbol[i-25]),cex=0.8)
    }else{
        if(sum(c(21:25)==i)>0){
```

```
            points(x,y,pch=i,bg="red",cex=1.3)
            } else {
        points(x,y,pch=i,cex=1.3)
        }
    text(x+0.5,y+0.1,labels=paste("pch=",i),cex=0.8)
    }
}
```

❑ 实例：以 mtcars 数据集为例，改变点的样式后的散点图，图形如图 4-10 所示。

```
cyl=as.factor(cyl)
plot(wt,mpg,col="white")
points(wt,mpg,pch=as.integer(cyl)+1,col=as.integer(cyl)+1)
legend(5,35,c(4,6,8),pch=2:4,col=2:4,bty="n")
```

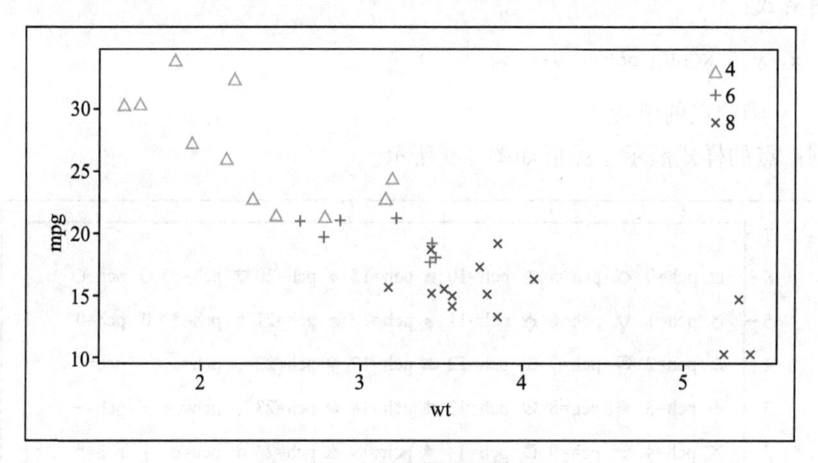

图 4-10　改变点样式的散点图

使用绘图参数也可也改变点的样式，下面在图形函数中直接添加点的相关参数，仍可得到图 4-10。

```
plot(wt,mpg,pch=as.integer(cyl)+1,col=as.integer(cyl)+1)
legend(5,35,c(4,6,8),pch=2:4,col=2:4,bty="n")
```

4.1.3 文本

常用的文本属性参数见表 4-3。

表 4-3　常用文本属性参数

参数	描述
cex	字体大小，1（默认）表示不缩放，小于 1 表示缩放，大于 1 表示放大
col	字体颜色，选项为颜色名称，整数或十六位制数
font	字体样式，1（默认）为正常字体，2 表示粗体，3 表示斜体，4 表示粗斜体

title()、text() 和 mtext() 函数可以在打开的画布上添加文字元素，title() 函数用来向图

形添加标题元素，text() 函数用来向图形中的任意位置添加文本，mtext() 函数用来向图的四条边添加文本。

（1）title()

❑ 使用格式：

```
title(main=NULL,sub=NULL,xlab=NULL,ylab=NULL,line=NA,outer=FALSE,...)
```

其中 main 是主标题，sub 是副标题，xlab 是 x 轴标题，ylab 是 y 轴标题，选项都是一个列表 list(text, font=, col=, cex=, …) 或者简单的 text，text 是文本内容。

❑ 实例：使用 title() 展示标题位置，图形如图 4-11 所示。

```
#图形添加标题
plot(c(0:5),col="white",xlab="",ylab="")
title(main=list("主 标 题",cex=1.5),sub=list("副 标 题",cex=1.2), xlab="x轴 标 题
",ylab="y轴标题")
```

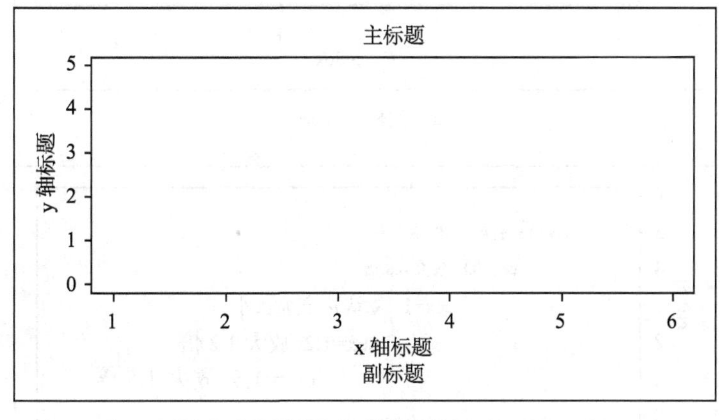

图 4-11　标题展示

（2）text() 函数

❑ 使用格式：

```
text(x,y=NULL,labels=seq_along(x),cex=1,col=NULL,font=NULL,...)
```

其中 x，y 确定标签位置，labels 是文本内容。

❑ 实例：使用 text() 展示字体样式、字体大小，图形如图 4-12 所示。

```
#图形添加文本
# 字体
#绘制空白画布
plot(c(0:5),col="white")
text(2,4,labels="font=1:正常字体(默认)",font=1)
text(3,3,labels="font=2:粗体字体",font=2)
text(4,2,labels="font=3:斜体字体",font=3)
```

```
text(5,1,labels="font=4：粗斜体字体 ",font=4)
# 大小
plot(c(0:6),col="white",xlim=c(1,8))
text(2,5,labels="cex=0.5：放大 0.5 倍 ",cex=0.5)
text(3,4,labels="cex=0.8：放大 0.8 倍 ",cex=0.8)
text(4,3,labels="cex=1( 默认 )：正常大小 ",cex=1)
text(5,2,labels="cex=1.2：放大 1.2 倍 ",cex=1.2)
text(6,1,labels="cex=1.5：放大 1.5 倍 ",cex=1.5)
```

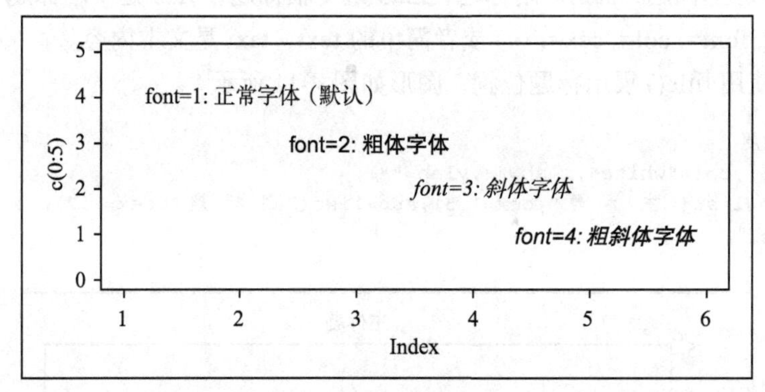

a）字体样式展示

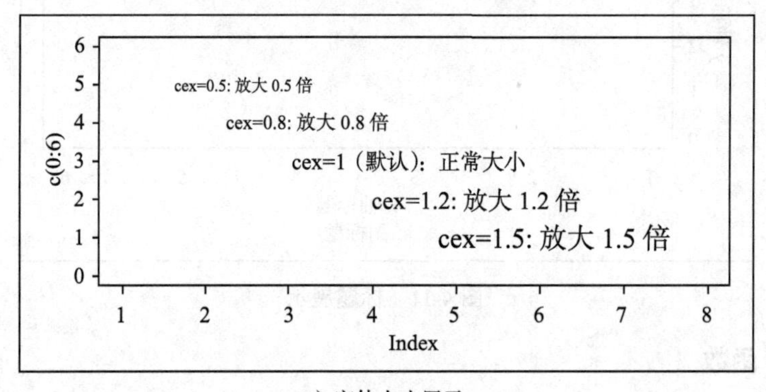

b）字体大小展示

图 4-12

（3）mtext() 函数

❑ 使用格式：

```
mtext(text, side = 3, line=0, cex = NA, col = NA, font = NA, ...)
```

其中 text 与 labels 一样是指文字的内容，side 取值为整数 1 ～ 4，分别把文本作在图形的下、左、上、右边。line 设置文本与图形边缘的距离。

❑ 实例：mtext() 展示文本位置，图形如图 4-13 所示。

```
# 图形周边添加文本
```

```
plot(c(0:5),col="white")
mtext("side=1: 下边 ",side=1,line=2); mtext("side=2: 左边 " ,side=2,line=2)
mtext("side=3: 上边 " ,side=3); mtext("side=4: 右边 " ,side=4)
```

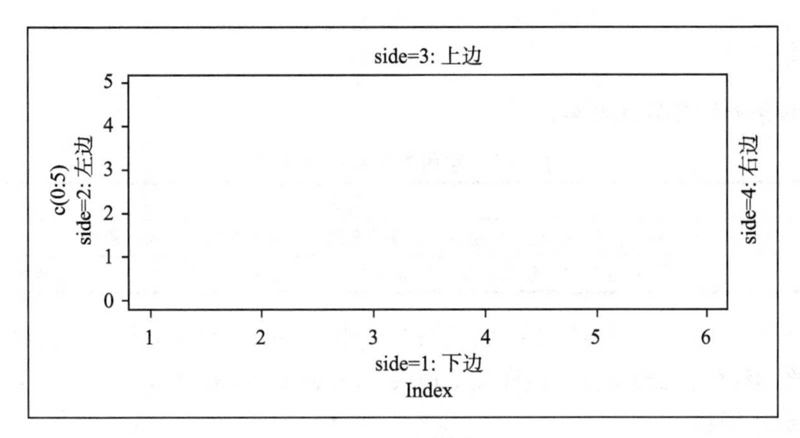

图 4-13　文本位置展示

❑ 实例：以 mtcars 数据集为例，将散点图变为文本字符，图形如图 4-14 所示。

```
cyl=as.factor(cyl)
plot(wt,mpg,col="white",xlab="",ylab="")
text(wt,mpg,cyl,col=as.integer(cyl)+1)
title(main=list("Miles per Gallon vs. Weight by Cylinder",cex=1.5),
      xlab="Weight",ylab="Miles per Gallon")
```

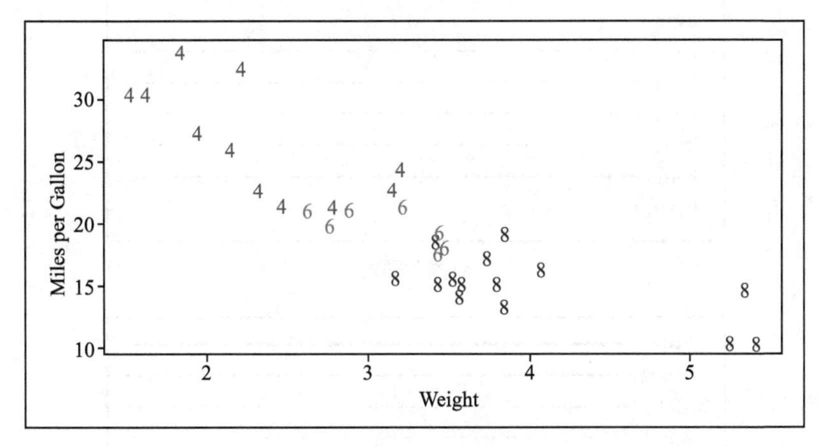

图 4-14　添加文本的散点图

使用绘图参数也可也添加文本，图形函数的文本参数针对的是图形文本，标题的文本属性参数名称在原有的基础上加上 ".main"，".sub" 和 ".lab"，分别对应主标题、副标题和坐标轴标题。下面在图形函数中直接添加图形参数，同样可得到图 4-14。

```
plot(wt,mpg,pch=as.character(cyl),col=as.integer(cyl)+1,xlab="Weight",ylab="Miles
per Gallon ",
    main="Miles per Gallon vs. Weight by Cylinder",cex.main=1.5)
```

4.1.4 线条

常用的线条属性参数见表 4-4。

表 4-4 常用的线条属性参数

参数	描述
lty	线条样式，0 表示不画线，1 表示实线，2 表示虚线，3 表示点线
lwd	线条粗细，1（默认）表示正常宽度，小于 1 表示缩放，大于 1 表示放大

在 R 中可以用函数绘制不同类别的线条，主要有 lines() 绘制曲线，abline() 绘制直线，segments() 绘制线段，arrows() 在线段加上箭头，grid() 绘制网格线。

（1）lines() 函数

使用 lines() 函数可以在画布中添加曲线，可以设置的参数一般包括：线条样式（lty）、颜色（col）、粗细（lwd）等。

❑ 使用格式：

```
lines(x,lty=,lwd=,...)
```

❑ 实例：展示线的样式和线的宽度，图形如图 4-15 所示。

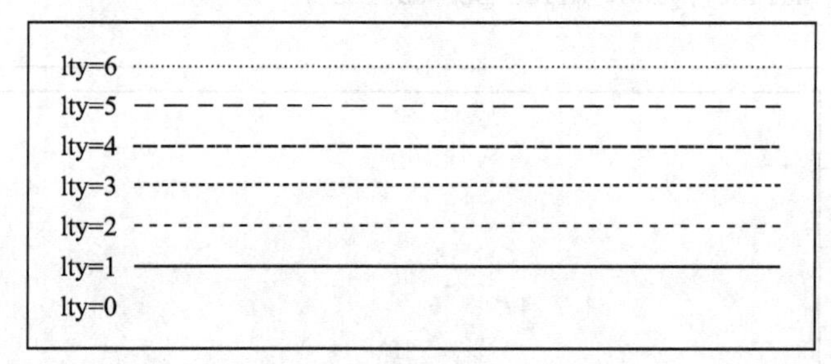

a）线的样式

lwd=4
lwd=2
lwd=1.5
lwd=1
lwd=0.8
lwd=0.5

b）线的宽度

图 4-15

```
## 添加线
# 线的样式
data<-matrix(rep(rep(1:7),10),ncol=10,nrow=7)
plot(data[1,],type="l",lty=0,ylim=c(1,8),xlim=c(-1,10),axes=F)
text(0,1,labels="lty=0")
for(i in c(2:7)){
    lines(data[i,],lty=i-1)
    text(0,i,labels=paste("lty=",i-1))
}
# 线的宽度
data<-matrix(rep(rep(1:6),10),ncol=10,nrow=6)
plot(data[1,],type="l",lwd=0.5,ylim=c(1,8),xlim=c(-1,10),axes=F);
text(0,1,labels="lwd=0.5")
lines(data[2,],type="l",lwd=0.8);text(0,2,labels="lwd=0.8")
lines(data[3,],type="l",lwd=1);text(0,3,labels="lwd=1")
lines(data[4,],type="l",lwd=1.5);text(0,4,labels="lwd=1.5")
lines(data[5,],type="l",lwd=2);text(0,5,labels="lwd=2")
lines(data[6,],type="l",lwd=4);text(0,6,labels="lwd=4")
```

（2）abline() 函数

使用 abline() 函数可以在画布中添加参考线，可以设置的参数一般包括：直线的截距（a）、直线的斜率（b）、水平线的纵轴值（h）、垂直线的横轴值（v）等。

❑ 使用格式：

```
abline(a=NULL,b=NULL,h=NULL,v=NULL,reg=NULL,
coef=NULL,untf=FALSE, lty=,lwd=,...)
```

函数的参数见表 4-5。

表 4-5 abline() 函数常用参数

参数	描述
a	截距
b	斜率
h	画水平线时的纵轴值
v	画垂直线时的横轴值
coef	用函数 coef() 提取系数（包含斜率和截距）的 R 对象

❑ 实例：添加参考线，图形如图 4-16 所示。

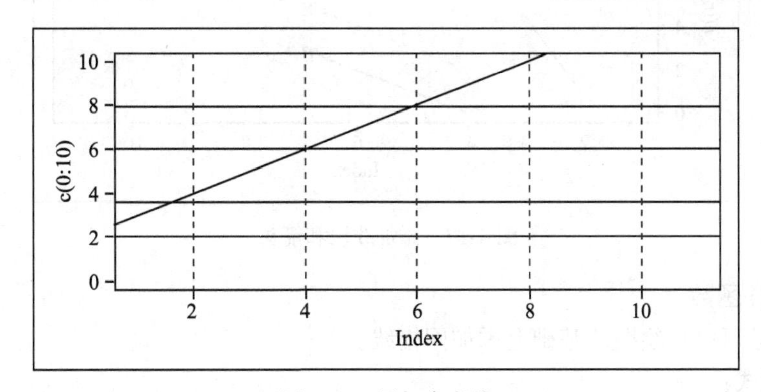

图 4-16 添加参考线

```
## 添加参考线
# 绘制空白画布
plot(c(0:10),col="white")
```

```
#添加水平线
abline(h=c(2,6,8))
#添加垂直线
abline(v=seq(2,10,2),lty=2,col="blue")
#添加直线 y=2+x
abline(a=2,b=1)
```

(3) segments() 函数和 arrows() 函数

segments() 函数在两点之间绘制线段，绘制对象是两端点的坐标，arrows() 函数在线段端点加上箭头，箭头与线段之间的夹角可调。

❑ segments() 使用格式：

```
segments(x0,y0,x1,y1, lty=,lwd=,…)
```

❑ arrows() 使用格式：

```
arrows(x0,y0,x1,y1,angle=, lty=,lwd=,…)
```

其中参数 angle 为箭头与线段之间的夹角。

❑ 实例：添加线段和箭头，图形如图 4-17 所示。

```
plot(c(0:10),col="white")
segments(2,1,4,8)
arrows(4,0,7,3,angle=30)
arrows(4,2,7,5,angle=60)
```

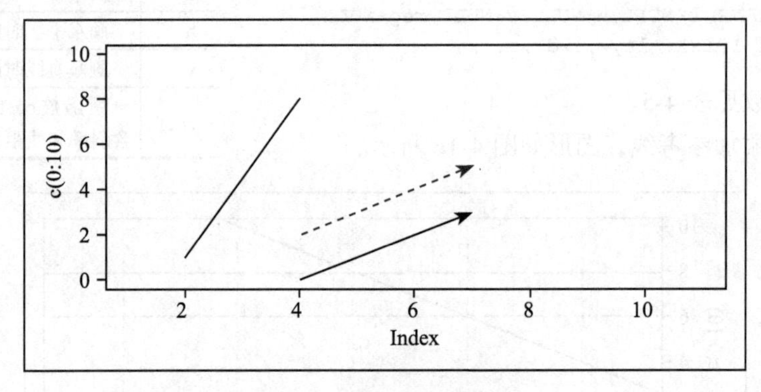

图 4-17 添加线段和箭头

(4) grid() 函数

grid() 函数可以在绘图的基础上添加网格线。

❑ 使用格式：

```
grid(nx = NULL, ny = nx, col =, lty =, lwd =, equilogs = TRUE)
```

其中 ny 用于设置水平网格的数目，nx 用于设置垂直网格的数据。设置为 NA 时，表示不绘制相应的网格线，equilogs 是当坐标取对数之后，是依然使用等距的网格线（TRUE），还是根据对数函数使用不等距的网格线（FALSE）。

❑ 实例：添加网格线，图形如图 4-18 所示。

```
plot(c(0:10),col="white")                    #空白画布
grid(nx=4,ny=8,lwd=1,lty=2,col="blue")       #添加网格线
```

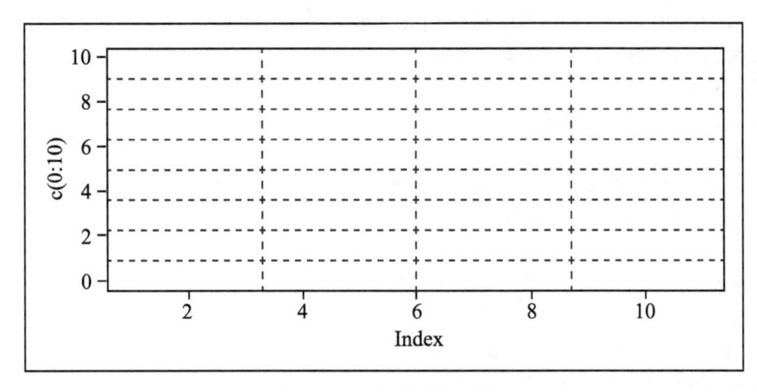

图 4-18　添加网格线

（5）rug() 函数

rug() 函数可以在绘图的基础上添加坐标轴须（小竖线），标示出相应坐标轴上的变量数值的具体位置，坐标轴须的分布意味着该变量的分布。

❑ 使用格式：

```
rug(x, ticksize =, side =, col =, lty =, lwd =, ...)
```

其中 x 为一个向量，给出坐标轴须的位置；ticksize 为坐标轴须的长度；side 为欲画坐标轴须的位置，默认值 1 为 x 轴，取值 2 时为 y 轴。

❑ 实例：添加坐标轴须，图形如图 4-19 所示。

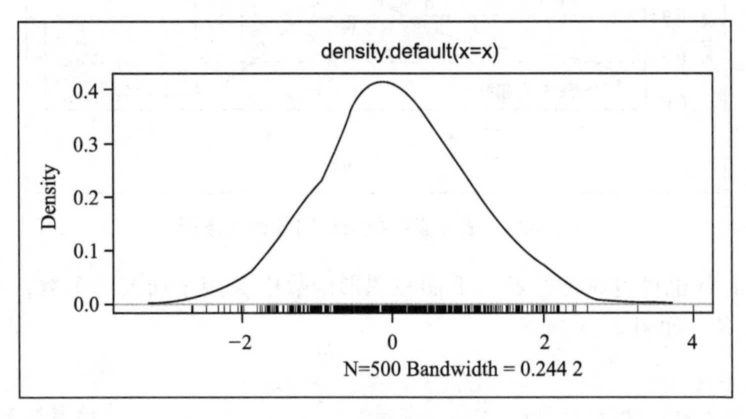

图 4-19　添加坐标轴须

```
set.seed(123)                #种子
```

```
x=rnorm(500)                    # 生成 500 个标准正态分布的数据
plot(density(x))                # 绘制核密度曲线
rug(x ,col="blue")              # 添加坐标轴须
```

❑ 实例：以 mtcars 数据集为例，查看不同线元素函数的用法，画线条图如图 4-20 所示。

```
smpg=(mpg-min(mpg))/(max(mpg)-min(mpg))
plot(wt,smpg,ylab="standardized mpg")
# 添加核密度曲线图
lines(density(wt),col="red")
# 指向密度曲线的箭头
arrows(1.8,0.05,1.5,0.1,angle=10,cex=0.5)
text(2,0.05," 核密度曲线 ",cex=0.6)
# 添加回归线
abline(lm(smpg~wt),lty=2,col="green")
# 指向回归直线的箭头
arrows(2,0.5,2,0.7,angle=10,cex=0.5)
text(2,0.45," 回归线 ",cex=0.6)
#wt 与 mpg 反向线性相关，添加最大最小值线段表现这种关系
segments(min(wt),max(smpg),max(wt),min(smpg),lty=3,col="blue")
# 指向最大最小值线段的箭头
arrows(3,0.8,2.5,0.76,angle=10,cex=0.5)
text(3.3,0.8," 最大最小值线段 ",cex=0.6)
# 添加网格线作为背景
grid(nx=4,ny=5,lty=2,col="grey")
```

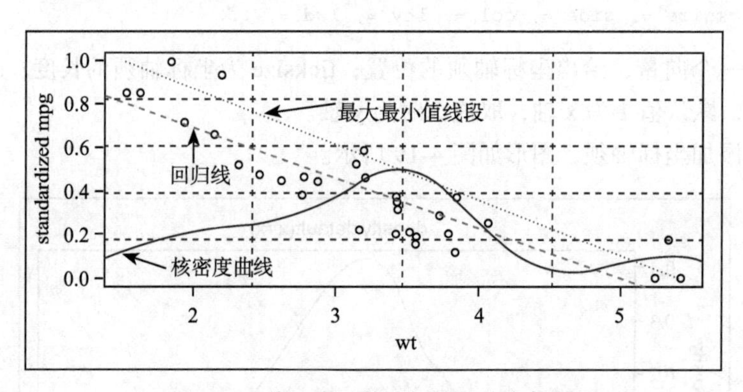

图 4-20 线元素函数添加的几种线条图

使用绘图参数也可也添加线条，下面在图形函数中直接添加图形参数，可得到部分类似图 4-20 的线条，如图 4-21 所示。

```
par(mfrow=c(1,3))
plot(density(wt),col="red")                                   ## 绘制核密度曲线
plot(wt,fitted(lm(smpg~wt)),type="l",lty=2,col="green")       ## 绘制回归线
plot(seq(min(wt),max(wt),length=100),seq(max(smpg),min(smpg),length=100),
    type="l",lty=3,col="blue")                                ## 绘制最大、最小值线
```

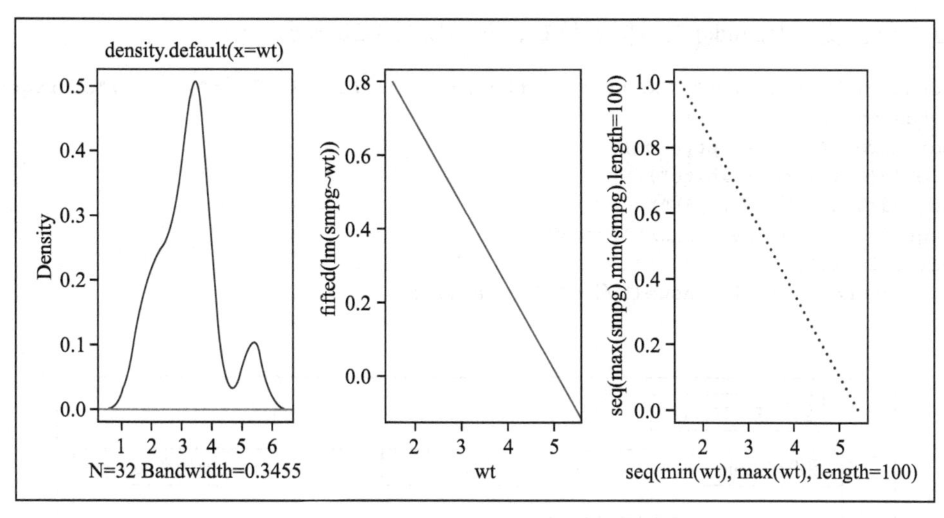

图 4-21 绘图参数画的几种线条

4.1.5 图例

当图形中包含的数据不止一组时，图例可以帮助辨别出每个条形、扇形区域或折线各代表哪一类数据。可以使用 legend() 函数来在画布中添加图例。

❑ 使用格式：

```
legend(x,y=NULL,legend,col=par("col"),lty,pch,bty="o",bg=par("bg"),ncol=1,
horiz=FALSE, xpd= FALSE,title=NULL,…)
```

❑ 函数的参数见表 4-6。

表 4-6 legend() 函数常用参数

参数	描述
x，y	设置图例的位置（默认左上角位置），除使用 x 和 y 参数外，也可以使用字符 "bottomright"、"bottom"、"bottomleft"、"left"、"topleft"、"top"、"topright"、" right"、" center"
legend	一个字符向量，表示图例中的文字
horiz	图例的排列方式，为 FALSE（默认）时，图例垂直排列，为 TRUE 时，图例水平排列
ncol	图例的列数目，当 horiz=TRUE 时，该项无意义
pch	图例中点的样式，可取 0 ～ 25，其中 0 ～ 14 为空心点，15 ～ 25 为实心点；也可以直接通过 pch="+" 的方式定义点的样式
lty	图例中线的样式，0 表示不画线，1 表示实线，2 表示虚线，3 表示点线
col	图例中点和线的颜色，令 col 等于对应颜色名称即可
bg	图例的背景颜色，令 bg 等于对应颜色名称即可。在 bty 参数为 "n" 时无效
bty	设置图例框的样式，取 "o"（默认）时表示显示边框，取 "n" 时表示无边框
xpd	是否在作图区域外作图，默认为 FALSE，即不允许在作图区域外作图
title	设定图例的标题

❑ 实例：使用 legend() 展示标题位置，图形如图 4-22 所示。

```
    local=c("bottomright","bottom","bottomleft","left","topleft","top","topright","r
ight","center")
    par(mar=c(4,2,4,2),pty='m')
    plot(c(0:10),col="white")
    legend(3,8," 图例在 (3,8)")
    legend(1,13," 图例在 (11,11)",xpd=T)
    for(i in 1:9){
        legend(local[i],paste(" 图例在 ",local[i]))
    }
```

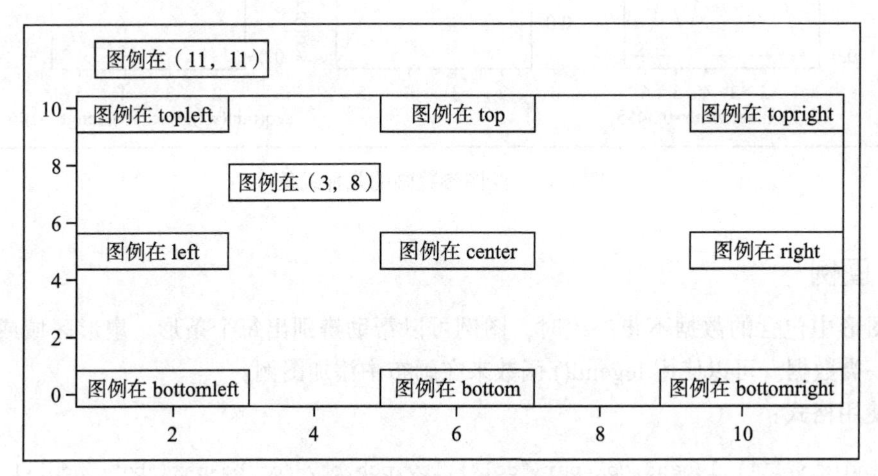

图 4-22 图例位置展示

4.1.6 坐标轴

坐标轴的设置主要包括主坐标轴（x 轴和 y 轴）的范围和刻度标记，以及副坐标（右侧的纵坐标）的相关属性等。可以使用 axis() 函数来创建自定义的坐标轴，而非使用 R 中的默认坐标轴。

❑ 使用格式：

```
    axis(side,at=NULL,labels=TRUE,tick=TRUE,lty="solid",lwd=1,col=NULL, col.
ticks=NULL,...)
```

函数的参数见表 4-7。

表 4-7 axis() 的常用参数

参数	描述
side	坐标轴所在的边，1、2、3、4 分别表示下、左、上、右
at	通过向量来设置坐标轴内各刻度标记的位置，at 参数要与 labels 向量一一对应
labels	一个向量字符，表示坐标轴各刻度的名称（刻度标记），labels 参数要与 at 向量一一对应

（续）

参数	描述
font.axis	刻度标记的字体，1（默认）为正常字体，2 表示粗体，3 表示斜体，4 表示粗斜体
cex.axis	刻度标记的大小，1（默认）表示正常大小，小于 1 表示缩放，大于 1 表示放大
col.axis	刻度标记的颜色，对应颜色名称即可
tick	设置是否画出坐标轴，为 TRUE（默认）时，表示画出坐标轴，为 FALSE 时不画出，此时并不影响刻度标记 labels 的展示
lty	坐标轴的样式，tick=TRUE 时有效，0 表示不画线，1 表示实线，2 表示虚线，3 表示点线
lwd	坐标轴的宽度，tick=TRUE 时有效，1(默认)表示正常宽度，小于 1 表示缩放，大于 1 表示放大
col	坐标轴的颜色。tick=TRUE 时有效，令 col 等于对应颜色名称即可
col.ticks	坐标轴刻度线的颜色，令 col.ticks 等于对应颜色名称即可。 注意：col.ticks 是指与坐标轴垂直的小刻度线的颜色。col 表示设置了除刻度标记（labels）以外的部分颜色，包括 col.ticks
pos	坐标轴线绘制位置的坐标，与另一条坐标轴相交位置的值
las	标签是否平行于坐标轴，参数为 0 时平行于坐标轴，为 2 时垂直于坐标轴
tck	刻度线的长度，以相对于绘图区域大小的分数表示，负值表示在图形外侧，正值表示在图形内侧，0 表示禁用刻度，1 表示绘制网格线，默认值为 −0.01

❑ 实例：使用 axis () 展示坐标轴，图形如图 4-23 所示。

```
## 添加坐标轴
plot(c(1:12),col="white",xaxt="n",yaxt="n",ann = FALSE)
axis(1,at=1:12,col.axis="red",labels=c("Jan","Feb","Mar","Apr","May","Jun","Jul",
"Aug","Sep","Oct","Nov","Dec"))
axis(2,at=seq(1,12,length=10),col.axis="red",labels=1:10,las=2)
axis(3,at=seq(1,12,length=7),col.axis="blue",cex.axis=0.7,tck=-.01,
    labels=c("Mon","Tues","Wed","Thu","Fri","Sat","Sun"))
axis(4,at=seq(1,12,length=10),col.axis="blue",cex.axis=0.7,tck=-.01,
    labels=round(seq(0,1,length=10),1),las=2)
```

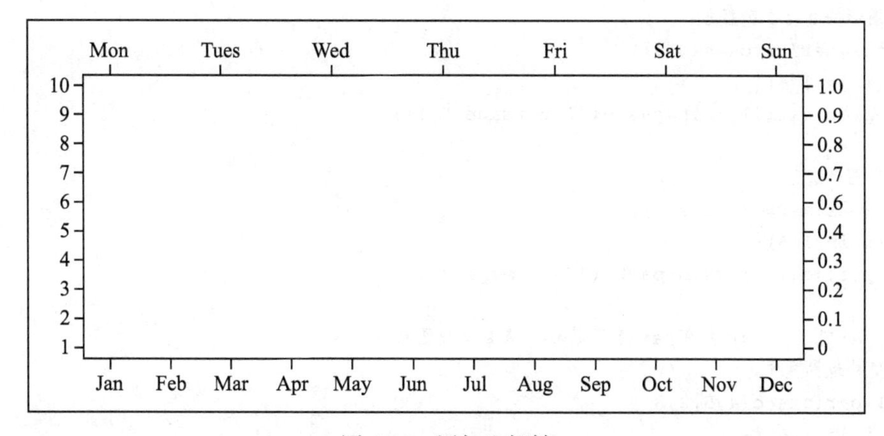

图 4-23　添加坐标轴

绘图函数中设置坐标轴展示和范围的参数见表 4-8。

表 4-8 绘图函数中设置坐标轴参数

参数	描述
axes	逻辑参数，axes=TRUE（默认）时显示坐标轴，axes=FALSE 时，隐藏坐标轴
xaxt yaxt	坐标轴样式，默认值为 "s"，表示 x/y 轴以标准样式显示，取值 "n" 表示隐藏 x/y 轴
xaxs yaxs	坐标轴计算方式，默认值 "r" 表示把原始数据的范围向外扩大 4%，作为 x/y 轴范围，取值 "l" 表示 x/y 轴范围为原始数据范围
xlim ylim	坐标轴范围，设置为 c(from,to)，from 是 x/y 轴的首坐标，to 是尾坐标

4.2 图形组合

在 R 中常用函数 par() 或 layout() 组合多幅图形为一幅总括图形。

（1）par() 函数

par() 函数可以设置大多数绘图全局参数，该函数有丰富的在线参考信息，可通过 ?par 或 help(par) 获得。常用图形组合相关的参数设置见表 4-9。

表 4-9 par() 函数图形组合参数

参数	描述
mfrow /mfcol	页面摆放，把一个页面平分成 *n* 份，表示行数和列数的二维向量，mfrow 逐行从左到右作图，mfcol 逐列从上到下作图
mai/mar	图形边距，mai（英寸边距）和 mar（行边距）。四个边距的顺序是下、左、上、右
mgp	坐标轴位置，三维数值向量，依次为标题、刻度标签和刻度的位置
oma	外边界宽度；类似于 mar，默认为 c（0，0，0，0）

❑ 实例：使用 par () 展示各图形组合参数用法，效果如图 4-24 所示。

```
#将图形按2行3列摆放
mfrow1=par(mfrow=c(2,3))
for(i in 1:6){
    plot(c(1:i),main=paste("I'm image:",i))
}
#改变图形边距
mar1=par(mar=c(4,5,2,3))
for(i in 1:6){
    plot(c(1:i),main=paste("I'm image:",i))
}
par(mar1)      ##去除par()函数mar参数的设置mar1
#改变外边界宽度
oma1=par(oma=c(4,5,2,3))
for(i in 1:6){
    plot(c(1:i),main=paste("I'm image:",i))
}
```

```
par(oma1)       ## 去除 par() 函数 oma 参数的设置 oma1
# 改变坐标轴位置
mgp1=par(mgp=c(1,2,3))
for(i in 1:6){
    plot(c(1:i),main=paste("I'm image:",i))
}
par(mgp1)       ## 去除 par() 函数 mgp 参数的设置 mgp1
par(mfrow1)     ## 去除 par() 函数 mfrow 参数的设置 mfrow1
```

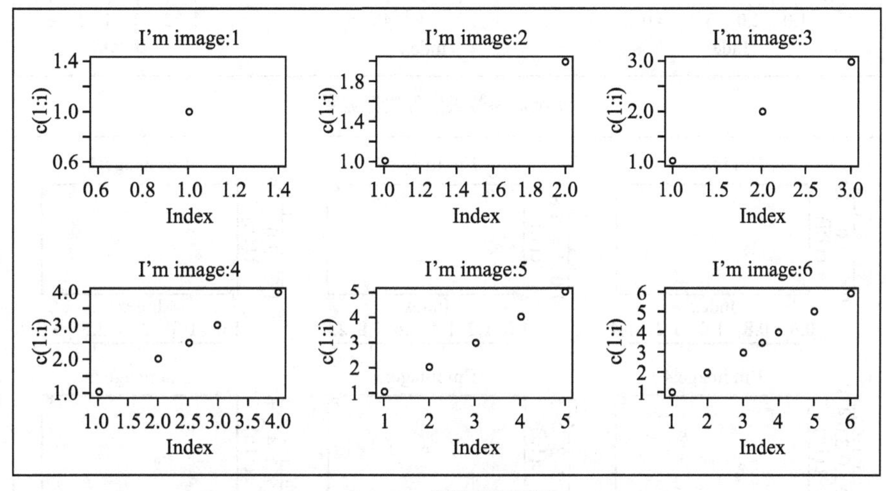

a）mfrow 参数分割页面

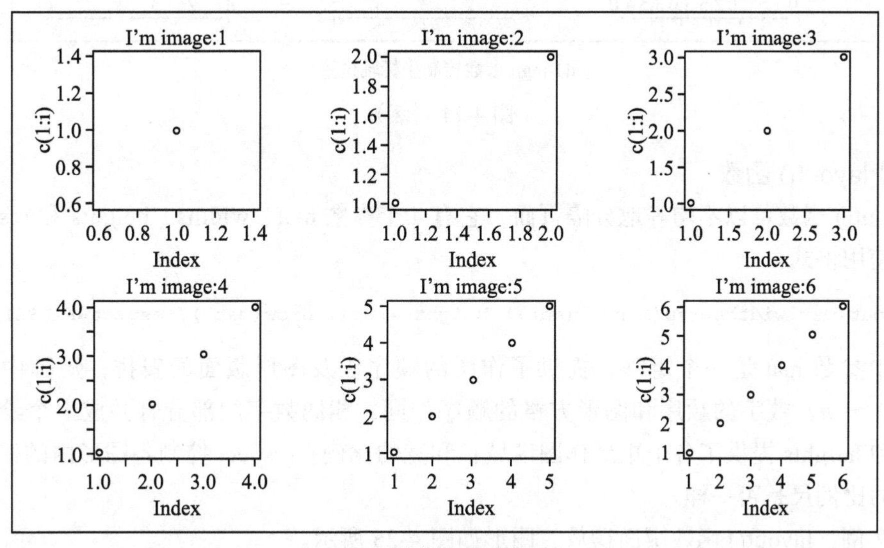

b）mar 参数设置图形边距

图 4-24

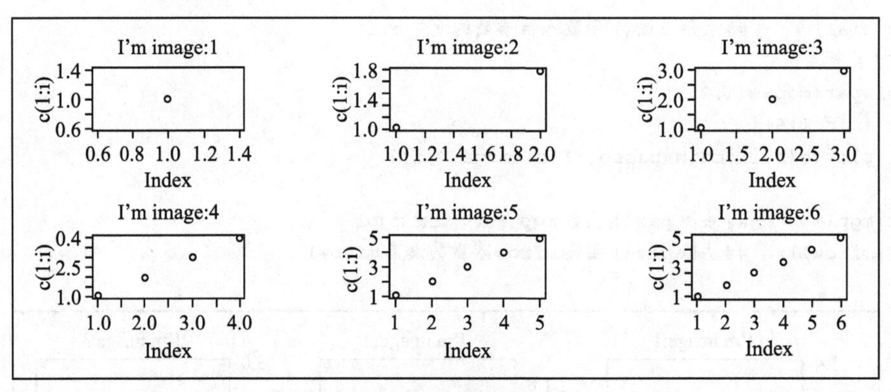

c）oma 参数设置外边界宽度

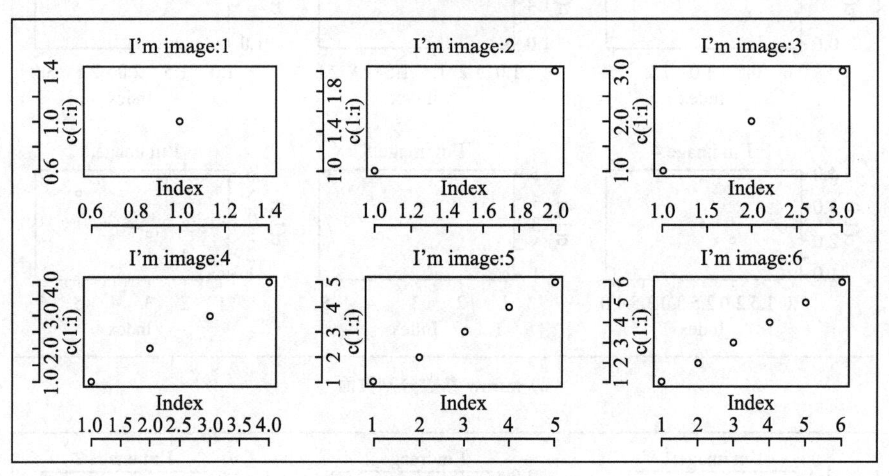

d）mgp 参数控制坐标轴位置

图 4-24 （续）

（2）layout() 函数

layout() 函数可以不均等地分隔页面，它有 4 个参数 mat、widths、heights 和 respect。

❑ 使用格式：

```
layout(mat,widths=rep(1,ncol(mat)),heights=rep(1,nrow(mat)),respect=FALSE)
```

其中参数 mat 是一个矩阵，提供了作图的顺序以及图形版面的安排，矩阵中的元素为数字 1 ～ n，数字的顺序和图形方格的顺序相同，相同数字的部分合并成一个绘图区。widths 和 heights 提供了各个矩形作图区域长和宽的比例；respect 控制各图形内的横纵轴刻度长度的比例尺是否一样。

❑ 实例：layout() 函数版面摆放，图形如图 4-25 所示。

```
mat<-matrix(c(1,1,2,3,3,4,4,5,5,6), nrow = 2, byrow = TRUE)
layout(mat)
```

```
for(i in 1:6){
  plot(c(1:i),main=paste("I'm image:",i))
}
```

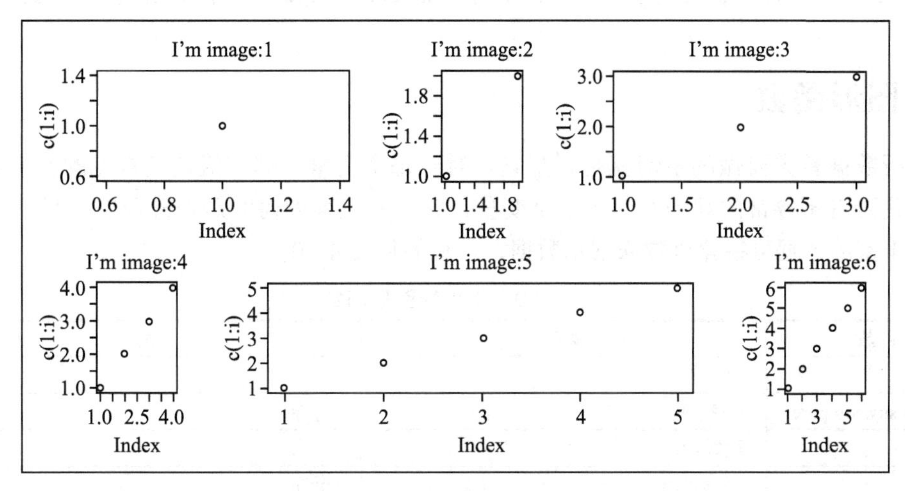

图 4-25 layout() 函数版面摆放的展示图

4.3 图形保存

1. 输出到屏幕

R 语言提供将图片输出到屏幕的函数 windows() 和 X11()，其中 windows() 用于 Windows 系统，X11() 用 UNIX 系统的 X11 桌面系统。执行以下代码即可得到图形设备界面，选择“文件”菜单下的“另存为”可将图片以不同的格式输出到屏幕。

```
windows()              #打开图形设备界面
plot(wt,mpg)
X11()                  #打开图形设备界面
plot(wt,mpg)
```

2. 输出到文件

输出到文件的方式有两种：使用代码将图形输出到文件和通过菜单命令。

❑ 实例：使用 pdf() 函数将图形保存为 pdf 格式。

```
pdf("p.pdf")
plot(wt,mpg)
dev.off()
```

相似代码可以用于函数 win.metafile()、bmp()、tiff()、svg()、postscript()、png()、jpeg() 等保存图形。

在R中使用菜单命令的方法是选择图形设备界面，单击“文件”菜单下的“另存为”可将图片文件以不同的格式保存。在Rstudio中使用菜单命令的方法是单击“ Export”下的“Save as PDF”将图片保存为pdf格式，单击“Save as Image”选择将图片保存为其他格式。

4.4 图形函数

分析数据首先要做的事情就是观察它。对于每个变量，哪些值是最常见的？值域是大是小？是否有不寻常的观测？对于多个变量，它们的关系如何？是否符合模型假设？ R中提供了丰富的数据可视化函数来展示数据，常见的见表4-10。

表4-10 常见的图形函数

函数	图形	功能
hist	直方图	分布
sm.density.compare	密度图	分布
boxplot	箱线图	分布
vioplot	小提琴图	分布
barplot	条形图	分布
dotchart	Cleveland点图	分布
pie	饼图	分布
plot	根据作图对象而异，最简单的是散点图	关系（对散点图），图形不同，功能也不同
pairs	散点图矩阵	关系
corrgram	相关图	关系
qqplot	QQ图	假设检验
mosaicplot	马赛克图	假设检验
stars	星状图	突出特征
sunflowerplot	向日葵散点图	突出特征
contour	等高图	聚类
heatmap	热图	聚类

（1）hist()函数

hist()函数可用于绘制直方图，显示连续数据的分布情形。直方图通过在x轴上将值域分割为一定数量的组，在y轴上显示相应值的频数。

❑ 使用格式：

```
hist(x,breaks= ,freq=,probability=,...)
```

hist()函数常用参数见表4-11。

表4-11 hist()函数常用参数

参数	描述
x	数值向量

（续）

参数	描述
breaks	分段区间，取值为一个向量（各区间端点）、一个数字（拆分为多少段）、一个字符串（计算划分区间的算法名称）或者一个函数（划分区间个数的方法）
freq	是否以频数作图，默认为 TRUE，表示画出频数直方图，取值为 FALSE 时，画频率直方图
probability	是否以概率密度作图，与 freq 互斥，默认为 FALSE

以 mtcars 为例，生成的直方图，图形如图 4-26 所示。

```
op=par(mfrow=c(2,3),mar=c(4,4,2,0.5),mgp=c(2,0.5,0))
hist(wt,main="freq=TRUE")                          # 默认的频数直方图（图 4-26a)
hist(wt,breaks=5,main="breaks=5")                  # 减小区间段数的直方图（图 4-26b)
hist(wt,col="light blue",main="colored")           # 给直方图的柱形添加颜色（图 4-26c)
hist(wt,freq=FALSE,main="freq=FALSE")              # 概率密度直方图（图 4-26d)
hist(wt,breaks=40,main="breaks=40")                # 增大区间段数的直方图（图 4-26e)
# 在直方图上添加密度曲线和正态分布概率密度曲线（图 4-26f)
hist(wt,freq=FALSE,main="with density curve and normal curve")
lines(density(wt),col="blue")
lines(density(rnorm(1e+6,mean(wt),sd(wt))),lty=2,col="red")
par(op)
```

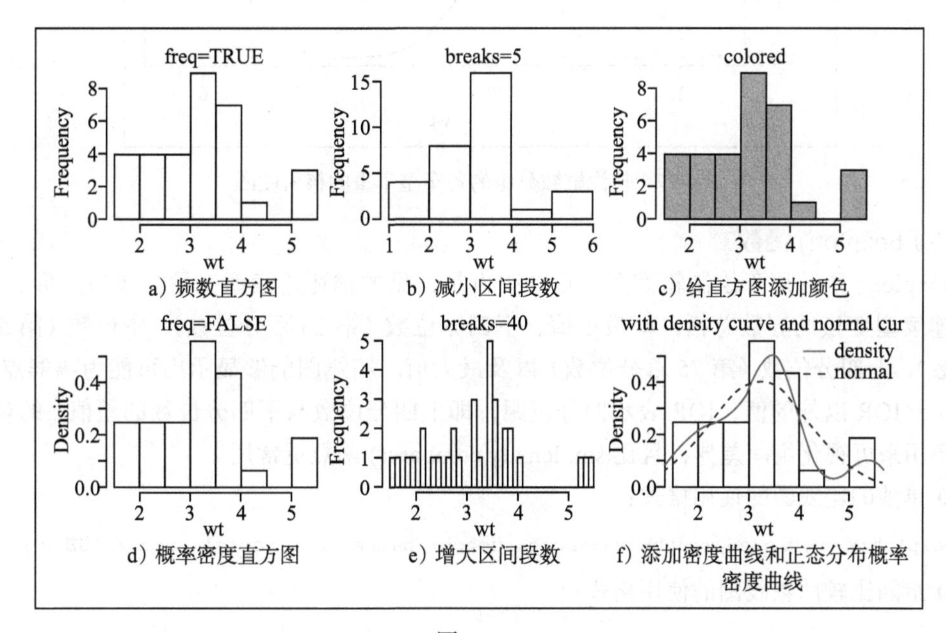

a）频数直方图　b）减小区间段数　c）给直方图添加颜色

d）概率密度直方图　e）增大区间段数　f）添加密度曲线和正态分布概率密度曲线

图 4-26

（2）sm.density.compare() 函数

sm 包中的 sm.density.compare() 函数用于绘制核密度图，核密度图用一条密度曲线而不是柱状来展示连续型变量的分布。相比直方图，密度图的一个优势是可以堆放，可用于比较组间差异。

前面已经使用plot()和lines()函数绘制或者添加核密度图，它们都要使用函数density()，一个语句只能画一条密度曲线，而sm.density.compare()函数不必通过density()，直接堆放多条密度曲线。

❑ 使用格式：

```
sm.density.compare(x, group,...)
```

其中x是数值向量，group是分组向量，是因子型数据。

❑ 以mtcars为例，生成的核密度图如图4-27所示。

```
library(sm)         #加载sm包
sm.density.compare(wt,factor(cyl))        #绘制核密度图
legend("topright",levels(factor(cyl)),lty=1:3,col=2:4,bty="n")
```

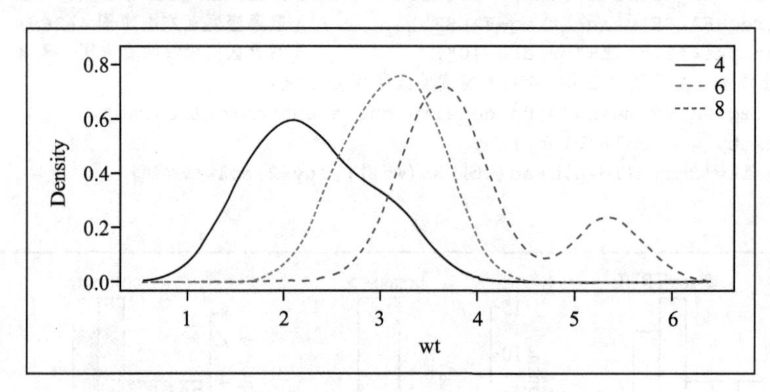

图4-27 按汽缸数分组的各车型车重的核密度图

（3）boxplot()函数

boxplot()函数用于绘制箱型图，箱线图也是常见的描述连续型变量分布的图形。它绘制了连续型变量的五数总括，即最小值、下四分位数（第25百分位数）、中位数（第50百分位数）、上四分位数（第75百分位数）以及最大值。箱线图能够显示出可能为离群点（范围 ±1.5*IQR以外的值，IQR表示四分位距，即上四分位数与下四分位数的差值）的观测。此外还用来可视化组间差异，且比sm.density.compare()函数更常用。

❑ 单独的箱线图的使用格式：

```
boxplot(x,…,range=,width=,varwidth=,notch=,names=,horizontal=,add=FALSE,…)
```

❑ 组间比较的箱线图的使用格式：

```
boxplot(formula, data = NULL, ..., subset, na.action = NULL)
```

boxplot()函数的常用参数见表4-12。

表4-12 boxplot()函数常用参数

参数	描述
x，…	一系列数值向量，依次作出箱线图

（续）

参数	描述
formula	一个公式
data	提供数据的数据框
range	一个延伸倍数，箱线图延伸到离箱子两端 range *IQR，超过这个范围的数据点就被视作离群点，在图中直接以点的形式表示出来
width	箱子的宽度
varwidth	箱子的宽度与样本量的平方根是否成比例，默认为 FALSE，不成比例，若为 TRUE，则成比例
notch	设置图形是否带刻槽，默认为 FALSE，如果改为 TRUE，则绘制矩阵样本 x 的带刻槽的凹盒图
horizontal	改变图形的方向，默认为 FALSE，垂直画图；TURE 为水平画图
add	是否将箱线图添加到现有图形上，默认为 FALSE，不添加；TURE 为添加

❑ 以 mtcars 为例，绘制的箱线图，图形见图 4-28。

```
set.seed(1234)
normal=rnorm(100,mean(wt),sd(wt))                    # 生成 100 个正态分布数据
op=par(mfrow=c(1,3))
boxplot(list(wt,normal),xaxt="n")                    # 绘制箱线图
axis(1,at=1:2,labels=c("wt","normal"))               # 添加坐标轴
rug(wt,side=2,col=2); rug(normal,side=4,col=3)      # 添加坐标轴须
legend("bottomleft",c("wt","normal"),lty=1,col=2:3,bty="n")     # 添加图例
boxplot(list(wt,normal),xaxt="n",varwidth=TRUE)
rug(wt,side=2,col=2); rug(normal,side=4,col=3)
axis(1,at=1:2,labels=c("wt","normal"))
legend("bottomleft",c("wt","normal"),lty=1,col=2:3,bty="n")
boxplot(wt~cyl)
rug(wt[cyl==4],side=2,col=2); rug(wt[cyl==6],side=4,col=3);
rug(wt[cyl==8],side=2,col=4)
legend("topleft",c("4","6","8"),lty=1,col=2:4,bty="n")
par(op)
```

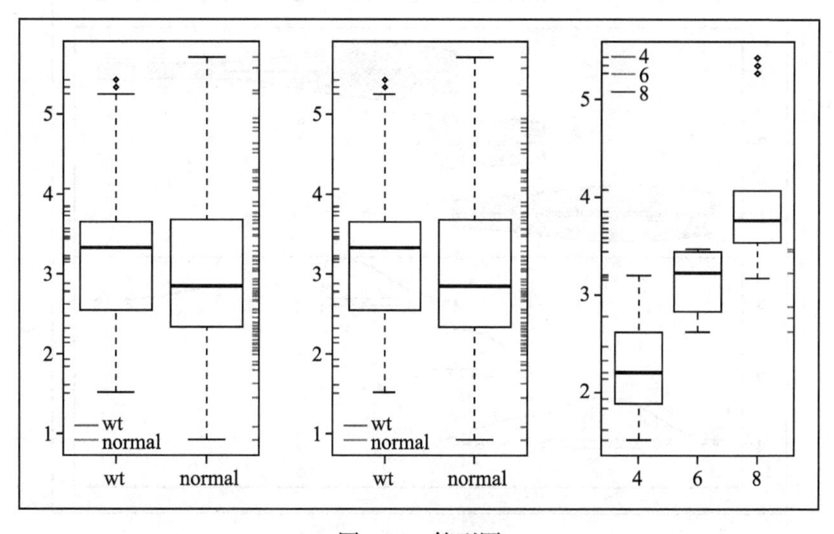

图 4-28 箱型图

（4）vioplot() 函数

vioplot 包中的 vioplot() 函数用于绘制小提琴图，小提琴图是核密度图与箱线图的结合，本质是利用密度值生成的多边形，但该多边形还沿着一条直线作了另一半对称的“镜像”，这样两个左右或上下对称的多边形拼起来就形成了小提琴图的主体部分，最后一个箱线图也会被添加在小提琴的中轴线上。

❑ 使用格式：

```
vioplot(x,...,range=,horizontal=,border="black",rectCol="black",colMed="white",
pchMed=19,add=FALSE,wex=1,drawRect=TRUE)
```

❑ 以 mtcars 为例，绘制的小提琴图，如图 4-29 所示。

```
#页面分割掉1/2，为与箱线图和核密度图对比而作，小提琴图只需要第二个语句即可
par(fig=c(0,1,0.5,1))
#绘制小提琴图
vioplot(wt[cyl==4],wt[cyl==6],wt[cyl==8],border="black",col="light  green",rectCo
l="blue",horizontal=TRUE)
#分割另外1/2页面
par(fig=c(0,1,0,.5),mar=c(0,2,0,0.5)  ,new=TRUE)
#绘制箱线图
boxplot(wt~cyl,horizontal=TRUE,pars=list(boxwex=0.1),border="blue")
#在箱线图上叠加核密度图
par(fig=c(0,0.53,0.1,0.2),new=TRUE)
plot(density(wt[cyl==4],bw=0.3),xaxt="n",yaxt="n",ann=FALSE,bty="n")
par(fig=c(0.26,0.56,0.25,0.35),new=TRUE)
plot(density(wt[cyl==6],bw=0.3),xaxt="n",yaxt="n",ann=FALSE,bty="n")
par(fig=c(0.33,1,0.4,0.5),new=TRUE)
plot(density(wt[cyl==8],bw=0.5),xaxt="n",yaxt="n",ann=FALSE,bty="n")
```

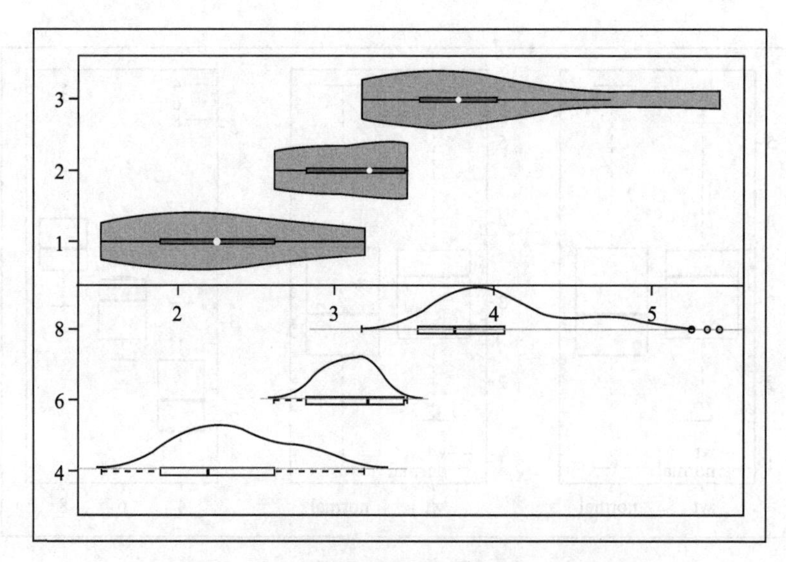

图 4-29　箱线图与核密度的图组合及小提琴图

（5）barplot() 函数

barplot() 函数用于绘制条形图，展示类别数据的分布。

❑ 使用格式：

```
barplot(height, beside =, horiz =, , ...)
```

其中 height 是一个向量或者矩阵；beside 默认值为 FALSE，每一列都将给出堆砌的“子条”高度，若 beside=TRUE，则每一列都表示一个分组并列；horiz 是逻辑值，默认为 FALSE，改成 TRUE，图形变为横向条形图。

❑ 实例：以 mtcars 为例，绘制条形图，如图 4-30 所示。

```
bardata=table(cyl,carb)                                             # 得到表格数据
pal=RColorBrewer::brewer.pal(3, "Set1")                             # 颜色调配
op=par(mfrow=c(2,2),mar=c(3,3,3,2),mgp=c(1.5,0.5,0))
barplot(bardata,col=pal,beside=TRUE,xlab="carb")                    # 分组条形图
legend("topright",c("4","6","8"),pch=15,col=pal,bty="n")
barplot(bardata,col=pal,xlab="carb")                                # 默认堆砌条形图
legend("topright",c("4","6","8"),pch=15,col=pal,bty="n")
barplot(bardata,col=pal,beside=TRUE,horiz=TRUE,ylab="carb")         # 水平放置的条形图
legend(5.3,26,c("4","6","8"),pch=15,col=pal,bty="n")
barplot(bardata,col=pal,beside=TRUE,ylim=c(0,7),xlab="carb")
legend("topright",c("4","6","8"),pch=15,col=pal,bty="n")
# 显示数值
text(labels=as.vector(bardata),cex=0.7,x=c(1.5:23.5)[1:23%%4>0], y=as.
vector(bardata)+0.5)
par(op)
```

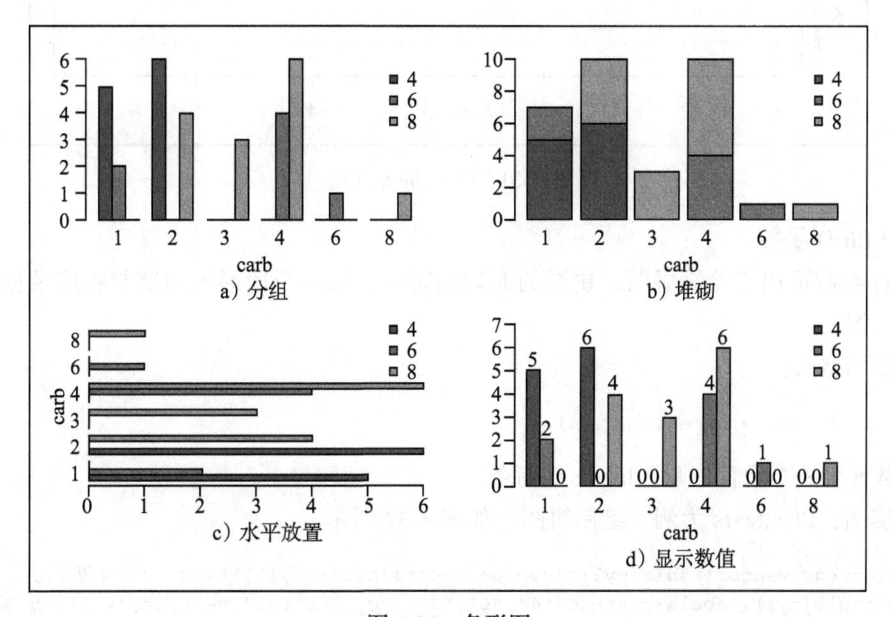

图 4-30 条形图

（6）dotchart() 函数

dotchart() 函数用于绘制 Cleveland 点图，点图和条形图的功能非常类似，条形图通过条的长度表示数值大小，点图通过点的位置表示数值大小，二者几乎可以在任何情况下互换。

❑ 使用格式：

```
dotchart(x, labels = NULL,...)
```

其中 x 与条形图的 height 参数相同，为一个数值向量或者矩阵；labels 为数据的标签。

❑ 实例：以 mtcars 为例，绘制点图，如图 4-31 所示。

```
dotchart(bardata,bg=pal)
```

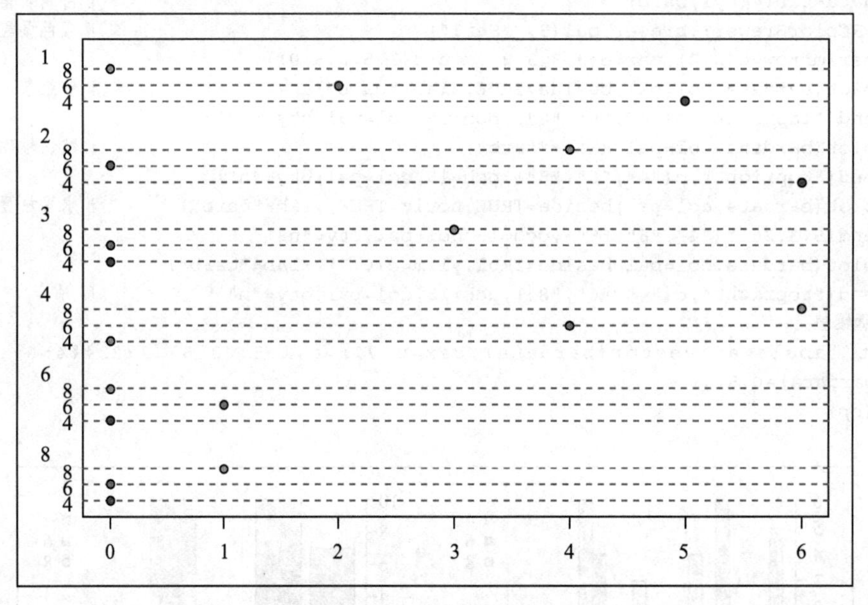

图 4-31 Cleveland 点图

（7）pie() 函数

pie() 函数可用于绘制饼图，饼图的原理很简单，每一个扇形的角度与相应数据的数值大小成比例。

❑ 使用格式：

```
pie(x, labels = names(x), ...)
```

参数 x 为一个数值向量，labels 为标签。

❑ 实例：以 mtcars 为例，绘制饼图，如图 4-32 所示。

```
percent=as.vector(table(cyl))/sum(as.vector(table(cyl)))*100  #计算百分比
pie(table(cyl),labels=paste(c("4","6","8"),"cylinders:",percent,"%"))  # 画饼图
```

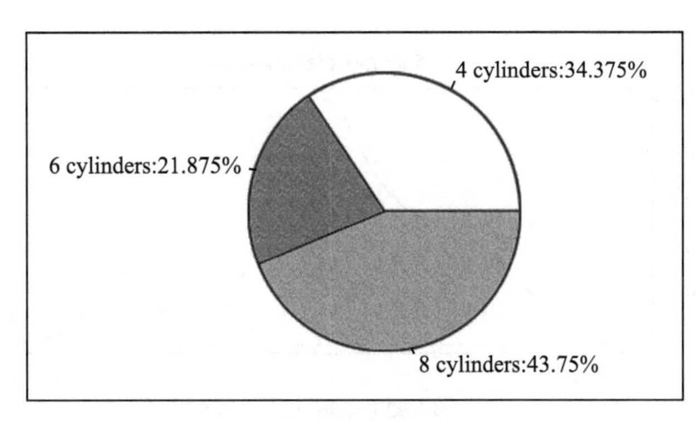

图 4-32　饼图

（8）plot() 函数

通过前面的学习，我们对使用 plot() 函数作散点图已经非常熟悉，但 plot() 函数并不只是画散点图，它是一个泛型函数。根据泛型函数的工作原理，传给 plot() 的第一个参数是何种类，则调用何种函数进行作图。即 plot() 的第一个参数就是作图对象参数，它决定绘制哪种图形及作图方法。其常用图形参数如表 4-13 所示。

表 4-13　plot() 函数常用图形参数

参数	描述
type	图形类型，取值 "p" 为点，"l" 为线，"b" 为点和连接线，"o" 为点覆盖在线上，"c" 为擦掉点的线，"h" 为从点到 x 轴的垂直线，"s" 为阶梯图（水平起步），"S" 为阶梯图（垂直起步），"n" 为不显示
bg	点的背景色
ann	是否显示默认的标记，如坐标轴标题和图标题
frame.plot	是否给图形加框

❑ 实例：用 methods() 查 plot() 的作图方法。

```
> methods("plot")
 [1] plot.acf*           plot.data.frame*    plot.decomposed.ts*
 [4] plot.default        plot.dendrogram*    plot.density*
 [7] plot.ecdf           plot.factor*        plot.formula*
[10] plot.function       plot.hclust*        plot.histogram*
[13] plot.HoltWinters*   plot.isoreg*        plot.lm*
[16] plot.medpolish*     plot.mlm*           plot.ppr*
[19] plot.prcomp*        plot.princomp*      plot.profile.nls*
[22] plot.raster*        plot.spec*          plot.stepfun
[25] plot.stl*           plot.table*         plot.ts
[28] plot.tskernel*      plot.TukeyHSD*
Non-visible functions are asterisked
```

这些函数都是以 plot.* 的形式定义的，其中 * 是类的名称。

❑ 实例：以 mtcars 数据集为例，用 plot() 函数画几种图形，效果见下列图形。

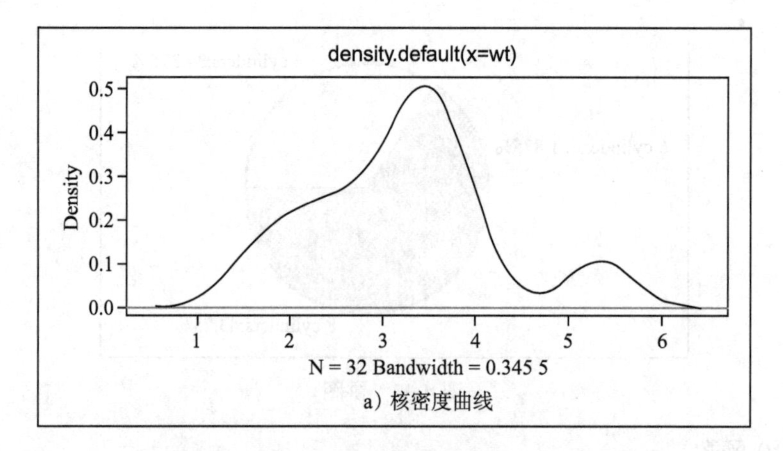

a）核密度曲线

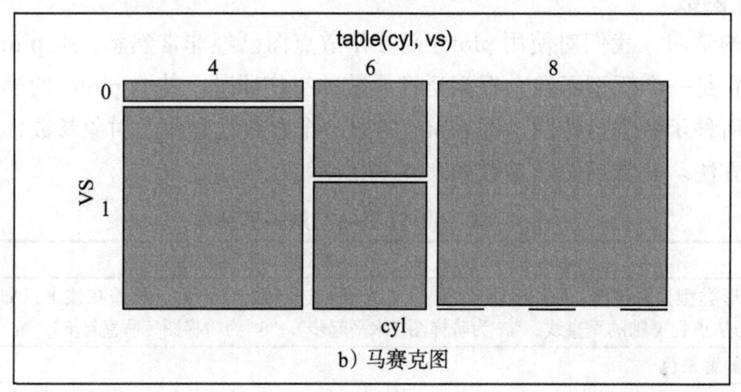

b）马赛克图

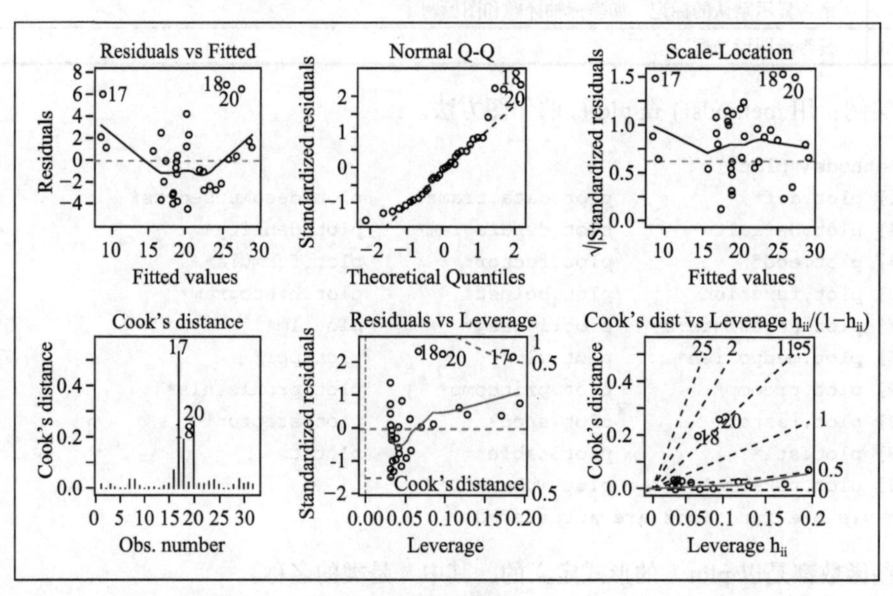

c）回归诊断图

图 4-33

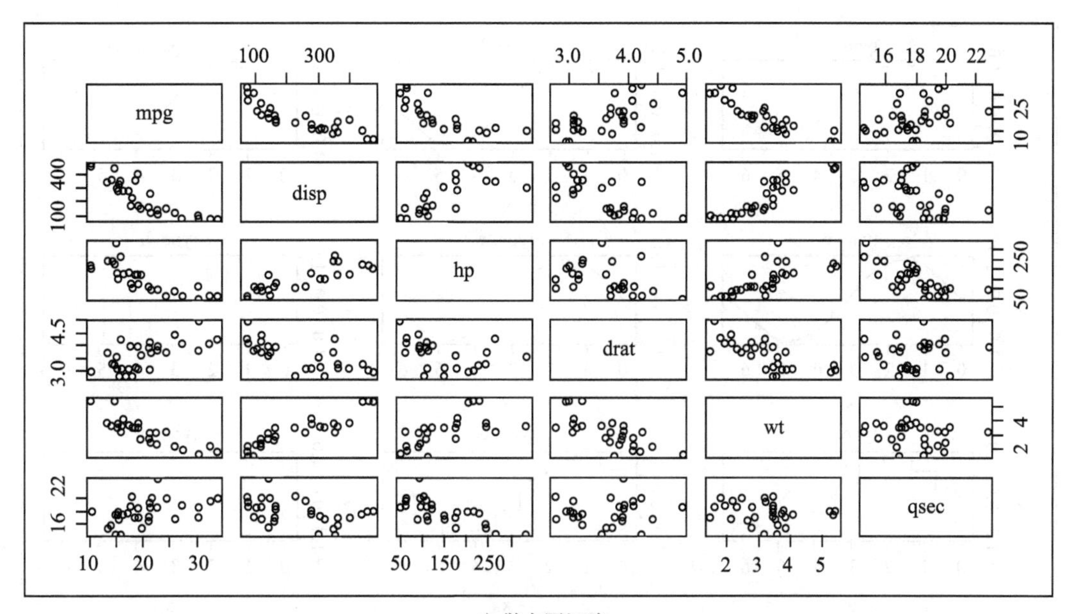

d）散点图矩阵

图 4-33 （续）

```
> plot(density(wt),type="l");class(density(wt))  # 第一个参数 density 类，画核密度曲线
[1] "density"
> plot(table(cyl,vs));class(table(cyl,vs))        # 第一个参数 table 类，画马赛克图
[1] "table"
> opr=par(mfrow=c(2,3),mar=c(4,4,2,4))
> for(i in 1:6){
    plot(lm(mpg~wt),i)                              # 第一个参数 lm 类，画回归诊断图
    }
> par(opr);class(lm(mpg~wt))
[1] "lm"
> plot(mtcars[,c(1,3:7)]);class(mtcars[,c(1,3:7)]) # 第一个参数 data.frame 类，画散点
                                                    图矩阵
[1] "data.frame"
```

一些图形元素的参数已经介绍过，这里只对参数 type 的作用进行说明。

❑ 实例：绘制 plot() 函数的不同图形类型，如图 4-34 所示。

```
x<-seq(from=0,to=2*pi,length=10)                      # 取 10 个 x 值
y=sin(x)                                              # 计算相对应的 y 值
type=c("p","l","b","o","c","h","s","S","n" )          # 图形类型向量
op=par(mfrow=c(3,3),mar=c(4,4,1,1))
for(i in 1:9){
    plot(x,y,type=type[i] ,main=paste("type:",type[i]))
}
par(op)
```

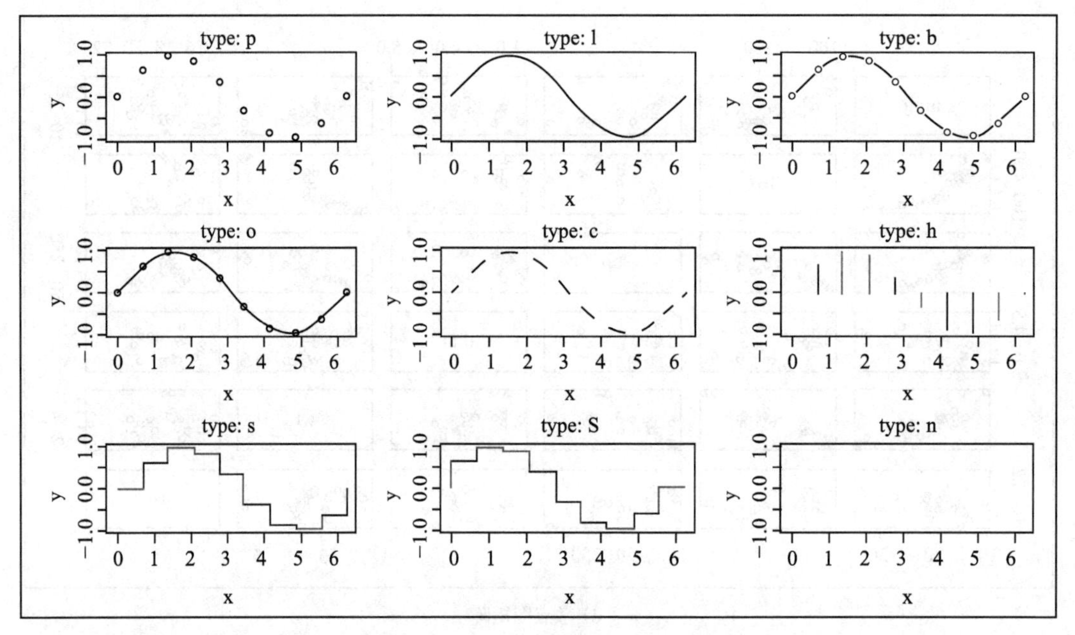

图 4-34 plot() 函数图形类型展示图

（9）pairs() 函数

pairs() 函数用于绘制散点图矩阵，散点图矩阵是多个变量的两两散点图以矩阵的形式排列起来，矩阵中每个散点图行、列长度都是固定的。pairs() 函数的绘图对象有数据框和公式两种。

❑ 绘图对象为数据框的使用格式：

```
pairs(x, labels, panel = points, ...)
```

❑ 绘图对象为公式的使用格式：

```
pairs(formula, data = NULL, ..., subset, na.action = stats::na.pass)
```

以 mtcars 为例，绘制散点图矩阵，如图 4-35 所示。

```
#绘图对象为公式
pairs(~mpg+disp+drat+wt,data=mtcars,col=as.integer(factor(cyl))+1, main="Scatter Plot Matrix")
#绘图对象为数据框
pairs(mtcars[,c(1,3,5,6)],col=as.integer(factor(cyl))+1, main="Scatter Plot Matrix")
```

❑（10）corrgram() 函数

corrgram 包中的 corrgram() 函数用于绘制相关图，相关图是对相关系数矩阵的可视化，散点图矩阵也可以显示变量间的相关关系，但随着变量数的增加，散点图矩阵将不再适用。

❑ 使用格式：

```
corrgram(x,order=, lower.panel= , upper.panel=,text.panel=,diag.panel=,…)
```

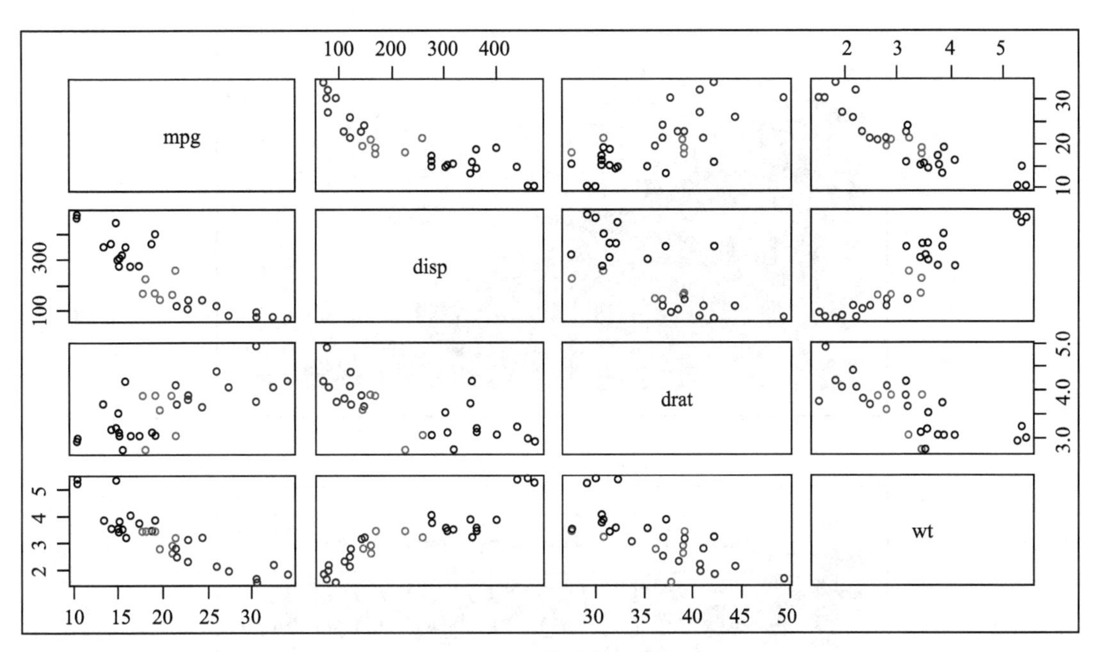

图 4-35 散点图矩阵

表 4-14 是 corrgram() 函数常用图形参数。

表 4-14 corrgram() 函数常用图形参数

参数	描述
x	一个数据框
order	变量排序，默认为 FALSE，相关矩阵按数据框名对变量排序，当 order 为 TRUE 时，相关矩阵将使用主成分分析法对变量重排序，这将使得二元变量的关系模式更为明显
lower.panel	主对角线下方的元素类型，取值 panel.pie 时，用饼图的填充比例来表示相关性大小，panel.shade 用阴影的深度来表示相关性大小，panel.ellipse 绘制置信椭圆和平滑拟合曲线，panel.pts 绘制散点图
upper.panel	主对角线上方的元素类型，取值同上
text.panel	取值为 panel.txt 时输出的变量名字
diag.panel	控制主对角线元素类型 panel.minmax 输出变量的最大、最小值

以 mtcars 数据框中的变量相关性为例，它含有 11 个变量，对每个变量都测量了 32 辆汽车。

❑ 实例：画相关图，如图 4-36 所示。

```
library(corrgram)
# 相关图，主对角线上方绘制置信椭圆和平滑拟合曲线，主对角线下方绘制阴影
corrgram(mtcars,order=TRUE,upper.panel=panel.ellipse,
        main="Correlogram of mtcars intercorrelations")
# 相关图，主对角线上方绘制散点图，主对角线下方绘制饼图
corrgram(mtcars,order=TRUE,upper.panel=panel.pts,lower.panel=panel.pie,
        main="Correlogram of mtcars intercorrelations")
```

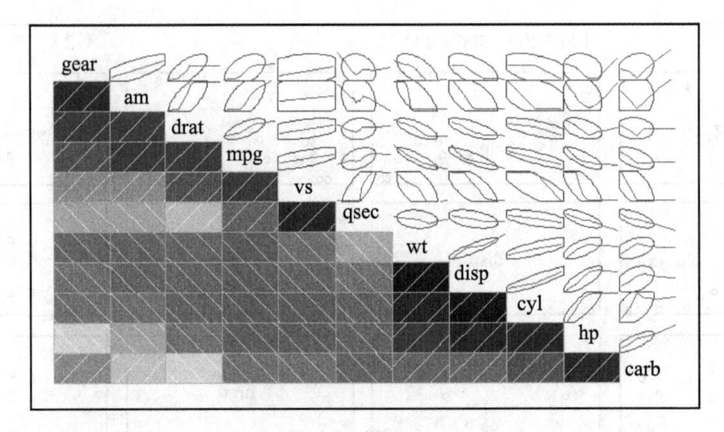

a）

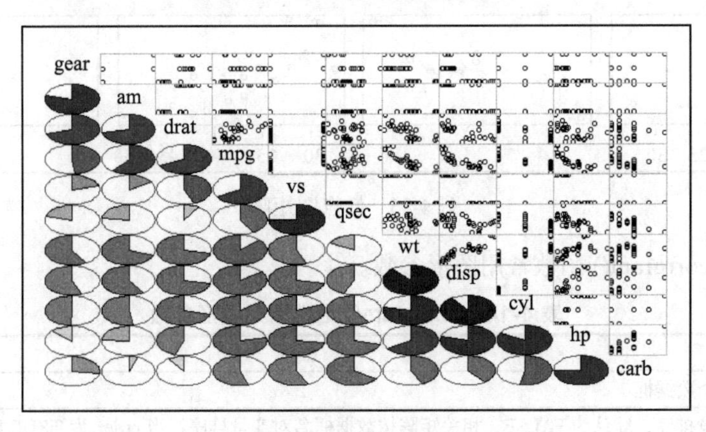

b）

图 4-36 相关图

（11）qqplot() 函数

qqplot() 函数用于绘制 QQ 图，QQ 图检查数据是否服从某种分布。QQ 图的原理为：如果一批数据服从某种理论分布，看其经验分布和理论分布是否一致。将排序后的数据和理论分布的分位数进行比较后大致相等，说明了经验分布和理论分布相似。

❑ 使用格式：

```
qqplot(x, y,,...); qqnorm(y,…);qqline(y)
```

❑ 实例：以 mtcars 为例，绘制 QQ 图，如图 4-37 所示。

```
par(mfrow=c(1,2))
qqnorm(wt)                                                   # 正态分布 QQ 图
qqline(wt)                                                   #QQ 线
qqplot(qt(ppoints(length(wt)), df = 5), wt,xlab = "Theoretical Quantiles",
ylab = "Sample Quantiles", main = "Q-Q plot for t dsn")      #t 分布 QQ 图
qqline(wt)                                                   #QQ 线
```

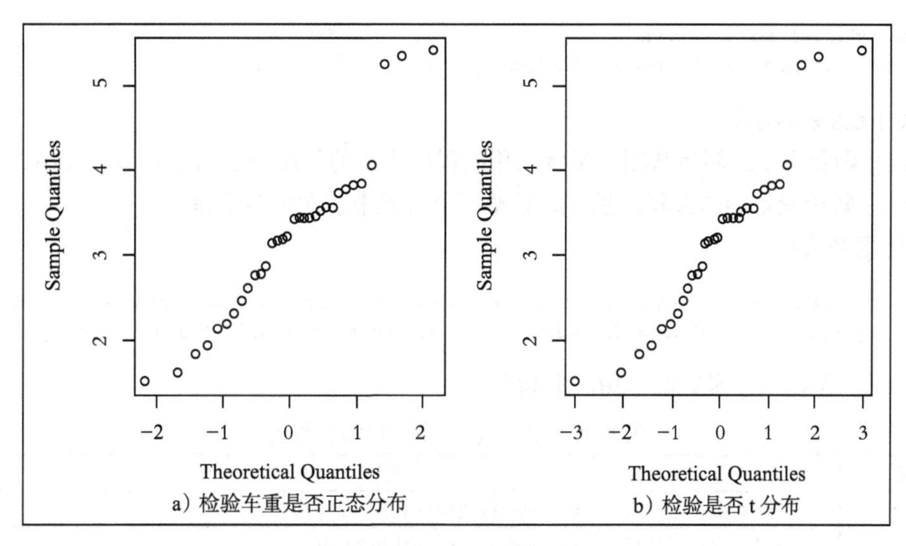

a）检验车重是否正态分布　b）检验是否 t 分布

图 4-37 QQ 图

（12）mosaicplot() 函数

mosaicplot() 函数用于绘制马赛克图，马赛克图检验多维列联表的独立性。图中矩形面积正比于单元格频率，其中该频率即多维列联表中的频率。颜色和 / 或阴影可表示拟合模型的残差值。

❑ 使用格式：

```
mosaicplot(x, dir = NULL, type = c("pearson", "deviance", "FT"), ...)
或   mosaicplot(formula, data =, ...)
```

其中 x 为一个列联表数据（可以用函数 table() 生成），dir 指定马赛克图的拆分方向（横向拆分或纵向拆分）；type 给定残差的类型，即如前所述的三种残差。

❑ 实例：以 mtcars 为例，绘制马赛克图，如图 4-38 所示。

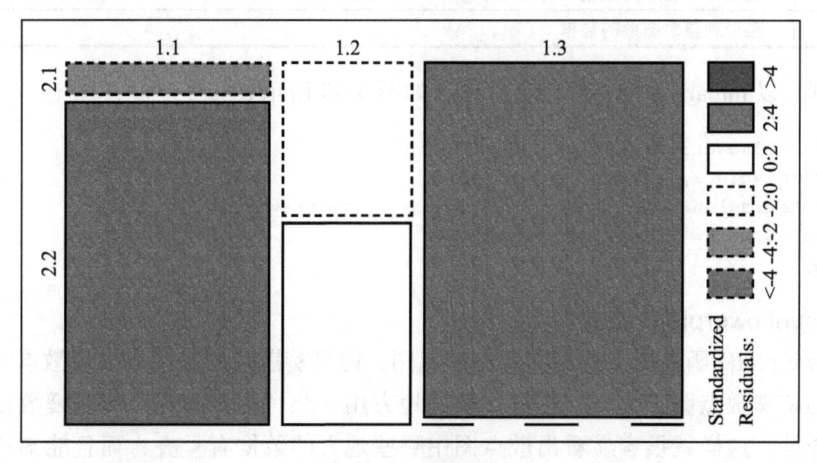

图 4-38 马赛克图

```
mosaicdata=ftable(cyl,vs)                    # 二维列联表
mosaicplot(mosaicdata,shade=TRUE,main="")    # 绘制马赛克图
```

（13）stars() 函数

stars() 函数用于绘制星状图，星状图用线段离中心的长度来表示变量值的大小，展示多变量个体，每个变量的图形相互独立，整幅图形看起来就像很多星星。

❑ 使用格式：

```
stars(x,full=TRUE,scale=,radius=,labels=,locations=,len=,key.loc=,key.
labels=,key.xpd=,flip.labels=,draw.segments=,col.segments=,col.stars=, frame.plot=,...)
```

表 4-15 是 stars () 函数的常用图形参数。

表 4-15　stars () 函数常用图形参数

参数	描述
x	一个多维数据矩阵或数据框，每一行数据将生成一个星形
full	逻辑值，决定了是否使用整圆（或半圆），默认为 TRUE
scale	是否将数据标准化到区间 [0, 1] 内，默认为 TRUE
radius	是否画出半径，默认为 TRUE
labels	每个个体的名称，默认为数据的行名
locations	以一个两列的矩形给出每个星形的放置位置，默认放在一个规则的矩形网格上，若提供给该参数一个长度为 2 的向量，那么所有星形都将被放在该坐标上，从而形成蛛网图或雷达图
len	半径和线段的缩放倍数
key.loc	比例尺的坐标位置
key.labels	比例尺的标签，默认为变量名称
key.xpd	比例尺的作图范围
flip.labels	每个星形底部的名称是否互相上下错位，以免名称太长导致文本之间互相重叠
draw.segments	是否作线段图，即每个变量以一个扇形表示，默认为 FALSE
col.segments	每个扇形区域的颜色（当 draw.segments 为 FALSE 时无效）
col.stars	设定每个星形的颜色（当 draw.segments 为时无效）
frame.plot	是否画整个图形的边框

❑ 实例：以 mtcars 为例，绘制星状图，如图 4-39 所示。

```
pal=RColorBrewer::brewer.pal(11, "Set1")
op=par(mai=c(0.3,0,0,0))
stars(mtcars,len=1,key.loc=c(16,1.5),col.segments=pal,
    ncol=9,main="",draw.segments=TRUE)
par(op)
```

（14）sunflowerplot() 函数

sunflowerplot() 函数用于绘制向日葵散点图，向日葵散点图是用来克服散点图中数据点重叠问题的特殊散点图工具。它在有重叠的地方用一朵“向日葵花”的花瓣数目来表示重叠数据的个数，这样就很容易看出散点图中哪些地方的数据有重叠，而且能知道重叠的具

体数目。向日葵散点图在数据特别密集或者数据类型为分类数据时很有用。

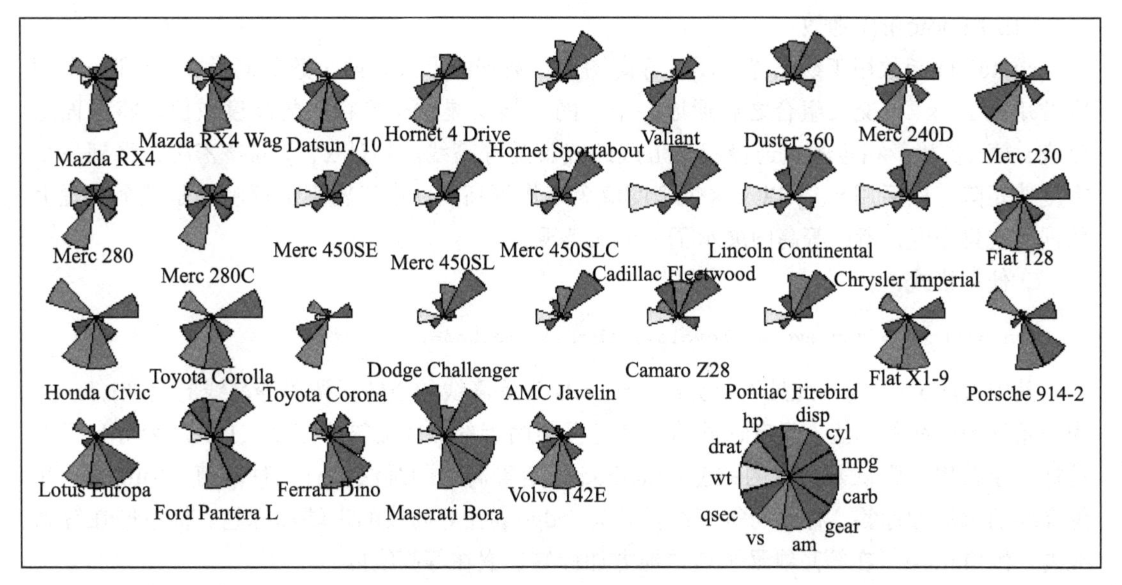

图 4-39　星状图

❑ 使用格式：

```
sunflowerplot(x,y=,number, rotate=,size=,seg.col=,seg.lwd=,...)
```

其中 x 和 y 分别为散点图的两个变量；number 为人工给定的数据频数，即图中的花瓣数目，若不指定，R 会自动从 x 和 y 计算；rotate 决定是否随机旋转向日葵的角度，默认为 FALSE；size 为向日葵花瓣的长度，单位为英寸；seg.col 为花瓣的颜色；seg.lwd 为花瓣的宽度。

❑ 实例：以 mtcars 为例，绘制向日葵散点图，如图 4-40 所示。

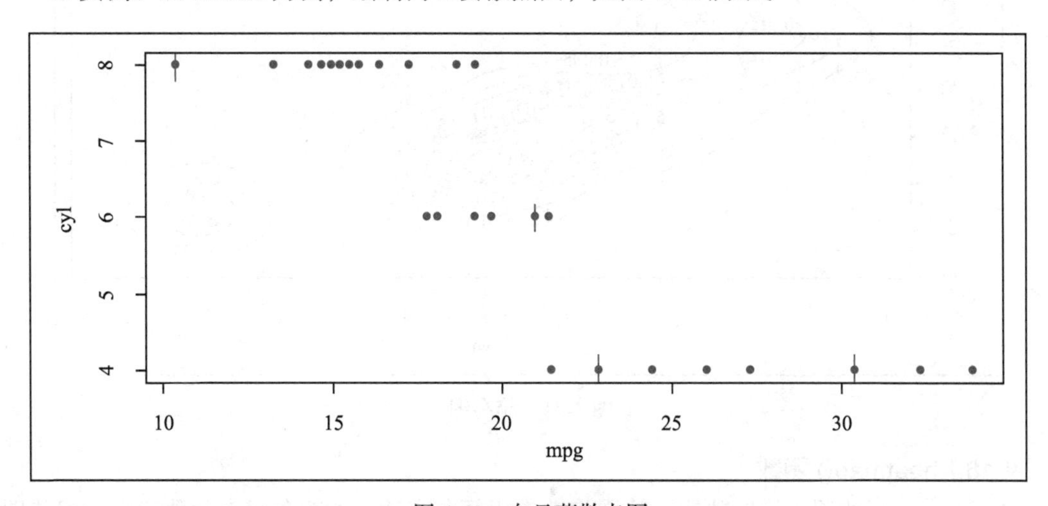

图 4-40　向日葵散点图

```
sunflowerplot(mpg,cyl,col="green",seg.col="light green")
```

(15) contour() 函数

contour() 函数用于绘制等高图，等高图展示数据的形式是两个数值向量 x、y 和一个相应的矩阵 z。x、y 交叉组合之后形成一个“网格”，z 是这个网格上的高度数值，将平面上对应 z 值（高度）相等的点连接起来形成的线就是等高线。估计 x、y 的核密度，得到一个密度值矩阵，然后用 x、y 以及这个密度值矩阵作等高图。由于密度值反映的是某个位置上数据的密集程度，所以等高图展示了一个聚类现象。

❑ 使用格式：

```
contour(x=,y=,z,nlevels=,levels=,labels= ,method=,...)
```

其中参数 x、y 与 z 此处不再介绍；nlevels 为等高线的条数，调整等高线的疏密；levels 为一系列等高线的 z 值，只有这些值或者这些值附近的点才会被连起来；labels 为等高线上的标记字符串，默认是高度的数值；method 设定等高线的画法，有三种取值：'simple'（在等高线的末端加标签、标签与等高线重叠）、'edge'（在等高线的末端加标签、标签嵌在等高线内）和 'flattest'（在等高线最平缓的地方加标签、嵌在等高线内）。

❑ 实例：以 mtcars 为例，绘制等高图，如图 4-41 所示。

```
mtcars1=data.frame(wt,mpg)
est=bkde2D(mtcars1, apply(mtcars1, 2, dpik))       #计算二维核密度
contour(est$x1,est$x2, est$fhat,nlevels =15,col="darkgreen",xlab="wt",ylab="mpg")
#画等高图
points(mtcars1)
```

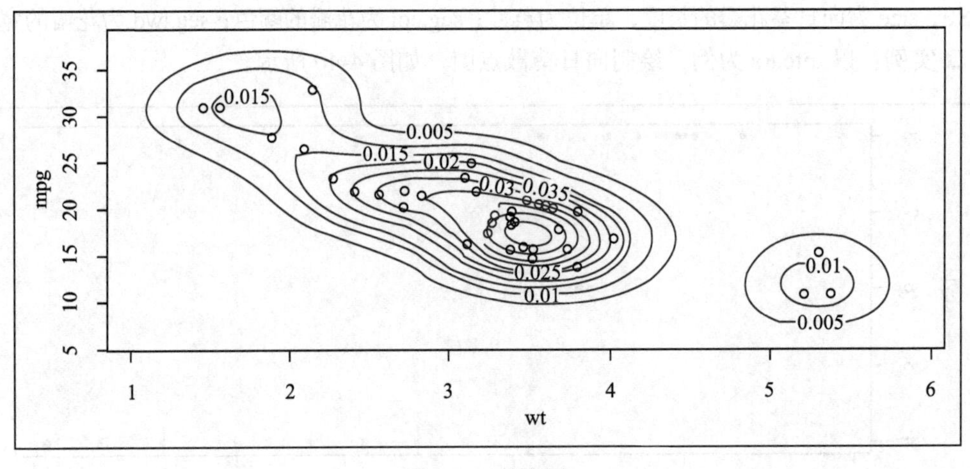

图 4-41 等高图

(16) heatmap() 函数

heatmap() 函数用于绘制热图，热图将数值用颜色表达，如颜色深表示数值大，但热图

并非只是简单地显示数值分布状况，而且对数据进行层次聚类，以聚类的顺序排列。

❑ 使用格式：

```
heatmap(x,Rowv=,Colv=,distfun=,hclustfun=,scale=c() ,...)
```

其中 x 是数据矩阵；Rowv 和 Colv 分别决定了行和列如何计算层次聚类和重新排序，默认为 NULL，按层次聚类的结果将行和列重新排序并相应画谱系图，若为 NA，则不画谱系图；distfun 决定用哪个函数计算距离，默认为 dist() ；hclustfun 决定用哪个函数计算层次聚类，默认为 hclust ；scale 决定是否对行或列进行标准化，取值为 "row"、"column" 或 "none"。

❑ 实例：以 mtcars 为例，绘制热图，如图 4-42 所示。

```
heatmap(as.matrix(mtcars),col=pal,scale = "column")
```

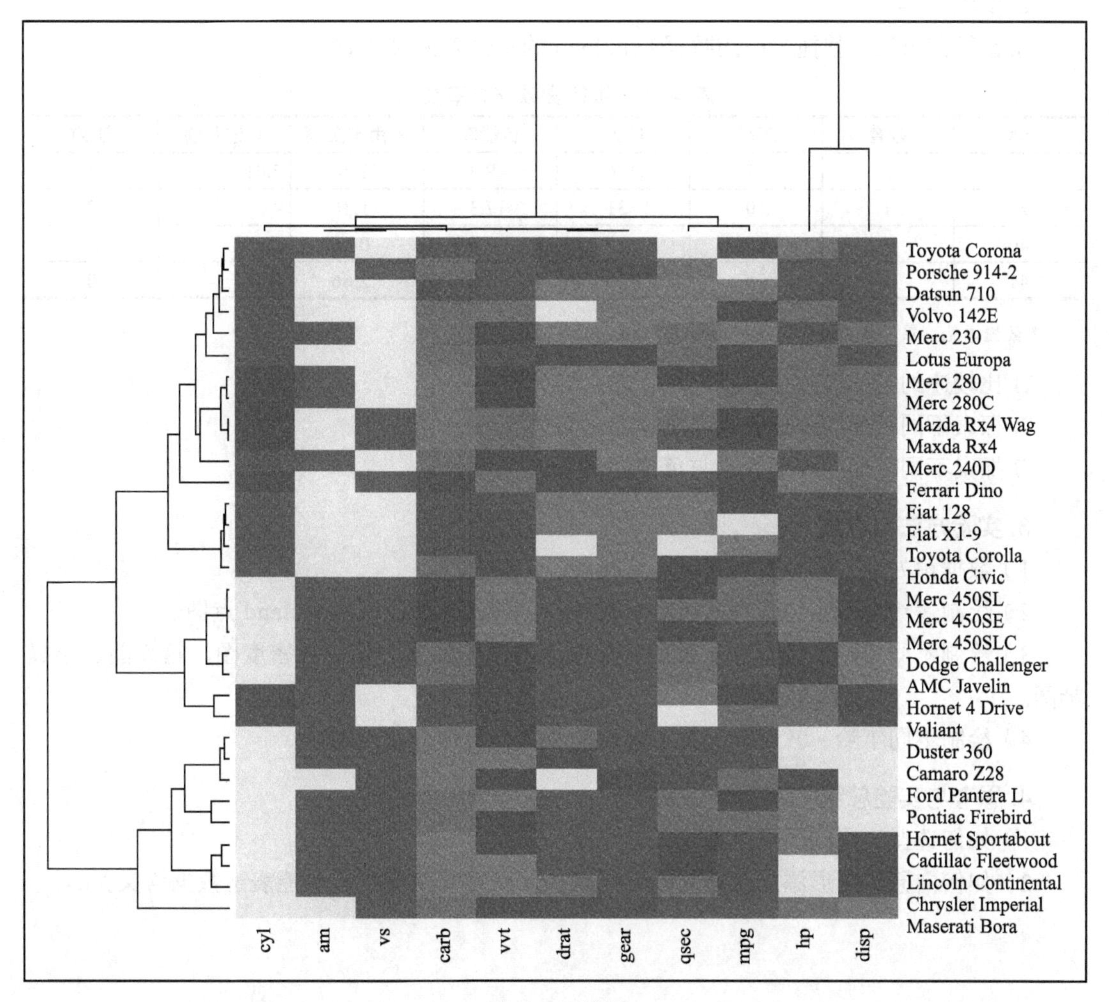

图 4-42 热图

4.5 小结

本章首先学习了如何向简单图形中添加各种图形元素，然后介绍了保存图形和图形组合的方法，最后利用学习的绘图技巧制作各种类型图形。

4.6 上机实验

1. 实验目的

- 了解 R 语言中各种图形元素的添加方法，并能够灵活应用这些元素。
- 了解 R 语言中的各种图形函数，掌握常见图形的绘制方法。

2. 实验内容

某银行在降低贷款拖欠率的数据 bankloan 的示例表见表 4-16。

表 4-16 银行贷款拖欠率数据

年龄	教育	工龄	收入	负债率	信用卡负债	其他负债	违约
41	3	17	176	9.3	11.36	5.01	1
27	1	10	31	17.3	1.36	4	0
40	1	15	55	5.5	0.86	2.17	0
41	1	15	120	2.9	2.66	0.82	0

* 数据详见：第 4 章 / 上机实验 /data/bankloan.csv

- 比较违约与不违约情形不同特征的人群分布。
- 探索不同特征的人群收入与负债的分布情况。
- 探索不同特征的人群收入与负债的关系。

3. 实验方法与步骤

1）数据预处理，调整数据类型，将年龄、工龄分组。

2）绘制违约与不违约客户的年龄、教育和工龄的条形图、Cleveland 点图。

3）绘制不同年龄、教育和工龄的客户收入与负债的直方图、核密度图、箱线图、小提琴图。

4）绘制不同年龄、教育和工龄下客户的收入与负债的散点图。

4. 思考与实验总结

1）如何选择绘制的图形类型？

2）如何向原始图形添加合适的图形元素，使图形简单明了且更能表达数据含义？

第 5 章 Chapter 5

高级绘图工具

高级绘图工具是相对于 R 的基础绘图系统而言的，包括 lattice 图形系统、ggplot2 图形系统以及各类交互式绘图工具。

本章重点介绍 lattice 包和 ggplot2 包生成的图形。这两个包极大地扩展了 R 绘图的范畴，提高所绘图形的质量。本章最后还会介绍交互式图形，与图形实时交互可以使读者加深对数据的理解，很快洞察到变量间的关系。届时，将重点介绍 rCharts、recharts、googleVis、htmlwidgets 和 shiny 包提供的交互式可视化功能。

5.1 lattice 包绘图工具

lattice 包是由 Deepayan Sarkar 基于 grid 包编写的一套统计图形系统，它的图形设计理念来自于 Cleveland 的 Trellis 图形。grid 图形系统可以很容易控制图形基础单元，给予编程者创作图形极大的灵活性。lattice 包通过栅栏（trellis）图形来对多元变量关系进行直观展示，为单变量和多变量数据的可视化提供一个全面的图形系统。一些用标准绘图很难实现的功能，lattice 包却能很轻易地实现。本节介绍如何 lattice 包创建一些独特而实用的图形。

5.1.1 绘图特色

与 plot 函数相似，lattice 包也有可以绘制散点图的 xyplot 函数。与 plot 函数不同的是，它的绘制对象是一个表达式 y ～ x。

- 实例：以 mtcars 数据集为例，绘制车身重量与每加仑汽油行驶的英里数的散点图。绘制出的图形见图 5-1。

```
library(lattice)
xyplot(mpg~wt,data=mtcars,xlab="Weight",ylab="Miles per Gallon")
```

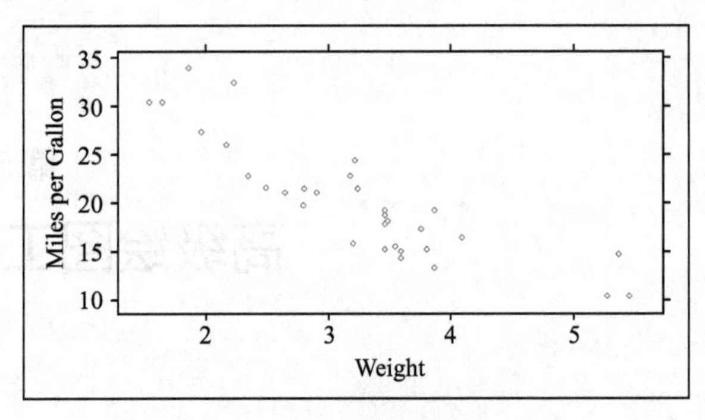

图 5-1 简单散点图

1. 图形参数

基础绘图需要设置参数来绘制漂亮的图形，而 lattice 包将默认的图形参数包含在一个很大的列表对象中，可以不用设置参数。lattice 包的图形参数可通过 trellis.par.get() 函数来获取，并用 trellis.par.set() 函数来修改。show.settings() 函数可展示当前的图形参数设置情况。

如果希望查看所有设置的列表，可以调用不带参数的 trellis.par.get 函数。

```
> names(trellis.par.get())
 [1] "grid.pars"          "fontsize"           "background"
 [4] "panel.background"   "clip"               "add.line"
 [7] "add.text"           "plot.polygon"       "box.dot"
[10] "box.rectangle"      "box.umbrella"       "dot.line"
[13] "dot.symbol"         "plot.line"          "plot.symbol"
[16] "reference.line"     "strip.background"   "strip.shingle"
[19] "strip.border"       "superpose.line"     "superpose.symbol"
[22] "superpose.polygon"  "regions"            "shade.colors"
[25] "axis.line"          "axis.text"          "axis.components"
[28] "layout.heights"     "layout.widths"      "box.3d"
[31] "par.xlab.text"      "par.ylab.text"      "par.zlab.text"
[34] "par.main.text"      "par.sub.text"
```

或者调用函数 show.settings() 图形化显示所有的设置，这种方式更好。调用结果如图 5-2 所示。

```
show.settings()
```

lattice 包的图形参数是有层次的，可以将它们看作列表的列表。共有 34 个高级参数组来描述作图时用到的不同元素。

2. 条件变量

lattice 包绘图工具的一个的强大之处在于，可以通过添加条件变量，创建出各个水平下的面板。条件变量的设置通常不超过两个。一般情况下，条件变量是因子型变量。若条件变量为连续性，则需要先将连续型变量转换为离散变量，再将其设置为条件变量。

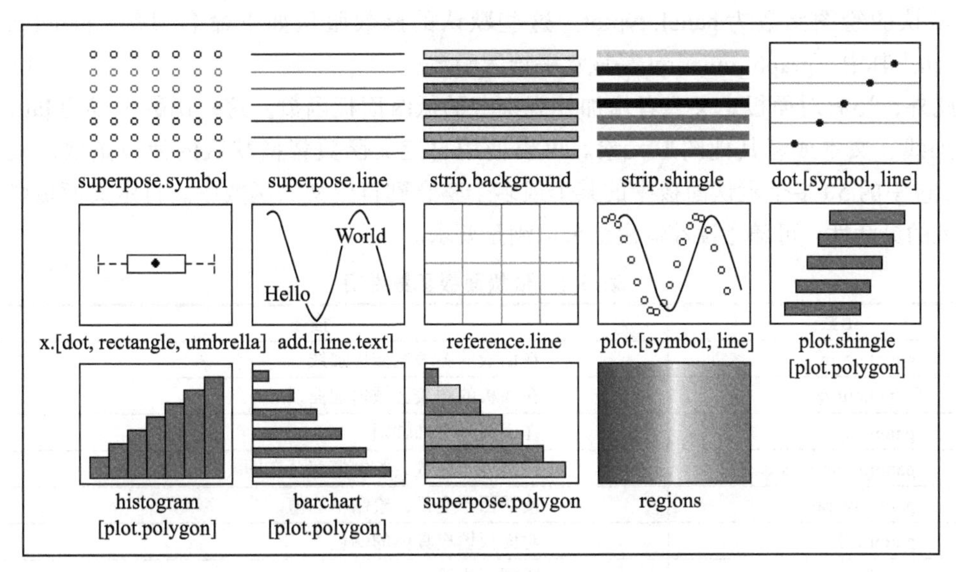

图 5-2 show.settings() 函数调用的示例

添加条件变量 v 的方式为：

```
graph_function(formula|v,data=,options)
```

❑ 实例：绘制栅栏图，图形见图 5-3。

```
displacement<-equal.count(mtcars$disp,number=3,overlap=0)
xyplot(mpg~wt|displacement,data=mtcars,main="Miles per Gallon vs. Weight by Engine
Displacement",xlab="Weight",ylab="Miles per Gallon",layout=c(3,1),)
```

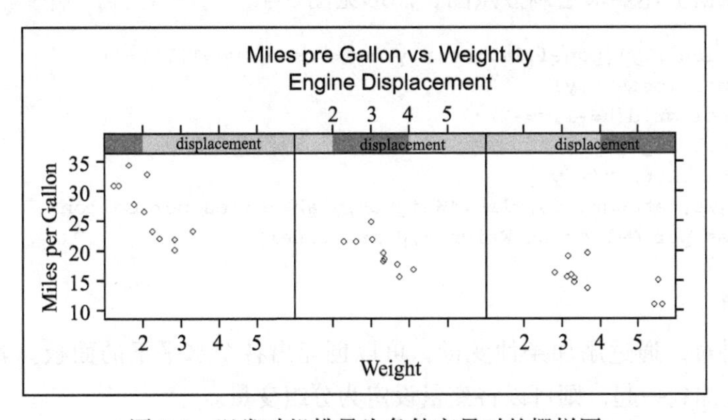

图 5-3 以发动机排量为条件变量时的栅栏图

3. 面板函数

在 lattice 包中，每个高级绘图函数都调用了一个默认的函数来绘制面板。如 xyplot() 函数默认的绘图函数为 panel.xyplot。这些默认的函数服从如下命名惯例：panel.graph_function。其中，graph_function 是该水平绘图函数。

此外，还有对面板定义或者增加外观细节的低级面板函数。这些函数可以为 lattice 图形添加线、文本或者其他图形元素。可以使用自定义函数替换默认的面板函数，也可将 lattice 包中的 50 多个默认面板中的某个或多个整合到自定义的函数中。自定义面板函数具有极大的灵活性，可随意设计输出结果以满足要求。

表 5-1 低级面板函数说明

函数	描述
panel.abline	在面板的图表区域增加线
panel.curve	在面板的图表区域增加曲线
panel.rug	在面板上增加轴须
panel.mathdensity	给定分布函数，绘制概率分布图
panel.average	按照因子变量，绘制平均值
panel.fill	对面板填充具体的颜色
panel.grid	绘制网格线
panel.loess	增加一条光滑曲线
panel.lmline	为数据增加一条回归线
panel.refline	在面板的图表区增加一条线
panel.qqmathline	在样本和理论分布的 25 分位点和 75 分位点加一条线
panel.violin	绘制小提琴图，通常用于箱线图

如果我们想把图 5-1 所示的简单散点图增加回归线、光滑曲线、轴须和网格线，只需要将 panel 参数设置为一个整合了多个面板函数的函数即可。

❑ 实例：依据上述要求绘制散点图，图形见图 5-4。

```
panel=function(x,y){panel.lmline(x,y,col="red",lwd=1,lty=2)
        panel.loess(x,y)
        panel.grid(h=-1,v=-1)
        panel.rug(x,y)
        panel.xyplot(x,y)}
xyplot(mpg~wt,data=mtcars,xlab="Weight",ylab="Miles per Gallon",
main=" Miles per Gallon on Weight",panel=panel)
```

4. 分组变量

前文已经讲过，通过添加条件变量，可以创建出各个水平下的面板。若想要把不同水平的图形结果叠加到一起，则可以将变量设定为分组变量。

分组变量 v 的设定格式为：

```
graph_function(formula,data=,group=v)
```

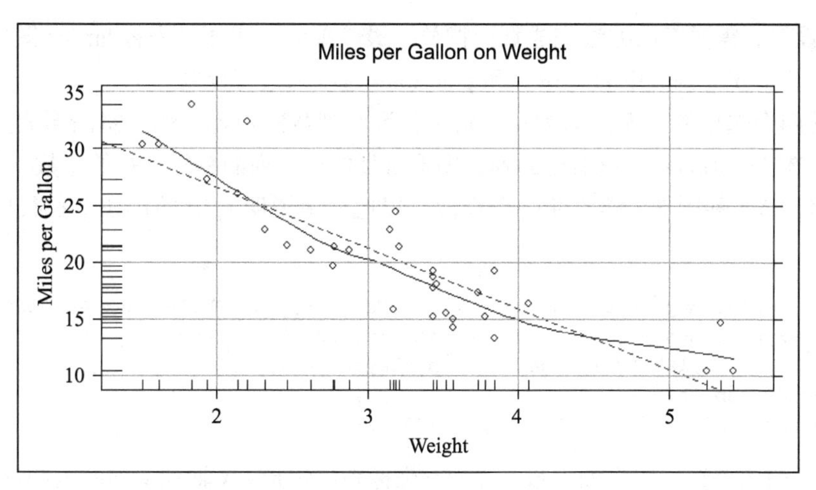

图 5-4 绘制添加回归线、光滑曲线、轴须和网格线的散点图

❑ 实例：以 mtcars 数据集为例绘制散点图，图形见图 5-5。

```
xyplot(mpg~wt,data=mtcars,groups=factor(cyl),pch=1:3,col=1:3,
       main="Miles per Gallon vs Weight by Cylinder",
       xlab="Weight",ylab="Miles per Gallon",
       key=list(space="right",title="Cylinder",cex.title=1,cex=1,
              text=list(levels(factor(mtcars$cyl))),
              points=list(pch=1:3,col=1:3)))
```

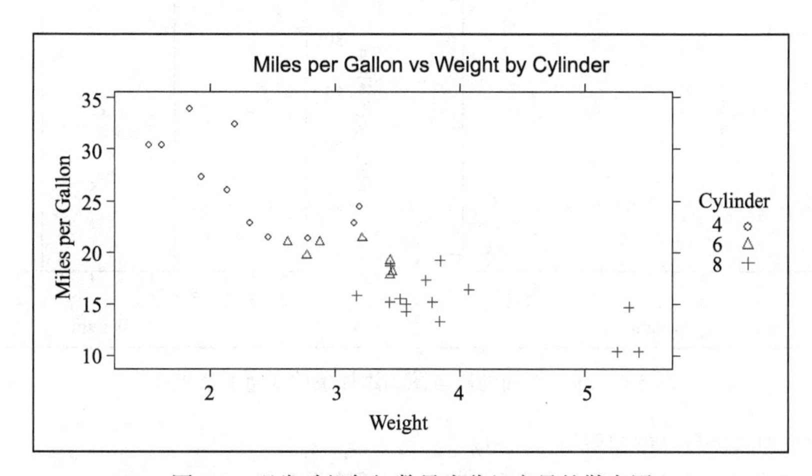

图 5-5 以发动机气缸数量为分组变量的散点图

我们让 Cylinder 数量用不同的点样式表示：4 是圆点，6 是三角形，8 是十字形，并且添加了图例的标题，说明 4、6、8 分别代表的含义，最后将图例放置在右侧。

5. 页面摆放

通过第 4 章的学习，我们知道 par 函数可以在一个页面中摆放多个图形。但 lattice 包不识别 par() 设置，需要新的方法完成页面摆放。最简单的方法便是先将 lattice 图形存储到对象中，然后利用 plot 函数中的 split = 和 position= 选项来进行控制。

split 的四个选项将页面分割为一个指定行数和列数的矩阵，然后将图形放置到该矩阵中。这四个选项分别为：图形所处的列，图形所处的行，列的总数，行的总数。

下面将图 5-1 和图 5-3 摆放在一个页面，以此简单说明 split 的用法。执行以下代码可得到图 5-6。

```
graph1<-xyplot(mpg~wt,data=mtcars,xlab="Weight",ylab="Miles per Gallon")
graph2<-xyplot(mpg~wt|displacement,data=mtcars,xlab="Weight",
               ylab="Miles per Gallon",layout=c(3,1))
plot(graph1,split=c(1,1,2,1))
plot(graph2,split=c(2,1,2,1),newpage=FALSE)
```

position 的四个选项将页面看成一个 *x-y* 坐标系的矩形，*x* 轴和 *y* 轴的范围都在 [0,1] 区间，矩形的左下角坐标值是原点（0,0），右上角是（1,1）。这四个选项分别是图形左下角和右下角的坐标值。

下面仍将图 5-1 和图 5-3 摆放在一个页面，以此简单说明 position 的用法。执行以下代码同样可得图 5-6。

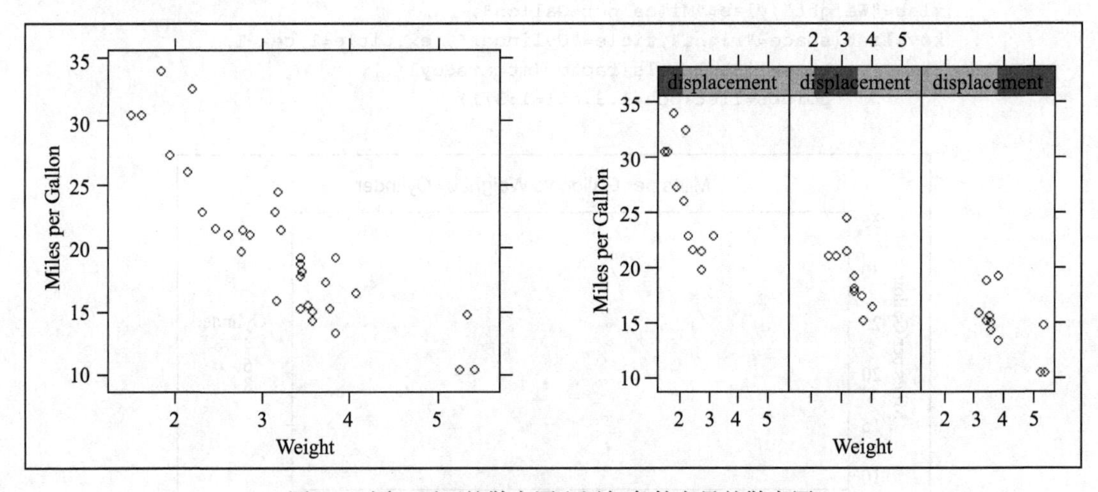

图 5-6　同一页面的散点图和添加条件变量的散点图

```
plot(graph1,position=c(0,0,0.5,1))
plot(graph2,position=c(0.5,0,1,1),newpage=FALSE)
```

5.1.2　基本图形

lattice 包绘图工具应用于绘制各种函数图形，包括生成单变量图形（点图、核密度图、直方图、柱状图和箱线图）、双变量图形（散点图、带状图和平行箱线图）和多变量图形（三维图和散点图矩阵）。

各种高级绘图函数都服从以下格式：

```
graph_function(formula,data=,options)
```

其中，formula 为函数形式即图形表达式，data 为对应的数据集，options 为各种绘图时的选项，用于设置图形的格式和标注等。

表 5-2　lattice 包的函数名和对应函数功能

函数名	函数功能	绘制对象
barchart	条形图	数组，表达式，矩阵，数值型向量，表格
dotplot	点图	数组，表达式，矩阵，数值型向量，表格
histogram	直方图	因子，表达式，数值型向量
densityplot	核密度图	表达式，数值型向量
stripplot	带状图	表达式，数值型向量
qqmath	Q-Q 图	表达式，数值型向量
qq	Q-Q 图	表达式
bwplot	箱线图	表达式，数值型向量
xyplot	散点图	表达式
splom	散点图矩阵	数据框，表达式，矩阵
levelplot	三维水平图	数组，表达式，矩阵，表格
contourplot	三维等高线图	数组，表达式，矩阵，表格
cloud	三维散点图	表达式，矩阵，表格
wireframe	三维曲面图	表达式，矩阵

在 lattice 包中，大部分绘图函数的参数选项都是相同的。表 5-3 是 lattice 包中绘图函数一些常用的通用参数选项的介绍和说明。这些参数的解释将不再作详细说明。

表 5-3　lattice 包绘图函数的常用参数

常见参数	描述
x	要绘制的对象，可以是表达式、数组、数值型向量或者表格
data	当 x 是表达式时，data 是函数要调用的一个数据框
allow.multiple	说明如何解释形如 y_1+y_2~X|Z(X、Z 都可能是多元变量的函数) 的公式。allow.multiple=TRUE 为默认状态，lattice 函数将在同一个面板上重叠绘制 y_1~X|Z 和 y_2~X|Z；如果 allow.multiple=FALSE，将绘制 (y_1+y_2)~X|Z
outer	当 allow.multiple=TRUE 以及制定多个因变量时，指定是否使用叠加图。若 outer=FALSE，绘制叠加图；若 outer=TRUE，图形在不同的面板展示
box.ratio	数值，对于以矩形图显示数据的函数 bwplot、barchart 和 stripplot，指定内部矩形空间的长宽比
horizontal	逻辑值，在 bwplot、dotplot、barchart 和 stripplot 中指定图形放置的方向：水平或垂直
panel	用户绘制的一个面板函数
aspect	指定不同面板的宽高比。默认情况下 aspect=”fill”，填充可用空间；aspect=”xy”，表示使用 Cleveland 45° banking 法则来计算宽高比；aspect=”iso”，表示等距比例
groups	指定传递给面板函数描述数据分组的变量

（续）

常见参数	描述
auto.key	逻辑值，添加分组变量的图例符号（变量 key 和 legend 会覆盖 auto.key 的值）
prepanel	函数，其参数与函数 panel 相同，返回一个列表，其中包括 xlim、ylim、dx 和 dy（以及相对少见的 xat 和 yat）
strip	逻辑值，指定标签面板是否需要绘制
xlab、ylab	指定 *x* 轴、*y* 轴标签的字符值
scales	列表，指定 *x* 轴、*y* 轴需要怎样绘制
subscripts	逻辑值，指定传递给面板函数的命名空间向量
subset	指定 data 的子集来绘制图形（默认包含所有的数据）
xlim、ylim	两元素数值型向量，分别设定 x 轴和 y 轴的最小值和最大值
drop.unused.levels	逻辑值，指定是否去掉未使用水平的因素
default.scales	scales 的默认值列表
lattice.options	绘制参数的列表，和标准 R 图形的 par 相似
…	传递给内部函数 trellis.skeleton 参数

1. 条形图

lattice 包使用 barchart 函数绘制条形图，barchart 绘制条形图有如下两种方法：

```
barchart(table,...)
barchart(formula,data=data frame,...)
```

默认情况下，通过面板函数 panel.barchart 来生成和调整 barchart 图形。

我们利用 R 自带的泰坦尼克号乘客生存的数据集 Titanic 绘制条形图，对 Titanic 数据集进行数据分析，利用 str 函数查看数据结构。

```
> str(Titanic)
   table [1:4, 1:2, 1:2, 1:2] 0 0 35 0 0 0 17 0 118 154 ...
   - attr(*, "dimnames")=List of 4
       ..$ Class   : chr [1:4] "1st" "2nd" "3rd" "Crew"
       ..$ Sex     : chr [1:2] "Male" "Female"
       ..$ Age     : chr [1:2] "Child" "Adult"
       ..$ Survived: chr [1:2] "No" "Yes"
```

从上面结果可知，Titanic 是一个四维列联表，由四个变量 Class、Sex、Age 和 Survived 组成。barchart 可以直接对 table 类型绘制条形图，R 代码比较简单，这里不再赘述，详见第 5 章代码。

我们也可以将表格数据 Tatanic 转换成数据框，然后通过参数 x 来指定表达式、参数 data 指定数据框的方式来绘制条形图。

❑ 实例：绘制图 5-7 左图所示的条形图。

```
barchart(Class~Freq|Sex+Age,data=as.data.frame(Titanic),groups=Survived,stack=TR
UE, auto.key=list(title="Survived",columns=2))
```

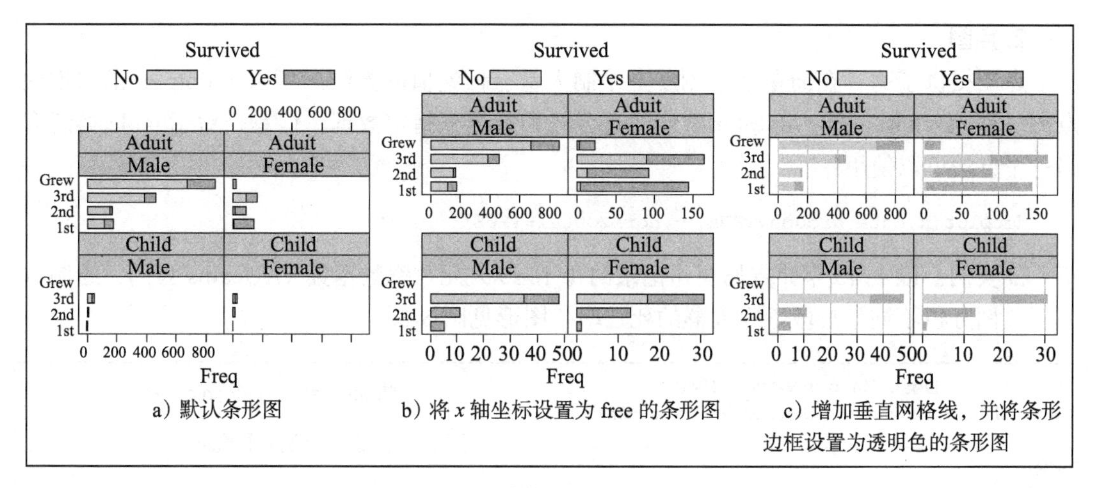

a）默认条形图 b）将 *x* 轴坐标设置为 free 的条形图 c）增加垂直网格线，并将条形边框设置为透明色的条形图

图 5-7

stack 参数设定条形图是以堆积还是分组方式展示，通过调整 auto.key 参数，可以给图例增加标题和改变其排列方式。此处我们增加图例标题”Survived”，并将图例排列变成一行两列。

从图 5-7a 中发现，成年人（Adult）的人数远多于小孩（Child），我们可以将 scales 参数设置为 x=”free”来优化条形图，提高图形的可读性。执行以下代码，得到的条形图如图 5-7b 所示。

```
barchart(Class~Freq|Sex+Age,data=as.data.frame(Titanic), groups=Survived,
stack=TRUE,auto.key= list(title="Survived",columns=2),scales=list(x="free"))
```

可以将 barchart 存储在 mygraph 对象中，执行以下代码：

```
mygraph<-barchart(Class~Freq|Sex+Age,data=as.data.frame (Titanic),
groups=Survived, stack=TRUE, auto.key=list(title="Survived",columns=2),
scales=list(x="free"))
```

此时不会展示任何图形，只有调用 plot(mygraph)（或 print(mygraph)、mygraph）时才会展示图形。另外，可以使用 update 函数来修改 lattice 图形对象。假如我们想在条形图中增加垂直网格线，并将条形边框设置为透明色，可利用 update 函数修改面板参数 panel 实现。执行以下代码可得到图 5-7c 所示的条形图。

```
update(mygraph, panel=function(...){
        panel.grid(h=0,v=-1)
        panel.barchart(...,border="transparent")
    })
```

* 代码详见：第 5 章 / 示例程序 /code/code5-1.R

2. 点图

点图提供了一种在简单水平刻度上绘制大量有标签值的方法。可以用 dotplot 函数创建点图。和 barchart 一样，dotplot 默认通过公式和数据框指定数据，但是，对于 table 类还有另一个方法可以使用：

```
dotplot(x,data,groups=TRUE,…,horizontal=TRUE)
```

❑ 实例：以 1940 年弗吉尼亚州记录的每 1000 人死亡率数据集 VADeaths 为例，绘制点图分析不同年龄段不同人群的死亡率。图形见图 5-8。

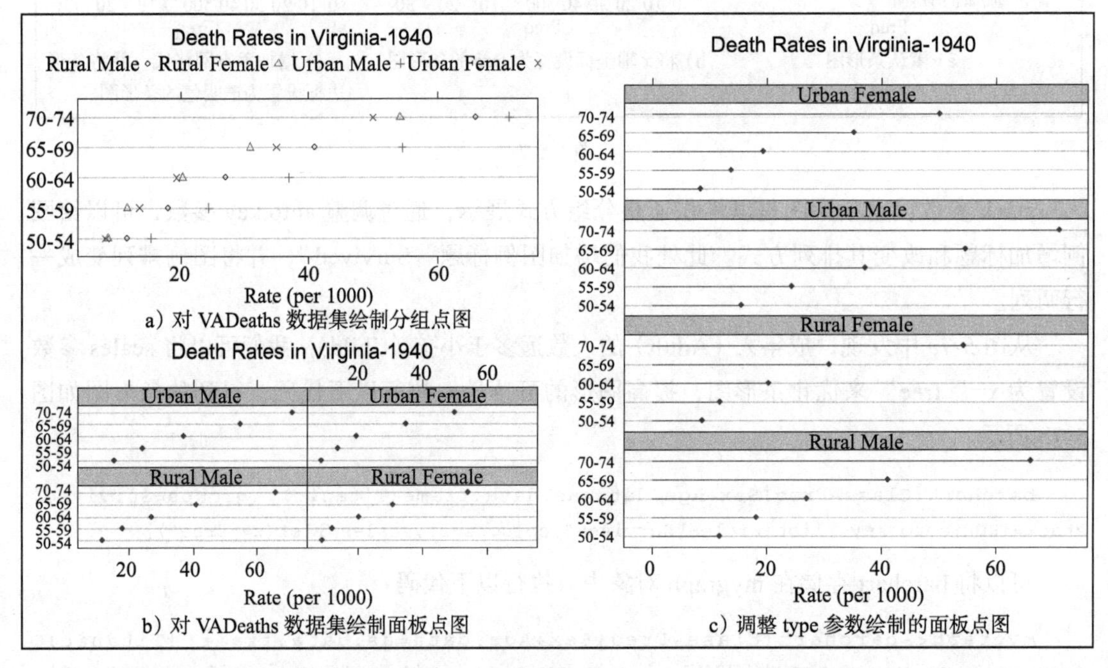

图 5-8

执行以下代码得到图 5-8a 所示的分组点图。

```
dotplot(VADeaths,pch=1:4,col=1:4, xlab = "Rate (per 1000)",
    main = list("Death Rates in Virginia - 1940",cex=0.8),
    key=list(column=4, text=list(colnames(VADeaths)), points=list(pch=1:4,col=1:4)))
```

为了提高图形的可读性，在图 5-8a 中增加了主标题和 x 轴标题，并对不同人群用不同的颜色和符号进行区分，最后通过 key 参数设置图例的样式和摆放方式。从图 5-8 我们可知，男性死亡率高于女性，其中城市男性死亡率又高于农村男性。

如果我们将参数 groups 设置为 FALSE，则可以画出面板图，执行以下代码得到如图 5-8 所示的面板点图。

```
dotplot(VADeaths, groups = FALSE, main = list("Death Rates in Virginia -
```

```
1940",cex=0.8),
        xlab = "Rate (per 1000)")
```

从图 5-8b 可知，不同人群都存在相同的规律，即死亡率随着年龄的增长而增大。我们也可以通过调整 type 参数，来对图 5-8b 进行美化。执行以下代码得到图 5-8c 所示的面板点图。

```
dotplot(VADeaths, groups = FALSE, layout=c(1,4), origin = 0, type = c("p", "h"),
    main = list("Death Rates in Virginia - 1940",cex=0.8), xlab = "Rate (per 1000)")
```

* 代码详见：第 5 章 / 示例程序 /code/code5-1.R

3. 直方图

直方图通过在 X 轴上将值域分割为一定数量的组，在 Y 轴上显示相应值的频数，展示了连续型变量的分布。在 lattice 包中绘制直方图可以使用 histogram 函数。

- 实例：nutshell 包的 births2006.smpl 数据集，包含了 2006 年美国出生人口的数据的 10% 样本，每一条记录有 13 个变量。使用数据集前，需通过 install.packages（“nutshell”）安装并加载。

以美国出生人口数据为例，利用直方图查看不同胎数下婴儿的平均重量。执行以下代码得到图 5-9 所示的直方图。

```
library(lattice)
library(nutshell)
data(births2006.smpl)
histogram(~DBWT|DPLURAL,data=births2006.smpl, main="Births in the United States,
2006",
            layout=c(1,5),xlab="Birth weight, in grams")
```

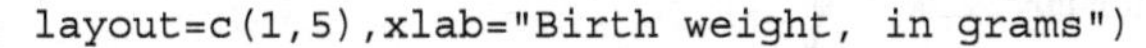

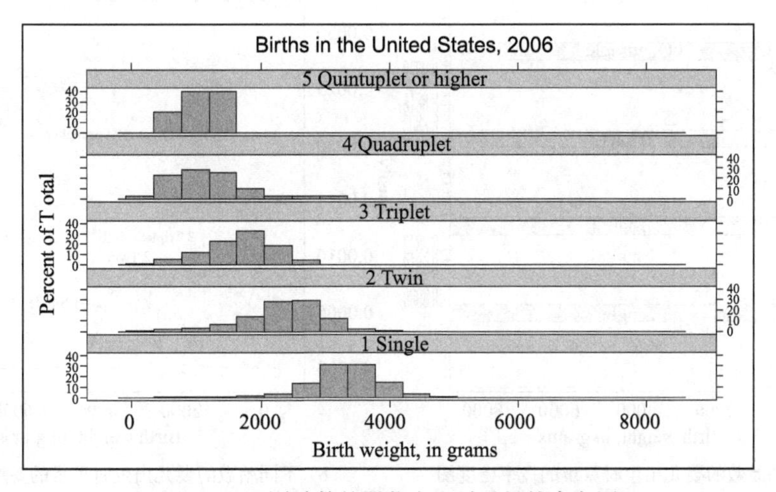

图 5-9　不同胎数的婴儿出生时重量的直方图

为了更方便地对不同的组做比较，我们通过 layout 参数将图形垂直堆积起来。从图 5-9

可知，从单胞胎到多胞胎，婴儿的平均重量是减少的。

4. 核密度图

如果想用一条线而不是通过一组矩形块来展示连续型变量的分布，可以选择核密度图。在 lattice 包中，核密度图可以用 densityplot 函数来绘制。

对于前面的直方图所展示的数据，此处改用密度图来说明。默认情况下，densityplot 会在每个图的下面绘制一个带状图来展示每一个数据点。但是，由于本例中的数据集非常大（427 432 个观测值），因此设置 plot.points=FALSE，不绘制数据点。执行以下代码得到图 5-10a 图所示的密度图。

```
densityplot(~DBWT|DPLURAL,data=births2006.smpl, layout=c(1,5),plot.points=FALSE,
    main="Births in the United States, 2006",xlab="Birth weight, in grams")
```

相比直方图，密度图的一个优势是可以在彼此上方堆放，而且结果还有可读性。将条件变量（DPLURAL）改为分组变量，可以将这些图依次叠放。通过叠加的图，很容易就可以比较不同分布的形状（和它们的中心点）。执行以下代码可得到图 5-10b 所示的叠加密度图。

```
densityplot(~DBWT,groups=DPLURAL,data=births2006.smpl,plot.points=FALSE,
    main="Births in the United States, 2006",xlab="Birth weight, in grams",
    lty=1:5,col=1:5,lwd=1.5,key=list(text=list(levels(births2006.smpl$DPLURAL)),
        column=3,lines=list(lty=1:5,col=1:5)))
```

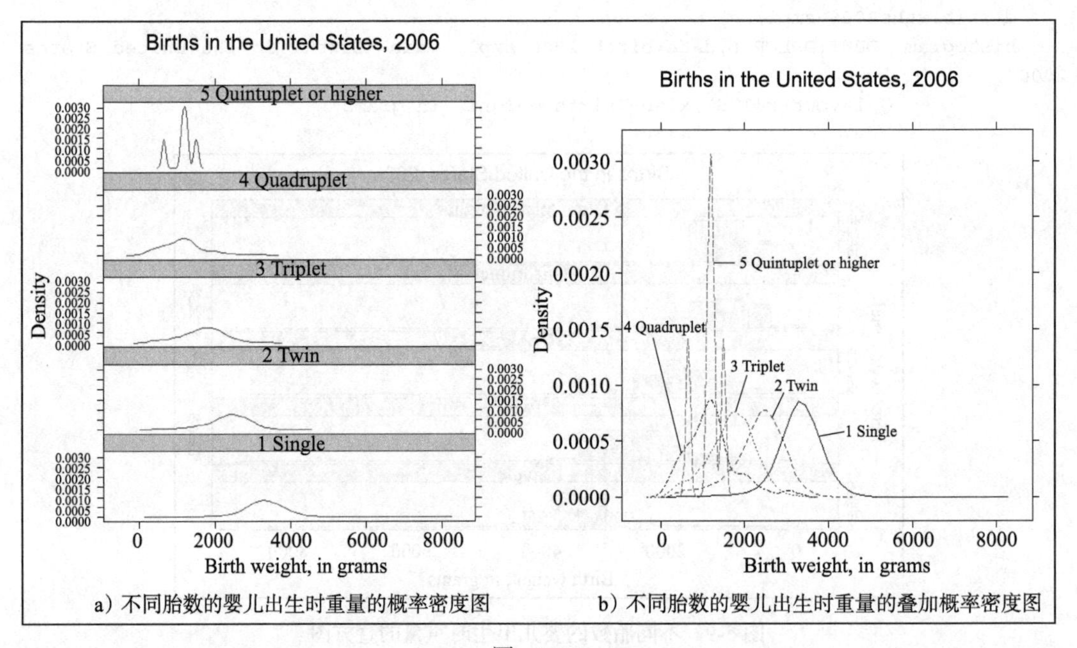

a）不同胎数的婴儿出生时重量的概率密度图 b）不同胎数的婴儿出生时重量的叠加概率密度图

图 5-10

5. 带状图

当数据量不多时，可以采用带状图代替直方图来展示数据，可以认为带状图是一维的散点图。在 lattice 包中，通过 stripplot 函数绘制带状图。

下面以前例中四胞胎及以上的组的婴儿重量为例来说明带状图。数据集中符合条件的观测值只有 44 个，因此带状图是一个展示密度的合适方法。在这个例子中，可以使用 subset 参数来指定需要绘制图形的数据集，同时通过设置参数 jitter.data=TRUE 增加一些随机的垂直噪声来使数据点更具有可读性。

❑ 实例：执行以下代码，绘制带状图，图形见图 5-11。

```
stripplot(~DBWT,data=births2006.smpl, main="Births in the United States, 2006",
    subset=(DPLURAL=="5 Quintuplet or highter" |DPLURAL=="4 Quadruplet"),
    jitter.data=TRUE,xlab="Birth weight, in grams")
```

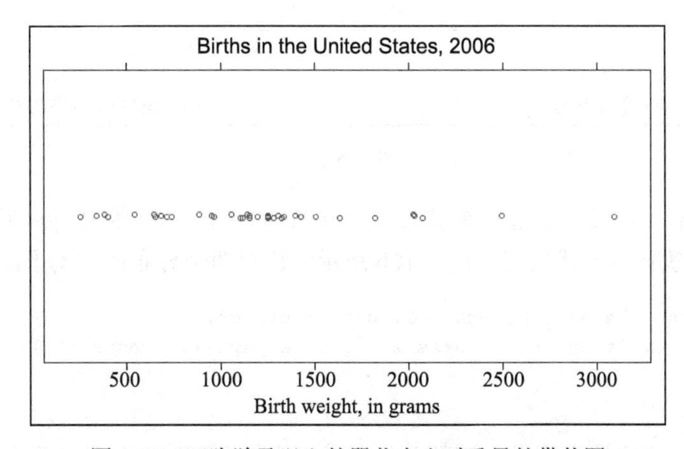

图 5-11　四胞胎及以上的婴儿出生时重量的带状图

6. Q-Q 图

lattice 包里另外一个很有用的图是 Q-Q 图。Q-Q 图用于比较数据的实际分布与理论分布。具体来说，它绘制观测数据的分位与理论分布的分位图形。如果绘制的点形成了一条直的对角线（从右上到左下），说明观测数据服从理论的分布。Q-Q 图是一种识别数据集与理论分布拟合程度优劣的非常有用的技术。lattice 包中的 qqmath 函数可绘制单变量 Q-Q 图，qq 函数可生成比较两个分布的 Q-Q 图。

实例：lattice 包中的 singer 数据集包含了合唱成员的身高和声部数据。执行以下代码生成如图 5-12a 所示的单变量 Q-Q 图。

```
library(lattice)
qqmath(~ height | voice.part, data = singer, prepanel = prepanel.qqmathline,
    panel = function(x, ...) {
        panel.qqmathline(x, ...)
        panel.qqmath(x, ...)
    })
```

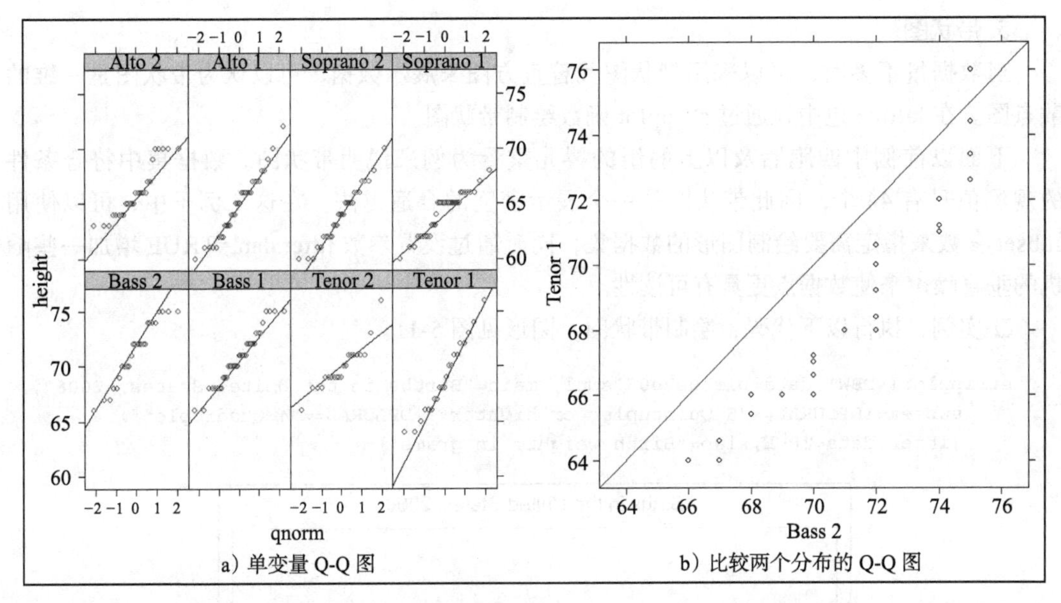

a）单变量 Q-Q 图　　b）比较两个分布的 Q-Q 图

图 5-12

接下来，我们对声部变量选取男低音 1 和男高音 2 的子集，利用 qq 函数生成比较两个分布的 Q-Q 图。执行以下代码得到图 5-12b 所示的比较两个分布的 Q-Q 图。

```
qq(voice.part ~ height, aspect = 1, data = singer,
   subset = (voice.part == "Bass 2" | voice.part == "Tenor 1"))
```

7. 箱线图

箱线图通过绘制连续型变量的五数总括，即最小值、下四分位数（第 25 百分位数）、中位数（第 50 百分位数）、上四分位数（第 75 百分位数）以及最大值，描述连续型变量的分布。箱线图能够显示出可能为离群点（范围为正负 1.5*IQR 以外的值，IQR 表示四分位距，即上四分位数与下四分位数的差值）的观测。在 lattice 包中，绘制箱线图可以通过 bwplot 函数实现。

实例：对于 singer 数据集，我们将 voice.part 作为条件变量，查看不同类型歌手的身高数据分布情况。

执行以下代码得到图 5-13a 所示的栅栏箱线图。

```
bwplot( ~ height|voice.part, data=singer, xlab="Height (inches)")
```

从图 5-13a 大致可以看出，男性歌手的身高整体会比女性歌手高。如果我们将 voice.part 作为分组变量，将能更清晰地展示这一信息。执行以下代码得到图 5-13b 所示的分组箱线图。

```
bwplot(voice.part ~ height, data=singer, xlab="Height (inches)")
```

从图 5-13b 可以清晰地看到，不同类型歌手的整体身高呈现以下规律：男低音大于男高音，男高音大于女低音，女低音大于女高音。

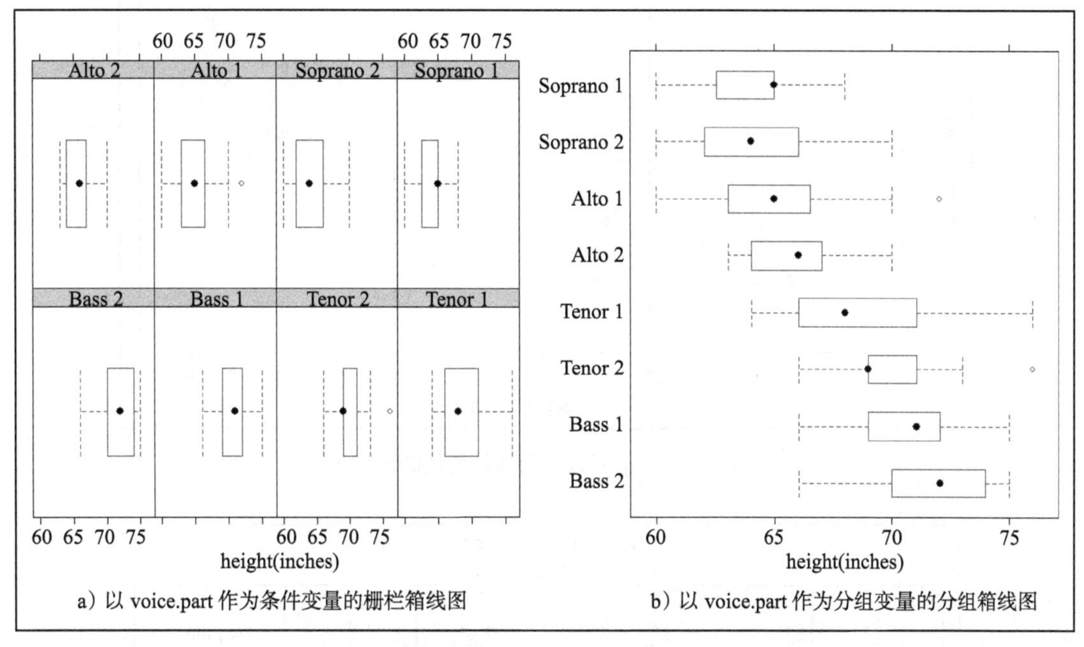

a）以 voice.part 作为条件变量的栅栏箱线图　　b）以 voice.part 作为分组变量的分组箱线图

图 5-13

8. 散点图

散点图可用来描述两个连续型变量间的关系。在 lattice 包中，可以使用 xyplot 函数生成散点图。

实例：利用 R 自带的鸢尾花数据集 iris，我们以 Species 为条件变量，研究 Sepal.Length 与 Sepal.Width 两个变量之间的关系。执行以下代码得到图 5-14 所示的散点图。

```
xyplot(Sepal.Length~Sepal.Width|Species,data=iris)
```

9. 散点图矩阵

如果想对矩阵的多对变量生成散点图，在 lattice 包中，可以通过 splom 函数来实现。

实例：利用 R 自带的汽车数据集 mtcars，我们将 cyl 变量作为分组变量，画出变量 mpg、disp、hp、drat、wt、qeec 间的散点图矩阵。执行以下代码得到图 5-15 所示的散点图矩阵。

```
splom(mtcars[c(1, 3:7)], groups = mtcars$cyl, pscales = 0,pch=1:3,col=1:3,
      varnames = c("Miles\nper\ngallon","Displacement\n(cu. in.)", "Gross\
nhorsepower",
             "Rear\naxle\nratio","Weight", "1/4 mile\ntime"),
     key = list(columns = 3, title = "Number of Cylinders",text=list(levels(facto
r(mtcars$cyl))),
         points=list(pch=1:3,col=1:3)))
```

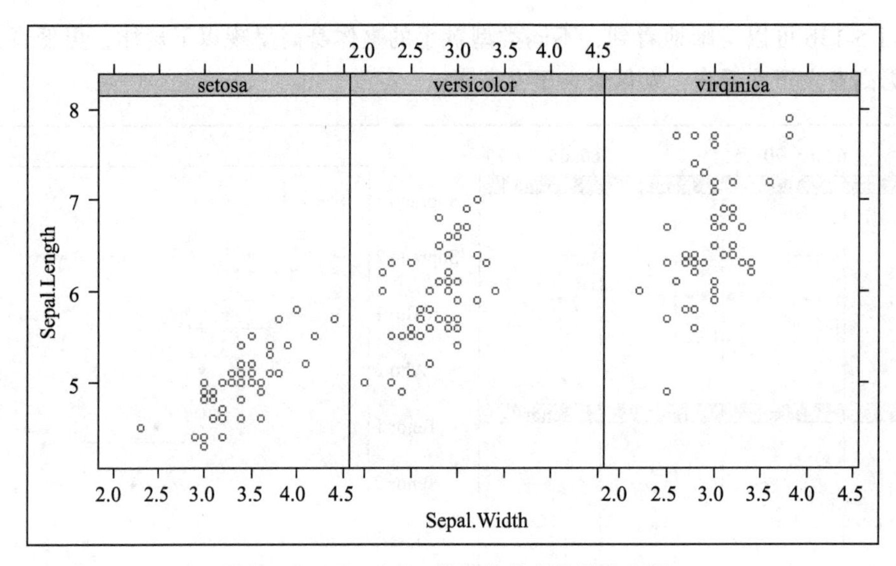

图 5-14 以 Species 作为条件变量的散点图

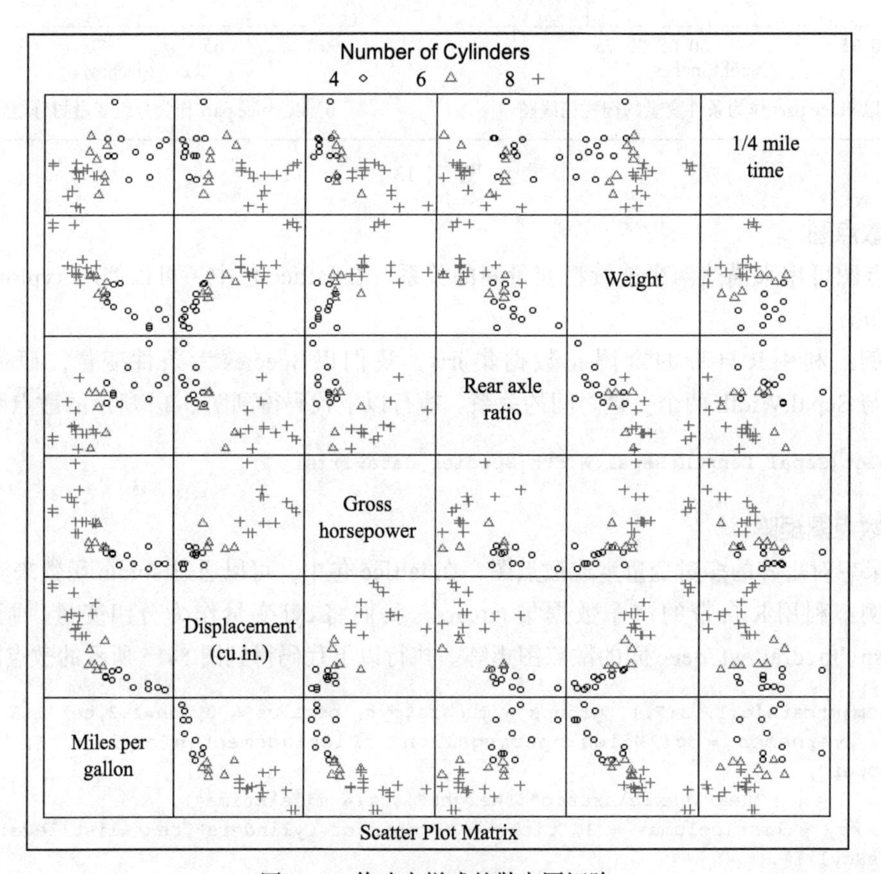

图 5-15 修改点样式的散点图矩阵

10. 三维水平图

要在平面网格上绘制三维数据，对第 3 维不同值用不同颜色来展示，在 lattice 包中，可以通过 levelplot 函数实现。

实例：以 MASS 扩展包中的 Cars93 数据集为例来说明。该数据集是 1993 年在美国的 93 辆汽车的销售记录，共有 93 行 27 列。我们先利用 cor 函数求出 Cars93 数据集中数值型向量的相关系数，并利用 levelplot 函数画出水平图，通过 scales 函数将 x 轴的标签设置为垂直于 x 轴摆放。通过执行以下代码得到图 5-16 所示的三维水平图。

```
library(lattice)
data(Cars93, package = "MASS")
cor.Cars93 <-cor(Cars93[, !sapply(Cars93, is.factor)], use = "pair")
levelplot(cor.Cars93, scales = list(x = list(rot = 90)))
```

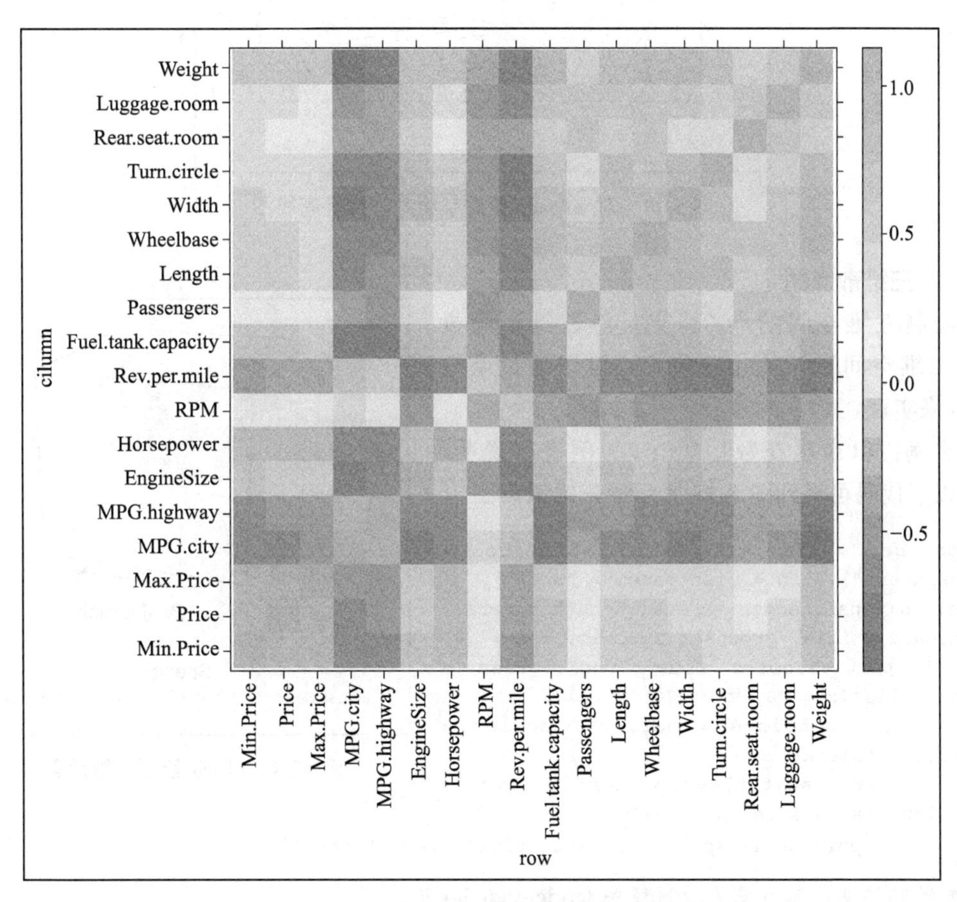

图 5-16　对 Cars93 数据集绘制水平图

11. 三维等高线图

如果用 lattice 包绘制等高线图，可以通过函数 contourplot 来实现。

实例：以火山数据集 volcano 为例进行说明。执行以下代码得到图 5-17 所示的三维等高线图。

```
contourplot(volcano, cuts = 20, label = FALSE)
```

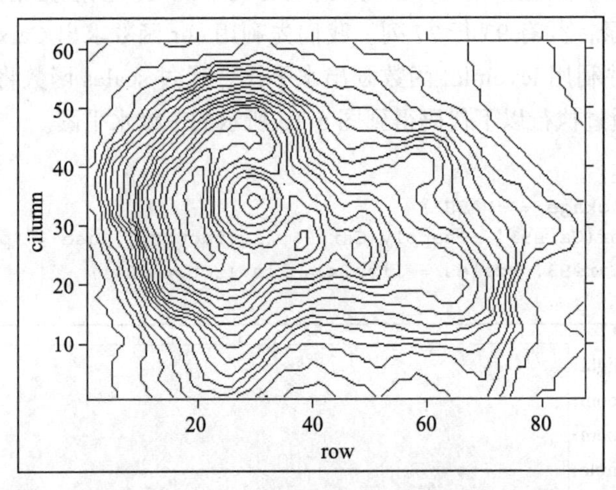

图 5-17 对 volcano 数据集绘制三维等高线图

12. 三维散点图

绘制三维空间的点（其实是将三维空间投影到二维空间），在 lattice 包中，可以通过函数 cloud 来实现。

实例：以鸢尾花数据集 iris 为例进行说明。执行以下代码可得到图 5-18 所示的三维散点图。

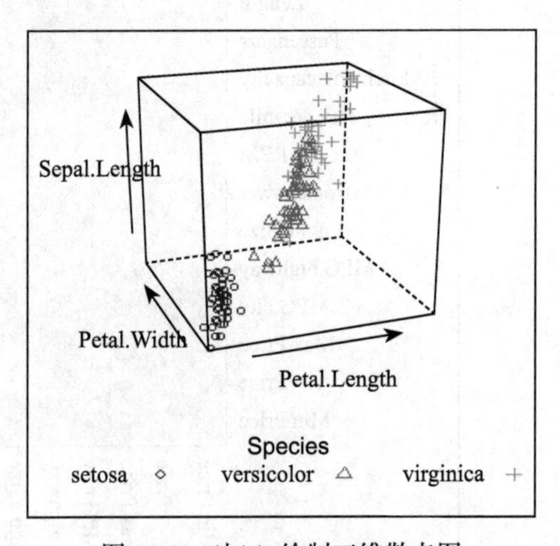

图 5-18 对 iris 绘制三维散点图

```
par.set <-list(axis.line = list(col =
"transparent"),clip = list(panel = "off"))
cloud(Sepal.Length ~ Petal.Length * Petal.
Width,data = iris, groups = Species, cex = .8,
      pch=1:3,col=c("blue","red","green"),
screen = list(z = 20, x = -70, y =0),
      par.settings = par.set, scales =
list(col = "black"),
      key=list(title="Species",column=3,
text=list(levels(iris$Species)),
        points=list(pch=1:3,col=c("blue","red","green"))))
```

* 代码详见：第 5 章 / 示例程序 /code/code5-1.R

13. 三维曲面图

如果想用 lattice 包展示三维曲面，可以使用函数 wireframe 来实现。

实例：还是以火山数据集 volcano 为例进行说明。执行以下代码得到图 5-19 所示的三维等高线图。

```
wireframe(volcano, shade = TRUE, aspect =
c(61/87, 0.4), light.source = c(10,0,10))
```

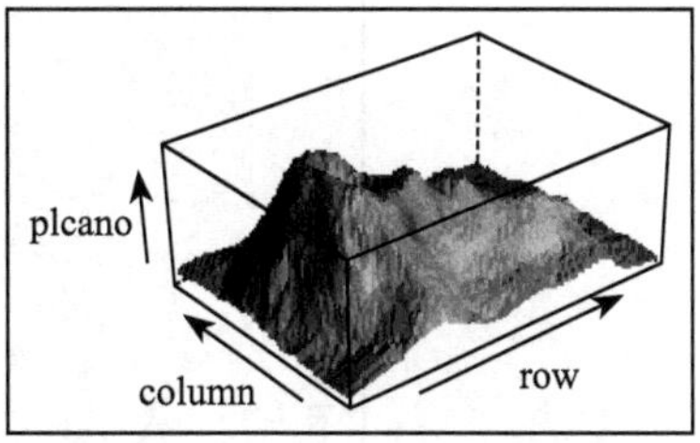

图 5-19 对 volcano 绘制三维曲面图

5.2 ggplot2 包绘图工具

ggplot2 包是包含了一套全面而连贯的语法的绘图系统。它弥补了 R 中创建图形缺乏一致性的缺点，且不会局限于一些已经定义好的统计图形，可以根据需要创造出任何有助于解决所遇到问题的图形。

5.2.1 从 qplot 开始

- 功能：快速作图（quick plot）。
- 使用格式：

```
qplot(x,y=NULL,...,data,facets=NULL,margins=FALSE,geom="auto",stat=list(NULL),
position=list(NULL),xlim=c(NA,NA),ylim=c(NA,NA),log="",main=NULL,
    xlab=deparse(substitute(x)),ylab=deparse(substitute(y)),asp=NA)
```

其中，facets 是图形 / 数据的分面，geom 指图形的几何类型，stat 指图形的统计类型，position 可对图形或者数据的位置进行调整，其他参数与 plot 函数类似。

下面通过一些例子来看看 qplot 函数的工作原理。

实例：利用鸢尾花数据集 iris，我们创建一个以物种种类为分组的花萼长度的箱线图，箱线图的颜色依据不同的物种种类而变化。执行以下代码得到图 5-20 所示的箱线图。

```
library(ggplot2)
qplot(Species,Sepal.Length,data=iris, geom="boxplot",fill=Species,
    main=" 依据种类分组的花萼长度箱线图 ")
```

我们也可以利用 qplot 函数画出小提琴图：只需要将 geom 设置为”violon”，并添加扰动以减少数据重叠即可。执行以下代码可以得到图 5-21 所示的小提琴图。

```
qplot(Species,Sepal.Length,data=iris, geom=c("violin","jitter"),fill=Species,
main=" 依据种类分组的花萼长度小提琴图 ")
```

实例：我们来创建一个花萼长度和花萼宽度的散点图，并利用颜色和符号形状区分物种种类。执行以下代码可以得到如图 5-22 所示的散点图。

```
qplot(Sepal.Length,Sepal.Width,data=iris, colour=Species,shape=Species,
    main=" 绘制花萼长度和花萼宽度的散点图 ")
```

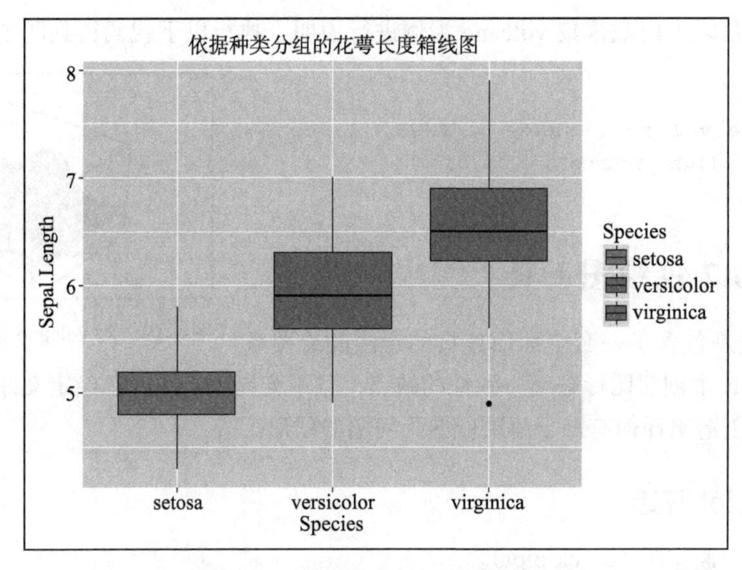

图 5-20　利用 qplot 函数绘制箱线图

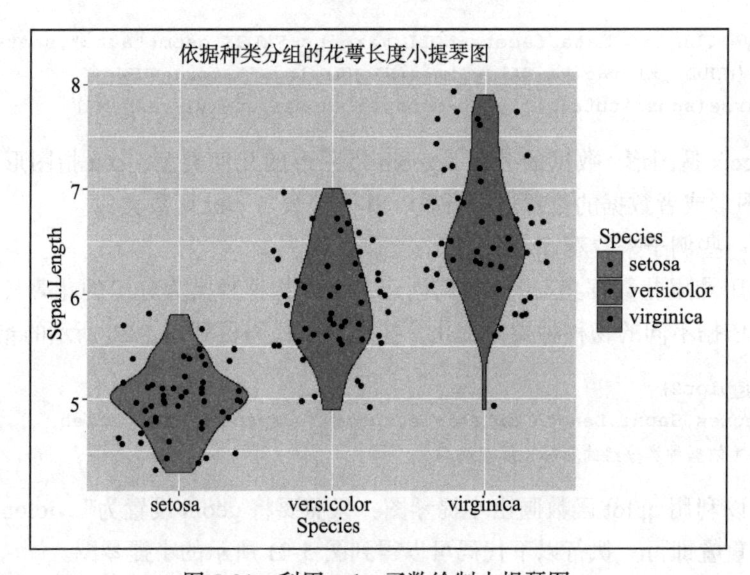

图 5-21　利用 qplot 函数绘制小提琴图

我们也可以利用 facets 参数绘制分面板散点图，并增加光滑曲线。执行以下代码得到图 5-23 所示的分面板散点图。

```
qplot(Sepal.Length,Sepal.Width,data=iris,  geom=c("point","smooth"),
facets=~Species,
     colour=Species, main=" 绘制分面板的散点图 ")
```

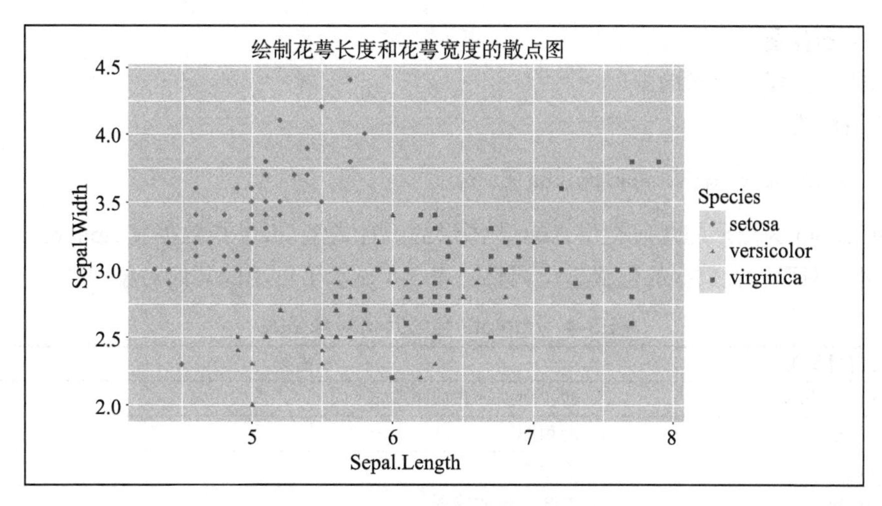

图 5-22 利用 qplot 函数绘制散点图

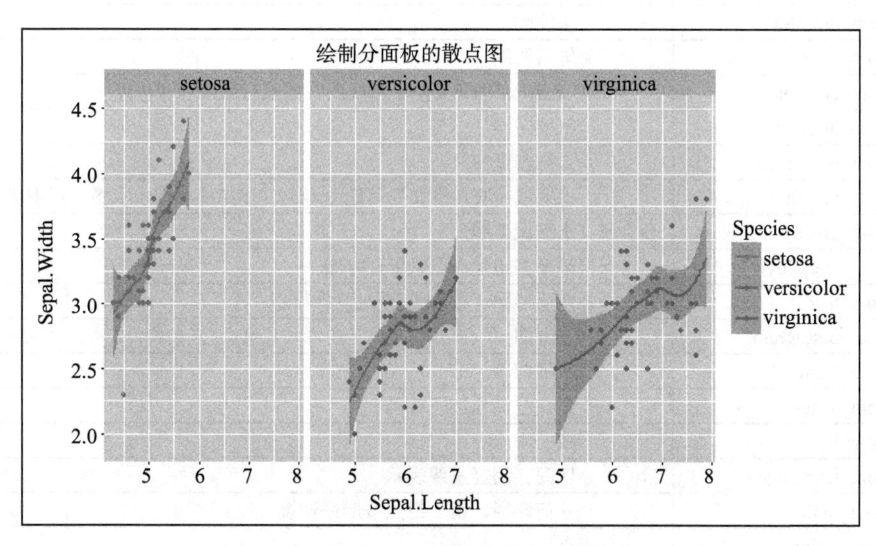

图 5-23 利用 qplot 函数绘制分面板散点图

5.2.2 ggplot 作图

(1) ggplot() 函数

- 功能：初始化一个 ggplot 对象，不指定作图内容。
- 使用格式：

```
ggplot(data=NULL,...)
```

其中，data 指数据集。

（2）layer() 函数

❑ 功能：创建一个新的图层。

❑ 使用格式：

```
layer(geom,stat,data,mapping,position)
```

其中，geom 为图形的几何类型，stat 为图形的统计类型，data 指数据集，mapping 指映射，position 可对图形或者数据的位置进行调整。表 5-4 显示了可用的几何对象函数。

表 5-4 ggplot2 包的几何对象函数

几何对象函数	描述
geom_abline	线：由斜率和截距指定
geom_area	面积图
geom_bar	条形图
geom_bin2d	二维封箱的热图
geom_blank	空的几何对象，什么也不画
geom_boxplot	箱线图
geom_contour	等高线图
geom_crossbar	Crossbar 图（类似于箱线图，但没有触须和极值点）
geom_density	密度图
geom_density2d	二维密度图
geom_errorbar	误差线（通常添加到其他图形上，比如柱状图、点图、线图等）
geom_errorbarh	水平误差线
geom_freqploy	频率多边形（类似于直方图）
geom_hex	六边形图（通常用于六边形封箱）
geom_histogram	直方图
geom_hline	水平线
geom_jitter	点，自动添加了扰动
geom_line	线
geom_linerange	区间，用竖直线表示
geom_path	几何路径，由一组点按顺序链接
geom_point	点
geom_pointrange	一条垂直线，线的中间有一个点（与 Crossbar 图和箱线图有关）
geom_polygon	多边形
geom_quantile	一组分位数线（来自分位数回归）
geom_rect	二维的长方形
geom_ribbon	彩虹图
geom_rug	触须
geom_segment	线段
geom_smooth	平滑的条件均值
geom_step	阶梯图
geom_text	文本
geom_tile	瓦片（即一个个的小长方形或多边形）

（3）aes() 函数

❑ 功能：创建图形属性映射，将数据变量映射到图形中。

❑ 使用格式：

```
aes(x,y,colour,...)
```

其中，参数 x 和 y 是映射到图形中的数据变量，colour 指作图使用的颜色的映射。

下面通过一些例子来体会 ggplot 绘图的工作原理。

实例：还是以鸢尾花数据集为例，利用 ggplot 函数创建一个以物种种类为分组参数的花萼长度的箱线图。箱线图的颜色依据不同的物种种类而变化。执行以下代码得到图 5-24 所示的箱线图。

```
library(ggplot2)
ggplot(iris,aes(x=Species,y=Sepal.Length,fill=Species))+
geom_boxplot()+labs(title=" 依据种类分组的花萼长度箱线图 ")
```

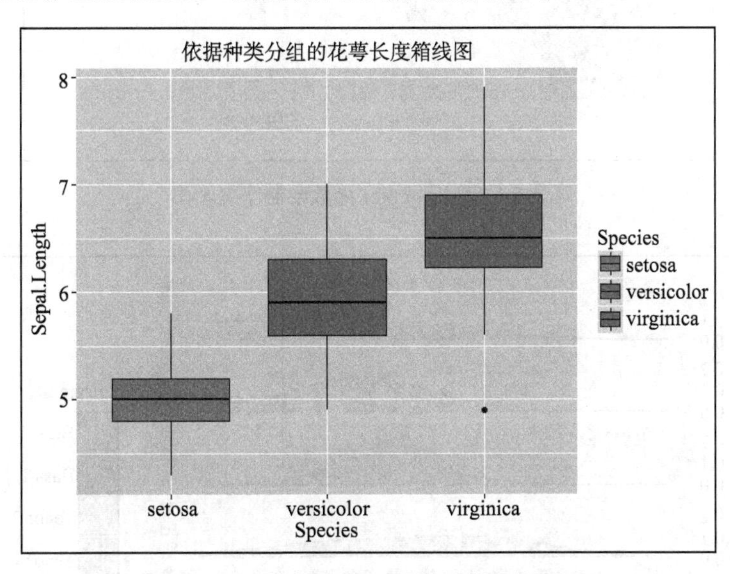

图 5-24　利用 ggplot 函数绘制箱线图

我们也可以利用 ggplot 函数画出小提琴图，只需要选择 geom_violin()，并添加 geom_jitter() 增加扰动以减少数据重叠。执行以下代码可以得到图 5-25 所示的小提琴图。

```
ggplot(iris,aes(x=Species,y=Sepal.Length,fill=Species))+
geom_violin()+geom_jitter()+labs(title=" 依据种类分组的花萼长度小提琴图 ")
```

（4）分面

我们可以利用 facet_wrap 函数或 facet_grid 函数对图形进行分面。例如想对 lattice 包中 singer 数据集中不同声部的身高数据绘制密度图，可以执行以下代码，得到图 5-26 所示的分面版密度图。

```
data(singer,package="lattice")
ggplot(data=singer,aes(x=height,fill=voice.part))+
geom_density()+
facet_grid(voice.part~.)
```

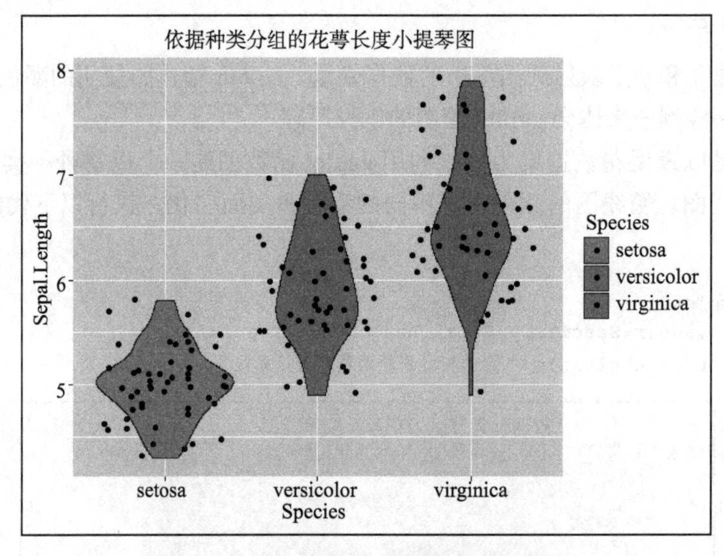

图 5-25 利用 ggplot 函数绘制小提琴图

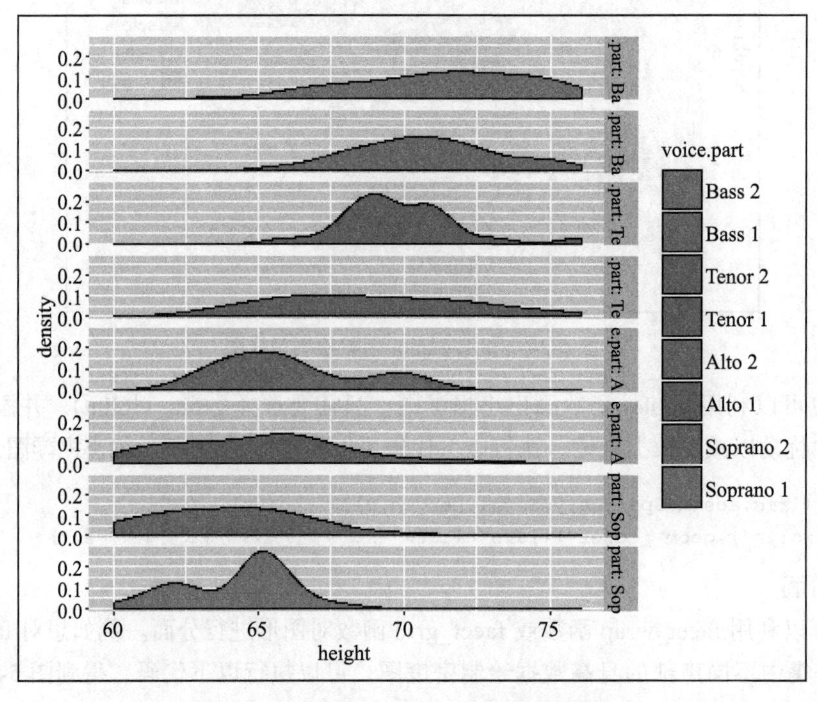

图 5-26 利用 ggplot 函数绘制分面版密度图

我们还可以设置面板的行数或列数（通过 facet_wrap 中的 nrow 和 ncol 参数设置），并可以利用主题 theme 参数设置图例。执行以下代码，可以得到图 5-27 所示的 4 列 2 行摆放，且没有图例输出的分面板密度图。

```
ggplot(data=singer,aes(x=height,fill=voice.part))+
geom_density()+
facet_wrap(~voice.part,ncol=4)+
theme(legend.position="none")
```

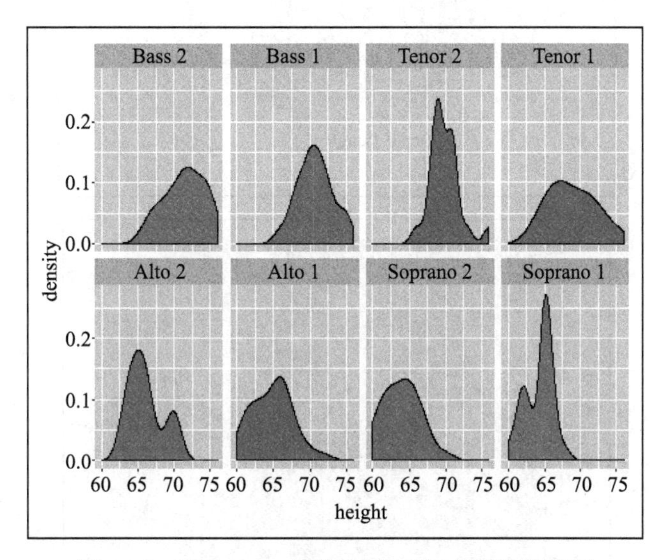

图 5-27 利用 ggplot 函数绘制 4 列 2 行面版密度图

（5）颜色设置

可以使用 scale_color_manual 或 scale_color_brewer 函数修改图形的颜色。例如我们想改变图 5-28 所示的散点图的颜色，可以用以下两种方式来实现。

```
方式一：使用 scale_color_manual 函数
ggplot(iris,aes(x=Sepal.Length,y=Sepal.Width,colour=Species))+
scale_color_manual(values=c("orange","olivedrab","navy"))+
geom_point(size=2)
方式二：使用 scale_color_brewer 函数
ggplot(iris,aes(x=Sepal.Length,y=Sepal.Width,colour=Species))+
scale_color_brewer(palette="Set1")+
geom_point(size=2)
```

（6）ggsave 函数

- 功能：保存图片。
- 使用格式：

```
ggsave(filename,width,height,...)
```

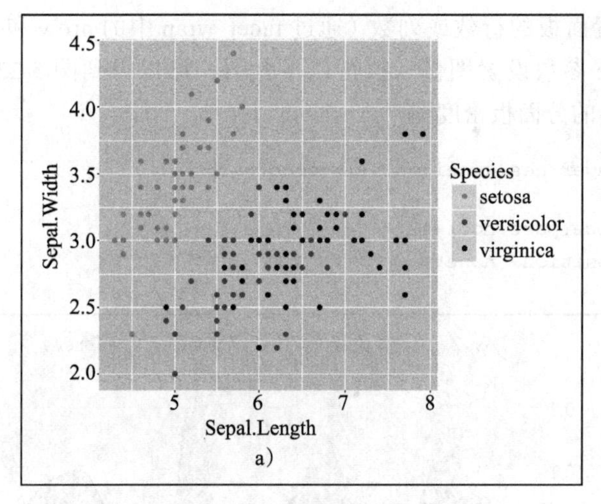

a）

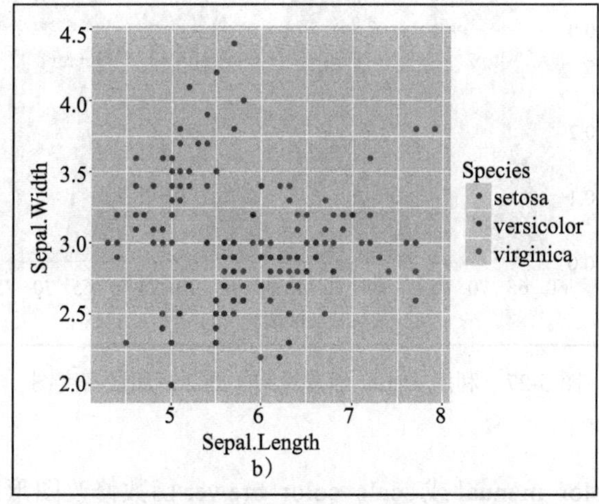

b）

图 5-28 利用 ggplot 函数改变图形颜色

其中，filename 为保存的文件名与路径，width 指图像宽度，height 指图像高度。

例如，执行以下命令后，将会在你的当前工作目录下生成一个名为 mygraph 的 pdf 图形。

```
ggplot(iris,aes(x=Sepal.Length,y=Sepal.Width,colour=Species))+
geom_point(size=2)
ggsave(file="mygraph.pdf",width=5,height=4)
```

5.3 交互式绘图工具简介

前面我们可视化的结果就是一个静态的图形，所有信息都一目了然地放在了一张图上。静态图形适合于分析报告等纸质媒介，而在网络时代，如果要在网页上发布可视化信息，那么动态的、交互的图形更有优势。在 R 的环境中，动态交互图形的优势在于能和 knitr、 shiny 等框架整合在一起，迅速建立一套可视化原型系统。

5.3.1 rCharts 包

rCharts 包的功能是直接在 R 中生成基于 D3 的 Web 页面。由于还处于开发状态，该包目前存放在 github 代码库中，所以需要特别的安装加载方式。安装此包前，需先安装下列几个包：RCurl，'RJSONIO，'whisker，yaml，httpuv devtools。

rCharts 包的安装代码如下。

```
require(devtools)
install_github('ramnathv/rCharts')
```

就像 lattice 包绘图函数一样，rCharts 包绘图函数通过 formula、data 指定数据源和绘图方式，并通过 type 指定图表类型。下面通过实例来了解其工作原理。

实例：我们以鸢尾花数据集为例，首先通过 name 函数对列名进行重新赋值（去掉单词间的点），然后利用 rPlot 函数绘制散点图 (type=" point")，并利用颜色进行分组 (color=" Species")。执行以下代码得到图 5-29 所示的散点图。

```
library(rCharts)
names(iris)=gsub("\\.","",names(iris))
rPlot(SepalLength~SepalWidth|Species,data=iris,color='Species',type='point')
```

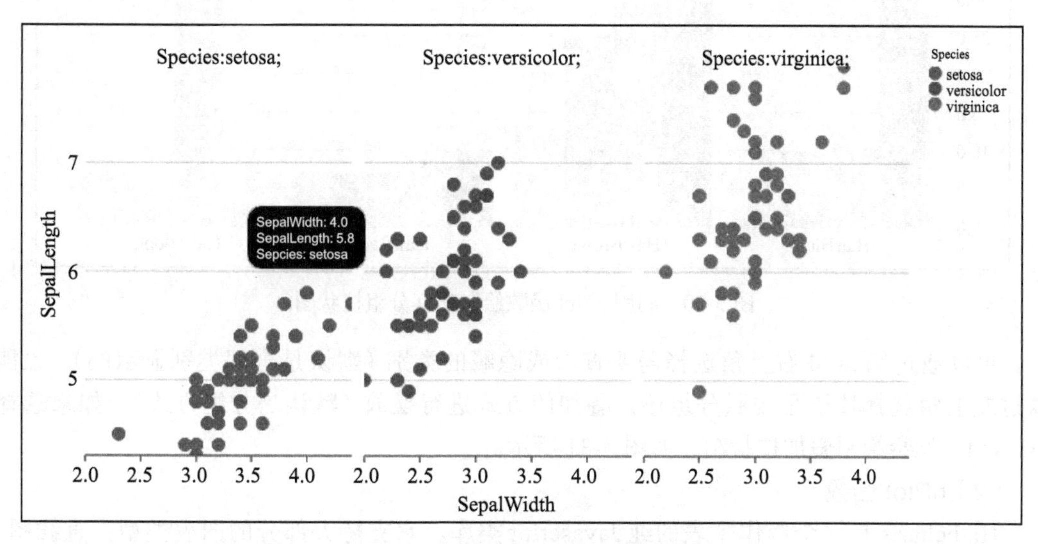

图 5-29　利用 rPlot 函数绘制散点图

rCharts 支持多个 javascript 图表库，每个都有自己的长处。每一个图表库有多个定制选项，其中大部分 rCharts 都支持。

（1）nPlot 函数

NVD3 是一个旨在建立可复用的图表和组件的 d3.js 项目。它提供了同样强大的功能，但更容易使用。它可以让我们处理复杂的数据集来创建更高级的可视化。在 rCharts 包中提供了 nPlot 函数来实现其功能。

下面以眼睛和头发颜色的数据 (HairEyeColor) 为例说明 nPlot 绘图的基本原理。

实例：我们按照眼睛的颜色进行分组 (group="eye")，对不同头发颜色人数绘制柱状图，并将类型设置为柱状图组合方式 (type="multiBarChart")，这样可以实现分组和叠加效果。执行以下代码得到图 5-30 所示的交互分组柱状图。

```
library(rCharts)
hair_eye_male<-subset(as.data.frame(HairEyeColor),Sex=="Male")
hair_eye_male[,1]<-paste0("Hair",hair_eye_male[,1])
hair_eye_male[,2]<-paste0("Eye",hair_eye_male[,2])
nPlot(Freq~Hair,group="Eye",data=hair_eye_male,type="multiBarChart")
```

*代码详见：第 5 章 / 示例程序 /code/code5-3.R

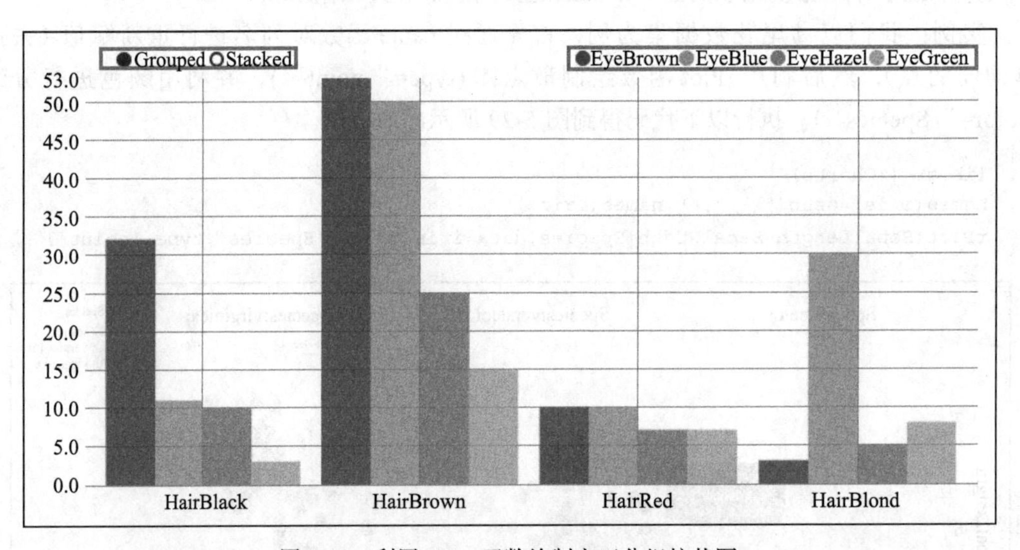

图 5-30 利用 nPlot 函数绘制交互分组柱状图

可以通过图 5-30 右上角选择需要查看或隐藏的类别（默认是全部类别显示的），也能通过左上角选择柱子是按照分组还是叠加的方式进行摆放（默认是分组方式）。如果选择 Stacked，就会绘制叠加柱状图，如图 5-31 所示。

（2）hPlot 函数

Highcharts 是一个制作图表的纯 Javascript 类库。它支持大部分的图表类型：直线图、曲线图、区域图、区域曲线图、柱状图、饼状图、散布图等。在 rCharts 包中提供了 hPlot 函数来实现。

实例：以 MASS 包中的学生调查数据集 survery 为例说明 hPlot 绘图的基本原理。我们绘制学生身高和每分钟脉搏跳动次数的气泡图，以年龄变量作为调整气泡大小的变量。执行以下代码得到图 5-32 所示的交互气泡图。

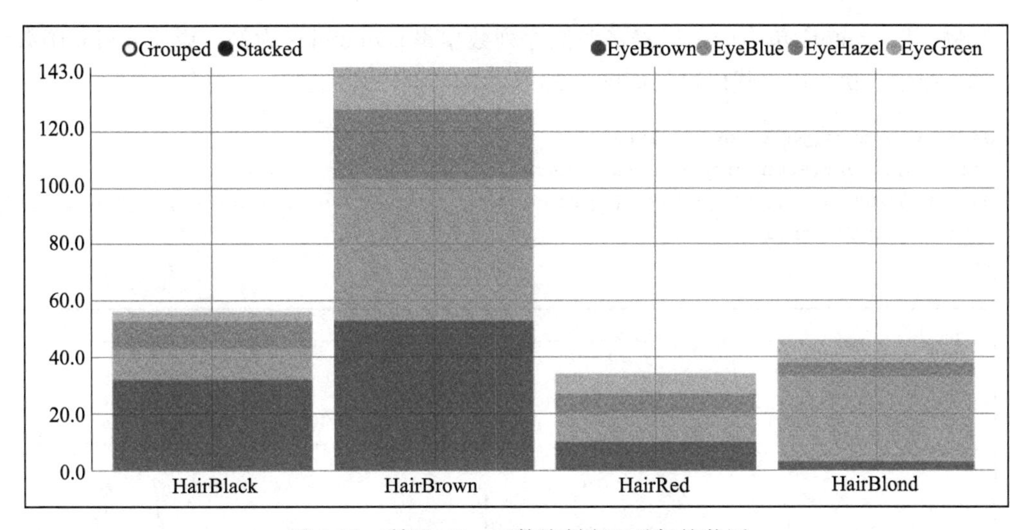

图 5-31　利用 nPlot 函数绘制交互叠加柱状图

```
    a<-hPlot(Pulse~Height,data=MASS::survey,type="bubble",title="Zoomdemo",subtitle=
"bubblechart",size="Age",group="Exer")
    a$colors('rgba(223,83,83,.5)','rgba(119,152,191,.5)','rgba(60,179,113,.5)')
    a$chart(zoomType="xy")
    a$exporting(enabled=T)
    a
```

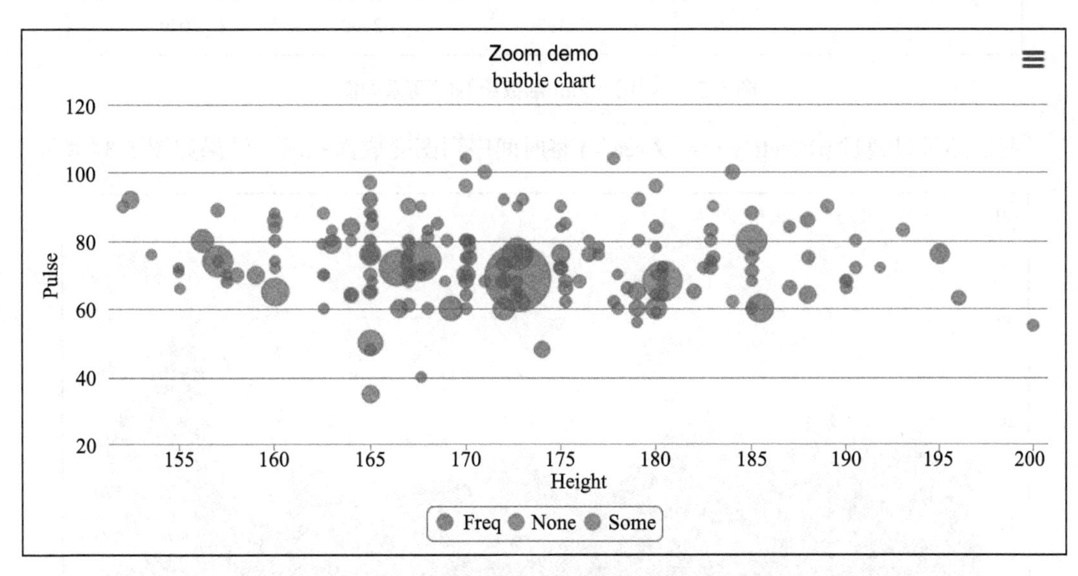

图 5-32　利用 hPlot 函数绘制交互气泡图

（3）mPlot 函数

Morris.js 是一个轻量级的 JS 库，能绘制漂亮的时间序列线图，包括线图、柱图、区域图、圆环图。在 rCharts 包中，通过 mPlot 函数实现。

实例：以 ggplot2 包中的美国经济时间序列数据集 economics 为例，说明 mPlot 函数绘图的基本原理。执行以下代码得到如图 5-33 所示的时间序列图。

```
data(economics,package='ggplot2')
dat<-transform(economics,date=as.character(date))
p1<-mPlot(x="date",y=list("psavert","uempmed"),data=dat,type='Line',
pointSize=0,lineWidth=1)
p1
```

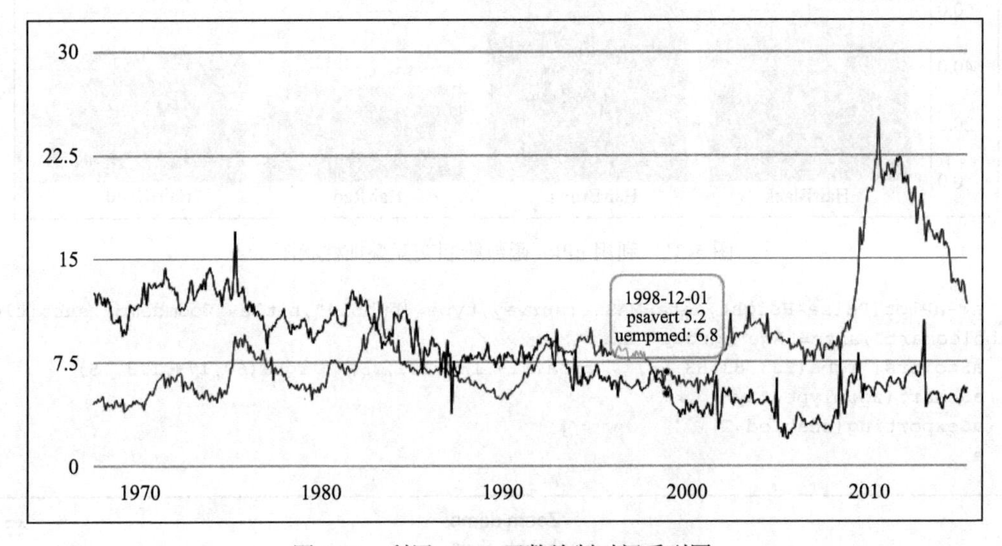

图 5-33 利用 mPlot 函数绘制时间系列图

我们还可以通过 p1$set(type=”Area”) 将时间序列图变成面积图，结果如图 5-34 所示。

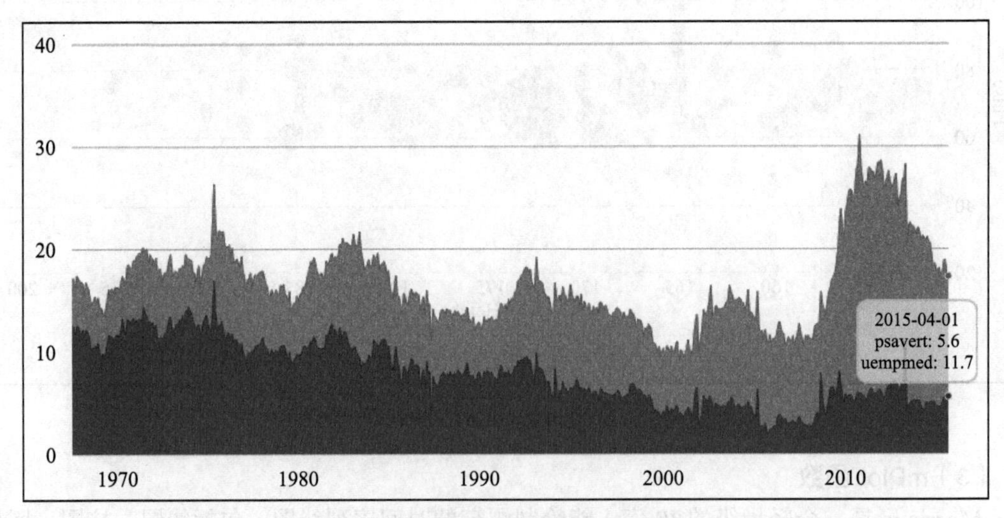

图 5-34 修改图表类型得到面积图

```
p1$set(type="Area")
p1
```

5.3.2 recharts 包

recharts 包来源于百度开发的国内顶尖水平的开源 d3-js 可视项目 Echarts(GithubRepo)。YangZhou 和 TaiyunWei 基于该工具开发了 recharts 包，经 YihuiXie 修改后，可通过 htmlwidgets 传递 js 参数，大大简化了开发难度。但此包开发仍未完成。为了尽快使用，开发者基于该包做了一个函数 echartR（下载至本地，以后通过 source 命令加载），用于制作基础 Echart 交互图。recharts 包功能实现需要 R 版本在 3.2.0 以上。

❑ recharts 包安装代码：

```
library(devtools)
install_github('yihui/recharts')
```

安装完后后，我们可以将 echartR.R 脚本通过 source 命令读入 R 中，然后对鸢尾花数据集绘制散点图，并添加各物种种类的回归线。执行以下代码后得到图 5-35 所示的散点图。

```
source("~/echartR.R")
echartR(data=iris,x=~Sepal.Length,y=~Petal.Length,series=~Species,
type='scatter',palette="Set1",
markLine=rbind(c(1,'LinearRegCoef','lm',T),c(2,'LinearRegCoef','lm',T),
        c(3,'LinearRegCoef','lm',T)))
```

*echartR 位置：第 5 章 / 示例代码 /code/echartR.R

* 代码详见：第 5 章 / 示例程序 /code/code5-3.R

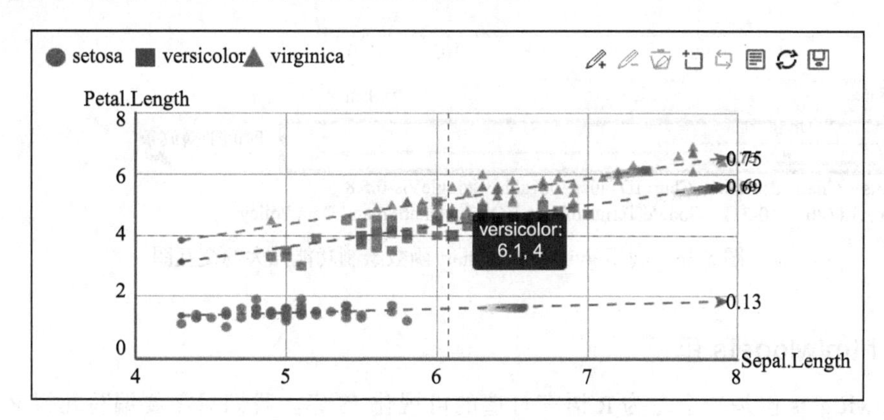

图 5-35 利用 recharts 包绘制散点图

5.3.3 googleVis 包

googleVis 是一种提供了 R 和 Google Visualization API 之间接口的 R 包。它允许用户不上传数据到 Google 就可以使用 Google Visulization API 对数据进行可视化处理。不过它的缺点是用户必须连网才能调用到图形结果（国内还需要翻墙）。通过 install.packages(“googleVis”) 可完成 googleVis 包的安装。

实例：我们利用 gvisMotionChart 函数对 googleVis 自带的数据集 Fruit 实现功能强大的交互图。执行以下代码可得图 5-36 所示的交互图。

```
library(googleVis)
M1<-gvisMotionChart(Fruits,idvar="Fruit",timevar="Year")
plot(M1)
```

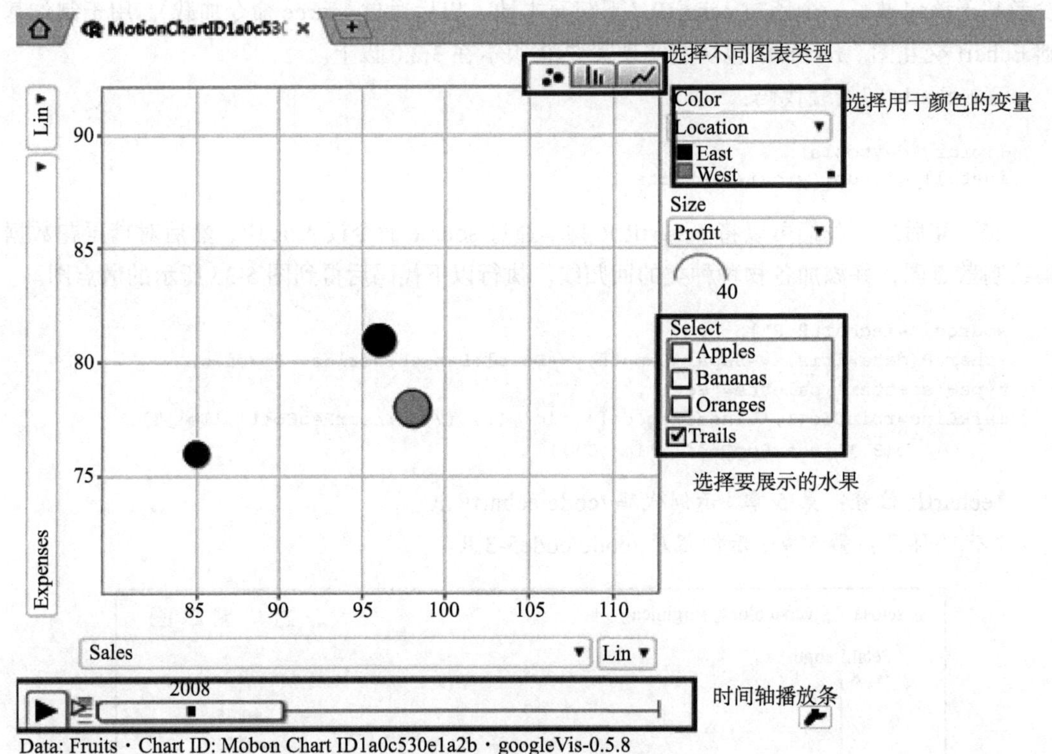

图 5-36 利用 gvisMotionChart 函数绘制功能强大的交互图

5.3.4 htmlwidgets 包

htmlwidgets 包是一个专为 R 语言打造的可视化 JS 库。我们只需要编写几行 R 语言代码便可生成交互式的可视化页面。目前已经有基于 htmlwidgets 制作的 R 包可供用户直接使用，如下所列。

- leaflet——互动地图，与 OpenStreetMap,Mapbox,andCartoDB 地图互动
- dygraphs——时间序列可视化

- plotly——交互式可视化，可以将 ggplot2 图形转化成交互式的
- highcharter——HighchartersJS 图形库的 R 接口
- visNetwork——基于 vis.js 网络可视化
- networkD3——基于 D3JS 网络可视化
- d3heatmap——与 D3 交互的热图
- DT——交互式数据表格
- rthreejs——交互式 3D 图形
- rglwidget——提供 WebGL 场景
- DiagrammeR——创建流程图的工具
- metricsgraphics——MetricsGraphics.js 的 htmlwidget 接口

（1）leaflet 包

leaflet 包是最受欢迎的交互地图可视化的开源 JavaScript 库之一。这个 R 包很容易控制并使用 leafletJS 库。它可以交互式地平移 / 缩放，使用任意的地图组合。

实例：我们使用 leaflet 在 OpenStreetMap 地图上标记 R 语言的诞生地——新西兰奥克兰大学。OpenStreetMap 地图是 leaflet 默认使用的地图。执行以下代码得到图 5-37 所示的地图。

```
library(leaflet)
leaflet()%>%
addTiles()%>%
addMarkers(lng=174.768,lat=-36.852,popup="ThebirthplaceofR")
```

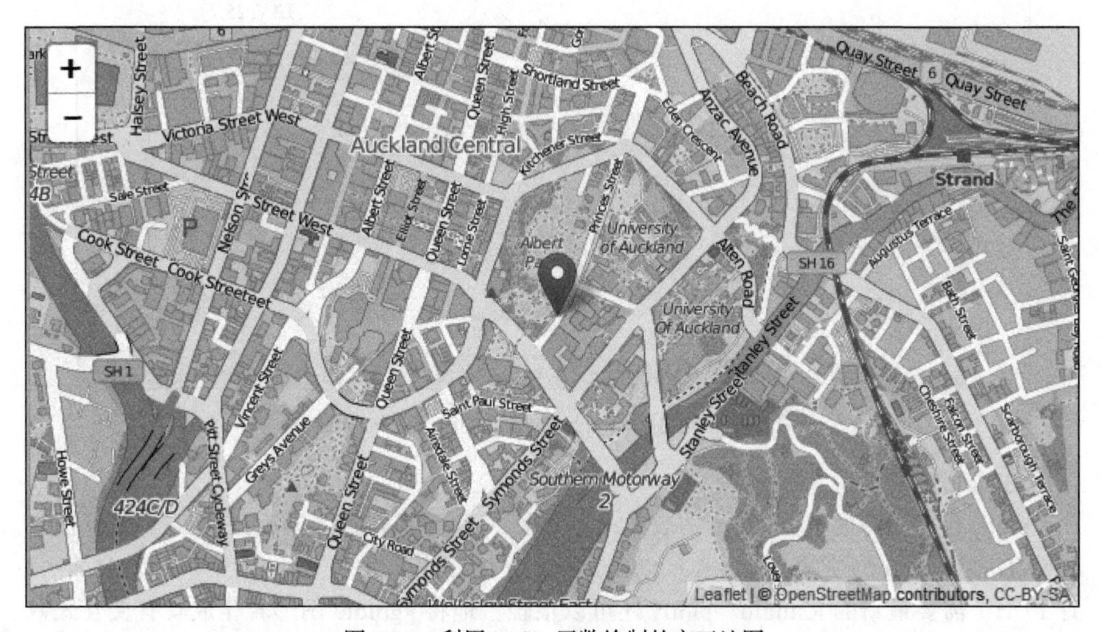

图 5-37　利用 leaflet 函数绘制的交互地图

(2) dygraphs 包

dygraphs 包是一个开源的 Javascript 库，它可以产生一个可交互式的、可缩放的时间序列图，尤其适用于大型数据集。dygraphs 包可以实现 dygraphsJS 库中交互的时序图，高度可配置的轴和系列显示，丰富的互动功能，上、下区域显示（如置信带），各种图形覆盖（如阴影、注释等），是 R 语言作时间序列图的很好选择。

实例：我们利用某款游戏在某一天的新增用户在未来 365 天的用户价值周期 (LTV) 数据为例，执行以下代码得到图 5-38 所示的交互时序图。

```
library(dygraphs)
LTV<-read.csv("~/LTV.csv")
LTV.ts<-ts(LTV)
dygraph(LTV.ts,main="LTVforecast")%>%
    dySeries("V1",label="LTV",strokeWidth=3)%>%
    dyOptions(colors="red",fillGraph=TRUE,fillAlpha=0.4)%>%
    dyHighlight(highlightCircleSize=5,
            highlightSeriesBackgroundAlpha=0.2,
            hideOnMouseOut=FALSE)%>%
    dyAxis("x",drawGrid=FALSE)%>%
    dyAxis("y",label="LTV(LifeTimeValue)")%>%
    dyRangeSelector()
```

* 代码详见：第 5 章 / 示例程序 /code/code5-3.R

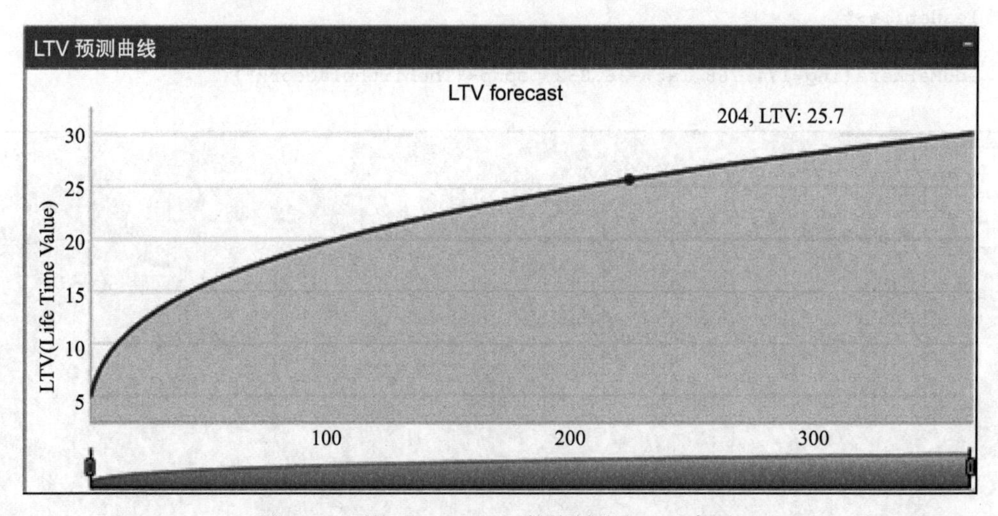

图 5-38 利用 dygraphs 函数绘制的交互时序图

(3) plotly

plotly.js 是开源的 JavaScript 图表库，它带来 20 种图表类型，包括 3D 图表、统计图表和 SVG 地图。plotly 是基于 plotly.js 创建交互式 web 图表的 R 包。plotly 2.0 版 (2015 年 11 月 17 日) 需要最新的 Rstudio。plotly 还可以很轻松地将 ggplot2 图形转化成具有交互式效果的图形。

实例：以鸢尾花数据集绘制散点图，执行以下代码获得图 5-39 所示的交互散点图。

```
library(plotly)
pal<-RColorBrewer::brewer.pal(nlevels(iris$Species),"Set1")
plot_ly(data=iris,x=Sepal.Length,y=Petal.Length,color=Species,
colors=pal,mode="markers")
```

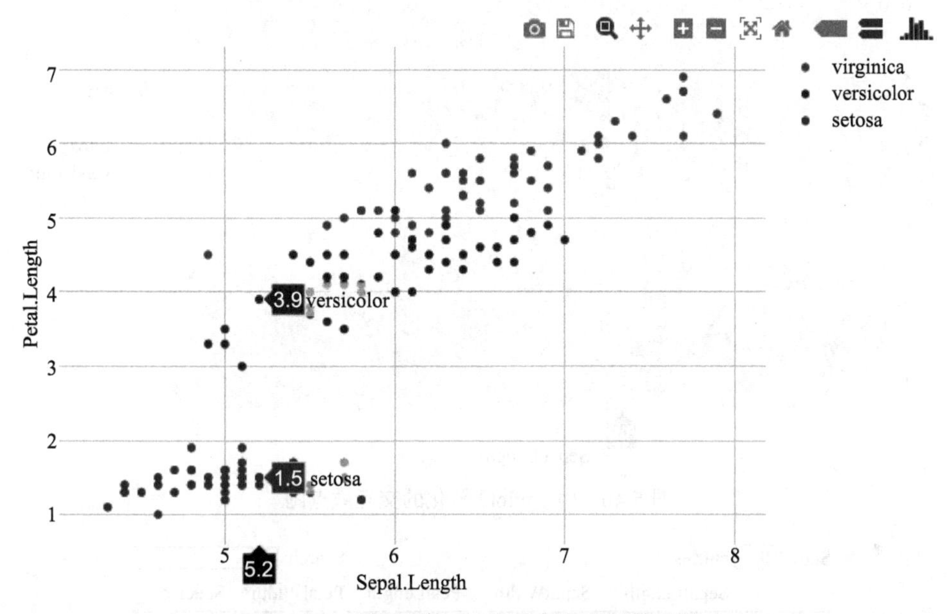

图 5-39 利用函数 plotly 绘制的交互散点图

将 ggplot2 所作图形存储为图形对象，然后将其转化成交互式图形。仍以鸢尾花数据集为例，执行如下转化代码可获得图 5-40 所示的交互散点图。

```
p=ggplot(iris,aes(x=Sepal.Length,y=Petal.Length,colour=Species))+
    scale_color_brewer(palette="Set1")+
    geom_point()
ggplotly(p)
```

（4）DT 包

DT 包使 R 数据对象可以在 HTML 页面中实现过滤、分页、排序以及其他许多功能。DT 包通过 install.packages("DT") 安装。

实例：以鸢尾花数据集 iris 为例，绘制图 5-41 所示的交互数据表格。

```
library(DT)
datatable(iris)
```

从图 5-41 可知，利用 DT 包得到的交互数据表格中显示，鸢尾花数据集 iris 一共有 150 条记录，分为 10 页显示，默认每页显示 10 条记录；表格左上角可以选择每页的显示样本数；还可选择右下角的页码数进行翻页；还可以实现对数据进行排序等功能。输出的表格数据左侧带有行号，如果不想输出行号，将参数 rownames 设置为 FALSE 即可。

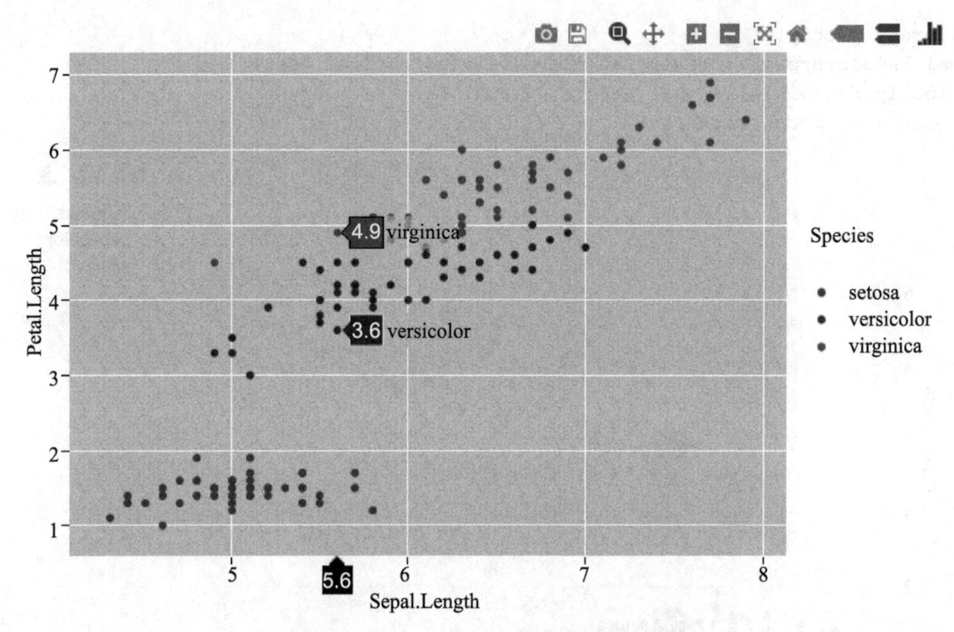

图 5-40　由 ggplot2 转化的交互散点图

Show 10 entries　　　　　　　　　　Search:

	SepalLength	SepalWidth	PetaLength	PetalWidth	Species
1	5.1	3.5	1.4	0.2	setosa
2	4.9	3	1.4	0.2	setosa
3	4.7	3.2	1.3	0.2	setosa
4	4.6	3.1	1.5	0.2	setosa
5	5	3.6	1.4	0.2	setosa
6	5.4	3.9	1.7	0.4	setosa
7	4.6	3.4	1.4	0.3	setosa
8	5	3.4	1.5	0.2	setosa
9	4.4	2.9	1.4	0.2	setosa
10	4.9	3.1	1.5	0.1	setosa

Showing 1 to 10 of 150 entries　　Previous 1 2 3 4 5 … 15 Next

图 5-41　利用 DT 包得到交互数据表格

（5）networkD3 包

networkD3 包可实现绘制 D3JavaScript 的网络图的功能。networkD3 包通过 install.packages ("networkD3") 进行安装。下面通过两个例子来体验利用 networkD3 包绘制网络图的交互效果。

实例：利用 simpleNetwork 函数绘制一个简单的网络图。执行以下代码得到图 5-42 所示的简单网络图。

```
library(networkD3)
src<-c("A","A","A","A","B","B","C","C","D")
target<-c("B","C","D","J","E","F","G","H","I")
networkData<-data.frame(src,target)
simpleNetwork(networkData,zoom=T)
```

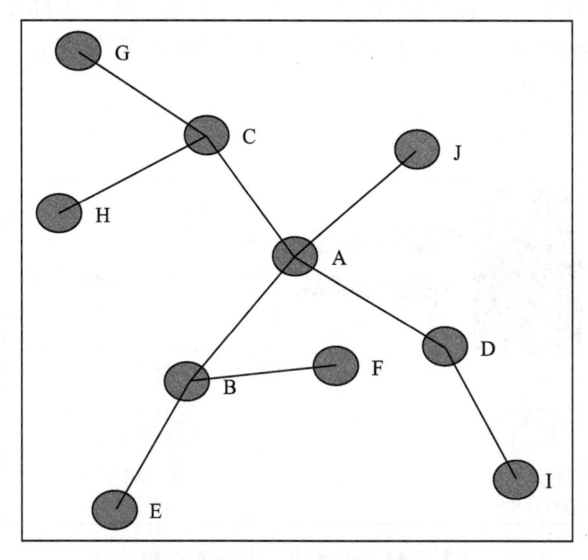

图 5-42　利用 simpleNetwork 函数绘制简单网络图

实例：利用 forceNetwork 函数绘制力导向图。力导向算法假设不同的点是空间的球体，任意球之间都具有引力和斥力，通过力的相互作用，最终达到一种平衡。拖动中间的图里的任意节点，整个网络就会被拖动，并达到新的平衡位置。执行以下代码得到图 5-43 所示的力导向图。

```
data(MisLinks)
data(MisNodes)
forceNetwork(Links=MisLinks,Nodes=MisNodes,
Source="source",Target="target",
            Value="value",NodeID="name",Group=
"group",opacity=0.8)
```

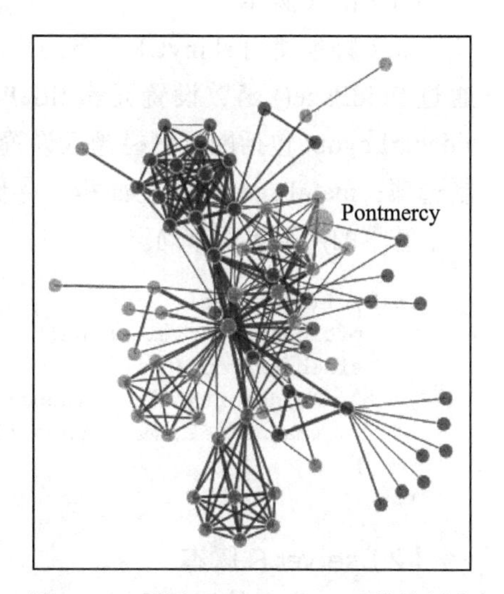

图 5-43　利用 forceNetwork 函数绘制力导向图

5.3.5　shiny 包

Shiny 是 R 中的一种 Web 开发框架。它的功能使

R 的使用者不必太了解 css、js，只需了解一些 html 的知识就可以快速完成 web 开发。shiny 包还集成了 bootstrap、jquery、ajax 等特性，极大地解放了作为统计语言的 R 的生产力，使得 R 使用者中的非传统程序员不必依赖于前端、后端工程师，自己依照业务就可以完成一些简单的数据可视化工作，快速验证想法的可靠性。

Shiny 应用包含两个基本的组成部分：一个是用户界面脚本（auser-interfacescript)，另一个是服务器脚本 (aserverscript)。

- 用户界面 (ui) 脚本　控制应用的布局与外表，它定义在一个称作 ui.R 的源脚本中。
- 服务器 (server) 脚本　包含构建应用所需要的一些重要指示，它定义在一个称作 server.R 的源脚本中。

其应用结构如图 5-44 所示。

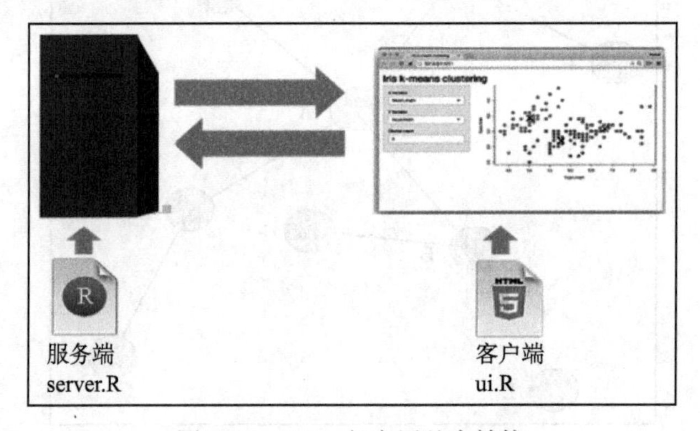

图 5-44　shiny 包应用基本结构

（1）ui.R 脚本

ui.R 脚本使用 shinyUI 宣布用户界面定义，使用函数 fluidPage() 显示用户浏览器窗口，通过 fluidPage() 函数设置元素 titlePanel 和 sidebarLayout 对标题和页面图形布局。其中：sidebarLayout 包括网页侧栏输入设置和主面板输出两部分界面；sidebarPanel 定义侧栏的控制选项；mainPanel 定义主面板，存储主要输出结果。执行下面 ui.R 可得到图 5-45 所示的一个基本的网页界面布局。

```
shinyUI(fluidPage(
    titlePanel("title panel"),
    sidebarLayout(
        sidebarPanel( "sidebar panel"),
        mainPanel("main panel")
    )
))
```

（2）server.R 脚本

server.R 脚本使用 shinyServer 宣布服务脚本函数的定义。这里使用一个未定义的函数来放置 R 代码，函数包括 input 和 output 两个参数。input 和 output 是两个列表，input 定义

ui.R 中控制元件的输入参数，output 定义 ui.R 中的输出结果。执行下面 sever.R 在 shiny 上应用得到图 5-46 所示的一个简单的直方图。

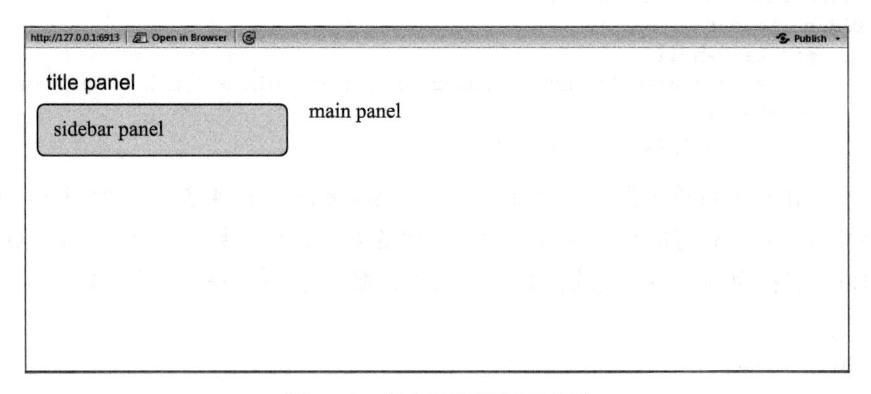

图 5-45 基本的网页界面布局

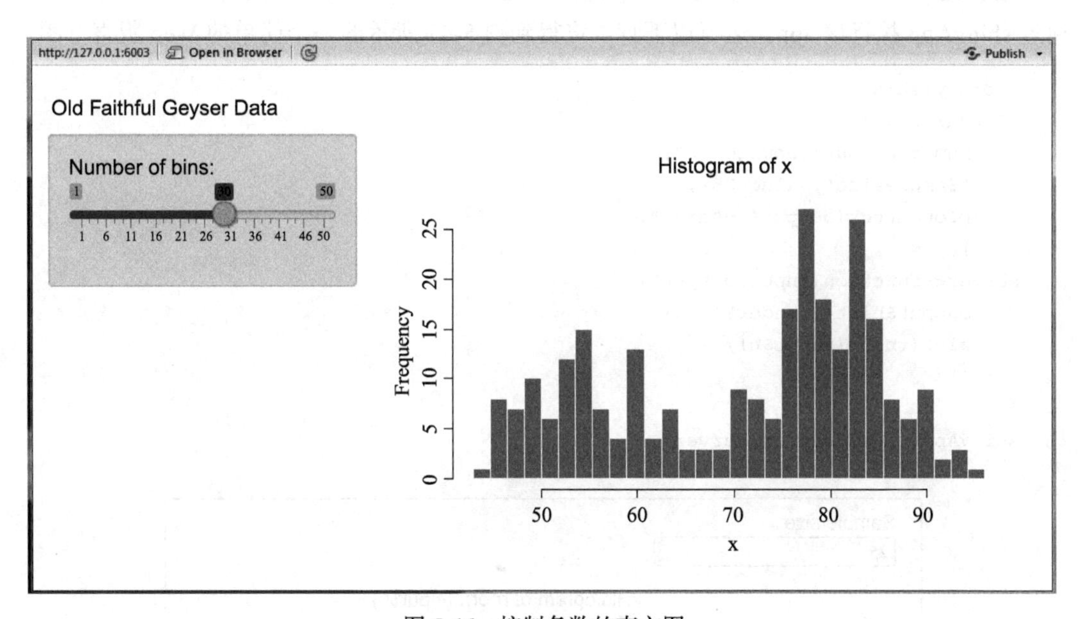

图 5-46 控制条数的直方图

```
library(shiny)
shinyServer(function(input, output) {
    output$distPlot <- renderPlot({
        x <- faithful[, 2]
        bins <- seq(min(x), max(x), length.out = input$bins + 1)
        hist(x, breaks = bins, col = 'darkgray', border = 'white')
        })
})
```

相应的 ui.R 如下：

```
library(shiny)
shinyUI(fluidPage(
    titlePanel("Old Faithful Geyser Data"),
    sidebarLayout(
        sidebarPanel(
            sliderInput("bins", "Number of bins:", min = 1,max = 50,value = 30)),
        mainPanel(
            plotOutput("distPlot")))))
```

用户可以在一个目录中保存一个 ui.R 文件和 server.R 文件来创建一个 Shiny 应用。每一个应用都需要自己独特的存放位置。运行应用的方法是在函数 runApp 中置入目录名称。例如应用目录名称为 myapp，且放在 D 盘目录下，那么键入以下代码可以执行应用。

```
library(shiny)
runApp("D:/myapp")
```

运行完成后自动生成一个网页显示结果。也可以将 ui 和 server 代码写在一个脚本内，通过 shinyApp 执行该 app。运行以下脚本将得到图 5-47 所示的一个简单的 Web 版直方图。

```
library(shiny)
ui<-fluidPage(
    numericInput(inputId="n",
    "Samplesize",value=25),
    plotOutput(outputId="hist")
    )
server<-function(input,output){
    output$hist<-renderPlot({
    hist(rnorm(input$n))
    })
}
shinyApp(ui=ui,server=server)
```

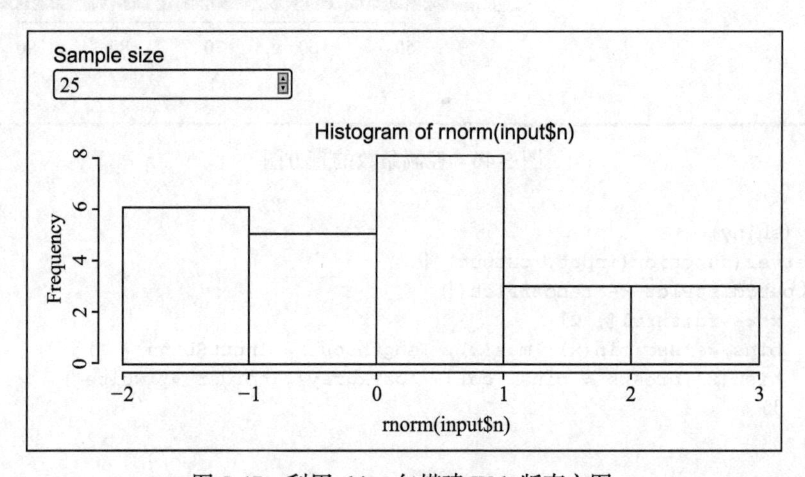

图 5-47 利用 shiny 包搭建 Web 版直方图

（3）shinydashboard 扩展包

shinydashboard 扩展包为 shiny 框架提供了 BI 框架。一个 dashboard 由三部分组成：标题栏、侧边栏、主面板，通过 install.packages（"shinydashboard"）完成安装。执行以下脚本可以得到 shinydashboard 的基本框架，如图 5-48 所示。

```
library(shiny)
library(shinydashboard)
ui<-dashboardPage(
    dashboardHeader(),
    dashboardSidebar(),
    dashboardBody()
    )
server<-function(input,output){}
shinyApp(ui,server)
```

图 5-48　shinydashboard 的基本框架

接下来，我们将前面所学的高级绘图工具结合 Shinyweb 开发框架，一步步搭建数据可视化平台 demo。先创建新文件夹 myapp[⊖]，然后在 myapp 文件夹里面创建两个脚本 ui.R 和 server.R，用来存放客户端和服务端的脚本。

可以将 ui 和 server 代码写在一个脚本内，通过 shinyApp 执行该 app。运行以下脚本将得到一个简单的 Web 版直方图。

```
#server.R#
output$mygraph<-renderPlot({
graph_function(formula,data=,…)
})
#ui.R#
```

⊖ Windows 下 shiny 应用出现中文字符应对办法详见 http://shiny.rstudio.com/gallery/unicode-characters.html

```
plotOutput("mygraph")
```

*注释：shiny 包小节的图片，从图 5-50 至图 5-58，截图自 myapp 文件夹的运行结果，为方便阅读，不再对代码一一赘述。如需查看代码，请查阅：第 5 章 / 示例程序 /code/myapp 中的 ui.R 和 server.R 脚本。

对于 lattice 包和 ggplot2 绘制的图形，我们在 server.R 中用 renderPlot() 函数将图形赋予输出对象 mygraph，并在 ui.R 中用 plotOutput("mygraph") 将图形输出到 Web 中。

如图 5-49 所示，在网页上输出 lattice 函数绘制的散点图矩阵和三维曲面图。

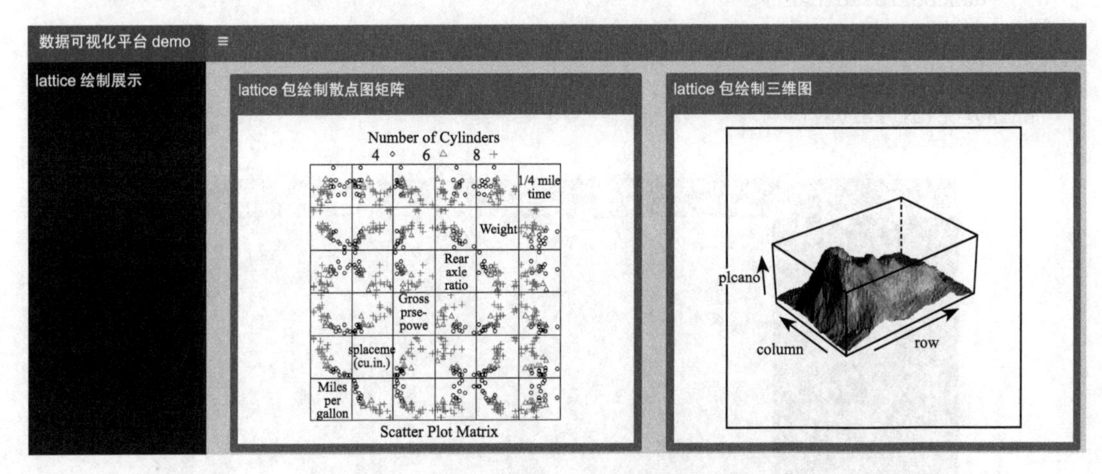

图 5-49 lattice 结合 shiny 输出 Web 页面

如图 5-50 所示，在网页上输出 ggplot2 函数绘制的箱线图和核密度图。

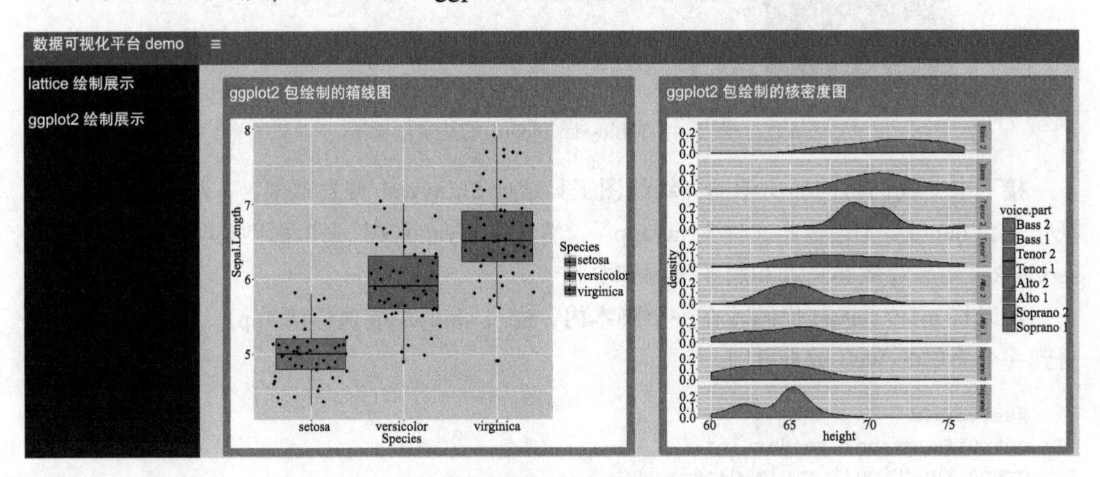

图 5-50 ggplot2 结合 shiny 输出 Web 页面

对于模型结果可视化，也可以使用这种方式把可视化结果在网页上输出。我们对关联规则和 kmeans 聚类结果进行了可视化，并增加了选择栏和数字输入选项来调整关联规则可视化的方法和聚类的 K 值。如图 5-51 所示，关联规则可视化中的方法选择的是 "graph"，K 均值聚类的 K 值选择的是 3，结果如下所示。

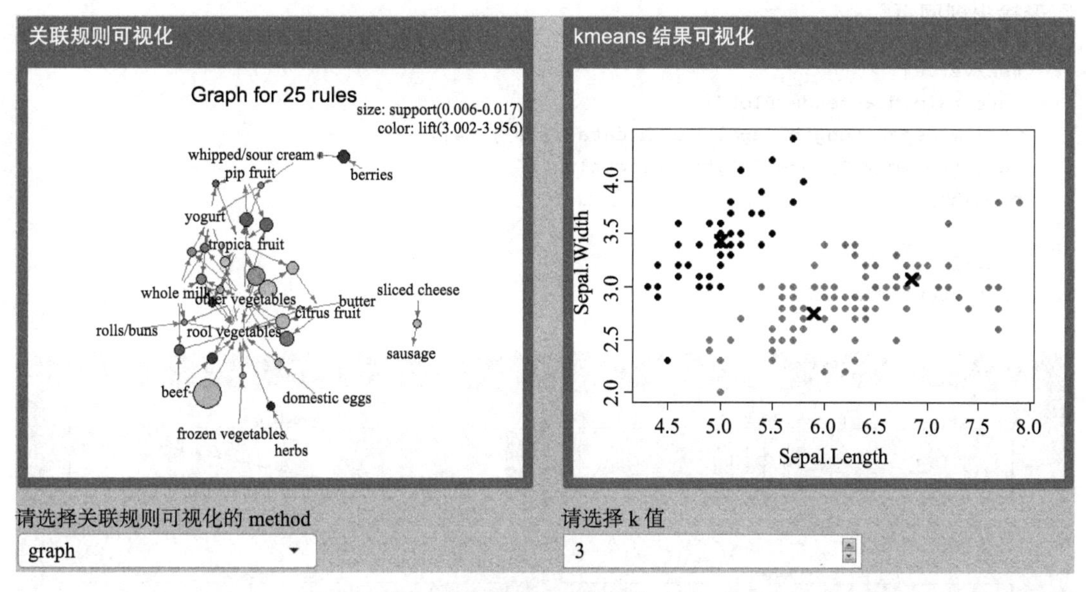

图 5-51　模型结果可视化（1）

如果 method 选择 "matrix3D"，K 值取 4 时，将得到如图 5-52 所示的结果。

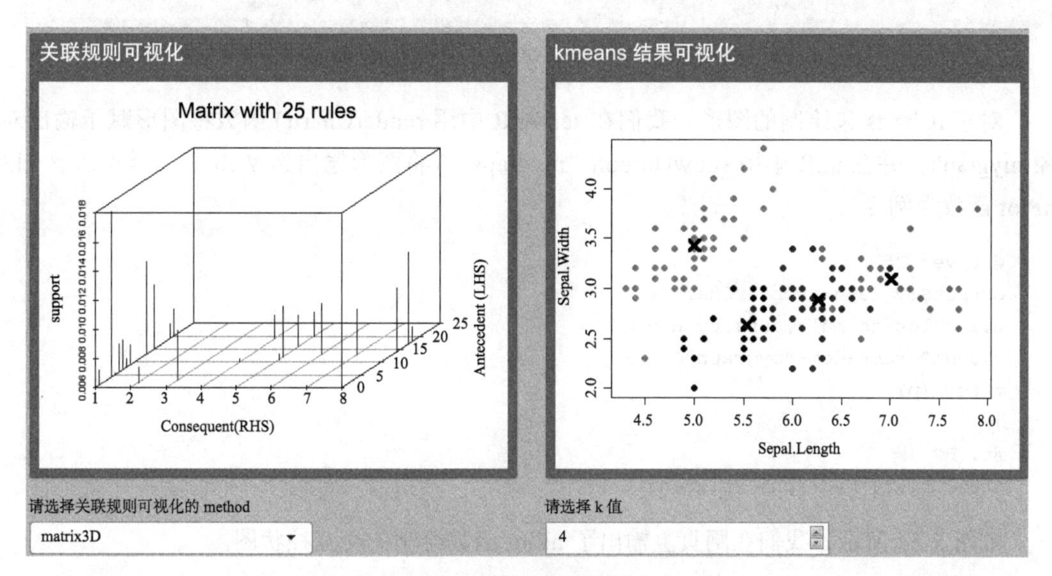

图 5-52　模型结果可视化（2）

更一般地，可以利用 R 的图形参数设置函数 par 来自定义一幅图形的多个特征（点样式、背景色、页面布局等），如图 5-53 所示，我们用 plot 函数生成了用于评价线性回归模型拟合情况的四幅图形，通过 par 参数设置四幅图形按照 2 行 2 列摆放，将点样式设置为 "*"，图形背景颜色设置为 "aliceblue"，最后通过 renderPlot 和 plotOutput 函数把生成好的图形输出到网页。

```
#server.R#
output$lm.fit<-renderPlot({
fit<-lm(Sepal.Length~Sepal.Width,data=iris[,1:4])
par(mfrow=c(2,2),pch="*",bg="aliceblue")
plot(fit)
})
#ui.R#
plotOutput("lm.fit")
```

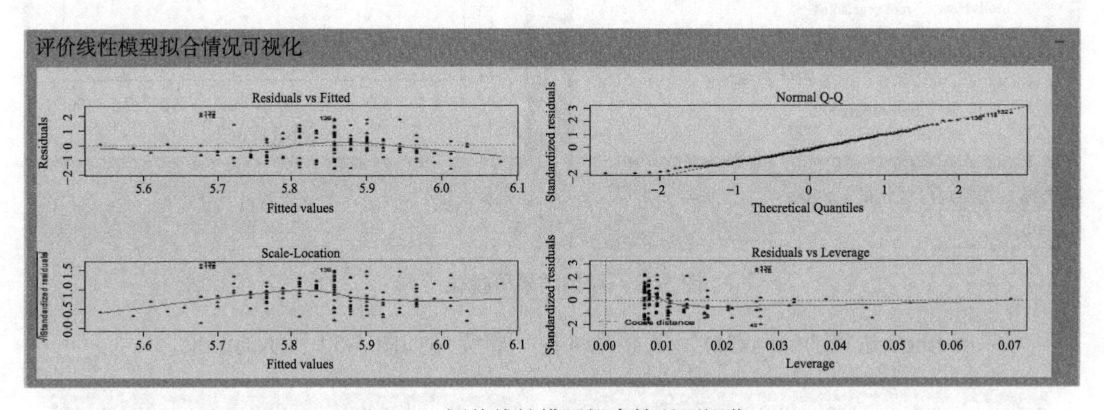

图 5-53 评价线性模型拟合情况可视化

对于 rCharts 包绘制的图形，我们在 server.R 中用 renderChart() 函数将图形赋予输出对象 mygraph，并在 ui.R 中用 showOutput(“mygraph”) 将图形输出到 Web 中。形式如下（以 hPlot 函数为例）：

```
#server.R#
output$mygraph<-renderChart({
p1<-hPlot(formula,data,type,…)
p1$addParams(dom="mygraph")
return(p1)
})
#ui.R#
showOutput("mygraph","highcharts")
```

如图 5-54 所示，我们在网页上输出了 nPlot 函数绘制的交互柱状图。

```
#server.R#
output$mychart1<-renderChart({
hair_eye_male<-subset(as.data.frame(HairEyeColor),Sex=="Male")
hair_eye_male[,1]<-paste0("Hair",hair_eye_male[,1])
```

```
hair_eye_male[,2]<-paste0("Eye",hair_eye_male[,2])
p1<-nPlot(Freq~Hair,group="Eye",data=hair_eye_male,type="multiBarChart")
p1$chart(color=c('brown','blue','#594c26','green'))
p1$addParams(dom="mychart1")
return(p1)
})
#ui.R#
showOutput("mychart1","nvd3")
```

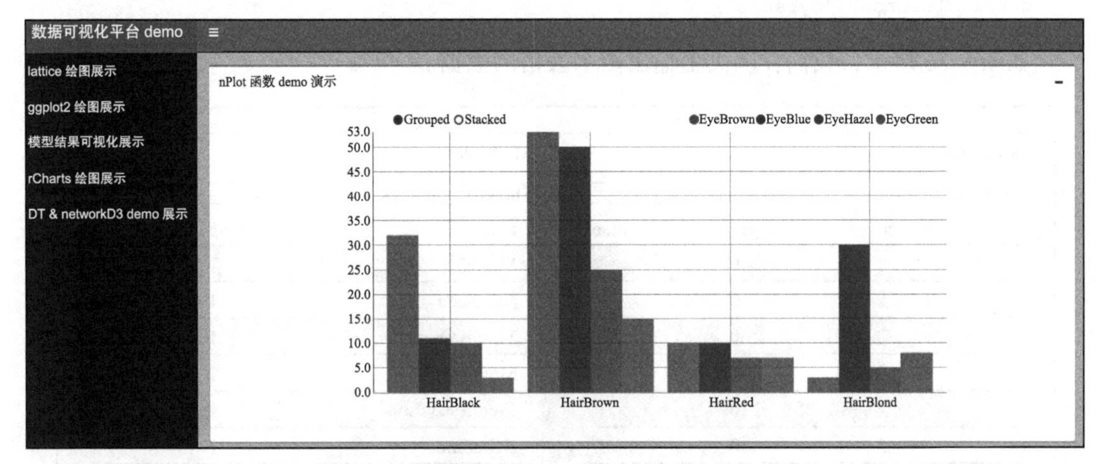

图 5-54　nPlot 函数绘制的交互柱状图 Web 展示

如图 5-55 所示，我们在网页上输出了 hPlot 函数绘制的交互气泡图。

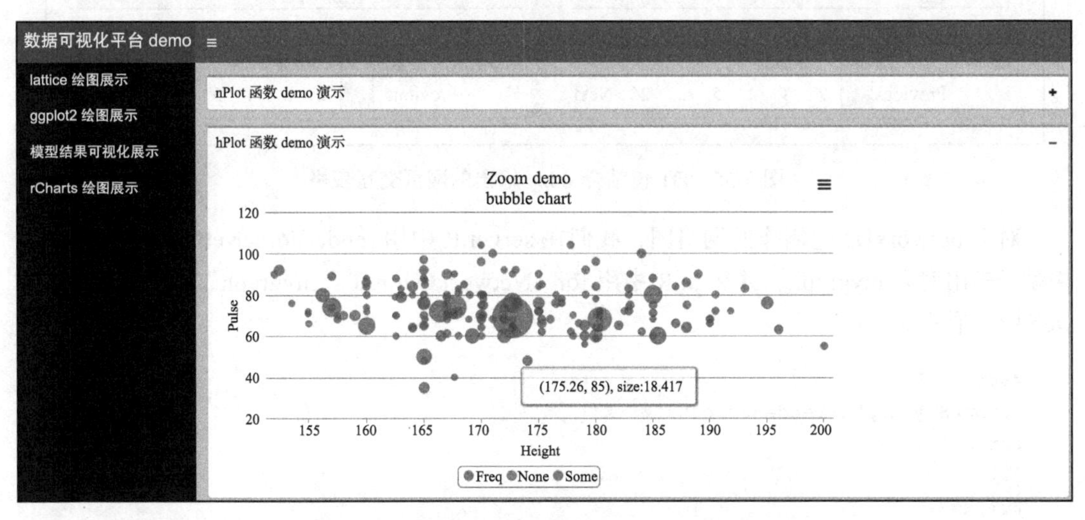

图 5-55　hPlot 函数绘制的交互气泡图 Web 展示

对于 DT 包制作的数据表格，我们在 server.R 中用 renderDataTable() 函数将表格赋予输出对象 mytable，并在 ui.R 中用 dataTableOutput(“ mytable”) 将图形输出到 web 中。形式如下：

```
#server.R#
output$mytable<-renderDataTable({
datatable(data)
})
#ui.R#
dataTableOutput("mytable")
```

如图 5-56 所示，我们在网页上输出两个表格的数据。

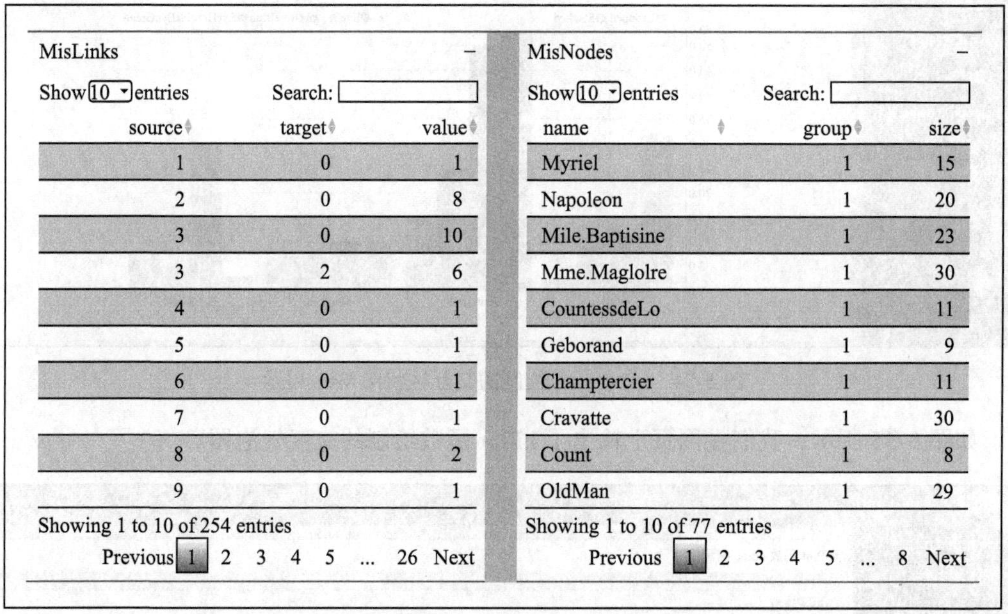

MisLinks

Show 10 entries Search:

source	target	value
1	0	1
2	0	8
3	0	10
3	2	6
4	0	1
5	0	1
6	0	1
7	0	1
8	0	2
9	0	1

Showing 1 to 10 of 254 entries

Previous 1 2 3 4 5 ... 26 Next

MisNodes

Show 10 entries Search:

name	group	size
Myriel	1	15
Napoleon	1	20
Mile.Baptisine	1	23
Mme.Maglolre	1	30
CountessdeLo	1	11
Geborand	1	9
Champtercier	1	11
Cravatte	1	30
Count	1	8
OldMan	1	29

Showing 1 to 10 of 77 entries

Previous 1 2 3 4 5 ... 8 Next

图 5-56 DT 包结合 shiny 输出的网页交互表格

对于 networkD3 包制作的网络图，我们在 server.R 中用 renderForceNetwork() 函数将表格赋予输出对象 mygraph，并在 ui.R 中用 forceNetworkOutput(“ mygraph”) 将图形输出到 web 中。形式如下：

```
#server.R#
output$mygraph<-renderForceNetwork({
forceNetwork(…)
})
#ui.R#
forceNetworkOutput("mygraph")
```

如图 5-57 所示，我们在网页上展示力导向网络图。

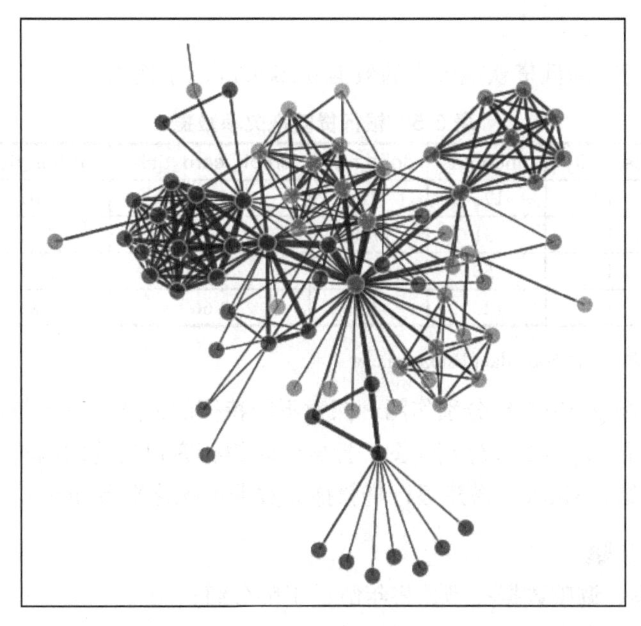

图 5-57　networkD3 包结合 shiny 输出的力导向网络图

5.4　小结

本章中，我们学习了两个常用的高级绘图扩展包。首先是 lattice 包，它提供了一个可创建栅栏图的系统，然后是 ggplot2 包，它有一个全面的图形语法。两者都可以创建美观且有意义的数据可视化图形。

随后，我们探究了一些可实现图形动态交互的软件包，包括 rCharts、recharts、googleVis、htmlwidgets 等包。利用这些包，我们可以在图形中直接与数据进行交互，更好地实现了数据探索和数据可视化。

最后，我们讲解了 shiny 包的 Web 开发框架原理，让读者可以快速完成 Web 开发。并结合了高级绘图包开发数据可视化 demo 平台，实现更好的数据交互及展示体验。

5.5　上机实验

1. 实验目的

- ❑ 了解 lattice 包绘图特点，掌握 lattice 包绘图方法。
- ❑ 了解 ggplot2 包绘图特点，掌握 ggplot2 包绘图方法。
- ❑ 了解 R 语言中的各种交互式绘图工具，掌握 shiny 包的绘图方法。

2. 实验内容

表 5-5 是某银行在降低贷款拖欠率的数据 bankloan 的示例表。

表 5-5 银行贷款拖欠率数据

age	education	seniority	income	debt_rate	credit_card_debt	orther_debt	default	age
41	3	17	176	9.3	11.36	5.01	1	41
27	1	10	31	17.3	1.36	4	0	27
40	1	15	55	5.5	0.86	2.17	0	40
41	1	15	120	2.9	2.66	0.82	0	41

* 数据详见：第 5 章 / 上机实验 /data/bankloan.csv

- 用 lattice 包和 ggplot2 包分别作图，探索不同特征的人群的收入与负债之间的关系。
- 用 lattice 包和 ggplot2 包分别作图，探索影响银行客户违约的因素。
- 将所做图形结合 shiny，搭建银行贷款拖欠数据可视化平台 demo。

3. 实验方法与步骤

1）数据预处理，调整数据类型，将年龄、工龄分组；

2）分别用 lattice 包和 ggplot2 包画不同年龄、教育和工龄的客户收入与负债的直方图和密度分布曲线；

3）分别用 lattice 包和 ggplot2 包画不同年龄、教育和工龄的客户收入与负债的散点图，并添加回归线；

4）分别用 lattice 包和 ggplot2 包画不同年龄、教育和工龄的客户违约与否的条形图；

5）分别用 lattice 包和 ggplot2 包画客户的收入、负债和违约与否的散点图，并添加 logistic 回归线；

6）结合 2）～ 5）所做图形创建脚本 ui.R 和 server.R，搭建数据可视化平台 demo。

4. 思考与实验总结

1）如何将想要的数据信息用图形呈现出来？

2）如何选择合适的作图工具完成所需图形？

3）如何让我们的图形生动起来？

第二部分 Part 2

建模应用篇

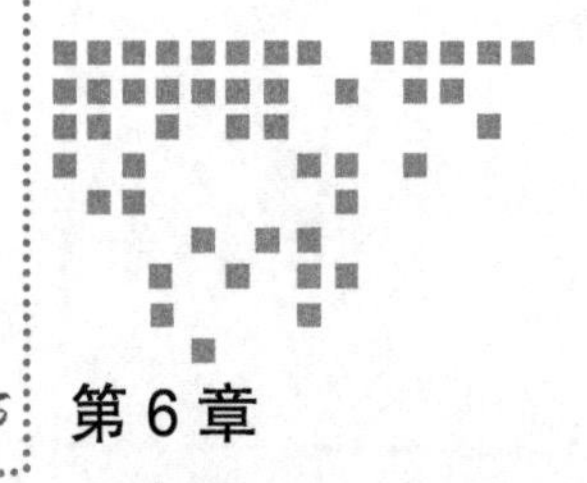

Chapter 6 第6章

分类与预测

6.1 回归分析

回归分析是一种预测性的建模技术，它研究的是因变量（目标）和自变量（预测器）之间的关系。这种技术通常用于预测分析以及发现变量之间的因果关系。例如，研究司机的鲁莽驾驶与道路交通事故数量之间的关系，最好的方法就是回归。

使用回归分析的好处如下：

❑ 表明自变量和因变量之间的显著关系；

❑ 表明多个自变量对一个因变量的影响强度。

回归分析也允许我们去比较那些衡量不同尺度的变量之间的相互影响，如价格变动与促销活动数量之间的联系。这些有利于帮助市场研究人员、数据分析人员以及数据科学家排除并估计出一组最佳的变量，用来构建预测模型。

回归建模：在R中，常用的拟合线性回归模型的函数是lm函数，广义线性回归模型常用的函数为glm函数。除了lm()和glm()，表6-1还列出了其他一些对回归分析有用的函数。拟合模型后，将这些函数应用于lm()和glm()返回的对象，可以得到更多额外的模型信息。

表6-1 回归分析常用函数

函数	用途
summary(model)	展示拟合模型的详细结果
coefficients(model)	列出拟合模型的模型参数（截距项和斜率）

（续）

函数	用途
confint(object, parm, level = 0.95, ...)	提供模型参数的置信区间（默认 95%）
fitted(model)	列出拟合模型的拟合值
anova(model)	生成一个拟合模型的方差分析表，或比较两个或更多拟合模型的方差分析表
vcov(model)	列出模型参数的协方差矩阵
residuals(model)	列出模型的残差
AIC(model)	输出赤池信息统计量
predict(model)	用拟合模型对新的数据集预测对应的预测值
plot(model)	生成评价拟合模型的诊断图

接下来将详细介绍 lm() 函数和 glm() 函数的功能和用法。

（1）lm() 函数

- 功能：拟合回归模型和进行方差分析。
- 使用格式：

```
lm(formula, data, subset, weights, na.action, method = "qr", model = TRUE, x =
FALSE, y = FALSE, qr = TRUE, singular.ok = TRUE, contrasts = NULL, offset, ...)
```

其中，formula 指要拟合的模型形式，data 是一个数据框，包含了用于拟合模型的数据。formula 中常用的符号见表 6-2。

表 6-2　表达式中常用符号

符号	符 号 用 途
~	分隔符号，左边为响应变量，右边为解释变量。例如，要通过 x、z 和 w 预测 y，代码为 y ~ x + z + w
+	分隔预测变量
:	表示预测变量的交互项。例如，要通过 x、z 及 x 与 z 的交互项预测 y，代码为 y ~ x + z + x:z
*	表示所有可能交互项的简洁方式。代码 y~ x * z * w 可展开为 y ~ x + z + w + x:z + x:w + z:w + x:z:w
^	表示交互项达到某个次数。代码 y ~ (x + z + w)^2 可展开为 y ~ x + z + w + x:z + x:w + z:w
.	表示包含除因变量外的所有变量。例如，若一个数据框包含变量 x、y、z 和 w，代码 y ~ . 可展开为 y ~ x + z + w
–	减号，表示从等式中移除某个变量。例如，y ~ (x + z + w)^2 – x:w 可展开为 y ~ x + z + w + x:z + z:w
−1	删除截距项。例如，表达式 y ~ x - 1 拟合 y 在 x 上的回归，并强制直线通过原点
I()	从算术的角度来解释括号中的元素。例如,y ~ x + (z + w)^2 将展开为 y ~ x + z + w + z:w。相反，代码 y ~ x + I((z + w)^2) 将展开为 y ~ x + h，h 是一个由 z 和 w 的平方和创建的新变量
function	可以在表达式中用的数学函数。例如，log(y) ~ x + z + w 表示通过 x、z 和 w 来预测 log(y)

- 实例：利用数据集 women 建立简单线性回归模型。

代码清单 6-1 数据集 women 建立线性回归模型代码

```
## 线性回归模型
data(women)
lm.model <- lm( weight ~ height -1, data = women)   #建立线性回归模型
summary(lm.model)                                    #输出模型的统计信息
coefficients(lm.model)                               #输出参数估计值
confint(lm.model, parm="speed",level = 0.95)         #parm缺省则计算所有参数的置信区间
fitted(lm.model)                                     #列出拟合模型的预测值
anova(lm.model)                                      #生成一个拟合模型的方差分析表
vcov(lm.model)                                       #列出模型参数的协方差矩阵
residuals(lm.model)                                  #列出模型的残差
AIC(lm.model)                                        #输出AIC值
par(mfrow=c(2,2))
plot(lm.model)                                       #生成评价拟合模型的诊断图
```

运行代码清单 6-1 可以得到部分输出结果如下：

```
> summary(lm.model) #输出模型的统计信息

Call:
lm(formula = weight ~ height, data = women)

Residuals:
    Min        1Q     Median       3Q       Max
-1.7333   -1.1333   -0.3833     0.7417    3.1167

Coefficients:
             Estimate   Std. Error  t value   Pr(>|t|)
(Intercept) -87.51667   5.93694     -14.74    1 .71e-09 ***
height        3.45000   0.09114      37.85    1.09e-14 ***
---
Signif. codes:  0 '***' 0.001 '**' 0.01 '*' 0.05 '.' 0.1 ' ' 1

Residual standard error: 1.525 on 13 degrees of freedom
Multiple R-squared:  0.991,      Adjusted R-squared:  0.9903
F-statistic:  1433 on 1 and 13 DF,  p-value: 1.091e-14
> AIC(lm.model)     #输出赤池信息统计量
[1] 59.08158
```

Estimate、Std. Error、t value、Pr(>|t|) 分别表示：估值、标准误差、T 值、P 值。

height 的回归系数 (3.45) 显著不为 0($p<0.001$)，表明身高每增加一个单位，体重将预期增加 3.45 个单位。Multiple R-squared 和 Adjusted R-squared 这两个值，常被称为“拟合优度”和“修正的拟合优度”，是指回归方程对样本的拟合程度，越接近“1”，拟合程度越高。标准化残差 (1.525) 则可以认为是模型用身高预测体重的平均误差。F-statistic 为 F 统计量，用于判断方程整体的显著性检验，其 P 值明显小于 0.05，表示方程在 P=0.05 的水平上通过显著性检验。

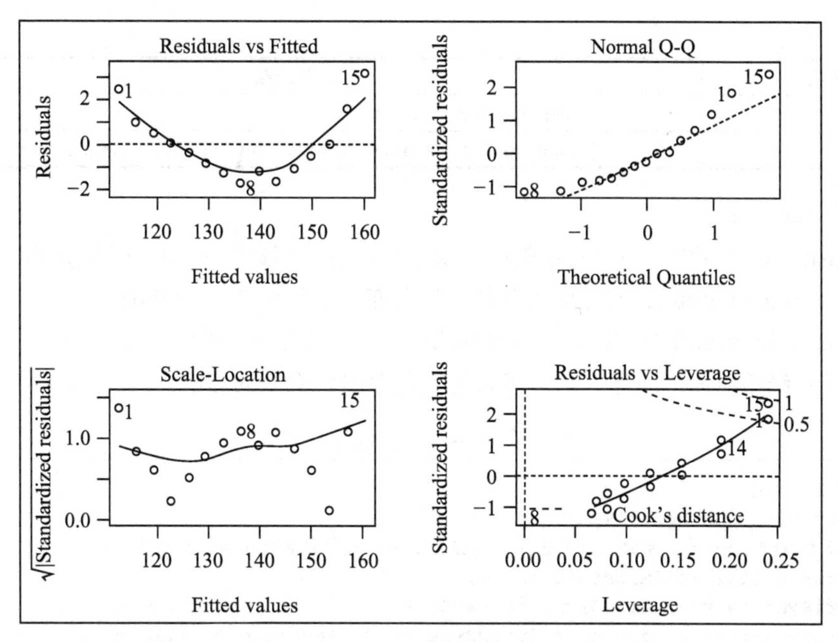

图 6-1　回归模型诊断图

图 6-1 为模型的回归诊断图。这里左上图是残差对拟合值作图，若因变量与自变量线性相关，那么残差值与预测（拟合）值就没有任何系统关联，本例的残差和拟合值图可以清楚地看到一个曲线关系，这暗示着可能需要对回归模型加上一个二次项。右上图为残差 QQ 图，用以观察残差是否符合正态分布。若满足正态假设，那么图上的点应该落在呈 45° 的直线上；左下图是标准化残差对拟合值，用于判断模型残差是否等方差。若满足不变方差假设，水平线周围的点应该随机分布；右下图是残差与杠杆图，虚线表示的 cooks 距离等高线，从图形可以鉴别出离群点、高杠杆值点和强影响点。

（2）glm() 函数

- 功能：拟合广义线性回归模型。
- 使用格式：

```
glm(formula, family = gaussian, data, weights, subset, na.action, start = NULL,
etastart, mustart, offset, control = list(...), model = TRUE, method = "glm.fit",x =
FALSE, y = TRUE, contrasts = NULL, ...)
```

表 6-3　参数 family 的选项及各选项对应的连接函数

族名	关联函数
binomial	logit、probit、log、cloglog
gaussian	identity、log、inverse
gamma	identity、inverse、log
inverse.aussian	1/mu^2、identity、inverse、log

（续）

族名	关联函数
poisson	identity、log、sqrt
quasi	logit、probit、cloglog、identity、inverse、log、1/mu^2、sqrt

常用的 family：

binomal(link='logit')，响应变量服从二项分布，连接函数为 logit，即 logistic 回归；

binomal(link='probit')，响应变量服从二项分布，连接函数为 probit；

poisson(link='identity')，响应变量服从泊松分布，即泊松回归。

❑ 实例：结婚时间、教育、宗教等其他变量对出轨次数的影响。

代码清单 6-2 逻辑回归代码

```
## 逻辑回归模型
data(Affairs,package="AER")
# 由于变量 affairs 为正整数，为了进行 Logistic 回归先要将其转化为二元变量。
Affairs$ynaffair[Affairs$affairs > 0] <- 1
Affairs$ynaffair[Affairs$affairs == 0] <- 0
Affairs$ynaffair <- factor(Affairs$ynaffair, levels=c(0,1),labels=c("No","Yes"))
# 建立 Logistic 回归模型
model.L<-glm(ynaffair~age+yearsmarried+religiousness +rating, data=Affairs,
family=binomial (link=logit))
summary(model.L)  # 展示拟合模型的详细结果
predictdata<-data.frame(Affairs[,c("age","yearsmarried","religiousness","rati-
ng")])
# 由于拟合结果是给每个观测值一个概率值，下面以 0.4 作为分类界限
predictdata$y=(predict(model.L,predictdata,type="response")>0.4)
predictdata$y[which(predictdata$y==FALSE)]="No" # 把预测结果转换成原先的值 (Yes 或 No)
predictdata$y[which(predictdata$y==TRUE)]="Yes"
confusion=table(actual=Affairs$ynaffair,predictedclass=predictdata$y)   # 混淆矩阵
(sum(confusion)-sum(diag(confusion)))/sum(confusion)        # 计算错判率
```

运行代码清单 6-2 得到部分结果如下：

```
> summary(model.L) # 展示拟合模型的详细结果
Call:
glm(formula = ynaffair ~ age + yearsmarried + religiousness +
    rating, family = binomial, data = Affairs)

Deviance Residuals:
    Min       1Q     Median      3Q       Max
-1.6278   -0.7550   -0.5701   -0.2624   2.3998

Coefficients:
               Estimate Std. Error  z value  Pr(>|z|)
(Intercept)    1.93083   0.61032    3.164    0.001558   **
age           -0.03527   0.01736   -2.032    0.042127   *
```

```
yearsmarried     0.10062    0.02921    3.445    0.000571    ***
religiousness   -0.32902    0.08945   -3.678    0.000235    ***
rating          -0.46136    0.08884   -5.193    2.06e-07    ***
---
Signif. codes:  0 '***' 0.001 '**' 0.01 '*' 0.05 '.' 0.1 ' ' 1

(Dispersion parameter for binomial family taken to be 1)

    Null deviance:  675.38  on 600  degrees of freedom
Residual deviance:  615.36   on 596  degrees of freedom
AIC: 625.36

Number of Fisher Scoring iterations: 4
> confusion

        Predicted  class
actual  No     Yes
No      412    39
Yes     105    45
> (sum(confusion)-sum(diag(confusion)))/sum(confusion) #计算错判率
[1] 0.2396007
```

predict 函数是 R 最常用的模型预测函数，调用格式为：

```
predict(model,newdata,type)
```

其中，newdata 为数据框，数据框中包含模型中的自变量。对于模型 model.L，newdata 中需要包含 age、yearsmarried、religiousness 和 rating 4 个变量，否则不能进行预测。

predict 函数中 type 的参数在不同的模型中有不同的选项。对于使用 glm 函数建立的模型，type = c("link", "response", "terms")，在 logistics 回归中，常用的参数是 "response"，预测结果返回，预测的概率数值在 0 到 1 之间。

1. 回归诊断

数据的无规律性或者错误设定了预测变量与响应变量的关系，都将致使模型产生巨大的偏差。这样的模型的预测效果可能会很差，并且误差显著。因此，我们需要对回归模型进行诊断。表 6-4 为 R 中与回归诊断相关的函数。

表 6-4　回归诊断相关函数

函数	描述	软件包
cooks.distance()	计算 Cook 距离	stats
covratio ()	计算 Covratio 值	stats
influence.measures(model)	回归诊断总括函数	stats
kappa(z, exact=FALSE, ...)	计算矩阵的条件数	base
vif()	方差膨胀因子	car
durbinWatsonTest()	对误差自相关性作 Durbin-Watson 检验	car
outlierTest()	Bonferroni 离群点检验	car

（1）influence.measures() 函数

❑ 功能：计算 Cook 距离、Covratio 值、DEFITS 值等，常用于判断异常值和强影响点。

❑ 使用格式：

```
influence.measures(model)
```

运行的结果中变量 "dffit"、"cov.r"、"cook.d" 分别为 DEFITS 值、COVRATIO 值和 Cook 距离。直观上来看，Cook 距离越大，越可能是异常值；COVRATIO 值离 1 越远，则认为该观测值的影响越大；DEFITS 值大于 $2\sqrt{\frac{p+1}{n}}$，则认为该观测的影响比较大，其中 p 为自变量的个数，n 为观测数。

R 中也提供了单独计算 DEFITS 值、COVRATIO 值和 Cook 距离的函数，调用格式分别为：

```
dffits(model)
covratio(model)
cooks.distance(model)
```

（2）outlierTest() 函数

❑ 功能：Bonferroni 离群点检验。

❑ 使用格式：

```
outlierTest(model)
```

❑ 实例：对美国妇女的平均身高和体重数据进行 Bonferroni 离群点检验。

```
## Bonferroni 离群点检验
> library(car)
> fit <- lm(weight ~ height, data = women) #建立线性模型
> outlierTest(fit)  # Bonferroni 离群点检验
No Studentized residuals with Bonferonni p < 0.05
Largest |rstudent|:
   Rstudent  unadjusted    p-value     Bonferonni p
     15      2.970125     0.011698      0.17548
> women[10,]=c(70,200)  #将第 10 个观测的数据改成 height=70, weight=200
> fit <- lm(weight ~ height, data = women)
> outlierTest(fit)  # Bonferroni 离群点检验
        rstudent  unadjusted p-value Bonferonni p
10  28.10987    2.5446e-12   3.8169e-11
```

建立身高和体重的线性模型后，使用 outlierTest 函数进行离群点检验，P 值为 0.17548，表明数据中没有离群点。将第 10 个观测的值改为 height=70、weight=200 后，第 10 个观测的 P 值小于 0.05，说明第 10 个观测为离群点。

（3）kappa() 函数

❑ 功能：计算模型的条件数，可用于多重共线性检验。

❑ 使用格式：

```
kappa(z, exact=FALSE, ...)
```

其中：z 是矩阵或者 lm 函数和 glm 函数生成的对象；exact 是逻辑变量，当 exact=TRUE 时，精确计算条件数，否则，近似计算条件数。

一般认为，当 K<100 时，不存在多重共线性；当 $100 \leqslant K < 1000$ 时，存在较强的多重共线性；当 $vif \geqslant 1000$ 时，存在严重多重共线性。

（4）vif() 函数

❑ 功能：方差膨胀因子，可用于多重共线性检验。

❑ 使用格式：

```
vif(model)
```

经验判断方法表明：当 $vif < 10$ 时，不存在多重共线性；当 $10 \leqslant vif < 100$ 时，存在较强的多重共线性；当 $vif \geqslant 100$ 时，存在严重多重共线性。

（5）durbinWatsonTest() 函数

❑ 功能：检验误差项的自相关性。

❑ 使用格式：

```
durbinWatsonTest(model, alternative=c("two.sided", "positive", "negative"))
```

其中：model 为一个线性模型，或从线性模型中得到的残差向量；alternative 参数的选项分别表示双侧检验、右侧检验和左侧检验。

❑ 实例：对代码清单 6-1 中的模型 lm.model 的误差作自相关性检验。

```
## 检验误差项的自相关性
> durbinWatsonTest(lm.model)
   lag  Autocorelation    D-W Statistic    p-value
   1    0.585079          0.3153804        0
   Alternative hypothesis: rho != 0
```

相关性检验的原假设为序列不存在自相关性，备择假设为序列存在自相关性。本例中 p 值为 0，所以误差项存在自相关。

2. 自变量选择

在实际的问题中，影响因变量的因素很多，可以选择若干个自变量建立回归方程，这便涉及变量选择的问题。R 软件中 step() 函数可以完成这一过程。

❑ 使用格式：

```
step(object, scope, scale = 0, direction = c("both", "backward", "forward"),
trace = 1, keep = NULL, steps = 1000, k = 2, …)
```

其中，object 是回归模型，scope 是确定自变量选择过程的区域，scale 用于 AIC 统计量。

direction 确定自变量选择的方法，默认值 "both" 是 “一切子集回归”，"backward" 是 “后退法”，"forward" 是 “前进法”。

❑ 实例：使用数据集 freeny 建立逻辑回归模型，并进行自变量选择。

代码清单 6-3 自变量选择代码

```
##自变量选择
Data= freeny
lm=lm(y~.,data=Data)                           #logistic回归模型
summary(lm)
lm.step<-step(lm,direction="both")             #一切子集回归
summary(lm.step)
lm.step<-step(lm,direction="forward")          #前进法
summary(lm.step)
lm.step<-step(lm,direction="backward")         #后退法
summary(lm.step)
```

运行代码清单 6-3 可以得到部分输出结果如下：

```
> lm.step<-step(lm,direction="both")                       #一切子集回归
Start:  AIC=-324.36
y ~ lag.quarterly.revenue + price.index + income.level + market.potential

                        Df    Sum of Sq    RSS          AIC
-lag.quarterly.revenue  1     0.0001642    0.0075392    -325.50
<none>                                     0.0073750    -324.36
-market.potential       1     0.0014805    0.0088555    -319.22
-price.index            1     0.0047767    0.0121517    -306.88
-income.level           1     0.0071230    0.0144980    -299.99

Step:  AIC=-325.5
y ~ price.index + income.level + market.potential

                        Df    Sum of Sq    RSS          AIC
<none>                                     0.0075392    -325.50
+lag.quarterly.revenue  1     0.0001642    0.0073750    -324.36
-market.potential       1     0.0040174    0.0115565    -310.84
-price.index            1     0.0087700    0.0163092    -297.40
-income.level           1     0.0157017    0.0232409    -283.59
> summary(lm.step)

Call:
lm(formula = y ~ price.index + income.level + market.potential,
    data = Data)

Residuals:
Min           1Q            Median       3Q           Max
-0.0273061    -0.0090031    0.0007218    0.0111354    0.0270294

Coefficients:
```

```
                    Estimate      Std.Error     t value      Pr(>|t|)
(Intercept)         -13.31014     5.04423       -2.639       0.012339     *
price.index         -0.83488      0.13084       -6.381       2.44e-07     ***
income.level        0.84556       0.09904       8.538        4.47e-10     ***
market.potential    1.62735       0.37682       4.319        0.000123     ***
...
Signif. codes:  0 '***' 0.001 '**' 0.01 '*' 0.05 '.' 0.1 ' ' 1

Residual standard error: 0.01468 on 35 degrees of freedom
Multiple R-squared:  0.998,      Adjusted R-squared:  0.9978
F-statistic:  5846 on 3 and 35 DF,  p-value: < 2.2e-16
```

从上面的结果可以看出，采用一切子集回归剔除变量，剔除了变量 lag.quarterly.revenue，最终构建的模型包含的变量为 price.index、income.level 和 market.potential，其模型的 AIC 值是 -325.5，为最小值。

6.2　决策树

决策树方法在分类、预测、规则提取等领域有着广泛的应用。在 20 世纪 70 年代后期和 80 年代初期，机器学习研究者 J.Ross Quinilan 提出了 ID3[5-2] 算法以后，决策树在机器学习、数据挖掘领域得到极大的发展。Quinilan 后来又提出了 C4.5，成为新的监督学习算法。1984 年几位统计学家提出了 CART 分类算法。ID3 和 CART 算法大约同时被提出，但都是采用类似的方法从训练样本中构建决策树。

决策树是一树状结构，它的每一个叶节点对应着一个分类，非叶节点对应着在某个属性上的划分，根据样本在该属性上的不同取值将其划分成若干个子集。对于非纯的叶节点，多数类的标号给出到达这个节点的样本所属的类。构造决策树的核心问题是在每一步如何选择适当的属性对样本做拆分。对一个分类问题，从已知类标记的训练样本中学习并构造出决策树是一个自上而下、分而治之的过程。

常用的决策树算法见表 6-5。

表 6-5　决策树算法分类

决策树算法	算法描述	软件包	实现函数
C4.5 算法	C4.5 决策树生成算法相对于 ID3 算法的重要改进是使用信息增益率来选择节点属性。C4.5 算法既能够处理离散的描述属性，也可以处理连续的描述属性	party	ctree()
CART 算法	CART 决策树是一种十分有效的非参数分类和回归方法，通过构建树、修剪树、评估树来构建一个二叉树。当终结点是连续变量时，该树为回归树；当终结点是分类变量时，该树为分类树	tree	tree()
C5.0 算法	C5.0 是 C4.5 算法的修订版，适用于处理大数据集，采用 Boosting 方式提高模型准确率，根据能够带来的最大信息增益的字段拆分样本	C50	C5.0()

6.2.1 C4.5 算法

C4.5 是机器学习算法中的一个分类决策树算法。它是基于 ID3 算法进行改进后的一种重要算法，目标是监督学习：给定一个数据集，其中的每一个元组都能用一组属性值来描述，每一个元组属于一个互斥的类别中的某一类。C4.5 的目标是通过学习，找到一个从属性值到类别的映射关系，并且这个映射能用于对新的类别未知的实体进行分类。C4.5 能够处理非离散数据，也能够处理不完整的数据。

在 R 语言中，实现 C4.5 决策树建模是非常方便的，实现该算法主要是借助 party 包中的 ctree() 函数。

❑ 使用格式：

```
ctree(formula, data, weights , ...)
```

其中：formula 是决策树模型的公式，一般是“预测变量 ~ 因变量 1+ 因变量 2+…”的格式，若选择除预测变量之外的所有其他变量为因变量，则可以将公式简写为“预测变量 ~.”；weights 为权重变量，默认为空，其他的参数比较不常用，在这里不做一一介绍。

对于建立好的模型结果 model，可以通过 plot 函数以图形来展示模型的内部规则，即可实现模型规则可视化。

❑ 使用格式：

```
plot(model, type = c("extended", "simple"))
```

模型结果的预测则通过 predict 函数实现。

❑ 使用格式：

```
predict(model,newdata=testdata, type = c("response", "node","prob"))
```

其中：newdata 设置用来预测的数据集，默认为训练数据集；type=" response " 默认输出结果为预测值；type="node" 输出结果为决策树中对应的节点编号；type="prob" 输出结果为分属于各个因子的概率值。

在建立分类预测模型时，常用的做法是首先将数据集分为训练数据集 traindata 和测试数据集 testdata，然后先利用训练集数据建立模型，再利用测试集数据来测试该模型，由此来检验模型的稳定性。

下面通过实际案例了解 R 语言建立 C4.5 决策树的过程。

实例：表 6-6 为某通讯企业的客户信息，包括年龄、婚姻状况、收入、教育水平、性别、家庭人数、套餐开通月数等。

表 6-6 某通讯企业的客户信息

序号	居住地	年龄	…	套餐类型	流失
1	2	44	…	1	1
2	3	33	…	4	1

（续）

序号	居住地	年龄	…	套餐类型	流失
3	3	52	…	3	0
4	2	33	…	1	1
…	…	…	…	…	…
998	3	59	…	4	0
999	3	49	…	3	0
1000	3	36	…	2	1

* 数据详见：第 6 章 / 示例程序 /data/telephone.csv

针对表 6-6 的数据，将数据按照 70% 和 30% 的比例拆分为训练数据集 traindata 和测试数据集 testdata，应用 C4.5 决策树算法预测客户是否流失，其 R 语言代码见代码清单 6-4。

代码清单 6-4　应用 C4.5 决策树预测客户是否流失

```
###C4.5 决策树
setwd("./ 第 6 章 ")                                  # 设置工作空间
Data=read.csv("./data/Telephone.csv")                # 读入数据
Data[," 流失 "]=as.factor(Data[," 流失 "])            # 将目标变量转换成因子型
set.seed(1234)                                       # 设置随机种子

# 数据集随机抽 70% 定义为训练数据集，30% 为测试数据集
ind <- sample(2, nrow(Data), replace=TRUE, prob=c(0.7, 0.3))
traindata <- Data[ind==1,]
testdata <- Data[ind==2,]

## 建立决策树模型预测客户是否流失
library(party)  # 加载决策树的包
ctree.model <- ctree( 流失 ~., data=traindata)              # 建立 C4.5 决策树模型
plot(ctree.model, type="simple")                           # 输出决策树图

## 预测结果
train_predict=predict(ctree.model)                         # 训练数据集
test_predict=predict(ctree.model,newdata=testdata)         # 测试数据集

# 输出训练数据的分类结果
train_predictdata=cbind(traindata,predictedclass=train_predict)
# 输出训练数据的混淆矩阵
(train_confusion=table(actual=traindata$ 流失 ,predictedclass=train_predict) )
# 输出测试数据的分类结果
test_predictdata=cbind(testdata,predictedclass=test_predict)
# 输出测试数据的混淆矩阵
(test_confusion=table(actual=testdata$ 流失 ,predictedclass=test_predict))
```

运行代码清单 6-4，得到图 6-2 和表 6-7。图 6-2 为 C4.5 决策树图，根节点为开通月数，阈值为 17，若开通月数大于 17，则样本被分到决策树的右侧，依此类推。n 表示样本

个数，y 表示预测的概率，如节点 3 中 y=(0.535,0.465) 表示预测值为 0 的概率为 0.535，预测值为 1 的概率为 0.465。样本通过决策树分成了两类，节点 3、7、8、10、11 都表示预测值为 0，节点 4 表示预测值为 1。表 6-7 为混淆矩阵，矩阵的行表示实际值，列表示预测值。可以看到，预测值为 1 的样本个数为 81 个，其中 57 个是正确分类的，24 个是错误分类的。

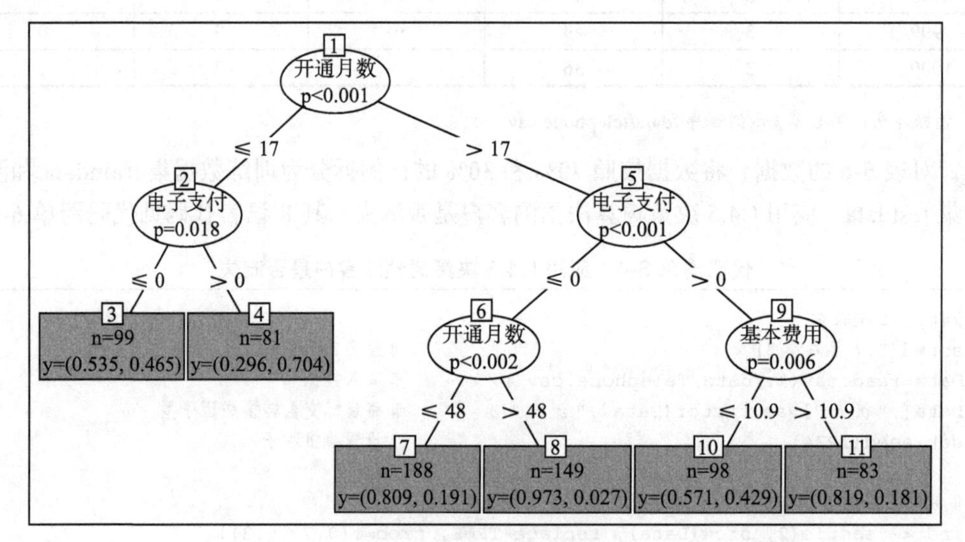

图 6-2 C4.5 决策树图

表 6-7 训练集（左）和测试集（右）的混淆矩阵

	predictedclass	
actual	0	1
0	474	24
1	143	57

	predictedclass	
actual	0	1
0	209	19
1	50	24

6.2.2 CART 算法

分类与回归树 CART 模型最早由 Breiman 等人提出，如今已经在统计领域和数据挖掘技术中普遍使用。它采用与传统统计学完全不同的方式构建预测准则，是以二叉树的形式给出，易于理解、使用和解释。在很多情况下，由 CART 模型构建的预测树比常用的统计方法构建的代数学预测准则更加准确，且数据越复杂、变量越多，算法的优越性就越显著。CART 模型的关键在于预测准则的构建。

CART 算法是一种二分递归分割技术，即把当前样本划分为两个子样本，使得生成的每个非叶子结点都有两个分支，因此 CART 算法生成的决策树是结构简洁的二叉树。由于 CART 算法构成的是一个二叉树，它在每一步的决策时只能是“是”或“否”，即使一个 feature 有多个取值，也是把数据分为两部分。在 CART 算法中主要分为两个步骤：第一步是将样本递归划分进行建树过程；第二步是用验证数据进行剪枝。

R 语言实现 CART 决策树算法主要是借助程序包 tree 中的 tree() 函数来实现的。

❑ 使用格式：

```
tree(formula, data, weights, na.action=na.pass, , ...)
```

其中：formula 是决策树模型的公式；weights 为权重变量；na.action 设置对缺失值的处理方式，默认等于 na.pass，用法和 ctree() 函数基本是一致的。

CART 决策树模型也是使用 predict() 函数来预测结果，但用法稍有不同。

❑ 使用格式：

```
predict(model,newdata=testdata, type = c("vector", "tree", "class", "where"))
```

因子型目标变量一般设置 type="class"，数值型目标变量一般设置 type="vector"。

实例：针对通讯企业的客户数据，应用 CART 决策树算法预测客户是否流失，其 R 语言代码如代码清单 6-5 所示。

代码清单 6-5 应用 CART 决策树预测客户是否流失

```
###CART 决策树
setwd("./ 第 6 章 ")                                    # 设置工作空间
Data=read.csv("./data/telephone.csv")                  # 读入数据
Data[," 流失 "]=as.factor(Data[," 流失 "])              # 将目标变量转换成因子型
set.seed(1234)                                         # 设置随机种子

# 数据集随机抽 70% 定义为训练数据集，30% 为测试数据集
ind <- sample(2, nrow(Data), replace=TRUE, prob=c(0.7, 0.3))
traindata <- Data[ind==1,]
testdata <- Data[ind==2,]

## 建立决策树模型预测客户是否流失
library(tree)                                          # 加载决策树的包
tree.model <- tree( 流失 ~., data=traindata)            # 建立 CART 决策树模型
plot(tree.model, type="uniform")                       # 输出决策树图
text(tree.model)

## 预测结果
train_predict=predict(tree.model,type="class")                        # 训练数据集
test_predict=predict(tree.model,newdata=testdata,type="class")        # 测试数据集

# 输出训练数据的分类结果
train_predictdata=cbind(traindata,predictedclass=train_predict)
# 输出训练数据的混淆矩阵
train_confusion=table(actual=traindata$ 流失 ,predictedclass=train_predict)
# 输出测试数据的分类结果
test_predictdata=cbind(testdata,predictedclass=test_predict)
# 输出测试数据的混淆矩阵
test_confusion=table(actual=testdata$ 流失 ,predictedclass=test_predict)
```

运行代码清单 6-5 得到图 6-3 所示的 CART 决策树图。每个样本在通过一个节点时都会进行一次判断，若结果为真，则样本被分到决策树的左侧，否则就会被分到决策树的右侧。决策树末端的数字代表预测值，从图 6-3 可以看到，开通月数小于 17.5 且无线费用大于等于 32.8 的用户流失了。

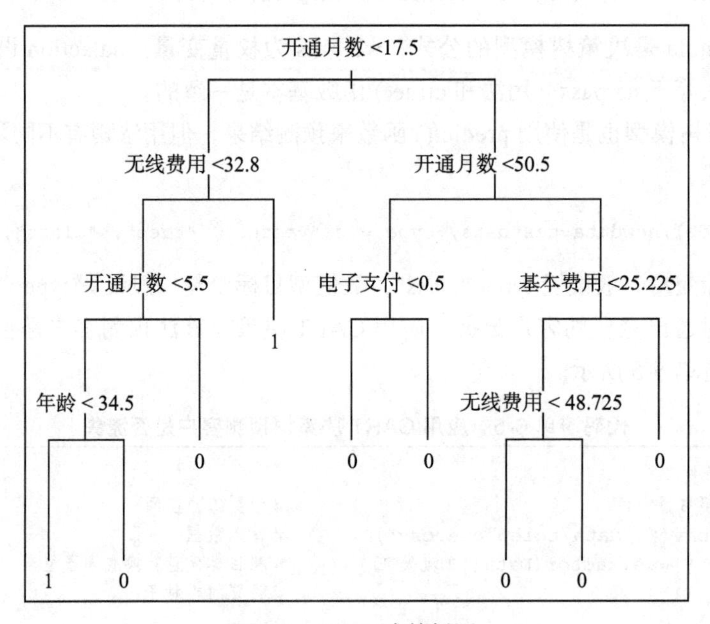

图 6-3 CART 决策树图

6.2.3 C5.0 算法

C5.0 算法是 C4.5 算法的修订版，适用于处理大数据集。C5.0 算法采用 Boosting 方式提高模型准确率，又称为 BoostingTrees，在软件上计算速度比较快，占用的内存资源较少。C5.0 算法作为经典的决策树模型算法之一，可生成多分支的决策树。C5.0 算法根据能够带来的最大信息增益的字段拆分样本。第一次拆分确定的样本子集随后再次拆分，通常是根据另一个字段进行拆分，这一过程重复进行直到样本子集不能再被拆分为止。最后，重新检查最低层次的拆分节点，那些对模型值没有显著贡献的样本子集被剔除或者修剪。

C5.0 算法较其他决策树算法的优势在于：

1. C5.0 模型在面对数据遗漏和输入字段等很多的问题时非常稳健；

2. C5.0 模型比一些其他类型的模型易于理解，模型输出的规则有非常直观的解释；

3. C5.0 也提供强大的技术以提高分类的精度。

在 R 语言中，加载 C5.0 程序包，就可以应用程序包中的 C5.0() 函数实现 C5.0 决策树建模。

❑ 使用格式：

```
C5.0(formula, data, weights, subset,na.action = na.pass, ...)
```

各参数的设定和使用同其他决策树函数是一致的。

实例：针对通讯企业的客户数据，应用C5.0决策树算法预测客户是否流失，其R语言代码见代码清单6-6。

代码清单6-6　应用C5.0决策树预测客户是否流失

```
###C5.0 决策树
setwd("./ 第 6 章 ")                          # 设置工作空间
Data=read.csv("./data/telephone.csv")         # 读入数据
Data[," 流失 "]=as.factor(Data[," 流失 "])      # 将目标变量转换成因子型
set.seed(1234)                                # 设置随机种子

# 数据集随机抽 70% 定义为训练数据集，30% 为测试数据集
ind <- sample(2, nrow(Data), replace=TRUE, prob=c(0.7, 0.3))
traindata <- Data[ind==1,]
testdata <- Data[ind==2,]

## 建立决策树模型预测客户是否流失
library(C50)                                  # 加载决策树的包
c50.model <- C5.0( 流失 ~., data=traindata)   # 建立 C5.0 决策树模型
plot(c50.model)                               # 输出决策树图

## 预测结果
train_predict=predict(c50.model,newdata=traindata,type="class") # 训练数据集
test_predict=predict(c50.model,newdata=testdata,type="class")   # 测试数据集

# 输出训练数据的分类结果
train_predictdata=cbind(traindata,predictedclass=train_predict)
# 输出训练数据的混淆矩阵
train_confusion=table(actual=traindata$ 流失 ,predictedclass=train_predict)
# 输出测试数据的分类结果
test_predictdata=cbind(testdata,predictedclass=test_predict)
# 输出测试数据的混淆矩阵
test_confusion=table(actual=testdata$ 流失 ,predictedclass=test_predict)
```

C5.0决策树图与C4.5决策树图类似，在这里不再详细介绍。

6.3　人工神经网络

人工神经网络(ANN)，简称神经网络，是一种模仿生物神经网络的结构和功能的数学模型或计算模型。神经网络由大量的人工神经元联结进行计算。大多数情况下，人工神经网络能在外界信息的基础上改变内部结构，是一种自适应系统。现代神经网络是一种非线性统计性数据建模工具，常用来对输入和输出间复杂的关系进行建模，或用来探索数据的模式。目前，已有近40种人工神经网络模型。用来实现分类和预测的人工神经网络算法包

括BP神经网络、LM神经网络、RBF径向基神经网络等。

在R语言中，BP神经网络作为一种常用的分类预测算法，是通过nnet程序包中的nnet()函数来实现的。

❑ 使用格式：

```
nnet(formula,data, weights, size, decay = 0,linout = F, skip = F, maxit = 100,
Hess=F, ...)
```

其中：formula,data, weights, size用于设置隐层节点数；decay设置权值衰减参数，默认为0；linout设置输出单元开关，默认为F即不输出；skip设置是否允许跳过隐层，默认为F即不跳过；maxit设置最大迭代次数，默认为100；Hess设置是否输出Hessian值，默认为F即不输出。

实例：针对通讯企业的客户数据，应用BP神经网络算法预测客户是否流失，实现的语句如代码清单6-7所示。

代码清单6-7 应用BP神经网络算法预测客户是否流失

```
###BP神经网络
setwd("./第6章")                                    #设置工作空间
Data=read.csv("./data/telephone.csv")              #读入数据
Data[,"流失"]=as.factor(Data[,"流失"])              #将目标变量转换成因子型
set.seed(1234)                                      #设置随机种子

#数据集随机抽70%定义为训练数据集，30%为测试数据集
ind <- sample(2, nrow(Data), replace=TRUE, prob=c(0.7, 0.3))
traindata <- Data[ind==1,]
testdata <- Data[ind==2,]

##BP神经网络建模
library(nnet)                                                  #加载nnet包
#设置参数
size=10                                                        #隐层节点数为10
decay=0.05                                                     #权值的衰减参数为0.05
nnet.model<-nnet(流失~.,traindata,size=size,decay=decay)      #建立BP神经网络模型
summary(nnet.model)                                            #输出模型概要

##预测结果
train_predict=predict(nnet.model,newdata=traindata,type="class")  #训练数据集
test_predict=predict(nnet.model,newdata=testdata,type="class")    #测试数据集

#输出训练数据的分类结果
train_predictdata=cbind(traindata,predictedclass=train_predict)
#输出训练数据的混淆矩阵
train_confusion=table(actual=traindata$流失,predictedclass=train_predict)
#输出测试数据的分类结果
test_predictdata=cbind(testdata,predictedclass=test_predict)
#输出测试数据的混淆矩阵
test_confusion=table(actual=testdata$流失,predictedclass=test_predict)
```

6.4　KNN 算法

KNN 算法即 K 最近邻（k-Nearest Neighbor）分类算法，是一种理论上比较成熟的算法，也是最简单的机器学习算法之一。该方法的思路是：如果一个样本在特征空间中的 k 个最相似（即特征空间中最邻近）的样本中的大多数属于某一个类别，则该样本也属于这个类别。KNN 算法中所选择的邻居都是已经正确分类的对象。该算法在定类决策上只依据最邻近的一个或者几个样本的类别来决定待分样本所属的类别。KNN 算法虽然从原理上也依赖于极限定理，但在类别决策时，只与极少量的相邻样本有关。由于 KNN 算法主要靠周围有限的邻近样本，而不是靠判别类域的方法来确定所属类别的，因此对于类域的交叉或重叠较多的待分样本集来说，KNN 算法较其他算法更为适合。

KNN 算法不仅可以用于分类，还可以用于回归。通过找出一个样本的 k 个最近邻居，将这些邻居的属性的平均值赋给该样本，就可以得到该样本的属性。更有用的方法是将不同距离的邻居对该样本产生的影响给予不同的权值（weight），如权值与距离成正比。

在 R 语言中，KNN 算法的实现方式有三种：一是通过 class 包中的 knn() 函数实现；二是通过 kknn 包中 kknn() 函数实现；三是通过 caret 包中的 train() 函数实现。

（1）kknn() 函数

- 程序包：kknn
- 使用格式：

kknn(formula = formula(train), train, test, na.action = na.omit(),k = 7, distance = 2,…)

其中：formula 为建模的公式，格式为“预测变量～因变量 1+ 因变量 2+…”；train 为训练数据集；test 为测试数据集；na.action 设置对缺失值的处理方式，默认等于 na.omit()，即删除含有缺失数据的行；k 设置邻近值的个数，默认为 7；distance 为闵可夫斯基距离，默认为 2 时该距离为欧氏距离。需要注意的是，该算法只能输出测试数据集的预测结果，不输出训练数据集的预测结果。

（2）knn() 函数

- 程序包：class
- 使用格式：

```
knn(train, test, cl, k = 1, l = 0, prob = FALSE, use.all = TRUE)
```

其中：train 为训练集中的自变量；test 为测试集中的自变量；cl 为训练集中的预测变量；k 为邻近值个数；prob 是否计算预测组别的概率，默认为 FALSE，即不计算，如果为 TRUE，则结果中的 prob 属性可以存放该概率的数值。

（3）train() 函数

- 程序包：caret
- 使用格式：

```
train(x, y, method = "knn", preProcess = NULL, weights = NULL, ...)
```

其中：x 为训练集中的自变量；y 为训练集中的预测变量；method 指定使用的分类或回归模型，method = "knn" 时就是 k 近邻算法；weights 设定权重变量，默认为空。

实例：针对通讯企业客户数据的训练数据集 traindata 和测试数据集 testdata，分别用 kknn()，knn()，train() 函数实现 KNN 算法预测客户是否流失，见代码清单 6-8。

代码清单 6-8 应用 KNN 算法预测客户是否流失

```
###KNN 算法
setwd("./第 6 章")                                        # 设置工作空间
Data=read.csv("./data/telephone.csv")                     # 读入数据
Data[," 流失 "]=as.factor(Data[," 流失 "])                # 将目标变量转换成因子型
set.seed(1234)                                            # 设置随机种子

# 数据集随机抽 70% 定义为训练数据集，30% 为测试数据集
ind <- sample(2, nrow(Data), replace=TRUE, prob=c(0.7, 0.3))
traindata <- Data[ind==1,]
testdata <- Data[ind==2,]

## 使用 kknn 函数建立 knn 分类模型
library(kknn)                                                        # 加载 kknn 包
#knn 分类模型
kknn.model<-kknn( 流失 ~.,train=traindata, test=traindata, k = 5)   # 训练数据
kknn.model2<-kknn( 流失 ~.,train=traindata, test=testdata, k = 5)   # 测试数据
summary(kknn.model)                                                  # 输出模型概要
# 预测结果
train_predict=predict(kknn.model,type="class")                       # 训练数据
test_predict=predict(kknn.model2,type="class")                       # 测试数据
# 输出训练数据的混淆矩阵
train_confusion=table(actual=traindata$ 流失 ,predictedclass=train_predict)
# 输出测试数据的混淆矩阵
test_confusion=table(actual=testdata$ 流失 ,predictedclass=test_predict)

## 使用 knn 函数建立 knn 分类模型
library(class)                                                       # 加载 class 包
## 建立 knn 分类模型
knn.model<-knn(traindata, testdata,cl=traindata[," 流失 "])
# 输出测试数据的混淆矩阵
test_confusion=table(actual=testdata$ 流失 ,predictedclass=knn.model)

## 使用 train 函数建立 knn 分类模型
library(caret)                                                       # 加载 caret 包
# 建立 knn 分类模型
train.model<-train(traindata,traindata[," 流失 "],method = "knn")
# 预测结果
train_predict=predict(train.model,newdata=traindata)          # 训练数据集
test_predict=predict(train.model,newdata=testdata)            # 测试数据集
# 输出训练数据的混淆矩阵
```

```
train_confusion=table(actual=traindata$流失,predictedclass=train_predict)
#输出测试数据的混淆矩阵
test_confusion=table(actual=testdata$流失,predictedclass=test_predict)
```

6.5　朴素贝叶斯分类

朴素贝叶斯分类（NaiveBayes）是一种十分简单的分类算法。它的思想非常简单：对于给出的待分类项，求解在此项出现的条件下各个类别出现的概率，哪个最大，就认为此待分类项属于哪个类别。

整个朴素贝叶斯分类分为三个阶段。

第一阶段——准备工作阶段。这个阶段的任务是为朴素贝叶斯分类做必要的准备。主要工作是根据具体情况确定特征属性，并对每个特征属性进行适当划分，然后由人工对一部分待分类项进行分类，形成训练样本集合。这一阶段输入的是所有待分类数据，输出的是特征属性和训练样本。这一阶段是整个朴素贝叶斯分类中唯一需要人工完成的阶段，其质量对整个过程将有重要影响。

第二阶段——分类器训练阶段。这个阶段的任务就是生成分类器，主要工作是计算每个类别在训练样本中的出现频率及每个特征属性划分对每个类别的条件概率估计，并将结果记录。其输入是特征属性和训练样本，输出是分类器。分类器的质量很大程度上由特征属性、特征属性划分及训练样本质量决定。这一阶段是机械性阶段，根据前面讨论的公式可以由程序自动计算完成。

第三阶段——应用阶段。这个阶段的任务是使用分类器对待分类项进行分类，其输入是分类器和待分类项，输出是待分类项与类别的映射关系。这一阶段也是机械性阶段，由程序完成。

在R语言中，朴素贝叶斯分类算法有两个实现方式：一是借助程序包e1071中的naiveBayes()函数来实现；二是借助程序包klaR中的NaiveBayes()函数来实现。

（1）naiveBayes()函数

- 程序包：e1071
- 使用格式：

```
naiveBayes(formula, data, na.action = na.pass, ...,)
```

其中：formula为建模的公式，格式为“预测变量~因变量1+因变量2+…”；data为训练数据集；na.action设置对缺失值的处理，默认等于na.pass，即不删除含有缺失数据的行，但在计算概率时不考虑此类数据。

（2）NaiveBayes()函数

- 程序包：klaR

❑ 使用格式：

```
NaiveBayes(formula, data, ..., subset, na.action = na.pass)
```

可以发现，这两个函数的用法是一样的。

实例：针对通讯企业的客户数据，应用朴素贝叶斯算法预测客户是否流失，见代码清单 6-9。

代码清单 6-9 应用朴素贝叶斯算法预测客户是否流失

```
### 朴素贝叶斯分类算法
setwd("./第6章")                                    # 设置工作空间
Data=read.csv("./data/telephone.csv")              # 读入数据
Data[,"流失"]=as.factor(Data[,"流失"])              # 将目标变量转换成因子型
set.seed(1234)                                     # 设置随机种子
# 数据集随机抽 70% 定义为训练数据集，30% 为测试数据集
ind <- sample(2, nrow(Data), replace=TRUE, prob=c(0.7, 0.3))
traindata <- Data[ind==1,]
testdata <- Data[ind==2,]
## 使用 naiveBayes 函数建立朴素贝叶斯分类模型
library(e1071)                                                # 加载 e1071 包
naiveBayes.model=naiveBayes(流失~., data=traindata)            # 建立朴素贝叶斯分类模型
# 预测结果
train_predict=predict(naiveBayes.model,newdata=traindata) # 训练数据集
test_predict=predict(naiveBayes.model,newdata=testdata)   # 测试数据集
# 输出训练数据的分类结果
train_predictdata=cbind(traindata,predictedclass=train_predict)
# 输出训练数据的混淆矩阵
train_confusion=table(actual=traindata$流失,predictedclass=train_predict)
# 输出测试数据的分类结果
test_predictdata=cbind(testdata,predictedclass=test_predict)
# 输出测试数据的混淆矩阵
test_confusion=table(actual=testdata$流失,predictedclass=test_predict)
## 使用 NaiveBayes 函数建立朴素贝叶斯分类模型
library(klaR)                                                 # 加载 klaR 包
NaiveBayes.model=NaiveBayes(流失~., data=traindata)            # 建立朴素贝叶斯分类模型
# 预测结果
train_predict=predict(NaiveBayes.model)                       # 训练数据集
test_predict=predict(NaiveBayes.model,newdata=testdata)       # 测试数据集
# 输出训练数据的分类结果
train_predictdata=cbind(traindata,predictedclass=train_predict$class)
# 输出训练数据的混淆矩阵
train_confusion=table(actual=traindata$流失,predictedclass=train_predict$class)
# 输出测试数据的分类结果
test_predictdata=cbind(testdata,predictedclass=test_predict$class)
# 输出测试数据的混淆矩阵
test_confusion=table(actual=testdata$流失,predictedclass=test_predict$class)
```

*代码详见：第 6 章 / 示例程序 /code/ code6-5.R

6.6　其他分类与预测算法函数

分类与预测在R语言中的数据挖掘部分占有很大比重，其涵盖多个算法模块，主要的算法模型包含神经网络模块的分类模型、分类树模型、集成学习分类模型。神经网络模型包含多种应用，比如聚类、时间序列、模式识别，而这里的分类模型主要包含人工神经网络，其函数为nnet。分类树模型主要是指机器学习中的分类树和回归模型，主要包括rpart函数。集成学习分类模型主要指机器学习中的集成学习模块，其函数为bagging，通过改变其参数，可以选择不同的分类模型。表6-8所示为其他分类和预测函数。

表6-8　其他分类和预测函数

函数名	函数功能	软件包
lda()	构建一个线性判别分析模型	MASS
rpart()	构建一个分类回归树模型	rpart、maptree
bagging()	构建一个集成学习分类器	adabag
randomForest()	构建一个随机森林模型	randomForest
svm()	构建一个支持向量机模型	e1071

（1）lda()函数

- 功能：构建一个线性判别分析模型。
- 使用格式：

```
lda(formula, data, ..., na.omit)
```

其中：formula根据数据的属性数据以及每个记录对应的类别数据构建一个线性回归的公式；na.omit自动删除含有缺失值的观测样本。

实例：针对通讯企业的客户数据，构建lda模型并进行分类预测，见代码清单6-10。

代码清单6-10　建立lda模型并进行分类预测

```
###lda模型
setwd("./第6章")                                  #设置工作空间
Data=read.csv("./data/telephone.csv")             #读入数据
Data[,"流失"]=as.factor(Data[,"流失"])            #将目标变量转换成因子型
set.seed(1234)                                    #设置随机种子
#数据集随机抽70%定义为训练数据集，30%为测试数据集
ind <- sample(2, nrow(Data), replace=TRUE, prob=c(0.7, 0.3))
traindata <- Data[ind==1,]
testdata <- Data[ind==2,]

## 建立lda分类模型
library(MASS)
lda.model<-lda(流失~., data=traindata)

## 预测结果
train_predict=predict(lda.model,newdata=traindata)     #训练数据集
```

```
test_predict=predict(lda.model,newdata=testdata)          # 测试数据集

# 输出训练数据的分类结果
train_predictdata=cbind(traindata,predictedclass=train_predict$class)
# 输出训练数据的混淆矩阵
train_confusion=table(actual=traindata$流失,predictedclass=train_predict$class)
# 输出测试数据的分类结果
test_predictdata=cbind(testdata,predictedclass=test_predict$class)
# 输出测试数据的混淆矩阵
test_confusion=table(actual=testdata$流失,predictedclass=test_predict$class)
```

（2）rpart() 函数

- 功能：创建一个分类回归树模型，该函数可以根据不同的参数构建不同的模型，可以用于分类或者回归。
- 使用格式：

```
rpart(formula, data, weights, subset, na.action = na.rpart, method, model = 
FALSE, x = FALSE, y = TRUE, parms, control, cost, ...)
```

部分参数及功能说明见下表。

参数	说明
na.action	缺失值处理办法。默认删除因变量缺失的观测
method	根据树末端因变量的数据类型选择分割方法：anova(连续型)，poisson(计数型)，class(离散型)，exp(生存型)
parms	设置 3 个参数：先验概率、损失矩阵、分类纯度
control	控制每个节点上的最小样本量、交叉验证次数、复杂性参数

实例：针对通讯企业的客户数据，构建 rpart 模型并进行分类预测，见代码清单 6-11。

代码清单 6-11 构建 rpart 模型并进行分类预测

```
###rpart 模型
setwd("./第6章") # 设置工作空间
Data=read.csv("./data/telephone.csv")           # 读入数据
Data[,"流失"]=as.factor(Data[,"流失"])          # 将目标变量转换成因子型
set.seed(1234)                                  # 设置随机种子
# 数据集随机抽 70% 定义为训练数据集，30% 为测试数据集
ind <- sample(2, nrow(Data), replace=TRUE, prob=c(0.7, 0.3))
traindata <- Data[ind==1,]
testdata <- Data[ind==2,]

## 建立 rpart 分类模型
library(rpart)
library(rpart.plot)
rpart.model<-rpart(流失~., data=traindata,method="class",cp=0.03)  #cp为复杂的参数
## 输出决策树图
rpart.plot(rpart.model, branch=1, branch.type=2, type=1, extra=102,
```

```
        border.col="blue", split.col="red",
    split.cex=1, main=" 客户流失决策树 ")
## 预测结果
train_predict=predict(rpart.model,newdata=traindata,type="class")  # 训练数据集
test_predict=predict(rpart.model,newdata=testdata,type="class")    # 测试数据集

# 输出训练数据的分类结果
train_predictdata=cbind(traindata,predictedclass=train_predict)
# 输出训练数据的混淆矩阵
train_confusion=table(actual=traindata$ 流失 ,predictedclass=train_predict)
# 输出测试数据的分类结果
test_predictdata=cbind(testdata,predictedclass=test_predict)
# 输出测试数据的混淆矩阵
test_confusion=table(actual=testdata$ 流失 ,predictedclass=test_predict)
```

运行代码清单 6-11 可得到预测结果和图 6-4 所示的客户流失决策树图。rpart 决策树与 CART 决策树类似，每个样本在通过一个节点时都会进行一次判断，若结果为真，则样本被分到决策树的左侧，否则就会被分到决策树的右侧。例如，开通月数小于 18 个月且无线费用大于等于 33 的客户流失了，流失的比例占总用户的 3%。

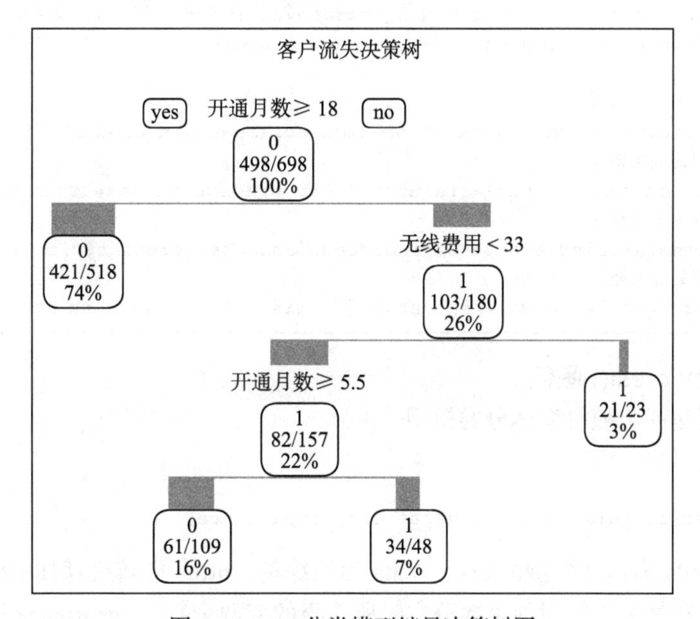

图 6-4 rpart 分类模型销量决策树图

（3）bagging() 函数

- 功能：创建一个集成学习分类器。
- 使用格式：

```
bagging(formula, data,mfinal,control)
```

其中，formula 为建立模型的公式，data 为训练集，mfinal 表示算法的迭代次数，

control 用于控制基分类器的参数，模型的性能依赖于 control 设置。

实例：针对通讯企业的客户数据，构建 bagging 模型并进行分类预测见代码清单 6-12。

代码清单 6-12 构建 bagging 模型并进行分类预测

```
###bagging 模型
setwd("./ 第 6 章 ")                                    # 设置工作空间
Data=read.csv("./data/telephone.csv")                   # 读入数据
Data[," 流失 "]=as.factor(Data[," 流失 "])              # 将目标变量转换成因子型
set.seed(1234)                                          # 设置随机种子
# 数据集随机抽 70% 定义为训练数据集，30% 为测试数据集
ind <- sample(2, nrow(Data), replace=TRUE, prob=c(0.7, 0.3))
traindata <- Data[ind==1,]
testdata <- Data[ind==2,]

## 建立 bagging 分类模型
library(adabag)
bagging.model<-bagging( 流失 ~., data=traindata)

## 预测结果
train_predict=predict(bagging.model,newdata=traindata)     # 训练数据集
test_predict=predict(bagging.model,newdata=testdata)       # 测试数据集

# 输出训练数据的分类结果
train_predictdata=cbind(traindata,predictedclass=train_predict$class)
# 输出训练数据的混淆矩阵
train_confusion=table(actual=traindata$ 流失 ,predictedclass=train_predict$class)
# 输出测试数据的分类结果
test_predictdata=cbind(testdata,predictedclass=test_predict$class)
# 输出测试数据的混淆矩阵
test_confusion=table(actual=testdata$ 流失 ,predictedclass=test_predict$class)
```

（4）randomForest() 函数

- 功能：创建一个随机森林分类模型。
- 使用格式：

```
randomForest(formula,data,...,ntree,mtry,impartance)
```

其中：formula 为建立模型的公式，data 为训练集，ntree 指随机森林中树的数目，mtry 用来决定在随机森林中决策树的每次分支时所选择的变两个数，impartance 用来计算各个变量在模型中的重要值。

实例：针对通讯企业的客户数据，构建 randomForest 模型并进行分类预测，见代码清单 6-13。

代码清单 6-13 构建 randomForest 模型并进行分类预测

```
###randomForest 模型
setwd("./ 第 6 章 ")                                    # 设置工作空间
```

```
Data=read.csv("./data/telephone.csv")              # 读入数据
Data[,"流失"]=as.factor(Data[,"流失"])             # 将目标变量转换成因子型
set.seed(1234)                                     # 设置随机种子
# 数据集随机抽 70% 定义为训练数据集，30% 为测试数据集
ind <- sample(2, nrow(Data), replace=TRUE, prob=c(0.7, 0.3))
traindata <- Data[ind==1,]
testdata <- Data[ind==2,]

## 建立 randomForest 模型
library(randomForest)
randomForest.model<-randomForest(流失~., data=traindata)

## 预测结果
test_predict=predict(randomForest.model,newdata=testdata)  # 测试数据集

# 输出训练数据的混淆矩阵
train_confusion=randomForest.model$confusion
# 输出测试数据的混淆矩阵
test_confusion=table(actual=testdata$流失,predictedclass=test_predict)
```

（5）svm() 函数

- 功能：创建一个支持向量机模型。
- 使用格式：

```
svm(formula,data,...,type,kernel)
```

其中，formula 为建立模型的公式，data 为训练集，type 是指建立模型的类别。

type 可取的值有：C-classification，nu-classification，one-classification，eps-regression，nuregression。在这五种类型中，前三种是针对于字符型结果变量的分类方式，后两种则是针对于数量结果变量的分类方式。

kernel 参数有四个可选核函数，分别为 linear 线性、polynomial 多项式、radial basis 径向基、sigmoid 神经网络核函数。

实例：针对通讯企业的客户数据，构建 svm 模型并进行分类预测见代码清单 6-14。

代码清单 6-14 构建 svm 模型并进行分类预测

```
###svm 模型
setwd("./第6章")                                   # 设置工作空间
Data=read.csv("./data/telephone.csv")              # 读入数据
Data[,"流失"]=as.factor(Data[,"流失"])             # 将目标变量转换成因子型
set.seed(1234)                                     # 设置随机种子
# 数据集随机抽 70% 定义为训练数据集，30% 为测试数据集
ind <- sample(2, nrow(Data), replace=TRUE, prob=c(0.7, 0.3))
traindata <- Data[ind==1,]
testdata <- Data[ind==2,]

## 建立 svm 模型
```

```
library(e1071)
svm.model<-svm(流失 ~., data=traindata)

## 预测结果
train_predict=predict(svm.model,newdata=traindata)    # 训练数据集
test_predict=predict(svm.model,newdata=testdata)      # 测试数据集

# 输出训练数据的分类结果
train_predictdata=cbind(traindata,predictedclass=train_predict)
# 输出训练数据的混淆矩阵
train_confusion=table(actual=traindata$流失,predictedclass=train_predict)
# 输出测试数据的分类结果
test_predictdata=cbind(testdata,predictedclass=test_predict)
# 输出测试数据的混淆矩阵
test_confusion=table(actual=testdata$流失,predictedclass=test_predict)
```

6.7 分类与预测算法评价

前面介绍了 logistic 回归、决策树、naivebayes、KNN 等多种分类算法。在建立选择分类模型时，我们需要从中选择表现更优的模型，这就涉及模型评价的问题。模型预测效果评价通常用相对绝对误差、平均绝对误差、根均方差、相对平方根误差等指标来衡量。

1. 绝对误差与相对误差

设 Y 表示实际值，$\hat{Y}$ 表示预测值，则称 E 为绝对误差（Absolute Error），计算公式如下：

$$E = Y - \hat{Y}$$

e 为相对误差（Relative Error），计算公式如下：

$$e = \frac{Y - \hat{Y}}{Y}$$

2. 平均绝对误差

平均绝对误差（Mean Absolute Error, MAE）定义如下：

$$MAE = \frac{1}{n}\sum_{i=1}^{n}\left|E_i\right| = \frac{1}{n}\sum_{i=1}^{n}\left|Y_i - \hat{Y}_i\right|$$

式中各项的含义如下。

- MAE：平均绝对误差；
- E_i：第 i 个实际值与预测值的绝对误差；
- Y_i：第 i 个实际值；
- $\hat{Y}_i$：第 i 个预测值。

由于预测误差有正有负，为了避免正负相抵消，故取误差的绝对值进行综合并取其平均数，这是误差分析的综合指标法之一。

3. 均方误差与均方根误差

均方误差（Mean Squared Error, *MSE*）与均方根误差（Root Mean Squared Error, *RMSE*）皆是误差分析的综合指标法之一。定义如下：

$$MSE=\frac{1}{n}\sum_{i=1}^{n}E_i^2=\frac{1}{n}\sum_{i=1}^{n}\left(Y_i-\widehat{Y}_i\right)^2$$

$$RMSE=\sqrt{\frac{1}{n}\sum_{i=1}^{n}E_i^2}=\sqrt{\frac{1}{n}\sum_{i=1}^{n}\left(Y_i-\widehat{Y}_i\right)^2}$$

上式中，*MSE* 表示均方误差，*RMSE* 表示均方根误差，其他符号同前。

均方误差是预测误差平方之和的平均数，它避免了正负误差不能相加的问题。由于对误差 E 进行了平方，加强了数值大的误差在指标中的作用，从而提高了这个指标的灵敏性。均方误差是误差分析的综合指标法之一。

均方误差的平方根代表预测值的离散程度，也叫标准误差，最佳拟合情况为 $RMSE=0$。均方根误差也是误差分析的综合指标之一。

4. 识别准确度

识别准确度（Accuracy）定义如下：

$$\frac{TP+FN}{TP+TN+FP+FN}\times 100\%$$

式中各符号说明如下。

- TP（True Positives）：正确的肯定表示正确肯定的分类数；
- TN（True Negatives）：正确的否定表示正确否定的分类数；
- FP（False Positives）：错误的肯定表示错误肯定的分类数；
- FN（False Negatives）：错误的否定表示错误否定的分类数。

5. 识别精确率

识别精确率（Precision）定义如下：

$$Precision=\frac{TP}{TP+FP}\times 100\%$$

6. 反馈率

反馈率（Recall）定义如下：

$$Recall=\frac{TP}{TP+TN}\times 100\%$$

7. 混淆矩阵

混淆矩阵是可视化工具，特别用于监督学习，在无监督学习时一般称为匹配矩阵。矩阵的列表示预测类的实例，行表示实际类的实例。表 6-9 所示为一个二分类预测模型的混淆矩阵示例。

表 6-9 混淆矩阵

		Predicted	
		Positive	Negative
Actual	Positive	TP	FN
	Negative	FP	TN

8. ROC 曲线和 PR 曲线

ROC 曲线和 PR 曲线都常用于模型的评价。

受试者工作特性（Receiver Operating Characteristic，ROC）曲线是一种非常有效的模型评价方法，可为选定临界值给出定量提示。将灵敏度（Sensitivity）设在纵轴，1- 特异性（1-Specificity）设在横轴，就可得出 ROC 曲线图。该曲线下的积分面积（Area）大小与每种方法优劣密切相关，反映分类器正确分类的统计概率，其值越接近 1 说明该算法效果越好。

PR 曲线指的是 Precision Recall 曲线。如果是分类器的话，通过调整分类阈值，可以得到不同的 P-R 值，从而可以得到一条曲线（纵坐标为识别精确率，横坐标为反馈率）。通常随着分类阈值从大到小变化，识别精确率减小，反馈率增加。比较两个分类器好坏时，PR 曲线越往坐标（1，1）的位置靠近越好。

R 中主要使用 ROCR 包绘制 ROC 曲线和 PR 曲线。ROCR 包中主要的函数是：prediction 和 performance。前者是将预测结果和真实标签组合在一起，生成一个 prediction 对象，然后在用 performance 函数，按照给定的评价方法，生成一个 performance 对象，最后直接对 performance 对象使用 plot 函数就能绘制出相应的 ROC 曲线和 PR 曲线。

（1）prediction() 函数

❑ 使用格式：

```
prediction(predictions, labels)
```

其中，predictions 为预测结果；label 为真实的分类向量。

（2）performance() 函数

❑ 使用格式：

```
performance(prediction.obj, measure, x.measure="cutoff", ...)
```

其中：prediction.obj 为一个 prediction 对象；measure 为各种评价指标，如 recall，precision，tpr，fpr 等，详见帮助文档，x.measure 与 measure 类似。在绘制 ROC 曲线时，measure="tpr"，x.measure="fpr"；PR 曲线 measure="prec"，x.measure="rec"。tpr，fpr，prec，rec 分别表示真正率（true positive rate），假正率（false positive rate），识别精确率和反馈率。

（3）plot() 函数

❑ 使用格式：

```
plot(x, y, colorize=FALSE...)
```

❑ 实例：画出代码清单 6-15 中 lda 模型的 ROC 曲线和 PR 曲线图。

代码清单 6-15 ROC 曲线和 PR 曲线图代码

```
###ROC 曲线和 PR 曲线
library(ROCR)
library(gplots)

## 预测结果
train_predict=predict(lda.model,newdata=traindata)              # 训练数据集
test_predict=predict(lda.model,newdata=testdata)                # 测试数据集

par(mfrow=c(1,2))
##ROC 曲线
# 训练集
predi<-prediction(train_predict$posterior[,2],traindata$ 流失 )
perfor<-performance(predi,"tpr","fpr")
plot(perfor,col="red",type="l",main="ROC 曲线 ",lty=1)        # 训练集的 ROC 曲线
# 测试集
predi2<-prediction(test_predict$posterior[,2],testdata$ 流失 )
perfor2<-performance(predi2,"tpr","fpr")
par(new=T)
plot(perfor2,col="blue",type="l",pch=2,lty=2)                  # 测试集的 ROC 曲线
abline(0,1)
legend("bottomright", legend = c(" 训练集 "," 测试集 "),bty="n",
        lty = c(1, 2), col = c("red", "blue")) # 图例

##PR 曲线
# 训练集
perfor<-performance(predi,"prec","rec")
plot(perfor,col="red",type="l",main="PR 曲线 ",xlim=c(0,1),ylim=c(0,1),lty=1) # 训练
集的 PR 曲线
# 测试集
perfor2<-performance(predi2,"prec","rec")
par(new=T)
plot(perfor2,col="blue",type="l",pch=2,xlim=c(0,1),ylim=c(0,1),lty=2)      # 测试集
的 PR 曲线
abline(1,-1)
legend("bottomleft", legend = c(" 训练集 "," 测试集 "),bty="n",
        lty = c(1, 2), col = c("red", "blue")) # 图例
```

运行代码清单 6-15 得到图 6-5 所示的 ROC 曲线和 PR 曲线。

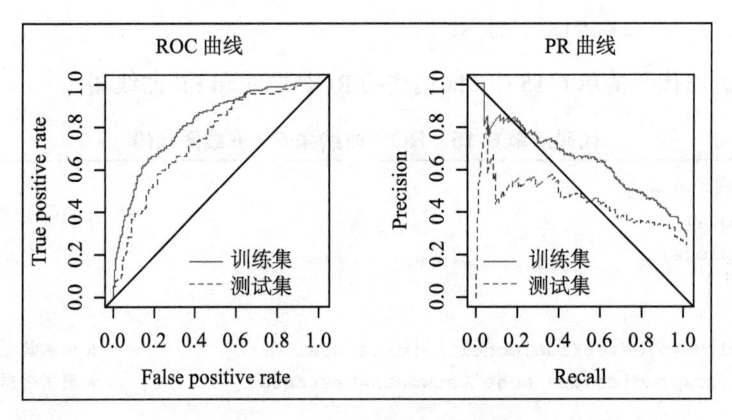

图 6-5 ROC 曲线和 PR 曲线

6.8 小结

本章介绍了分类与预测建模的多种方法及 R 语言的实现过程。其中常用的分类与预测建模方法有：回归分析（包括线性回归和逻辑回归等）、决策树、人工神经网络、KNN 算法、朴素贝叶斯分类算法等等。最后介绍了分类与预测算法的评价方法。通常用相对绝对误差、平均绝对误差、根均方差、相对平方根误差等指标或混淆矩阵、ROC 曲线等方法去衡量。

6.9 上机实验

1. 实验目的

- 掌握回归模型，对模型进行回归诊断和自变量选择，并利用模型进行预测。
- 掌握人工神经网络和 CART 决策树构建的分类模型。

2. 实验内容

- 对银行贷款拖欠率数据进行 logistics 回归，数据见“data/ bankloan.csv”。将数据分成训练集和测试集，用训练集构建回归模型并进行回归诊断和自变量选择，并利用构建好的模型对测试集进行预测。
- 根据电量趋势增长指标、线损指标及告警类指标对用户是否窃漏电进行分类，数据见“data/ model.csv”，分别使用 LM 神经网络和 CART 决策树实现分类预测模型，利用混淆矩阵和 ROC 曲线对模型进行评价。

3. 实验方法与步骤

（1）实验一

1）打开 R 软件，把“data/ bankloan.csv”数据导入 R 中。

2）把数据随机分成两个部分：一部分用于训练；另一部分用于测试。

3）使用 glm() 函数及训练数据构建 logistics 回归模型。

4）使用 step() 函数对模型进行自变量选择。

5）使用回归诊断相关诊断对模型进行异常值检验、多重共线性检验、误差自相关性检验。

6）使用 predict() 函数对测试集进行预测。

（2）实验二

1）把“data/ model.csv”数据导入 R 中。

2）把数据随机分成两个部分：一部分用于训练；另一部分用于测试。

3）使用 tree() 函数构建 CART 决策树模型，使用 predict() 函数和构建的 CART 决策树模型分别对训练和测试数据进行分类，并与真实值进行对比，得到模型的正确率，同时使用 prediction() 函数、performance() 函数和 plot() 函数画出 ROC 曲线。

4）使用 nnet() 函数构建人工神经网络模型，使用 predict() 函数和构建的人工神经网络模型分别对训练和测试数据进行分类，参考第 3）步得到模型的正确率、混淆矩阵和 ROC 曲线。

5）对比分析 CART 决策树模型和人工神经网络模型针对窃漏电数据分类结果的好坏。

4. 思考与实验总结

1）使用其他分类预测的方法对“ data/ model.csv”数据进行分类，对比分析不同分类方法的分类结果的好坏。

2）设置模型参数时，如何针对数据特征进行参数的择优选择？

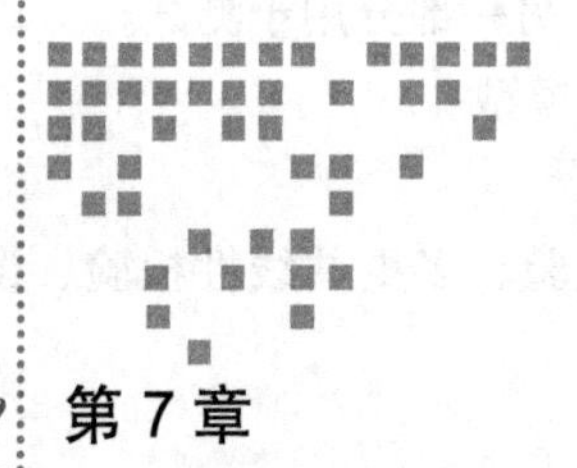

Chapter 7 第7章

聚类分析

聚类分析是研究如何对事物进行分类的一种多元统计方法。对事物进行分类，进而归纳并发现其规律已成为人们认识世界、改造世界的一种重要方法。分类问题在科学研究、生产实践和社会生活中到处存在。例如：地质勘探中根据物探、化探的指标将样本进行分类；古生物研究中根据挖掘出的骨骼形状和尺寸将它们分类；大坝监控中由于所得的观测数据量十分庞大，有时亦需将它们分类归并，获得其典型代表再进行深入分析等。

由于对象的复杂性，仅凭经验和专业知识有时不能达到确切分类的目的，于是数学方法就被引进到分类问题中来。聚类分析方法应用相当广泛，已经被广泛用于考古学、地质勘探调查、天气预报、作物品种分类、土壤分类、微生物分类，在经济管理、社会经济统计部门，也用聚类分析法进行定量分类。

聚类分析根据事物彼此不同的属性进行辨认，将具有相似属性的事物聚为一类，使得同一类的事物具有高度的相似性。这使得聚类分析可以很好地解决无法确定事物属性的分类问题。

聚类算法种类繁多，且其中绝大多数可以用R实现。下面将选取普及性最广、最实用、最具有代表性的五种聚类算法进行介绍。

- K-均值聚类（K-Means）
- K-中心点聚类（K-Medoids）
- 密度聚类（Densit-based Spatial Clustering of Application with Noise，DBSCAN）
- 层次聚类（系统聚类 Hierarchical Clustering，HC）
- 期望最大化聚类（Expectation Maximization，EM）

7.1 K-Means 聚类分析函数

聚类分析中使用最广泛的算法是 K-Means 算法。K-Means 算法属于聚类分析方法里较为经典的一种。由于该算法的效率高，所以在对大规模数据进行聚类时被广泛应用。目前，许多算法均围绕着该算法进行扩展和改进。

在实际应用中，K-Means 算法在商业上常用于客户价值分析。如识别客户价值应用的最广泛的 RFM 模型便是通过 K-Means 算法进行划分分类，最终得到不同特征的客户群。

在 R 中使用 kmeans() 函数进行 K-Means 聚类分析。在做 K-Means 聚类分析之前，需要观察数据的量纲差异及是否存在异常值。若数据量纲差别太大，则需要用 scale() 函数做中心标准化，消除量纲影响。若存在异常值，则需要做预处理，否则会严重影响划分结果。

❑ 使用格式：

```
kmeans(x, centers, iter.max = 10, nstart = 1, algorithm = c("Hartigan-Wong",
"Lloyd", "Forgy", "MacQueen"))
```

其中：x 为聚类分析的数据集；centers 为预设类别数 k；iter.max 为迭代的最大值，默认为 10；nstart 为选择随机起始中心点的次数，其默认值为 1，但取较多的次数可以改善聚类效果；algorithm 为聚类的算法。algorithm 的参数值分别为 Hartigan-Wong 距离算法、Lloyd 距离算法、For-gy 距离算法、MacQueen 距离算法。通常情况下，Hartigan-Wong 距离算法性能优良，为默认算法。

❑ 实例：使用 K-means 聚类分析的餐饮客户价值分析。

部分餐饮客户的消费行为特征数据见表 7-1。根据这些数据将客户分类成不同客户群，并评价这些客户群的价值。

表 7-1 消费行为特征数据

ID	R	F	M
1	37	4	579
2	35	3	616
3	25	10	394
4	52	2	111
5	36	7	521
6	41	5	225
7	56	3	118
8	37	5	793
9	54	2	111
10	5	18	1086

* 数据详见：第 7 章 / 示例程序 /data/consumption_data.csv

采用 K-Means 聚类算法，设定聚类个数 K 为 3，距离函数默认为欧氏距离。

K-Means 聚类算法的 R 语言代码如代码清单 7-1 所示。

代码清单 7-1 K-Means 聚类算法代码

```
##K-Means 聚类
# 设置工作空间
setwd("F:/ 数据及程序 /chapter5/ 示例程序 ")
# 读入数据
Data <-read.csv("./data/consumption_data.csv",header=T)[,2:4]
#K-Means 聚类分析建模，聚类个数为 3
km=kmeans(Data,center=3)
# 查看聚类结果
print(km)
# 聚类后各类数据所占比例
km$size/sum(km$size)
# 将数据按聚类结果分组
Data.cluster <-data.frame(Data,km$cluster)
Data1 <-Data[which(Data.cluster$km.cluster==1),]
Data2 <-Data[which(Data.cluster$km.cluster==2),]
Data3 <-Data[which(Data.cluster$km.cluster==3),]
# 客户分群 "1" 的概率密度函数图
par(mfrow=c(1,3))
plot(density(Data1[,1]),col="red",main="R")
plot(density(Data1[,2]),col="red",main="F")
plot(density(Data1[,3]),col="red",main="M")
# 客户分群 "2" 的概率密度函数图
par(mfrow=c(1,3))
plot(density(Data2[,1]),col="red",main="R")
plot(density(Data2[,2]),col="red",main="F")
plot(density(Data2[,3]),col="red",main="M")
# 客户分群 "3" 的概率密度函数图
par(mfrow=c(1,3))
plot(density(Data3[,1]),col="red",main="R")
plot(density(Data3[,2]),col="red",main="F")
plot(density(Data3[,3]),col="red",main="M")
```

执行 K-Means 聚类算法输出的结果如下。

```
> print(km)
K-means clustering with 3 clusters of sizes 372, 357, 211

Cluster means:
         R           F          M
1  15.41667    7.376344   431.9666
2  18.43978   11.238095  1207.5434
3  16.23223   10.819905  1925.1083

Clustering vector:
   [1] 1 2 1 1 3 1 1 2 1 2 1 1 3 3 3 3 2 2 1 1 1 3 2 1 1 3 3 3 1 3 2 1 1 2 2 1 1
2 3 1 1
  [42] 3 1 2 1 2 2 2 3 3 3 3 3 2 1 2 2 3 2 1 2 2 1 2 3 1 2 2 1 3 1 2 2 1 3 1 2 1
3 3 1 1
```

```
  [83] 2 1 1 2 2 1 1 2 2 1 1 2 2 3 1 1 3 1 1 2 3 2 1 1 1 2 2 1 2 2 3 1 1 1 1 1 2
2 1 3 1
 [124] 1 1 1 1 2 1 2 3 1 1 1 2 2 1 2 3 1 2 2 1 2 1 1 1 1 3 3 3 2 2 2 1 1 3 1 3 2
2 2 1 1
 [165] 1 1 1 2 2 2 2 3 2 3 1 3 1 1 1 1 1 1 2 1 2 1 2 2 2 2 1 2 2 2 2 3 2 3 1 1 1
2 1 2 2
 [206] 3 2 1 2 2 1 1 2 2 1 1 1 2 2 2 3 2 2 1 2 3 2 2 1 1 1 1 3 2 3 1 1 2 2 1 1 2
2 1 1 3
 [247] 1 2 1 1 2 3 3 1 2 2 1 2 3 2 2 2 2 3 3 1 3 1 1 3 2 1 3 2 3 1 3 2 1 3 2 2 2
2 1 3 1
 [288] 2 2 1 2 1 1 1 2 3 1 2 1 3 2 2 1 2 3 2 1 2 2 2 1 2 1 2 1 2 2 2 2 2 2 1 2 3
1 3 1 2
 [329] 2 2 1 3 2 3 1 3 2 1 3 3 1 1 2 2 2 1 1 2 1 3 1 1 1 2 1 2 1 2 2 1 2 1 3 2 2
1 1 2 2
 [370] 1 1 2 2 2 2 1 1 1 2 3 1 1 1 2 1 2 2 2 2 1 1 1 3 3 1 2 2 3 3 2 3 1 2 1 2 1
2 2 3 3
 [411] 1 3 2 2 2 3 2 1 2 2 2 3 1 2 2 1 2 3 2 2 2 1 3 2 2 3 1 2 2 2 3 2 1 2 1 2 1
1 3 1 2
 [452] 1 2 2 2 3 1 2 3 1 1 2 1 1 1 2 3 3 1 2 2 2 1 1 2 3 2 2 3 2 3 3 3 3 1 1 3 2
1 2 1 3
 [493] 1 2 1 1 3 2 2 3 1 3 2 2 1 2 2 3 1 2 3 3 2 3 2 3 1 2 1 2 3 1 2 1 3 3 1 3 1
1 2 1 1
 [534] 3 1 3 1 2 2 2 3 2 3 1 2 3 3 1 1 3 1 1 2 2 2 3 1 2 3 2 3 2 1 3 3 1 1 3 3 2
3 1 1 3
 [575] 2 2 2 1 3 1 2 3 1 1 1 1 1 2 1 1 2 2 1 2 2 1 1 2 1 2 2 1 1 1 3 2 2 1 2 2 1
3 1 1 1
 [616] 1 1 1 2 2 3 1 2 1 1 1 3 2 1 2 2 1 3 1 1 2 2 3 3 1 2 3 2 2 1 1 3 1 2 2 2 2
2 1 1 1
 [657] 1 1 3 2 2 3 1 2 2 2 3 3 3 2 1 2 2 3 3 3 3 2 3 1 2 1 3 1 3 1 1 2 1 2 2 3 2
2 3 2 3
 [698] 3 2 2 2 2 3 1 3 3 1 2 1 1 1 2 1 1 2 1 1 1 2 3 3 3 1 1 1 1 1 3 2 3 1 1 2 2
2 1 1 1
 [739] 1 1 1 3 3 1 1 1 1 2 3 1 1 1 3 2 3 1 2 2 3 2 1 2 2 1 2 2 1 2 3 3 1 3 1 2 1
1 1 2 1
 [780] 2 1 2 3 2 1 1 3 3 1 3 1 2 2 1 3 1 1 1 2 2 2 1 1 3 3 2 2 1 2 2 1 1 1 1 1 1
3 1 2 1
 [821] 1 1 2 1 2 1 1 2 1 1 2 1 2 1 3 1 1 2 2 2 2 3 1 2 3 1 1 3 3 2 1 1 2 1 1 2 3
3 3 3 2
 [862] 2 1 1 3 1 2 2 2 1 2 3 1 1 2 3 3 1 3 1 3 2 1 2 2 1 3 2 2 1 2 3 2 1 2 3 2 1
1 3 1 1
 [903] 3 2 1 3 3 2 1 2 3 2 1 3 3 3 2 1 1 2 2 2 2 1 3 2 2 1 3 2 3 3 3 3 3 2 2 2 2 1

Within cluster sum of squares by cluster:
[1]  19276257  16978548 132279291
   (between_SS / total_SS =  65.0 %)

Available components:

[1] "cluster"      "centers"      "totss"        "withinss"     "tot.withinss"
[6] "betweenss"    "size"         "iter"         "ifault"
```

结果中显示了三个类别所含的样本数（sizes）分别为 372，357，211；各类别的中心点坐标（Cluster means）分别为：（15.41667，7.376344，431.9666），（18.43978，11.238095，1207.5434），(16.23223，10.819905，1925.1083)；从聚类向量 (Clustering vector) 中看到各个样本所属的类的标号；之后给出各类别的组内平方和，分群 3 最高，且组间平方和占总平方和的 65%，该值可用于比较不同类别数取值时的聚类结果，从而找出最优聚类结果，该值越大表明组内差距越小、组间差距越大，聚类效果越好；最后给出了其他结果参数供查看，使用格式如：km$totss，可以查看总平方和。

图 7-1、图 7-2、图 7-3 是 R 语言绘制的不同客户分群的概率密度函数图，通过这些图能直观地比较不同客户群的价值。

由上面的客户分群的概率密度函数图进行分群特点分析如下。

分群 1 特点：R 主要集中在 10 ～ 30 天之间；消费次数集中在 5 ～ 10 次；消费金额在 200 ～ 800。

分群 2 特点：R 分布在 15 ～ 35 天之间；消费次数集中在 5 ～ 25 次；消费金额在 800 ～ 1600。

分群 3 特点：R 分布在 8 ～ 20 天之间；消费次数集中在 8 ～ 20 次；消费金额在 1600 ～ 2000。

对比分析：分群 1 时间间隔中等，消费次数少，而且消费金额较小，是价值较低的客户群体；分群 2 的时间间隔、消费次数和消费金额处于中等水平；分群 3 的时间间隔较短，消费次数和消费金额处于较高水平，是高消费、高价值人群。

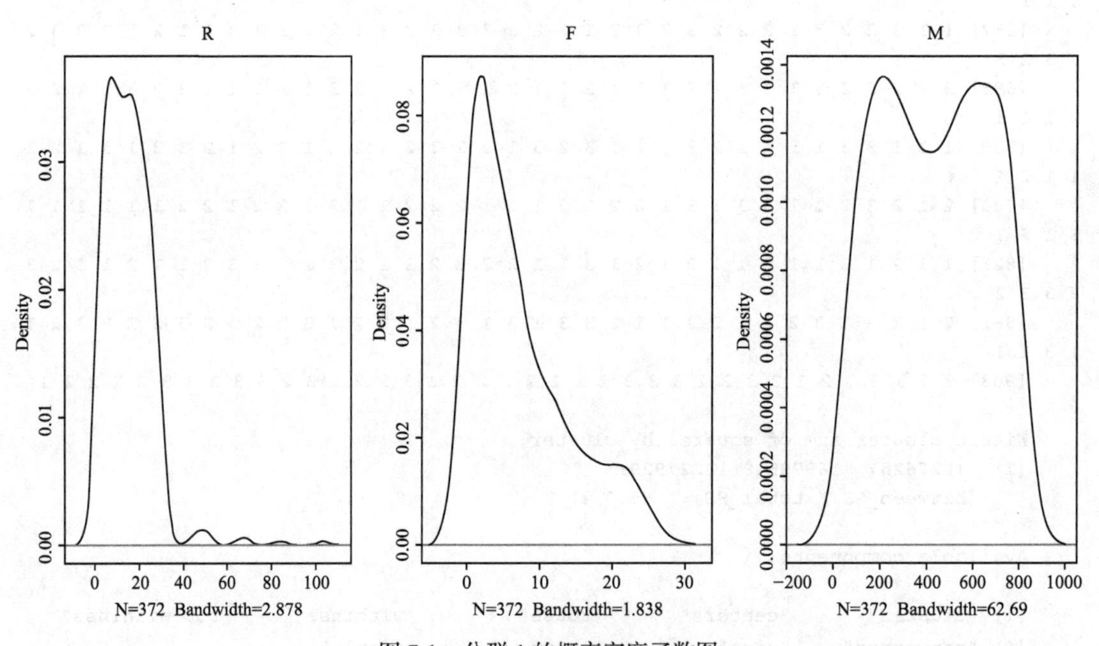

图 7-1 分群 1 的概率密度函数图

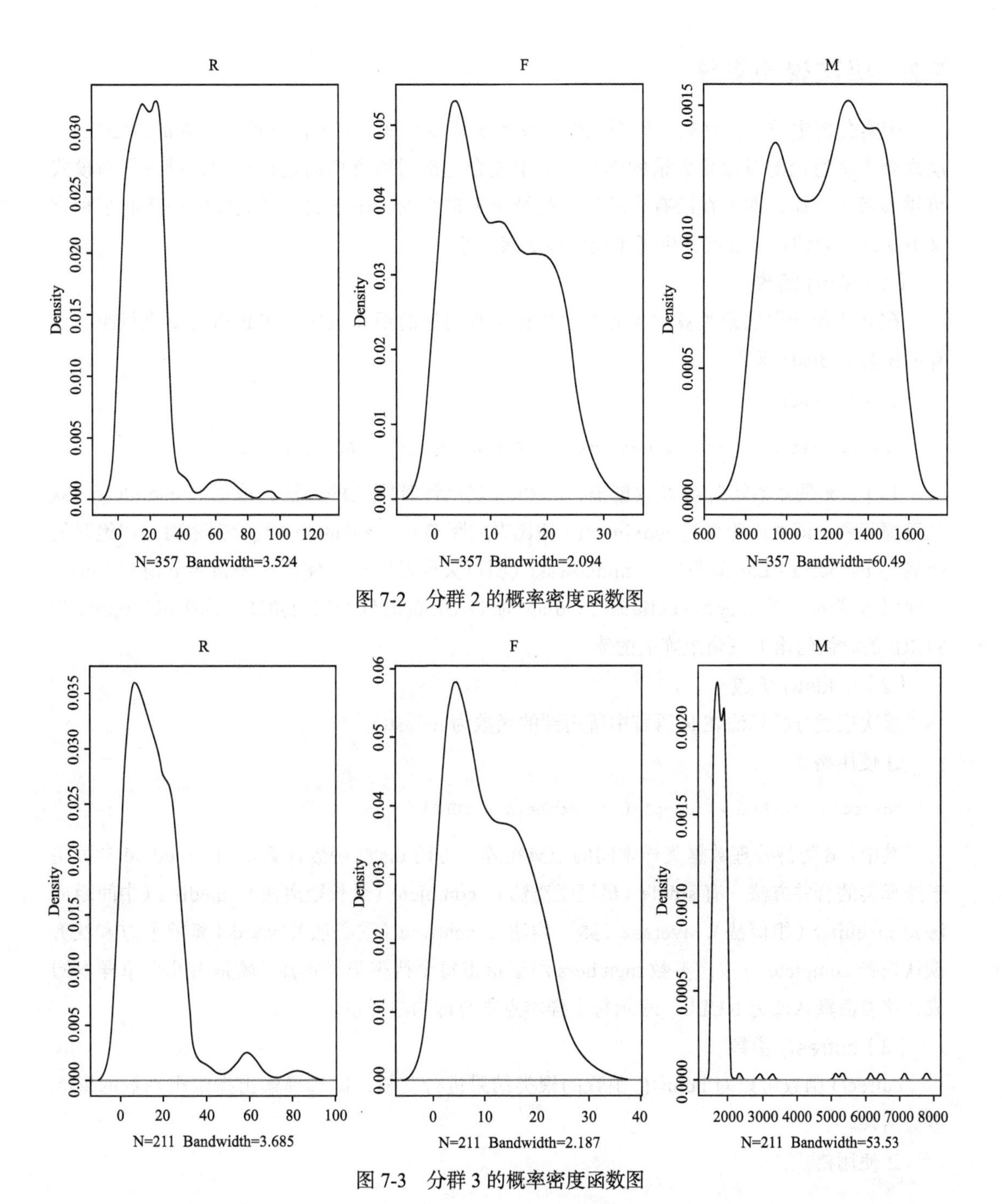

图 7-2 分群 2 的概率密度函数图

图 7-3 分群 3 的概率密度函数图

7.2 层次聚类算法

聚类分析中的层次聚类又称系统聚类或系谱聚类，是目前国内外使用最多的方法之一。层次聚类法讨论的对象是大量的样品，要求能合理地对所有样品进行分类，没有任何模式可供参考或依循，即是在没有先验知识的情况下进行的。由于类与类之间的距离有多种定义方法，不同的定义法就产生了不同的层次聚类法。

（1）dist() 函数

在 R 中使用层次聚类算法首先要生成样本数据集的距离矩阵，在 R 语言里进行距离计算的函数为 dist() 函数。

❑ 使用格式：

```
dist(x, method = "euclidean",diag = FALSE, upper = FALSE, p = 2)
```

其中：x 是样本矩阵或者数据框；method 表示计算距离的方法，取值有 euclidean（欧几里德距离，即欧氏距离）、maximum（切比雪夫距离）、manhattan（曼哈顿距离，即绝对值距离）、canberra（Lance 距离）、minkowski（明可夫斯基距离，使用时要指定 p 值）、binary（定性变量距离，默认选择 euclidean）；diag 为 TRUE 的时候给出对角线上的距离；upper 为 TURE 的时候给出上三角矩阵上的值。

（2）hclust() 函数

层次聚类分析算法在 R 语言中所用到的函数为 hclust()。

❑ 使用格式：

```
hclust(d, method = "complete", members = NULL)
```

其中：d 为待处理数据集样本间的距离矩阵，可用 dist() 函数计算得到；method 参数用于选择类的合并方法，有 single（最短距离法）、complete（最长距离法）、median（中间距离法）、mcquitty（相似法）、average（类平均法）、centroid（重心法）、ward（离差平方和法），默认选择 complete 方法；参数 members 用于指出每个待聚类样本点 / 簇是由几个单样本构成，该参数默认值为 NULL，表示每个样本点本身即为单样本。

（3）cutree() 函数

cutree() 函数可以对 hclust() 函数的聚类结果进行剪枝，即选择输出指定类别数的层次聚类结果。

❑ 使用格式：

```
cutree(tree, k = NULL, h = NULL)
```

其中，tree 为 hclust() 的聚类结果；参数 k 与 h 用于控制选择输出的结果。

（4）rect.hclust() 函数

函数 rect.hclust() 可以在 plot() 函数形成的聚类树中将指定类别中的样本分支用矩形框表示出来，有助于直观分析聚类结果。

❑ 使用格式：

```
rect.hclust(tree, k = NULL, which = NULL, x = NULL, h = NULL, border = 2, cluster =
NULL)
```

其中：tree 为 hclust() 函数的聚类结果；参数 k 与 h 用于控制聚类剪枝的结果；which 用于选择标记聚类树中剪枝后（由左至右的顺序）的类，为数值型向量；border 参数用于控制矩形框的边框颜色。

❑ 实例：对 R 中的示例数据集 USArrests 进行等距抽样，并使用不同参数设置进行层次聚类，对聚类结果进行剪枝及绘制聚类树，代码见代码清单 7-2。

代码清单 7-2　hclust 层次聚类算法代码

```
## 层次聚类
# 生成等差序列
n<-seq(1,50,by=4)
# 对示例数据集 USArrests 进行等差抽样
(x<-USArrests[n,])
# 聚类的合并方法为 "complete"
hc1=hclust(dist(x),        method = "complete")
# 将数据中心标准化后聚类
hc2=hclust(dist(scale(x)),  method = "complete")
# 聚类的合并方法为 "ave"
hc3=hclust(dist(x),        method = "ave")
# 查看聚类结果
print(hc1);print(hc2);print(hc3)
## 对聚类结果进行剪枝
# 利用剪枝函数 cutree() 中的参数 k 控制输出聚类结果
cutree(hc1,k=4)
cutree(hc2,k=4)
cutree(hc3,k=4)
# 利用剪枝函数 cutree() 中的参数 H 控制输出聚类结果
cutree(hc1,h=50)
cutree(hc2,h=2)
cutree(hc3,h=50)
## 绘制聚类树，并使用 rect.hclust() 在聚类树中查看聚类结果
# 分别绘制聚类树
plot(hc1)
plot(hc2)
plot(hc3)
# 用矩形框出 4 个分类的聚类结果*
rect.hclust(hc3,k=4,border = "red")
```

```
#用深灰色矩形框出高度指标为100时的聚类结果
rect.hclust(hc3,h = 100,border = "dark grey")
```

*4个分类的聚类结果见图7-6。

绘制出的聚类树见图7-4、图7-5、图7-6。

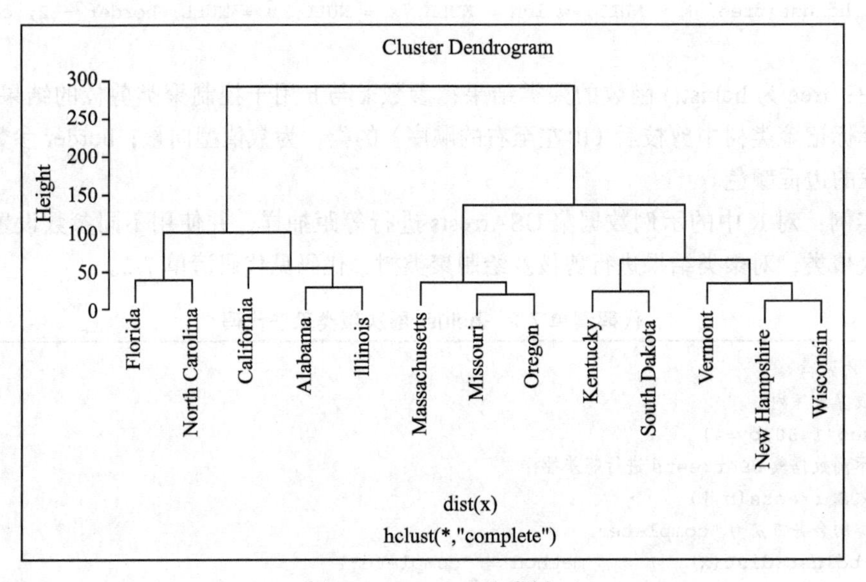

图7-4 complete 聚类树

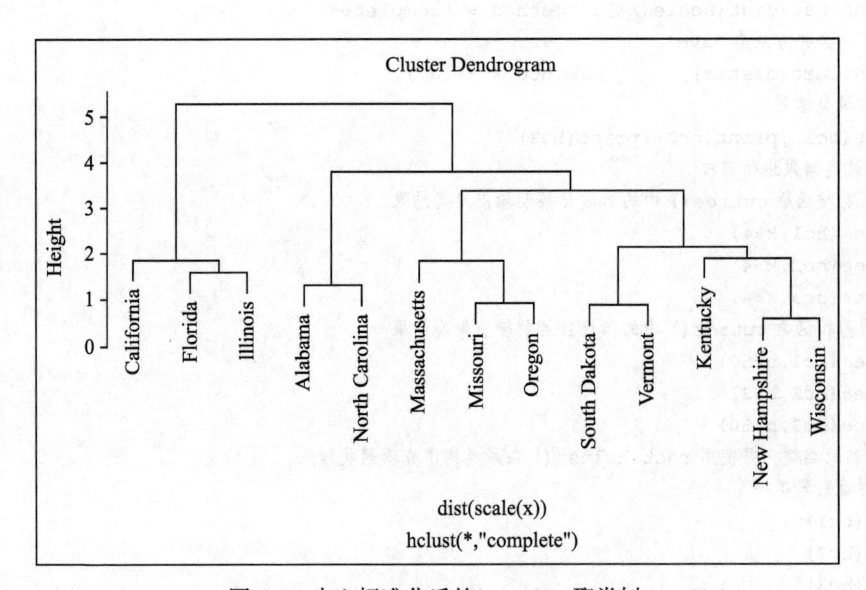

图7-5 中心标准化后的 complete 聚类树

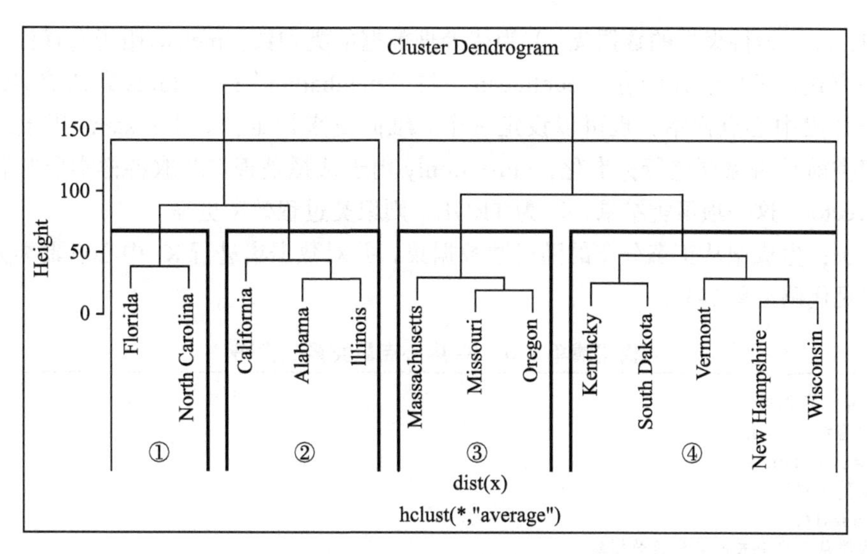

图 7-6 average 聚类树

从图中可以看出，在聚类树的最下端，每个样本独自为一类，越往上，一条分支里的样本越多，直至所有的样本聚为一类。中心标准化后的数据所生成的聚类树与不作量纲处理的数据所生成的聚类树有明显区别，说明量纲对层次聚类法的结果有很大的影响。不同的类距离定义所生成的聚类树也会不同。

7.3 其他聚类分析函数

聚类分析算法发展至今，已经发展出了多种多样的算法。按照聚类分析的计算方法大致可分为如下几种：划分法、层次法、密度算法、图论聚类法、网格算法、模型算法。

R 语言里面实现的聚类分析算法除了之前介绍过的两种，还包括：K- 中心点聚类、密度聚类以及 EM 聚类，其主要相关函数如表 7-2 所示。

表 7-2 聚类主要函数列表

函数名	函数功能	软件包
pam()	构建一个 K- 中心点聚类模型	cluster
dbscan()	构建一个密度聚类模型	fpc
Mclust()	构建一个 EM 聚类模型	mclust

(1) pam() 函数

- 功能：构建一个 K- 中心点聚类模型。
- 使用格式：

```
pam(data, k, diss = inherits(x, "dist"), metric = "euclidean",medoids = NULL,
    stand = FALSE, cluster.only = FALSE,…)
```

其中：data 为待聚类的数据集；k 为待处理数据的类别数；metric 用于选择样本点间距离测算的方式，可供选择的有“euclidean”与“manhattan”；medoids 默认取 NULL，即由软件选择出中心点样本，也可以设定一个 k 维向量来指定初始点；stand 用于选择对数据进行聚类前是否需要进行标准化；cluster.only 用于选择是否仅获取各样本所归属的类别（Cluster vector）这一项聚类结果，若为 TRUE，则聚类过程效率更高。

- 实例：生成服从正态分布的随机数数据集，并对数据集进行 K- 中心点聚类分析，代码见代码清单 7-3。

代码清单 7-3 K- 中心点聚类算法代码

```
##K- 中心点聚类
# 加载函数包 cluster
library(cluster)
# 设置随机种子
set.seed(0)
# 生成服从正态分布的随机数数据集
x <- rbind(cbind(rnorm(10,0,0.5), rnorm(10,0,0.5)),
           cbind(rnorm(15,5,0.5), rnorm(15,5,0.5)))
#K- 中心点聚类
pamx <- pam(x, 2)                                    # 聚为 2 类
# 查看聚类结果
print(pamx)
# 绘制聚类结果
plot(pamx)
```

R 语言绘制出的聚类概率分布图及结果如图 7-7、图 7-8 所示。

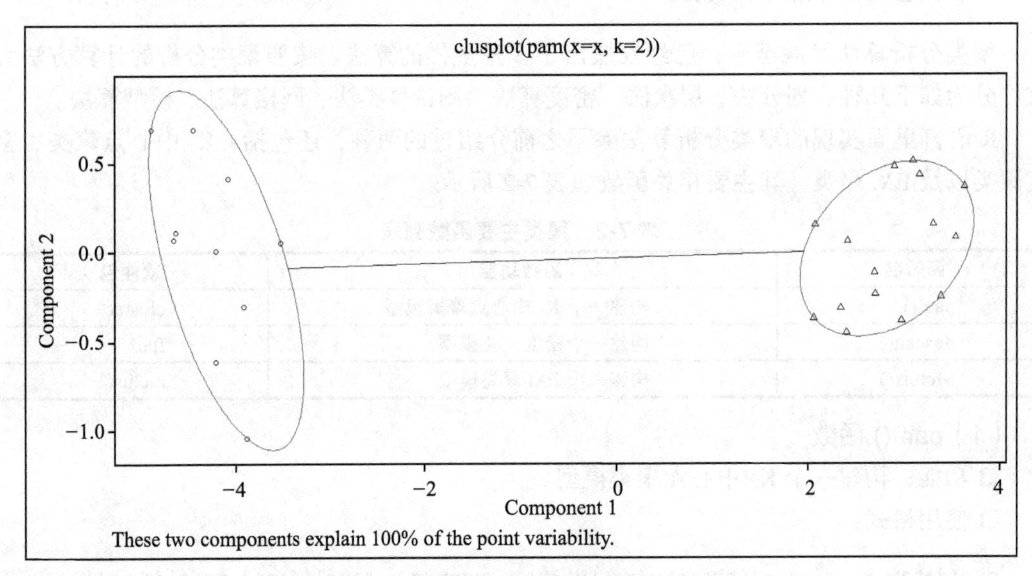

图 7-7 聚类概率分布图

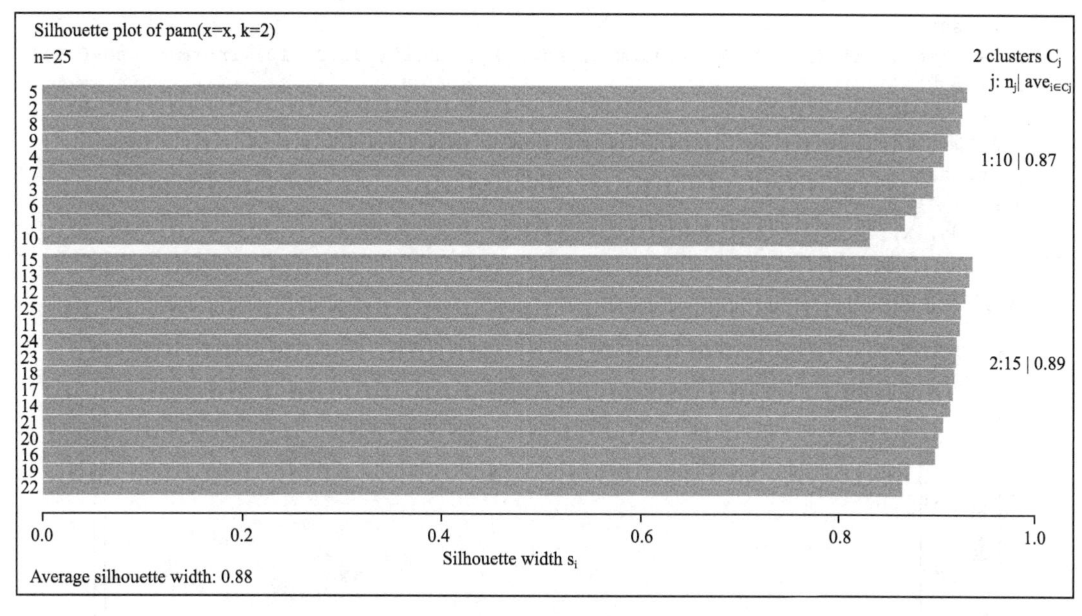

图 7-8 聚类结果

(2) dbscan() 函数

❑ 功能：构建一个密度聚类模型。

❑ 使用格式：

```
dbscan(data, eps, MinPts = 5, scale = FALSE, method = c("hybrid", "raw","dist"),
    seeds = TRUE, showplot = FALSE, countmode = NULL)
```

其中：data 为待聚类的数据集；eps 为考察每一样本点是否满足密度要求时，所划定考察领域的半径；MinPts 为密度阈值；scale 用于选择是否在聚类前先对数据进行标准化；method 参数用于选择认定的 data 数据集的形式，“hybrid”表示 data 为距离矩阵，“raw”表示 data 为原始数据集，且不计算其距离矩阵，“dist”也将 data 视为原始数据集，但计算局部聚类矩阵；showplot 用于选择是否输出聚类结果示意图，取值为 0、1、2，分别表示不绘图、每次迭代都绘图、仅对子迭代过程绘图。

❑ 实例：生成服从均匀分布，误差项服从正态分布的随机数数据集，并用密度聚类算法对数据集进行聚类，代码见代码清单 7-4。

代码清单 7-4 密度聚类算法代码

```
## 密度聚类
# 加载函数 fpc 包
library(fpc)
# 设置随机种子
set.seed(665544)
# 示例数据
```

```
n <- 600
x <- cbind(runif(10, 0, 10)+rnorm(n, sd=0.2), runif(10, 0, 10)+rnorm(n, sd=0.2))
# 密度聚类
ds <- dbscan(x, 0.2)
# 查看聚类结果
print(ds)
# 绘制聚类结果
plot(ds, x)
```

聚类结果如图 7-9 所示。

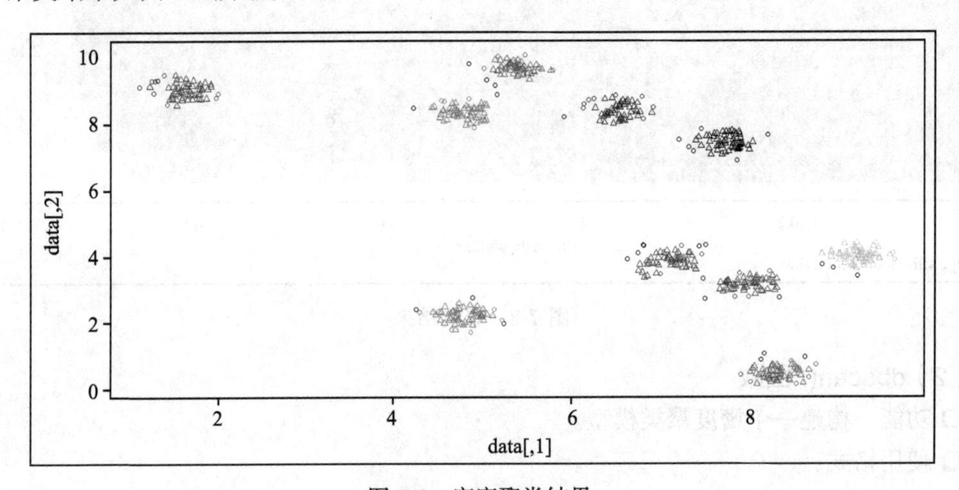

图 7-9 密度聚类结果

从图 7-9 中可以看出，不同的类被很好地区别开来，没有错误聚在一起的类。如果对聚类结果不满意，可以通过调整 eps 和 MinPts 参数来对模型进行调优。

（3）Mclust() 函数

❑ 功能：构建一个 EM 聚类模型。

❑ 使用格式：

```
Mclust(data,G,modelNames,prior,control,...)
```

其中：data 为待聚类的数据集；G 为预设类别数，默认值为 1 至 9，由软件根据 BIC 值选择最优值；modelNames 用于设定模型类别，也由函数自动选取最优值。

❑ 实例：生成带有噪声的服从均匀分布的示例数据，并对数据作 EM 聚类分析，代码见代码清单 7-5。

代码清单 7-5 EM 聚类算法代码

```
##EM 聚类
# 加载函数包 mclust
library(mclust)
nNoise = 100
```

```
set.seed(0)                                              # 设置随机种子
# 生成示例数据
Noise = apply(faithful, 2, function(x)
    runif(nNoise, min = min(x)-.1, max = max(x)+.1))
data = rbind(faithful, Noise)
# 绘制示例数据散点图
plot(faithful)
points(Noise, pch = 20, cex = 0.5)
#EM 聚类
set.seed(0)
NoiseInit = sample(c(TRUE,FALSE), size = nrow(faithful)+nNoise,
                   replace = TRUE, prob = c(3,1)/4)
mod5 = Mclust(data, initialization = list(noise = NoiseInit))
# 查看模型建模结果
summary(mod5, parameter = TRUE)
# 绘制聚类结果的概率分布图
plot(mod5, what = "classification")
```

聚类结果如图 7-10 所示。

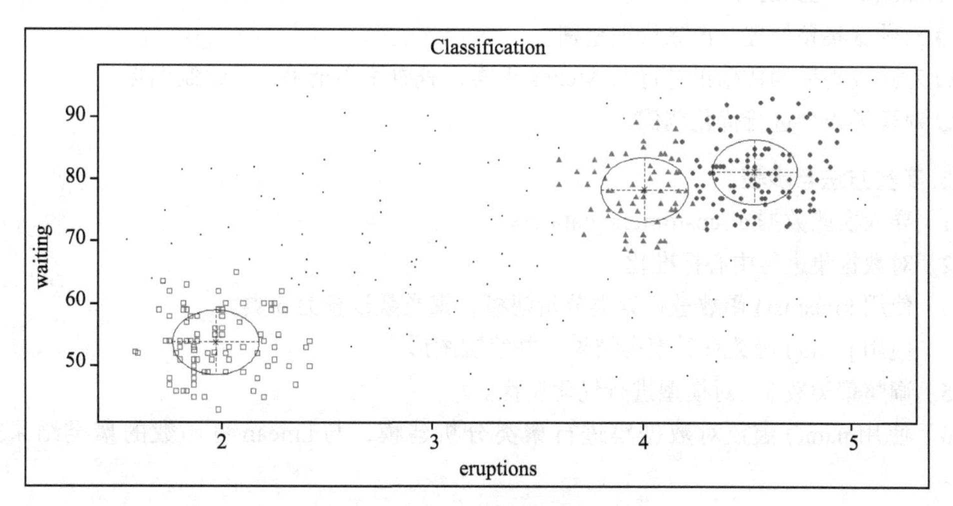

图 7-10　EM 聚类结果概率分布图

从图 7-10 中可以看出算法避开了噪声的影响，将数据集聚成了三类。

7.4　小结

本章主要介绍了聚类分析算法中比较具有代表性的五种算法及在 R 中的实现过程，包括最广泛使用的 K-Means 聚类分析算法、目前国内外使用较多的层次（系统）聚类法以及另外三种比较主流的聚类算法：K- 中心点聚类（K-Medoids）、密度聚类（DBSCAN）、期望最大化聚类（EM）。第一节主要通过一个示例介绍了 R 里面 kmeans() 函数的使用方法和聚类结果的解释，并提及了如何优化模型的方法。第二节主要介绍了层次聚类在 R 里面所需要用到的函数：dist() 函数用于生成样本的距离矩阵，hclust() 函数为层次聚类的主要函数，cutree() 函数对生成的聚类树进行剪枝，rect.hclust() 函数在聚类树用矩形框标记出聚类结果。第三节主要介绍了 R 里面的 pam() 函数、dbscan() 函数、Mclust() 函数的使用方法并绘制图形展示了其建模结果。

7.5 上机实验

1. 实验目的

掌握 R 语言的使用 K-Means 函数进行聚类分析建模的过程。

2. 实验内容

依据本章介绍的 kmeans() 函数的使用方法，对航空客户数据进行聚类价值分析，数据见 aircustomers_data.csv。

- ❑ 对数据集预处理，消除量纲差别。
- ❑ 对预处理后的数据集进行 K-Means 聚类，查看聚类结果，并绘制图形。
- ❑ 对聚类模型进行优化调优。

3. 实验方法与步骤

1）导入实验数据 aircustomers_data.csv。

2）对数据集进行中心标准化。

3）使用 kmeans() 函数进行聚类分析建模，聚类数设置为 5 类。

4）使用 print() 函数查看聚类结果，并绘制图形。

5）调整聚类数 k，对模型进行优化调优。

6）使用 pam() 函数对数据集进行聚类分析建模，与 kmeans() 函数的聚类结果进行对比。

4. 思考与实验总结

1）不同聚类算法的区别和优势有哪些？

2）如何对比聚类结果？

第 8 章 Chapter 8

关联规则

关联规则反映一个事物与其他事物之间的关联性，关联规则分析则是从事务数据库、关系数据库和其他信息存储中的大量数据的项集之间发现有趣的、频繁出现的模式、关联和相关性。更确切地说，关联规则通过量化的数字描述物品甲的出现对物品乙的出现有多大的影响。它的模式属于描述型模式，发现关联规则的算法属于无监督学习的方法。关联规则分析也是数据挖掘中最活跃的研究方法之一，广泛运用于购物篮数据、生物信息学、医疗诊断、网页挖掘和科学数据分析中。

目前，常用的关联规则分析算法如表 8-1 所示。

表 8-1　常用关联规则算法

算法名称	算法描述
Apriori	关联规则最常用也是最经典的挖掘频繁项集的算法，其核心思想是通过连接产生候选项及其支持度，然后通过剪枝生成频繁项集
Eclat 算法	Eclat 算法是一种深度优先算法，采用垂直数据表示形式，在概念格理论的基础上利用基于前缀的等价关系将搜索空间划分为较小的子空间
FP-Tree	FP-Tree 针对 Apriori 算法固有的多次扫面事务数据集的缺陷，提出的不产生候选频繁项集的方法。Apriori 和 FP-Tree 都是寻找频繁项集的算法
灰色关联法	分析和确定各因素之间的影响程度或是若干个子因素（子序列）对主因素（母序列）的贡献度而进行的一种分析方法

目前在 R 语言中，可以用于关联分析的程序包主要包括 arules 和 arulesViz，利用程序包中的相关函数可以实现的关联规则算法包括 Apriori 算法、Eclat 算法和 weclat 算法。本章重点介绍 Apriori 算法的 R 语言实现。

8.1 Apriori 关联规则

1. 基本概念

（1）事务和项集

在关联规则所使用的数据中，把一个样本称为一个“事务”（Transaction）；每个事务由多个属性来确定，这里的属性称为“项”（Item），多个项组成的集合称为“项集”（Itemset）；根据项集中的包含项的数量，项集可以是 1- 项集，2- 项集或者 k- 项集，若 k- 项集满足人为设定的最小支持度，即称之频繁 K- 项集。

用 X 表示一个项或者项集，Y 表示与 X 没有交的另一个项或项集，那么记号 $X \to Y$ 表示 X 和 Y 同时出现一个规则（rule）。在 $X \to Y$ 中，称 X 为前项（也称为条件项或左项），而 Y 称为后项（也称为结果项或右项）。

（2）支持度、置信度和提升度

1）支持度（Support）

- ❑ 概念：表示项集 $\{X, Y\}$ 在总项集 I 里出现的概率。
- ❑ 公式：$Support(X \to Y) = \dfrac{P(X,Y)}{P(I)} = \dfrac{P(X \cup Y)}{P(I)} = \dfrac{num(X \cup Y)}{num(I)}$

其中，$num()$ 表示求事务集里特定项集出现的次数。比如，$num(I)$ 表示总事务集的个数，$num\ (X \cup Y)$ 表示含有 $\{X, Y\}$ 的事务集的个数。

2）置信度（Confidence）

- ❑ 概念：表示在先决条件 X 发生的情况下，由关联规则“$X \to Y$”推出 Y 的概率。即在含有 X 的项集中，含有 Y 的可能性。
- ❑ 公式：$Confidence(X \to Y) = P(Y|X) = \dfrac{P(X,Y)}{P(X)} = \dfrac{P(X \cup Y)}{P(X)}$

3）提升度（Lift）

- ❑ 概念：表示含有 X 的条件下，同时含有 Y 的概率，与 Y 总体发生的概率之比。
- ❑ 公式：$Lift(X \to Y) = \dfrac{P(Y|X)}{P(Y)}$

2. R 语言实现

在 R 语言中，Apriori 关联规则算法是借助 arules 中的一系列函数来实现的，而另一个包 arulesViz 则可以实现关联规则的可视化。关联规则分析主要包括对频繁数据集的探索、建立关联规则和关联规则查看和分析。在 arules 中，建立关联规则有三种方法，分别为 apriori 算法、eclat 算法和 weclat 算法。各算法的函数实现如表 8-2 所示。

表 8-2 arules 包中的关联规则函数

算法	实现函数	关联规则形式
apriori	apriori(data, parameter=NULL, appearance=NULL, control=NULL)	{ Item1,⋯ } => { Item1 ,⋯ }

（续）

算法	实现函数	关联规则形式
eclat	eclat(data, parameter = NULL, control = NULL)	{ Item1,Item2,⋯ }
weclat	weclat(data, parameter = NULL, control = NULL)	{ Item1,Item2,⋯ }

这三个函数的使用格式很类似，主要区别在于内部算法和关联规则输出形式不同，同时 eclat() 和 weclat() 较 apriori() 少了一个参数 appearance。parameter 不能设置置信度 confidence 的值。apriori() 函数的格式如下所示：

```
apriori(data, parameter=NULL, appearance=NULL, control=NULL)
```

其中，data 为用于进行关联分析的数据集。关联分析的数据应当符合一定的数据格式，即 class(data)="transactions"。若数据格式不满足条件，可以通过 as（data，" transactions"）语句将数据格式转换为合适的格式再进行关联分析。

❑ 实例：列表和数据框转换为 transactions 格式，代码见代码清单 8-1。

代码清单 8-1 列表和数据框转换代码

```
##transactions 格式的转换
## 列表转换 transactions
> a_list <- list( c("a","b","c"), c("a","b"), c("a","b","d"),c("c","e"),c("a","b
    ","d","e"))
> names(a_list) <- paste("Tr",c(1:5), sep = "") # 列表重命名
> trans <- as(a_list, "transactions")            # 将列表转换为 transactions
> inspect(trans)                                 # 检查是否转换成功
          items        transactionID
  1      {a,b,c}           Tr1
  2       {a,b}            Tr2
  3      {a,b,d}           Tr3
  4       {c,e}            Tr
  5      {a,b,d,e}         Tr5
## 数据框转换 transactions
> a_df  <-  data.frame(age  =  as.factor(c(6,8,7,6,9,5)),grade  =  as.factor
    (c(1,3,1,1,4,1)))
> trans2 <- as(a_df, "transactions")             # 将数据框转换为 transactions
> inspect(trans2)                                # 检查是否转换成功
              items        transactionID
         {age=6,grade=1}        1
2        {age=8,grade=3}        2
3        {age=7,grade=1}        3
4        {age=6,grade=1}        4
5        {age=9,grade=4}        5
6        {age=5,grade=1}        6
```

parameter 用于设置关联规则的参数，如支持度和置信度等参数。默认情况下，parameter= list（support=0.1，confidence=0.8，maxlen=10，minlen=1，target="rules"）。常用的参数说

明见表 8-3。parameter 其他的参数说明可在帮助文档 ASparameter-classes 中查看。

表 8-3 parameter 常用参数说明

参数	说明
support	一个项集的最小支持度，默认 0.1，可简写为 supp
minlen	每项集最小项目数，默认 1
maxlen	每项集最大项目数，默认 10
target	用于指定挖掘关联的类型，选项包括："frequent itemsets"、"maximally frequent itemsets"、"closed frequent itemsets"、"rules"、"hyperedgesets"，默认 "rules"
confidence	一个项集的最小置信度，默认 0.8，可简写为 conf。对于 "frequent itemsets"，置信度为 NA
ext	表示是否生成关于 quality measures（比如：lhs.support）的额外信息。默认为 FALSE

appearance 参数用于指定 items 项在规则中出现的位置。appearance 参数的命名列表包含如下元素：lhs、rhs、both、items、none、default。lhs、rhs、both 分别表示 items 出现在规则的前项、后项、前项或后项。none 指定不能出现在 rule 规则或 itemset 项集中的 items 项。default 指定列表中其他元素没有提及的 items 项出现的位置，可以是"both"、"lhs"、"rhs"和" none" 中的一个，默认项是" both"。

arules 中的数据集 Groceries 中包含了某超市某段时间内的销售交易记录，每一行数据记录一个交易，每个交易中记录了当次交易的商品名称。对数据集 Groceries 进行关联分析的目的在于发现超市销售数据库中不同的商品之间的关联关系，这种关联关系实质上是顾客的购物习惯的反映，商家可以利用这种关系制定营销策略。下面将以 Groceries 为数据集，展示关联分析函数的用法。

❑ 实例：对 Groceries 进行关联规则分析，代码见代码清单 8-2。

代码清单 8-2 关联规则分析代码

```
## 关联规则分析
>library(arules)                                  # 加载程序包 arules
> data("Groceries")                               # 提取数据集 Groceries
# 数据集相关的统计汇总信息，包括事务和项集的汇总情况
> summary(Groceries)
transactions as itemMatrix in sparse format with
   9835 rows (elements/itemsets/transactions) and
   169 columns (items) and a density of 0.02609146

most frequent items:
   whole milk   other vegetales    rolls/buns    soda     yogurt      (Other)
   2513               1903              1809     1715      1372        34055

element (itemset/transaction) length distribution:
sizes
    1     2     3     4     5     6     7     8     9    10    11    12
 2159  1643  1299  1005   855   645   545   438   350   246   182   117
   13    14    15    16    17    18    19    20    21    22    23    24
```

```
    78      77      55      46      29      14      14      9       11      4       6       1
    26      27      28      29      32
    1       1       1       3       1

     Min.     1st Qu.     Median      Mean     3rd Qu.      Max.
    1.000      2.000       3.000      4.409     6.000      32.000

includes extended item information - examples:
       labels  level2          level1
1 frankfurter sausage meet and sausage
2     sausage sausage meet and sausage
3  liver loaf sausage meet and sausage

#建立关联规则rules，设定支持度最小值为0.001，置信度最小值为0.5
> rules=apriori(Groceries,parameter = list(support=0.001,confidence=0.5));
Apriori

Parameter specification:
confidence   minval  smax  arem   aval   original Support  support  minlen  maxlen
   0.5        0.1     1   none   FALSE            TRUE       0.001      1      10
target       ext
rules       FALSE

Algorithmic control:
    filter   tree    heap    memopt    load    sort    verbose
    0.1      TRUE    TRUE    FALSE     TRUE     2       TRUE

Absolute minimum support count: 9

set item appearances ...[0 item(s)] done [0.00s].
set transactions ...[169 item(s), 9835 transaction(s)] done [0.01s].
sorting and recoding items ... [157 item(s)] done [0.00s].
creating transaction tree ... done [0.01s].
checking subsets of size 1 2 3 4 5 6 done [0.03s].
writing ... [5668 rule(s)] done [0.00s].
creating S4 object  ... done [0.01s].
```

summary结果解释如下。

第一段：总共有9835条交易记录transaction，169个商品item。

第二段：最频繁出现的商品item及其出现的次数。

第三段：每笔交易包含的商品数目及其对应的五个分位数和均值的统计信息。如：2159条交易仅包含了一个商品，1643条交易购买了两件商品，一条交易购买了32件商品。

第四段：最大最小值、均值和分位数的统计信息。第一分位数是2，意味着25%的交易包含不超过两个item。中位数是3表明50%的交易购买的商品不超过3件。均值4.4表示所有的交易平均购买4.4件商品。

第五段：如果数据集包含除了Transaction Id和Item之外的其他的列（如发生交易的时

间、用户 ID 等），会显示在这里。这个例子其实没有新的列，labels 就是 item 的名字。

使用 apriori 建模时，默认输出进度报告，Parameter specification 和 Algorithmic control 分别为 apriori 函数中 parameter 和 control 的参数设置。如不需要输出进度报告，可在建模前将 control 中的 verbose 参数改为 FALSE。

❑ 实例：使用 summary 函数查看规则的汇总信息代码见代码清单 8-3。

代码清单 8-3 查看规则的汇总信息代码

```
#查看规则的汇总信息
> summary(rules)
set of 5668 rules

rule  length  distribution  (lhs + rhs):  sizes
   2     3         4              5          6
  11  1461      3211            939         46

  Min.  1st Qu.  Median      Mean      3rd Qu.  Max.
  2.00  3.00     4.00        3.92      4.00     6.00

summary of quality measures:
          supor           confidence          lift
  Min.   : 0.001017  Min.   : 0.5000  Min.   : 1.957
  1st Qu.: 0.001118  1st Qu.: 0.5455  1st Qu.: 2.464
  Median : 0.001322  Median : 0.6000  Median : 2.899
  Mean   : 0.001668  Mean   : 0.6250  Mean   : 3.262
  3rd Qu.: 0.001729  3rd Qu.: 0.6842  3rd Qu.: 3.691
  Max.   : 0.022267  Max.   : 1.0000  Max.   : 18.996

mining info:
  data       ntransactions  support  confidence
  Groceries       9835       0.001      0.5
```

summary 结果解释如下。

第一段：规则的长度分布。如上例，len=2 有 11 条规则，len=3 有 1461 条规则，len=4 有 3211 条规则。

第二段：最大值最小值、均值和分位数的统计信息。

第三段：quality measure 的统计信息。

第四段：挖掘的相关信息。

其他用于 Apriori 关联规则分析的关联函数见表 8-4。

表 8-4 关联规则分析的关联函数

函数	描述	程序包
itemFrequency()	计算各个项集出现的频率（支持度）	arules

（续）

函数	描述	程序包
itemFrequencyPlot ()	绘制稀疏矩阵图（支持度频率图）	arules
inspect()	查看关联规则	arules
quality	提取规则中支持度、置信度、提升度等信息	arules
interestMeasure()	计算规则的各种附加信息	arules
sort()	关联规则排序	arules
subset()	提取符合一定条件的关联规则	arules
plot()	实现关联规则可视化	arulesViz

下面将根据数据集 Groceries 以及前面实例建立起来的关联规则 rules，对表 8-4 中的函数的用法进行详细的介绍。

（1）itemFrequency() 函数

❑ 功能：计算各个项集的出现频率（支持度）。

❑ 使用格式：

```
itemFrequency(data,[seq] )
```

其中，data 即为用于进行关联分析的数据集；seq 是一个序列，可以是数列也可以是项集的具体名称，用于限定所要查看的项集的数目。

❑ 实例：查看 Groceries 中商品的支持度（销售占比），代码见代码清单 8-4。

代码清单 8-4 查看商品支持度代码

```
## 查看 Groceries 中商品的支持度
# Groceries 数据中前 3 件商品的支持度
> itemFrequency(Groceries[,1:3])
frankfurter    sausage     liver loaf
0.058973055  0.093950178  0.005083884
# Groceries 数据中商品 whole milk、other vegetables 的支持度
> itemFrequency(Groceries[,c("whole milk","other vegetables")])
        whole milk       other vegetables
         0.2555160         0.1934926
```

（2）itemFrequencyPlot () 函数

❑ 使用格式：

```
itemFrequencyPlot(data,support,topN)
```

其中：data 为用于进行关联分析的数据集；support 限定支持度的大小，大于该支持度的项集才会出现在支持度频率图中，该值默认为 0.1；topN 等于一个数值，表示只作出支持度最大的前 topN 个项集的支持度频率图。

❑ 实例：对数据集 Groceries 中的项集作支持度频率图代码见代码清单 8-5。

代码清单 8-5 输出支持度频率图代码

```
## 输出支持度频率图
# 输出支持度 support 大于 0.1 的项集的支持度频率图
> itemFrequencyPlot(Groceries,support=0.1)
# 输出支持度 support 最大的前 20 个项集的支持度频率图
> itemFrequencyPlot(Groceries ,topN=20)
```

代码运行结果如图 8-1 和图 8-2 所示。

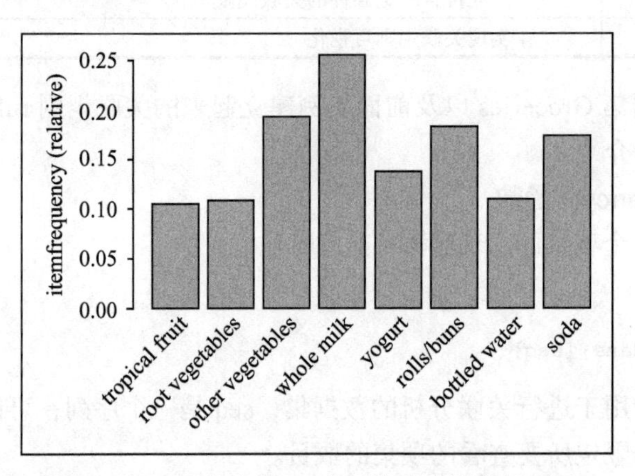

图 8-1 support 大于 0.1 的项集的支持度频率图

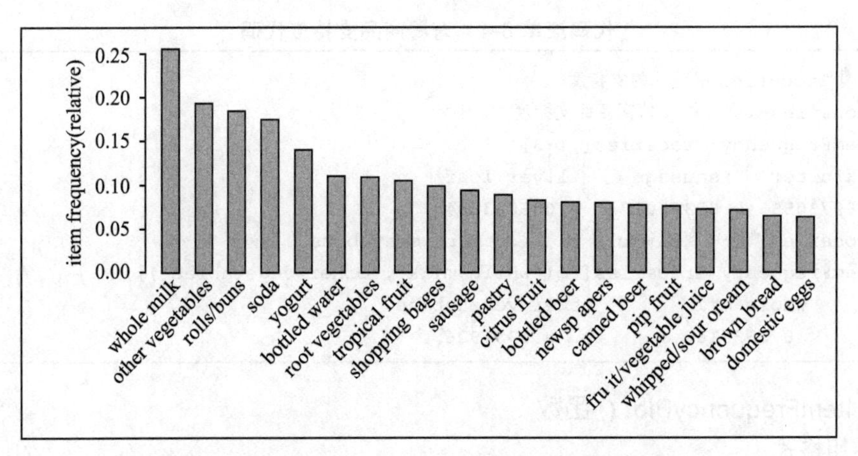

图 8-2 support 最大的前 20 个项集的支持度频率图

(3) inspect() 函数

- 功能：查看关联规则。
- 使用格式：

```
inspect(rules [seq])
```

其中，rules 为关联分析得到的规则，seq 是一个数列，用于限定所要查看的项集的数目。inspect() 函数经常和 sort () 函数以及 subset() 函数一起使用，使用格式为 inspect(sort()) 和 inspect (subset())，具体实例详见 sort () 函数和 subset() 函数的实例。同时，inspect() 函数也用于查看关联数据。

❑ 实例：查看关联规则 rules 中的前五项，代码见代码清单 8-6。

代码清单 8-6　查看数据和规则代码

```
## 查看数据和规则
# 查看关联数据 Groceries 的前五项
> inspect(Groceries[1:5])
    items
1 {citrus fruit,
        semi-finished bread,
        margarine,
        ready soups}
2 {tropical fruit,
        yogurt,
        coffee}
3 {whole milk}
4 {pip fruit,
        yogurt,
        cream cheese ,
        meat spreads}
5 {other vegetables,
        whole milk,
        condensed milk,
        long life bakery product}
# 查看前五项关联规则
> inspect(rules[1:5])
    lhs                       rhs          support     confidence   lift
1 {honey}                  => {whole milk} 0.001118454  0.7333333   2.870009
2 {tidbits}                => {rolls/buns} 0.001220132  0.5217391   2.836542
3 {cocoa drinks}           => {whole milk} 0.001321810  0.5909091   2.312611
4 {pudding powder}         => {whole milk} 0.001321810  0.5652174   2.212062
5 {cooking chocolate}      => {whole milk} 0.001321810  0.5200000   2.035097
```

（4）quality() 函数

❑ 功能：提取规则中支持度、置信度、提升度等信息。

❑ 使用格式：

```
quality(rules)
```

（5）interestMeasure() 函数

❑ 功能：计算规则的各项附加信息。

❑ 使用格式：

```
interestMeasure(rules, measure, transactions = NULL)
```

measure 的选项还有很多，常用的有 "coverage"、"fishersExactTest"、"conviction"、"chiSquared"，更多选项的解释说明可参考 interestMeasure 函数的帮助文档。

❑ 实例：计算 "coverage"、"fishersExactTest"、"conviction"、"chiSquared" 的值，代码见代码清单 8-7。

代码清单 8-7 计算规则代码

```
## 计算规则的各项附加信息
> qualityMeasures <- interestMeasure(rules,measure=c("coverage","fishersExactTest",
"conviction", "chiSquared"), transactions=Groceries) #计算"coverage", "fishersExactTest",
"conviction", "chiSquared"
> summary(qualityMeasures)
     coverage          fishersExactTest       conviction        chiSquared
  Min.   :0.001017   Min.   :0.000e+00   Min.   : 1.489   Min.   :  6.297
  1st Qu.:0.001729   1st Qu.:5.500e-07   1st Qu.: 1.760   1st Qu.: 16.395
  Median :0.002135   Median :1.549e-05   Median : 1.985   Median : 24.367
  Mean   :0.002788   Mean   :6.265e-04   Mean   : 2.371   Mean   : 28.962
  3rd Qu.:0.002949   3rd Qu.:2.732e-04   3rd Qu.: 2.486   3rd Qu.: 35.991
  Max.   :0.043416   Max.   :1.610e-02   Max.   :12.098   Max.   :260.871
                                         NA's   :28
> quality(rules) <- cbind(quality(rules), qualityMeasures) #合并quality measures
> quality(rules) <- round(quality(rules), digits=3) #保留小数点后3位
> inspect(head(rules)) #查看合并后的关联规则
  lhs                      rhs            support confidence lift  cover age
1 {honey}               => {whole milk}  0.001   0.733      2.870 0.002
2 {tidbits}             => {rolls/buns}  0.001   0.522      2.837 0.002
3 {cocoa drinks}        => {whole milk}  0.001   0.591      2.313 0.002
4 {pudding powder}      => {whole milk}  0.001   0.565      2.212 0.002
5 {cooking chocolate}   => {whole milk}  0.001   0.520      2.035 0.003
6 {cereals}             => {whole milk}  0.004   0.643      2.516 0.006
fisher sExactTest conviction chiSquared
1 0.000            2.792       18.030
2 0.000            1.706       17.526
3 0.001            1.820       13.039
4 0.002            1.712       11.624
5 0.004            1.551        9.217
6 0.000            2.085       44.420
```

(6) sort() 函数

❑ 功能：关联规则排序。

❑ 使用格式：

```
sort(rules,by="lift")[seq]
```

其中，rules为关联分析得到的规则，by="lift"表明按照提升度排序，也可选择"support"，即按照支持度排序，还可选择"confidence"，即按照置信度排序。

seq是一个数列，用于限定所要进行排序的项集的数目。需要注意的是，sort()函数排序结果是递减的，并且只能实现对关联规则排序的功能，不能显示排序后的结果，想要查看排序后的结果，还是要通过inspect()函数来实现。

❑ 实例：按提升度对rules排序，代码见代码清单8-8。

代码清单 8-8 规则排序代码

```
##规则排序
#按支持度递减的顺序对rules排序
> sort(rules,by="support")
set of 5668 rules
#按支持度递减的顺序，输出支持度最大的前五项规则
> inspect(sort(rules,by="support")[1:5])
     lhs                                      rhs           support    confidence   lift
1472 {other vegetables,yogurt}             => {whole milk} 0.02226741 0.5128806  2.007235
1467 {tropical fruit,yogurt}               => {whole milk} 0.01514997 0.5173611  2.024770
1449 {other vegetables,whipped/sour cream} => {whole milk} 0.01464159 0.5070423  1.984385
1469 {root vegetables,yogurt}              => {whole milk} 0.01453991 0.5629921  2.203354
1454 {pip fruit,other vegetables}          => {whole milk} 0.01352313 0.5175097  2.025351
```

（7）subset()函数

❑ 功能：提取符合一定条件的关联规则。

❑ 使用格式：

```
subset(rules,subset);
```

其中：rules为关联分析得到的规则；subset为逻辑表达式，用于规定条件。常用的条件有两种，一是限定输出的前项和后项为具体的某些项，另一个条件限定是support, confidence, lift的过滤条件。

如需限定输出的前项和后项，常用到以下三个符号。

%in%，精确匹配。items %in% c（"A","B"）表示在前项和后项的并集中，至少有一个item等于A或B。如果仅仅想搜索lhs或者rhs，那么用lhs或rhs替换items即可。如：lhs %in% c（"yogurt"）。

%pin%，部分匹配。items %pin% c（"A","B"）表示在前项和后项的并集中，至少有一个item包含A或B。

%ain%，完全匹配。items %ain% c（"A","B"）表示在前项和后项的并集中，同时存在item A和item B。

如需设置多个条件可通过条件运算符（&,|,!）添加。

❑ 实例：提取符合一定条件的关联规则，代码见代码清单 8-9。

代码清单 8-9　提取规则代码

```
## 提取规则
# 提取后项为 "whole milk" 并且提升度大于 1.2 的关联规则
> subset(rules,subset=rhs%in%"whole milk"&lift>=1.2)
set of 2679 rules
# 查看满足后项为 "whole milk" 并且提升度大于 1.2 的关联规则的前五项
> inspect(subset(rules,subset=rhs%in%"whole milk"&lift>=1.2)[1:5])
  lhs                          rhs            support      confidence      lift
1 {honey}                   => {whole milk}  0.001118454  0.7333333     2.870009
3 {cocoa drinks}            => {whole milk}  0.001321810  0.5909091     2.312611
4 {pudding powder}          => {whole milk}  0.001321810  0.5652174     2.212062
5 {cooking chocolate}       => {whole milk}  0.001321810  0.5200000     2.035097
6 {cereals}                 => {whole milk } 0.003660397  0.6428571     2.515917
```

（8）plot() 函数

❑ 功能：实现关联规则可视化。

❑ 使用格式：

```
plot(rules,method,measure,shading,interactive)
```

其中：rules 为关联分析得到的规则。

method 定义图形的类别，选项包括："scatter"，散点图；"graph"，关联图形；"group"，分组矩阵；"paracoord"，平行坐标图；"matrix"，矩阵图；"matrix3D"，3D 矩阵图。

measure 的选项包括："support"、"confidence"、"lift"、"order"。有的图形需要设置一个 measure 参数，有的需要两个 measure 参数（例如 "scatter"），有的不需要 measure 参数（例如 "graph"）。

shading 的选项包括："support"、"confidence"、"lift"。

interactive 用于图形的交互式探索，默认为 FALSE，可以使用 interactive=TRUE 来实现图形的选择和缩放。

运行 plot（rules，interactive=TRUE）得到图 8-3。在图 8-3 中，横坐标为支持度，纵坐标为置信度，点的颜色代表提升度的大小，颜色越深表示提升度越大。在图中双击，选中一个矩形区域，如图 8-3 所示。选中矩形区域后，便可单击 "inspect" 查看此区域的规则，同时也可单击 "zoom in" 或 "zoom out" 对图片进行缩放。单击 "zoom in" 后，图片会放大为选中的矩形区域。单击 "zoom out"，图片会缩小到原图大小。单击 "end" 即可结束图形的交互式探索。

对数据 Groceries 进行关联分析的完整流程如代码清单 8-10 所示。

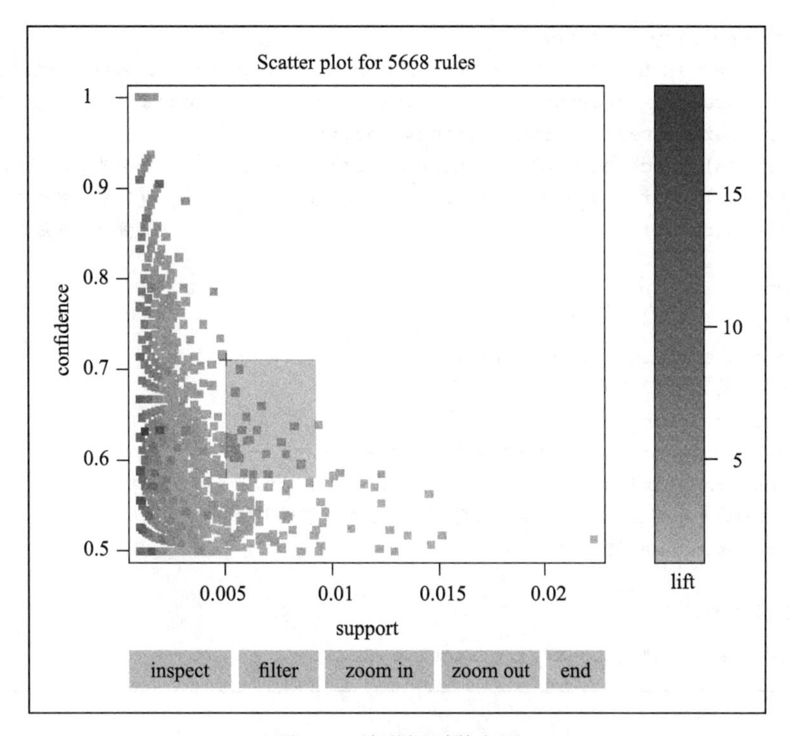

图 8-3 关联规则散点图

代码清单 8-10 对 Groceries 进行关联分析

```
### 关联规则分析
library(arules)                    # 加载程序包 arules
library(arulesViz)                 # 加载程序包 arulesViz

data("Groceries")                  # 提取数据集 Groceries
summary(Groceries)                 # 数据集相关的统计汇总信息，包括事务和项集的汇总情况
inspect(Groceries[1:10])           # 查看数据集的前 10 个事务
Size<-size(Groceries)              # 查看每个交易记录包含的商品数目

## 查看 Groceries 中商品的支持度
ItemFrequency=itemFrequency(Groceries)
# 查看 Groceries 数据中商品 whole milk、other vegetables 的支持度
itemFrequency(Groceries[,c("whole milk","other vegetables")])

## 作出支持度 support 最大的前 20 个项集的稀疏矩阵图
itemFrequencyPlot(Groceries ,topN=20)

## 建立关联规则 rules，条件是支持度大于 0.001 且置信度大于 0.5
rules=apriori(Groceries,parameter = list(support=0.001,confidence=0.5))
inspect(rules[1:10]) # 查看 rules 前十则关联规则
```

```
## 查看其他的 quality measures
# 计算 "coverage","fishersExactTest","conviction", "chiSquared" summary (qualityMeasures)
qualityMeasures <- interestMeasure(rules, measure=c("coverage","fishersExactTest",
"conviction", "chiSquared"), transactions=Groceries)
quality(rules) <- cbind(quality(rules), qualityMeasures)  # 合并 quality measures
quality(rules) <- round(quality(rules), digits=3)         # 保留小数点后 3 位
inspect(head(rules) )                                     # 查看合并后的关联规则

## 规则排序
# 按提升度排序
rules.sorted=sort(rules,by="lift")
# 查看排序后的前五则关联规则
inspect(rules.sorted[1:5])
# 提取后项为 "whole milk" 并且提升度大于 1.2 的关联规则
rules.subset=subset(rules,subset=rhs%in%"whole milk"&lift>=1.2)
# 查看满足后项为 "whole milk" 并且提升度大于 1.2 的关联规则的前五项
inspect(rules.subset[1:5])

## 对关联规则作散点图
plot(rules,method="scatter",interactive=T)
```

8.2 小结

建立关联规则有三种方法，分别为 apriori 算法、eclat 算法和 weclat 算法。本章主要介绍了 apriori 关联规则算法的基本概念及其 R 语言实现过程。关联规则建模过程中常涉及关联规则提取、排序以及相关统计量的计算等，这些内容在本章中都作了详细介绍。最后简单介绍了如何使用 arulesViz 包中的 plot 函数实现关联规则的可视化。

8.3 上机实验

1. 实验目的

- 了解关联分析的常用算法和实际应用。
- 了解关联分析的常用函数。

2. 实验内容

应用 R 语言进行关联分析，包括对频繁数据集的探索、关联规则的建立和结果的分析。

- 对于 arules 包中的数据集 Adult，使用 apriori 算法建立关联规则。
- 对于数据集 Adult，尝试使用 Eclat 算法进行关联规则分析，比较两种算法得到的结果。

3. 实验方法与步骤

（1）实验一

1）获取 arules 包中的数据集 Adult，查看数据集 Adult 的前五个事项，了解数据集的项集以及具体内容。

2）查看数据结构和数据概况，包括事务的个数和项的总数，支持度最大的项分别是哪些，以及事务中项的个数的分布。

3）查看 Adult 中各个项的支持度，并单独查看项”age=Young”和项”sex=Male”的支持度，并对支持度最大的前 10 个事项作稀疏矩阵图。

4）以最小支持度为 0.01，最小置信度为 0.5 建立 apriori 关联规则，得到的关联规则记为 rule1；以最小支持度为 0.01，最小置信度为 0.6 建立 apriori 关联规则，得到的关联规则记为 rule2；以最小支持度为 0.01，最小置信度为 0.5，同时指定关联规则的前项为”age=Young”建立关联规则，得到的关联规则记为 rule3。比较三个关联规则的数目。

5）按提升度对 rule1 排序，并查看排序后的前 10 项规则。提取后项为 relationship=Wife 并且提升度大于 1.5 的关联规则。

6）对 rule1 的前 10 项规则作关联图和矩阵图。

（2）实验二

1）以最小支持度为 0.01 建立 eclat 关联规则，得到的关联规则记为 rules1；以最小支持度为 0.05 建立 eclat 关联规则，得到的关联规则记为 rules2。

2）按支持度对 rule1 排序，并查看排序后的前 10 项规则。

4. 思考与实验总结

1）对于不同的数据类型，怎样实现关联规则分析？

2）如何评估关联规则分析的效果？

Chapter 9 第9章

智能推荐

随着互联网的出现和普及，网络上的信息量大幅度地增长。用户在面对大量的信息时无法从中获得对自己真正有用的信息，传统的搜索算法只能呈现给所有用户一样的排序结果，无法针对不同用户的兴趣爱好提供相应的信息反馈服务，于是个性化推荐系统应运而生。它是根据用户的兴趣特点和购买行为，向用户推荐用户感兴趣的信息和商品。一个好的推荐系统能够为用户提供个性化服务，增强用户粘性。

9.1 智能推荐模型构建

智能推荐的方法有很多，包括基于内容推荐、协同过滤推荐、基于关联规则、基于知识推荐、基于效用推荐和组合推荐。

基于内容的推荐方法就是根据用户过去的行为记录来向用户推荐相似的推荐品。这种算法的缺点是由于内容高度匹配，导致推荐结果的精细度较差，而且有冷启动的问题，对新用户不能提供可靠的推荐结果。并且，只有维度增加才能增加推荐的精度，但是维度一旦增加，计算量也呈指数型增长。如果是非实体的推荐品，定义风格也不是一件容易的事。

协同过滤算法的主要任务就是找出和你品味最相近的用户，从而根据他的喜好预测你也可能喜欢什么。这种方法可以推荐一些内容上差异较大但是又是用户感兴趣的物品，很好地支持用户发现潜在的兴趣偏好，也不需要领域知识，并且随着时间推移性能不断提高。但是也存在无法向新用户推荐的问题，系统刚刚开始时推荐质量可能较差。

由于各种推荐方法都有优缺点，所以在实践中，组合推荐经常被采用。研究和应用最多的是内容推荐和协同过滤推荐的组合。

在协同过滤中，一个重要的环节就是如何选择合适的相似度计算方法，常用的两种相似度计算方法包括皮尔逊相关系数和余弦相似度等。皮尔逊相关系数的计算公式如下所示：

$$s(u,v)=\frac{\sum_{i\subset I_u\cap I_v}\left(r_{u,i}-\overline{r_u}\right)\left(r_{v,i}-\overline{r_v}\right)}{\sqrt{\sum_{i\subset I_u\cap I_v}\left(r_{u,i}-\overline{r_u}\right)^2}\sqrt{\sum_{i\subset I_u\cap I_v}\left(r_{v,i}-\overline{r_v}\right)^2}}$$

其中，i 表示项，如商品；I_u 表示用户 u 评价的项集；I_v 表示用户 v 评价的项集；$r_{u,i}$ 表示用户 u 对项 i 的评分；$r_{v,i}$ 表示用户 v 对项 i 的评分；$\overline{r_u}$ 表示用户 u 的平均评分；$\overline{r_v}$ 表示用户 v 的平均评分。

另外，余弦相似度的计算公式如下所示：

$$s(u,v)=\frac{r_u r_v}{\left\|r_u\right\|_2\left\|r_v\right\|_2}=\frac{\sum_i r_{u,i}r_{v,i}}{\sqrt{\sum_i r^2_{u,i}r^2_{v,i}}}$$

另一个重要的环节就是计算用户 u 对未评分商品的预测分值。首先根据上一步中的相似度计算，寻找用户 u 的邻居集 $N\in U$，其中 N 表示邻居集，U 表示用户集。然后，结合用户评分数据集，预测用户 u 对项 i 的评分，计算公式如下所示：

$$p_{u,i}=\overline{r}+\frac{\sum_{u'\subset N}s\left(u-u'\right)\left(r_{u',i}-\overline{r_{u'}}\right)}{\sqrt{\sum_{u'\subset N}\left|s\left(u-u'\right)\right|}}$$

其中，$s(u-u')$ 表示用户 u 和用户 u' 的相似度。

在R语言中，常使用recommenderlab包中的函数构建智能推荐模型。下面对recommenderlab包进行详细介绍。

（1）ratingMatrix

recommenderlab包主要处理的对象为ratingMatrix。ratingMatrix有两种：realRatingMatrix和binaryRatingMatrix。realRatingMatrix是一个评分矩阵，以真实的评分数据反映在矩阵当中，而binaryRatingMatrix为布尔矩阵，相当于把realRatingMatrix中大于0的数值赋值为1。

在R语言中，realRatingMatrix和binaryRatingMatrix矩阵储存空间小，计算效率高，并且能够很方便地转化成数据框和列表。

❑ 实例：将matrix转化成realRatingMatrix，并将realRatingMatrix转化成list和data.frame。

```
##realRatingMatrix格式转换
> m <- matrix(sample(c(NA,0:5),100, replace=TRUE, prob=c(.7,rep(.3/6,6))),
+              nrow=10, ncol=10, dimnames = list(
+                user=paste('u', 1:10, sep=''),
+                item=paste('i', 1:10, sep='')
+              ))
> r <- as(m, "realRatingMatrix") #将matrix格式转换成realRatingMatrix格式
```

```
> r
10 x 10 rating matrix of class 'realRatingMatrix' with 28 ratings.
> list.m=as(r,"list") #把realRatingMatrix转化成list
> df.m=as(r,"data.frame")#把realRatingMatrix转化成data.frame
```

(2) recommender()

❑ 功能：构建推荐模型。

❑ 使用格式：

```
Recommender(data, method, parameter=NULL)
```

data 为一个 ratingMatrix，调用 recommender() 之前需给矩阵的所有列进行列命名，否则会出现报错。

method 的选项包括 IBCF(基于物品的协同过滤推荐)、UBCF（基于用户的协同过滤推荐)、SVD（矩阵因子化)、PCA（主成分分析)、RANDOM（随机推荐)、POPULAR（基于流行度的推荐)。

parameter 的参数有很多，运行以下代码可以看到不同 method 下参数的默认设置：

```
recommenderRegistry$get_entries(dataType = "realRatingMatrix")
```

具体参数的默认设置见表 9-1。

表 9-1 Recommender 默认参数设置

method	parameter
IBCF	k=30，method= "cosine "，normalize= "center"，normalize_sim_matrix= FALSE，alpha=0.5，na_as_zero= FALSE，minRating=NA
UBCF	method= " Cosine "，nn=25，sample=FALSE，normalize= "center"，minRating=NA
SVD	approxRank=NA，maxiter=100，normalize= "center"，minRating=NA
PCA	categories=20，method= " Cosine "，normalize= "center"，normalize_sim_matrix= FALSE，alpha=0.5，na_as_zero= FALSE，minRating=NA
RANDOM	None
POPULAR	None

下面以 IBCF 为例简单介绍参数的含义：

k：取多少个最相似的 item，默认为 30；

method：相似度算法，默认采用余弦相似算法 cosine；

normalize：采用何种归一化算法，默认均值归一化 center；

normalize_sim_matrix：是否对相似矩阵归一化，默认为否；

alpha:alpha 值，默认为 0.5；

na_as_zero：是否将 NA 作为 0，默认为否；

minRating：最小评分，默认不设置。

这些参数均可在建立模型时设置，格式如下：

```
recommender(data, method, parameter=list)
```

（3）predict()

- 功能：预测推荐模型，得到模型的 topN 列表或者用户的预测评分。
- 使用格式：

```
predict(object, newdata, n = 10, type=, ...)
```

object 为 recommender 函数生成的推荐模型；newdata 为待预测的数据；n 为 topN 的值，默认 n=10，表示 top10 推荐；type 的参数有 "topNList"、"ratings"。当 type="ratings" 时，predict 函数预测用户对所有未评分 item 的打分，返回一个 RatingMatrix 对象；当 type="topN" 时，predict 函数直接返回用户评分最高的前 N 个 item。

- 实例：根据用户对电影的评分进行电影推荐和电影评分预测，如代码清单 9-1 所示。

代码清单 9-1　电影推荐和电影评分预测代码

```
##recommender 推荐
library(recommenderlab)
library(ggplot2)
data(MovieLense)                            # 电影评分数据
as(MovieLense, "matrix")[1:3, 1:4]          # 显示部分电影评分

# 利用前 940 位用户建立基于物品的协同过滤推荐模型, method = "IBCF"
m.recomm <- Recommender(MovieLense[1:940], method = "IBCF")
m.recomm

# 对后三位用户进行推荐预测, 使用 predict() 函数, 默认是 topN 推荐
(ml.predict <- predict(m.recomm, MovieLense[941:943], n=3)) ## n=3 表示 Top3 推荐
as(ml.predict, "list")                      # 电影推荐预测结果

## 用户对 item 的评分预测, 使用 predict() 函数, type = "ratings"
ml.predict2 <- predict(m.recomm, MovieLense[941:943], type = "ratings")
as(ml.predict2, "matrix")[1:3, 1:4]         # 显示部分电影评分预测结果
```

运行代码清单 9-1 得到部分结果如下：

```
> as(MovieLense, "matrix")[1:3, 1:4]               # 显示部分电影评分
    Toy Story (1995)  GoldenEye (1995)  Four Rooms (1995)  Get Shorty (1995)
             5                 3                  4                   3
2            4                 NA                 NA                  NA
3            NA                NA                 NA                  NA
> as(ml.predict, "list")                            # 电影推荐预测结果
[[1]]
[1] "Richard III (1995)"      "Postino, Il (1994)"      "Antonia's Line (1995)"

[[2]]
[1] "Four Rooms (1995)"       "Strange Days (1995)"     "Ed Wood (1994)"
```

```
[[3]]
[1] "Mighty Aphrodite (1995)"  "Supercop (1992)"    "Akira (1988)"

> as(ml.predict2, "matrix")[1:3, 1:4]          # 显示部分电影评分预测结果
    Toy Story (1995)  GoldenEye (1995)  Four Rooms (1995)  Get Shorty (1995)
941      NA                NA                  NA                 NA
942      4.901367          NA                  5.000000           4.461869
943      4.012566          NA                  4.326714           3.545979
```

ml.predict 的结果为用户 941 ～ 943 推荐评分最高的前三部电影。[[1]] 中的结果表示第 941 为用户的推荐电影为 "Richard III (1995)", "Postino, Il (1994)", "Antonia's Line (1995)"。ml.predict2 的结果为一个评分矩阵，包含了每一个用户对所有电影的预测评分。

9.2 智能推荐模型评价

为评价推荐算法的表现，recommender 包提供了 evaluationScheme 函数创建一个数据集的评价方案。该方案可以简单地分为训练数据和测试数据，*n* 折交叉验证或 bootstrap 重复抽样。接下来可以使用函数 evaluate () 评估一个或一系列的推荐模型并给出一个评价方案。本节主要介绍 recommender 包中用于推荐模型评价的函数。

（1）evaluationScheme()

❑ 功能：创建一个数据集的评价方案。

❑ 使用格式：

```
evaluationScheme(data, method="split", train=0.9, k=NULL, given, goodRating = NA)
```

函数参数说明如表 9-2 所示。

表 9-2 evaluationScheme() 函数参数说明

参数	描述
method	评估方法，选项有：split(默认)，简单的训练集 / 测试集分开验证；bootstrap，重复抽样；cross-validation，*n* 折交叉验证
train	划分为训练集的数据比例。method 为 split 时，默认值为 0.9
k	运行评估的折数或倍数。method 为 split 时，默认值为 NULL
given	用来进行模型评价的 items 的数量。默认值为 3。given 越大，标准误差越小
goodRating	预测成功的最小评分。默认值为 NA，data 为 realRatingMatrix 时，goodRating 为必需的参数

（2）evaluate()

❑ 功能：评估一个或一系列的推荐模型，给出一个评价方案。

❑ 使用格式：

```
evaluate(x,method,type="topNList",n=1:10,parameter=NULL)
```

函数参数说明如表 9-3 所示。

表 9-3 evaluate 函数参数说明

参数	描述
method	字符串或列表，定义用于评价的推荐方法及其对应参数。如果给定一个字符串，它定义了一个用于评价的推荐方法。如果几个推荐方法需要进行比较，method 为一个嵌套列表
type	选项包括 "topNList"、"ratings"
n	Top-N 列表生成
parameter	推荐算法的参数列表

（3）calcPredictionAccuracy()

- 功能：计算预测精度、均方根误差、均方误差和平均绝对误差。对于 topnlists，结果返回二分类变量。
- 使用格式：

```
calcPredictionAccuracy(x, data, ...)
```

x 为模型的预测值，data 为模型数据。

（4）getData()

- 功能：通常与 evaluationScheme 函数配合使用，用于访问 evaluationScheme 生成的数据。
- 使用格式：

```
getData(x,pram)
```

x = "evaluationScheme"，pram 可选："train"、"known"、"unknown"。

（5）plot()

- 功能：画出 ROC 曲线和 PR 曲线，用于推荐模型的评价。
- 使用格式：

```
plot(x, y, annotate = FALSE, legend="bottomright"...)
```

x 为画图的对象，y 为画图的类型，可选 "ROC"(ROC 曲线）或者 "prec/rec"（PR 曲线）；annotate 为注释，默认为 FALSE（没有注释），若 annotate=n，则第 n 条线有注释；legend 可设置图例的位置，默认在底部右侧，其他选项有 "bottom"、"bottomleft"、"left"、"topleft"、"top"、"topright"、"right" 和 "center"。

- 实例：建立基于流行度、基于用户的协同过滤和基于物品的协同过滤推荐模型，并对这 3 个模型进行评价，具体见代码清单 9-2。

代码清单 9-2 推荐模型评价代码

```
### 推荐模型评价
library(recommenderlab)
data(MovieLense)

## 建立评价方案
```

```
    #使用evaluationScheme函数将MovieLense分成训练集和测试集
    scheme <- evaluationScheme(MovieLense, method = "split", train = 0.9, k = 1,
given = 10, goodRating = 4)
    #设置模型popular, ubcf, ibcf的参数
    algorithms <- list(popular = list(name = "POPULAR", param = list(normalize =
"Z-score")), ubcf = list(name = "UBCF", param = list(normalize = "Z-score", method =
"Cosine",nn = 25, minRating = 3)), ibcf = list(name = "IBCF", param = list(normalize
= "Z-score")))
    #对模型进行评价
    results <- evaluate(scheme, algorithms, n = c(1, 3, 5, 10, 15, 20))

    ## 输出ROC曲线和precision-recall曲线
    plot(results, annotate = 1:3, legend = "topleft")              #ROC
    plot(results, "prec/rec", annotate = 3)                        #precision-recall

    ## 按照评价方案建立推荐模型
    model.popular <- Recommender(getData(scheme, "train"), method = "POPULAR",
parameter=algorithms[[1]][[2]])
    model.ibcf <- Recommender(getData(scheme, "train"), method = "UBCF",
parameter=algorithms[[2]][[2]])
    model.ubcf <- Recommender(getData(scheme, "train"), method = "IBCF",
parameter=algorithms[[3]][[2]])

    ## 对推荐模型进行预测
    predict.popular <- predict(model.popular, getData(scheme, "known"), type =
"ratings")
    predict.ubcf <- predict(model.ubcf, getData(scheme, "known"), type = "ratings")
    predict.ibcf <- predict(model.ibcf, getData(scheme, "known"), type = "ratings")

    ## 做误差的计算
    #calcPredictionAccuracy()的参数"know "和"unknow "表示对测试集的进一步划分:
    # "know "表示用户已经评分的,要用来预测的items; "unknow "表示用户已经评分,要被预测以便于进
行模型评价的items
    predict.err <- rbind(calcPredictionAccuracy(predict.popular, getData(scheme,
"unknown")),
                calcPredictionAccuracy(predict.ubcf, getData(scheme, "unknown")),
                calcPredictionAccuracy(predict.ibcf, getData(scheme, "unknown")))
    rownames(predict.err) <- c("POPULAR", "UBCF", "IBCF")
    predict.err
```

运行代码清单9-2得到部分结果如下:

```
> predict.err
         RMSE        MSE         MAE
POPULAR  1.085367    1.178021    0.8633414
UBCF     1.058562    1.120554    0.8338625
IBCF     1.147065    1.315759    0.8270356
```

在ROC空间,算法绘制的ROC曲线越凸向西北方向,效果越好,有时不同分类算法的ROC曲线存在交叉,可用AUC(Area Under Curve,曲线下的面积)值作为算法好坏的

评判标准。与 ROC 曲线左上凸不同的是，PR 曲线是右上凸效果好。

图 9-1 为运行代码清单 9-2 得到的 3 个推荐模型的 ROC 曲线和 PR 曲线。无论是 ROC 曲线还是 PR 曲线，基于用户的推荐模型的 AUC 都是最大的，因此认为在本例中基于用户的推荐模型比其他两个模型的效果更好。

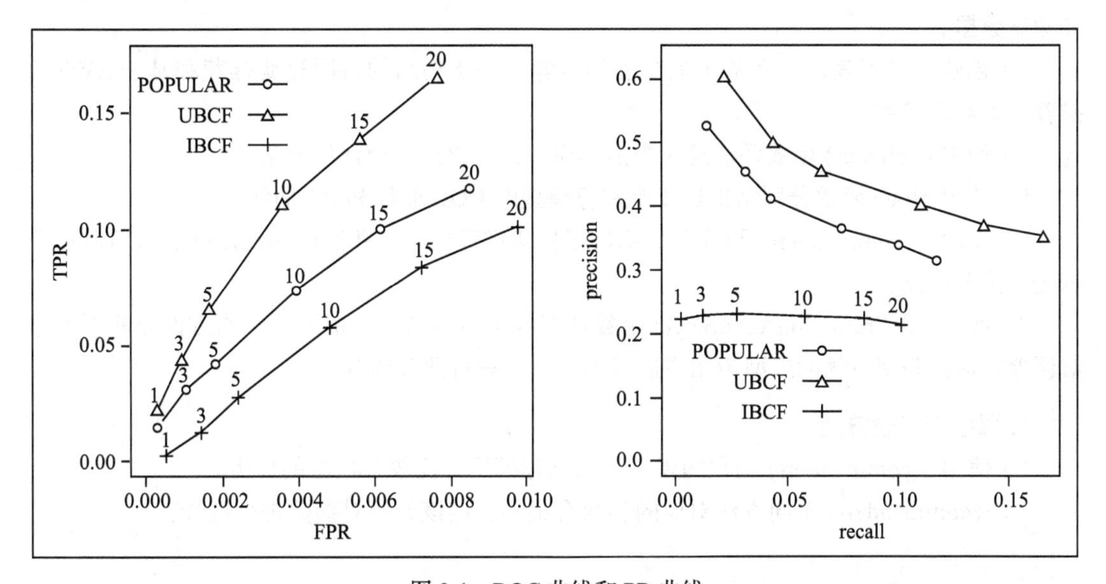

图 9-1 ROC 曲线和 PR 曲线

9.3 小结

本章主要介绍了 R 语言中用于智能推荐的程序包 recommenderlab。recommenderlab 包主要处理的对象为 ratingMatrix，用于构建推荐模型的函数为 Recommender() 函数，可构建 IBCF 和 UBCF 等推荐模型并进行预测。最后，本章介绍了如何对智能推荐模型进行评价，包括 ROC 曲线和 PR 曲线以及推荐模型评分预测的误差计算。

9.4 上机实验

1. 实验目的

- 掌握构建智能推荐模型，并使用推荐模型进行推荐预测，并对模型进行评价。

2. 实验内容

- 根据 Jester Joke 网站的用户访问数据构建推荐模型，数据来源 recommenderlab 包中的数据包 Jester5k。创建评价方案评价基于流行度的推荐、基于物品的协同过滤推荐和基于 SVD 的推荐。选择表现更优的推荐模型为用户进行推荐，并进行评分预测。

3. 实验方法与步骤

1）打开 R 软件，运行 library（recommenderlab）载入 recommenderlab 包，并使用 data（Jester5k）导入数据。

2）使用 evaluationScheme() 函数创建一个数据集的评价方案，将数据集分成训练数据和测试数据。

3）创建一个列表，定义基于流行度的推荐、基于物品的协同过滤推荐和基于 SVD 的推荐及其对应参数。

4）使用 evaluate() 函数评估这 3 个推荐模型，并给出一个评价方案。

5）使用 plot() 函数分别画出这 3 个推荐模型的 ROC 曲线和 PR 曲线。

6）使用 Recommender() 函数及训练数据构建推荐模型，并使用 predict() 函数对测试数据进行推荐预测。

7）使用 calcPredictionAccuracy() 函数计算各个模型的均方根误差、均方误差和平均绝对误差，选择表现更优的模型为用户进行推荐，并进行评分预测。

4. 思考与实验总结

1）使用 recommender() 函数构建不同的推荐模型并比较各模型的优劣。

2）recommender() 不同方法对应的参数有很多，应该如何对参数进行选择？

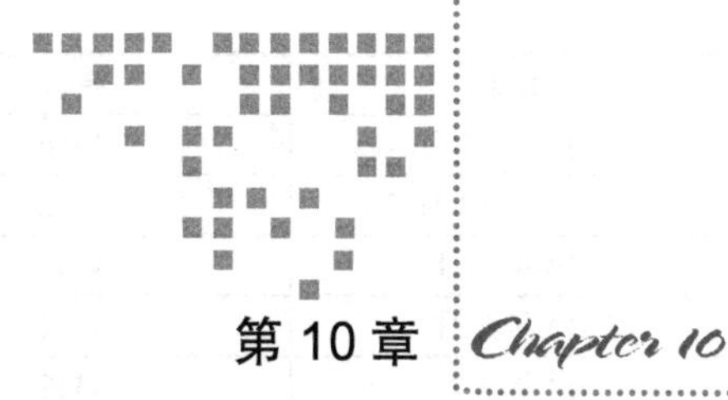

第 10 章 Chapter 10

时间序列

常用的时间序列模型见表 10-1，本章以 ARIMA 模型与指数平滑模型为例介绍时间序列在 R 软件中是如何实现的。

表 10-1 常用时间序列模型

模型名称	函数	描述
ARIMA 模型	arima()	可以实现 AR 模型、MA 模型、ARMA 模型、记忆 ARIMA 模型
GARCH 模型	garch()	也称为条件异方差模型，适用于金融时间序列
时间序列分解	decompose() stl()	时间序列的变化主要受到长期趋势、季节变动、周期变动和不规则变动这 4 个因素的影响。根据序列的特点，可以构建加法模型和乘法模型
指数平滑法	HoltWinters()	可以实现简单指数平滑法、Holt 双参数线性指数平滑法、Winters 线性和季节性指数平滑法

10.1 ARIMA 模型

下面应用 R 语言建模步骤，对表 10-2 中 2013 年 1 月到 2016 年 1 月某餐厅的营业数据进行建模。

表 10-2 某餐厅的销量数据

日期	销量	日期	销量
2013 年 1 月	3023	2013 年 6 月	3224
2013 年 2 月	3039	2013 年 7 月	3226
2013 年 3 月	3056	2013 年 8 月	3029
2013 年 4 月	3138	2013 年 9 月	2859
2013 年 5 月	3188	2013 年 10 月	2870

（续）

日期	销量	日期	销量
2013 年 11 月	2910	2015 年 1 月	3614
2013 年 12 月	3012	2015 年 2 月	3574
2014 年 1 月	3142	2015 年 3 月	3635
2014 年 2 月	3252	2015 年 4 月	3738
2014 年 3 月	3342	2015 年 5 月	3707
2014 年 4 月	3365	2015 年 6 月	3827
2014 年 5 月	3339	2015 年 7 月	4039
2014 年 6 月	3345	2015 年 8 月	4210
2014 年 7 月	3421	2015 年 9 月	4493
2014 年 8 月	3443	2015 年 10 月	4560
2014 年 9 月	3428	2015 年 11 月	4637
2014 年 10 月	3554	2015 年 12 月	4755
2014 年 11 月	3615	2016 年 1 月	4817
2014 年 12 月	3646		

注：数据详见第 10 章 / 示例程序 /data/arima_data.csv。

1. 时间序列对象

在 R 软件中，使用时间序列建模前需要先将数据存储到一个时间序列对象中。我们可以使用函数 ts() 将数值类型的观测对象存储为时间序列对象。

❑ 使用格式：

```
ts(data = NA, start = 1, end = numeric(), frequency = 1,… )
```

其中，data 是时间序列观测值对象，必须为数值类型的向量、矩阵或数据框；start 是用来指定时间序列观测值对象的第一个时间点，如 2000 年 1 月，则设置 start=c(2000,1)；end 用来指定时间序列的终止时间点；frequency 用来指定数据在一年中的频数。

还可以通过函数 as.ts() 将对象转换成时间序列，通过函数 is.ts() 判断对象是否为时间序列对象。

```
> Data=read.csv("arima_data.csv",header=T)[,2]
> is.ts(Data)
[1] FALSE
> sales1=ts(Data)
> is.ts(sales1)
[1] TRUE
> sales2=as.ts(Data)
> is.ts(sales2)
[1] TRUE
```

2. 绘制时间序列图

在 R 软件中，可以使用 plot.ts() 函数来画出时间序列的时序图。plot.ts() 用法同 plot()。

根据平稳时间序列的均值和方差都为常数的性质，平稳序列的时序图显示该序列值始终在一个常数附近随机波动，而且波动的范围有界；如果有明显的趋势性或者周期性，那它通常不是平稳序列。

❑ 实例：绘制时序图。

```
> plot.ts(sales1,xlab=" 时间 ", ylab=" 销量 / 元 ")
```

结果如图 10-1 所示 。

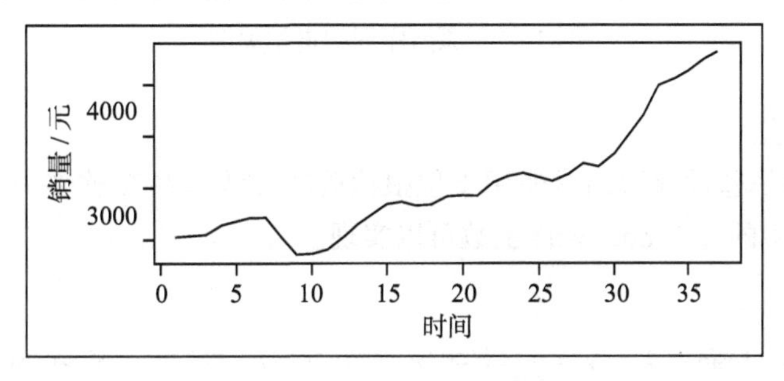

图 10-1 原始序列的时序图

3. 时间序列检验分析

（1）自相关性检验

自相关图中的两条虚线表示置信界限是自相关系数的上下界。如果自相关系数迅速衰减落入置信区间内，就可能是白噪声；如果自相关系数超出置信区间，那么表示存在相关关系，而且从哪一阶落在置信区间内，就表示自相关的阶数是几阶。

❑ 使用格式：

```
acf(x, lag.max = NULL,type = c(correlation, covariance, partial), plot = TRUE,
na.action = na.fail, demean = TRUE, …) pacf(x, lag.max, plot, na.action, …)
```

acf() 函数为观测值序列自相关函数，其中参数 x 为观测值序列；lag.max 为与 acf 对应的最大延迟；type 为计算 acf 的形式，默认为 correlation。当没有输出，即为 acf(Series) 时，画观测值序列的自相关系数图。

pacf() 函数中的输入参数与输出参数的含义同 acf() 函数类似。在 acf() 和 pacf() 中设定 plot=FALSE 可以得到自相关和偏自相关的真实值。

❑ 实例：绘制原始序列的自相关图。

```
> acf(sales2,lag.max = 30)
```

图 10-2 的自相关图显示自相关系数长期大于零，说明序列间具有很强的长期相关性。

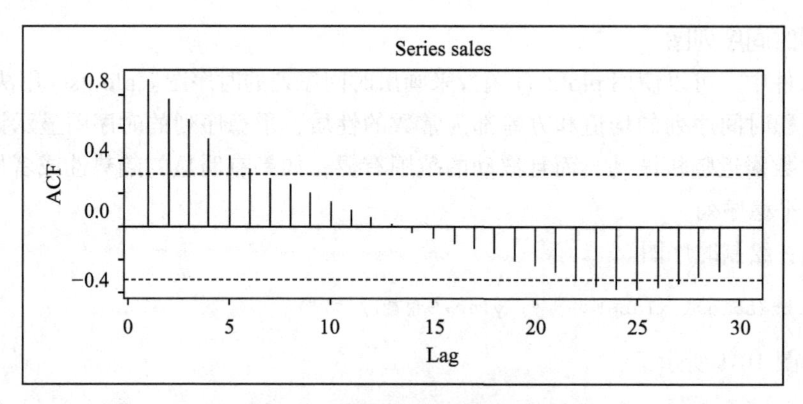

图 10-2 原始序列的自相关图

(2)单位根检验

对时间序列的平稳性检验通常使用单位根检验的方法。在 R 软件中，单位根检验使用 fUnitRoots 程序包中的 unitrootTest() 函数可以实现。

❑ 使用格式：

```
unitrootTest(x, lags = 1, type = c("nc", "c", "ct"), title = NULL, description = NULL)
```

其中，输入参数 x 为观测值序列，lags 为用于校正误差项的最大滞后项，type 为单位根的回归类型，返回参数 p 值，p 值小于 0.05 表示满足单位根检验。

```
> unitrootTest(sales1)
Title:
    Augmented Dickey-Fuller Test
Test Results:
    PARAMETER:
        Lag Order: 1
    STATISTIC:
        DF: 1.6708
    P VALUE:
        t: 0.9748
        n: 0.9745
Description:
     Wed Feb 24 11:41:27 2016 by user: lenovo
>
```

最终，由图 10-1 时序图显示该序列具有明显的单调递增趋势，可以判断为是非平稳序列；由图 10-2 的自相关图显示自相关系数长期大于零，说明序列间具有很强的长期相关性，可以判断为非平稳序列；表 10-3 单位根检验统计量对应的 p 值显著大于 0.05，判断该序列为非平稳序列（非平稳序列一定不是白噪声序列）。

表 10-3 原始序列的单位根检验

stat	cValue	p 值
3.6862	−1.9486	0.9748

4. ARIMA 建模分析

（1）非平稳时间序列差分

对于非平稳时间序列，首先需要对其进行差分直到得到一个平稳时间序列。在 R 软件中，可以使用 diff() 函数对时间序列进行差分运算。

❑ 使用格式：

```
diff(x, lag = 1, differences = 1, ...)
```

其中，输入参数 x 代表观测值序列；lag 代表差分运算的步数，默认值代表一步差分；differences 代表差分运算的阶数，默认值代表一阶差分。

对一阶差分后的序列再次做平稳性判断，过程同上。

```
> difsales=diff(sales1)
> plot.ts(difsales,xlab=" 时间 ", ylab=" 销量残差 / 元 ")
> acf(difsales,lag.max=30)
> unitrootTest(difsales)
Title:
    Augmented Dickey-Fuller Test
Test Results:
    PARAMETER:
        Lag Order: 1
    STATISTIC:
        DF: -2.4226
    P VALUE:
        t: 0.01689
        n: 0.2727
Description:
    Wed Feb 24 15:00:16 2016 by user: lenovo
>
```

一阶差分之后序列的时序图和自相关图分别如图 10-3 和图 10-4 所示。一阶差分之后序列的单位根检验如表 10-4 所示。

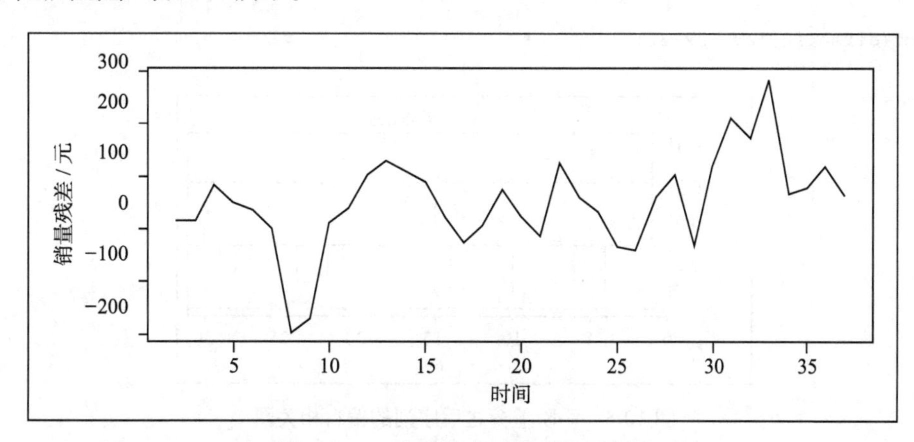

图 10-3　一阶差分之后序列的时序图

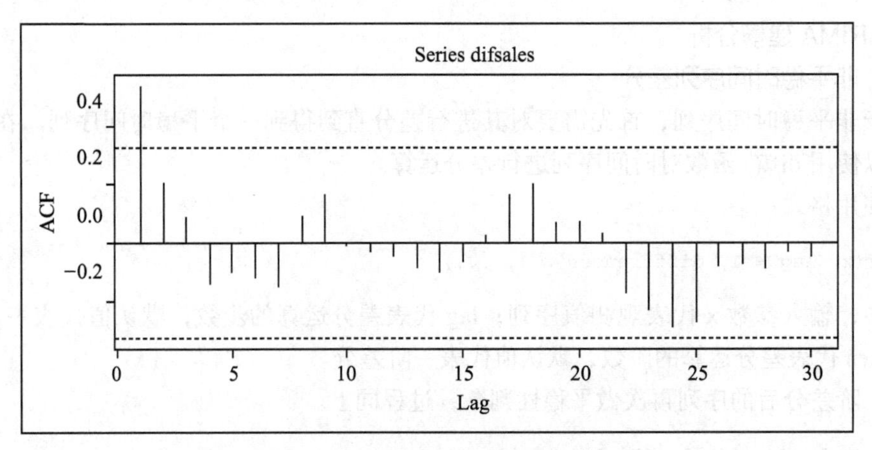

图 10-4 一阶差分之后序列的自相关图

表 10-4 一阶差分之后序列的单位根检验

stat	cValue	p 值
−2.6532	−1.9489	0.0169

结果显示，一阶差分之后的序列的时序图在均值附近比较平稳地波动，自相关图有很强的短期相关性，单位根检验 p 值小于 0.05，所以一阶差分之后的序列是平稳序列。

（2）时间序列模型识别定阶

使用 R 软件中的 acf() 和 pacf() 函数来分别给出时间序列的自相关图和偏自相关图。可根据自相关图和偏自相关图对时间序列模型进行定阶。

根据自相关图和偏自相关图对时间序列模型进行定阶：

1）若平稳序列的偏相关系数是截尾的，而自相关系数是拖尾的，则序列适合 AR 模型。

2）若平稳序列的偏相关系数是拖尾的，而自相关系数是截尾的，则序列适合 MA 模型。

3）若平稳序列的偏相关系数与自相关系数都是拖尾的，则序列适合 ARMA 模型。

```
pacf(difsales,lag.max=30)
```

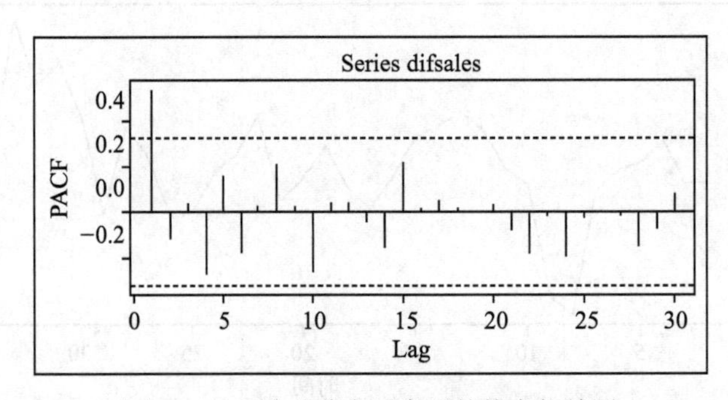

图 10-5 一阶差分之后序列的偏自相关图

在一阶差分之后序列的自相关图（见图 10-4）中，ACF 值在一阶后迅速跌入置信区间，并且数值徘徊在置信区间，没有收敛趋势，显示出拖尾性。在一阶差分之后序列的偏自相关图（见图 10-5）中，PACF 值在一阶后迅速跌入置信区间，并且有向零收敛的趋势，显示出截尾性，所以可以考虑用 AR 模型拟合一阶差分之后的序列，即对原始序列建立 ARIMA（1,1,0）模型。

另外，模型还可以通过 BIC 进行定阶。此处计算 ARMA(p,q)，当 p 和 q 均不大于 5 的所有组合的 BIC 信息量时，取其中 BIC 信息量达到最小的模型阶数。

```
> res<-armasubsets(y=difsales,nar=5,nma=5,y.name='test',ar.method='ols')
> plot(res)
```

图 10-6 显示 BIC 值从下往上，依次递减。模型选用变量的单元格用阴影表示。较好的模型（具有较低的 BIC 值）处于较高的行中。第一行中，test-lag1 被选入模型，error-lag1 到 error-lag5 均未被选取，取零阶，即在 test-lag1、error-lag0 处取得最小 BIC 值。因此当 p 值为 1，q 值为 0 时，BIC 值最小。p、q 定阶完成，即对原始序列建立 ARIMA(1,1,0) 模型。

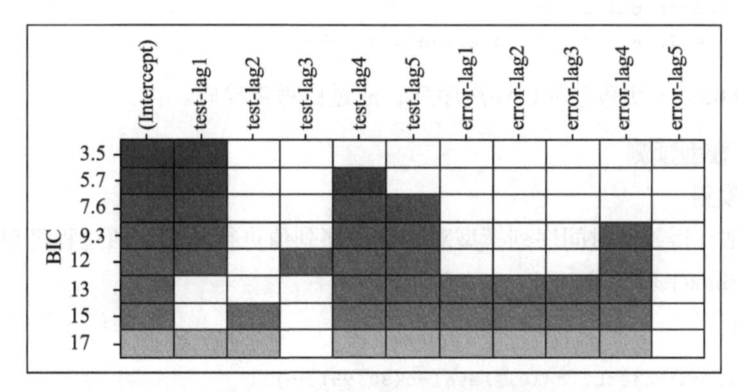

图 10-6　一阶差分之后序列的 BIC 图

（3）ARIMA 模型

在 R 软件中，arima() 函数设置时序模式的建模参数，创建 ARIMA 时序模型或者把一个回归时序模型转换为 ARIMA 模型。

❑ 使用格式：

```
Arima(Series, order, seasonal, period,method, ...)
```

其中，Series 为观测值序列，order 为构建的 ARIMA(p,d,q) 模型的参数，seasonal 为模型的季节性参数，period 为观测值序列的周期，method 为估计模型参数所使用的方法。

```
> arima=Arima(sales1, order=c(1,1,0))
> arima
Series: sales
ARIMA(1,1,0)
```

```
Coefficients:
         ar1
      0.6353
s.e.  0.1236
sigma^2 estimated as 5969:  log likelihood=-207.84
AIC=419.68   AICc=420.04   BIC=422.85
```

(4)白噪声检验

在使用 ARIMA 模型定阶完成后，还要对模型进行假设检验，检验残差序列是否为白噪声序列。在 R 软件中，Box.test() 函数用于检测序列是否符合白噪声检验。

❑ 使用格式：

```
Box.test(x, lag = 1, type = c("Box-Pierce", "Ljung-Box"), fitdf = 0)
```

其中，x 为 Arima() 函数返回的结果对象的 residuals 残差。

```
> Box.test(arima$residuals,lag=5,type = "Ljung-Box")
    Box-Ljung test
data:  arima$residuals
X-squared = 4.7078, df = 5, p-value = 0.4526
```

p-value >0.05，说明残差为白噪声序列，通过白噪声检验。

5. ARIMA 模型预测

(1)模型预测

根据参数估计得到的时间序列模型对未来的序列值进行预测，通过程序包 forecast 中的函数 forecast.arima() 来完成。

❑ 使用格式：

```
forecast.arima(object, h=10, level=c(80,95),…)
```

object 是函数 arima() 返回的对象；h 指定预测的时间点；level 指定预测区间的置信水平，默认情况为 80% 和 95% 置信水平下的预测区间。

```
> forecast=forecast.Arima(arima, h=5, level=c(80,95))
> forecast
    Point Forecast  Lo 80    Hi 80    Lo 95    Hi 95
38        4856.386 4757.370 4955.401 4704.955 5007.817
39        4881.405 4691.614 5071.196 4591.145 5171.666
40        4897.299 4620.220 5174.379 4473.543 5321.056
41        4907.396 4549.041 5265.751 4359.340 5455.452
42        4913.810 4480.622 5346.998 4251.306 5576.314
>
```

frecast 的输入结果是指：通过 arima 模型，置信水平为 80% 和 95% 时，预测出未来 5 天的营业额及营业额区间。

（2）绘制原始值与预测值图形

为查看原始值与预测值的图形效果，可以使用 plot.forecast() 函数绘制原始值与预测值的图形。

❑ 使用格式：

```
plot.forecast(x,…)
```

其中，x 为 forecast.arima() 函数返回的结果对象。

```
> plot.forecast(forecast)
```

使用函数 plot.forecast() 可以查看原始值和预测值的图形效果，如从图 10-7 可以直观地看到营业额的发展趋势。

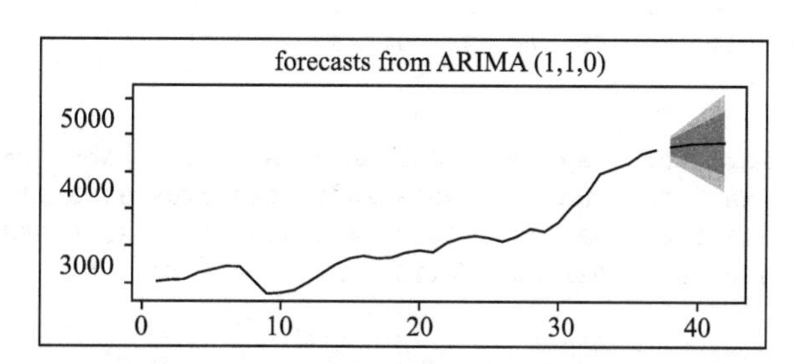

图 10-7　forecast.arima 预测 5 天以后的销量预测图

10.2　其他时间序列模型

1. 组合模型

时间序列的变化主要受到长期趋势、季节变动、周期变动和噪声变动这 4 个因素的影响。根据序列的特点，可以构建加法模型和乘法模型。

decompose() 函数、stl() 函数可以估计出时间序列中趋势的、季节性的和不规则的部分，而此时间序列是可以用相加模型描述的。

❑ 使用格式：

```
decompose(x, type = c("additive", "multiplicative"), filter = NULL)
```

在 decompose() 函数中，x 为时间序列对象，type 指定分解为加法模型还是乘法模型，filter 是滤波系数。

```
stl(x, s.window, s.degree=0,…)
```

在 stl() 函数中，x 同样为时间序列对；s.window 因为没有默认值，所以必须手动设置，可以采用 'periodic' 或 Loess 方法提取季节跨度，若采用 Loess 方法，s.window 的值必须为大于 7 的奇数；s.degree 可取 1 或 0，为局部多项式拟合季节性提取的程度。

```
> sales<-ts(Data,start=c(2013,1),frequency=12)               ## 示例数据
> sales.de = decompose(sales,type="additive")
> sales.de
$x
      Jan  Feb  Mar  Apr  May  Jun  Jul  Aug  Sep  Oct  Nov  Dec
2013 3023 3039 3056 3138 3188 3224 3226 3029 2859 2870 2910 3012
2014 3142 3252 3342 3365 3339 3345 3421 3443 3428 3554 3615 3646
2015 3614 3574 3635 3738 3707 3827 4039 4210 4493 4560 4637 4755
2016 4817
$seasonal
     Jan Feb Mar Apr May Jun Jul Aug Sep Oct Nov Dec
2013  40  33  50  44 -56 -65  79  22 -94 -50 -23  20
2014  40  33  50  44 -56 -65  79  22 -94 -50 -23  20
2015  40  33  50  44 -56 -65  79  22 -94 -50 -23  20
2016  40
$trend
      Jan  Feb  Mar  Apr  May  Jun  Jul  Aug  Sep  Oct  Nov  Dec
2013   NA   NA   NA   NA   NA   NA 3053 3067 3087 3109 3125 3136
2014 3149 3174 3215 3268 3325 3381 3427 3460 3486 3514 3545 3580
2015 3626 3684 3760 3846 3931 4020 4116   NA   NA   NA   NA   NA
2016   NA
$random
      Jan  Feb  Mar  Apr  May  Jun  Jul  Aug  Sep  Oct  Nov  Dec
2013   NA   NA   NA   NA   NA   NA   94  -59 -134 -189 -192 -144
2014  -47   44   77   54   69   29  -86  -39   36   90   93   46
2015  -52 -143 -175 -152 -168 -127 -156   NA   NA   NA   NA   NA
2016   NA
$figure
    [1]  40  33  50  44 -56 -65  79  22 -94 -50 -23  20
$type
[1] "additive"
attr(,"class")
[1] "decomposed.ts"
> plot(sales.de)
```

图 10-8 包含了 4 部分，自上而下依次为原始时间序列的观测值、时间序列分解趋势图、时间序列分解季节变动图、时间序列分解噪声图。

```
> sales.stl = stl(sales,s.window = "periodic")
> sales.stl
Call:
   stl(x = sales, s.window = "periodic")
Components
          seasonal    trend   remainder
Jan 2013      5.73     3109       -91.9
Feb 2013    -53.40     3103       -10.3
Mar 2013    -28.08     3096       -12.2
Apr 2013      0.99     3091        45.7
```

```
May 2013    -41.61    3086     143.4
Jun 2013    -26.07    3085     165.6
   ......    ......    ......    ......
Mar 2015    -28.08    3752     -89.2
Apr 2015      0.99    3843    -105.6
May 2015    -41.61    3933    -184.3
Jun 2015    -26.07    4036    -182.5
Jul 2015     32.13    4138    -131.4
Aug 2015     -4.78    4243     -28.0
Sep 2015     -7.68    4347     153.5
Oct 2015     19.36    4456      85.1
Nov 2015     37.73    4564      35.4
Dec 2015     65.68    4675      13.8
Jan 2016      5.73    4787      24.2
> plot(sales.stl)
```

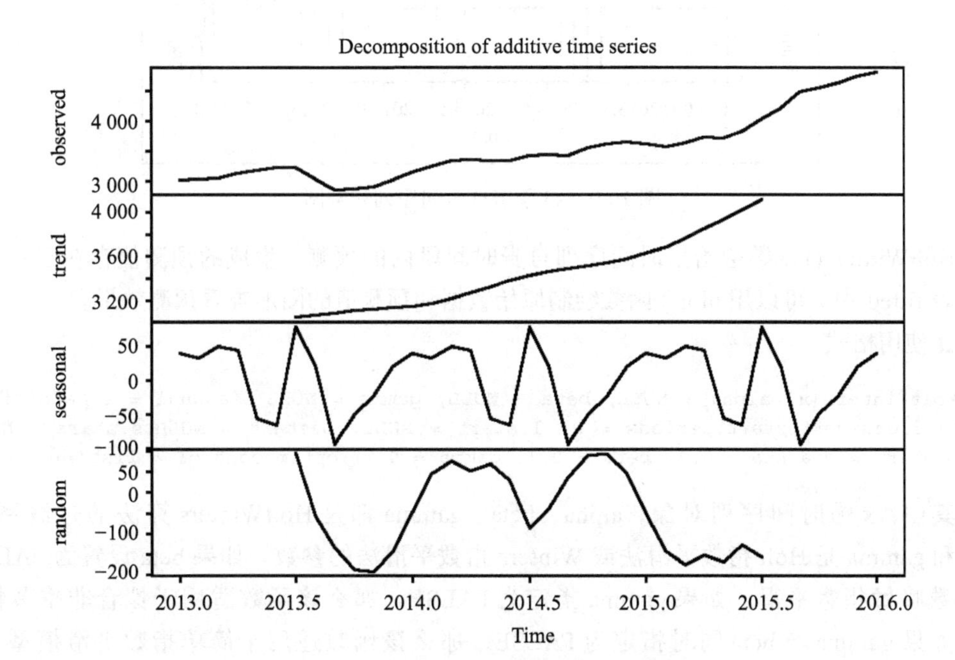

图 10-8 decompose 季节性时间序列分解图

图 10-9 包含了 4 部分，自上而下依次为原始时间序列的观测值、时间序列分解趋势图、时间序列分解季节变动图、残差自相关图。

采用 decompose() 与 stl() 对时间序列进行分解后，建模、预测的工作一般通过指数平滑算法实现。

2. 指数平滑法

在 R 软件中，简单指数平滑法、Holt 双参数线性指数平滑法、Winters 线性和季节性指数平滑法可以通过 HoltWinters() 函数实现。

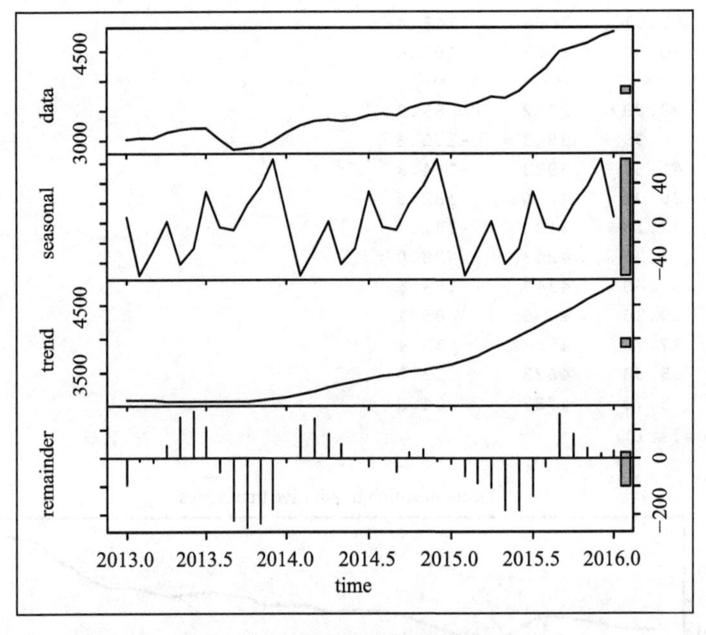

图 10-9 stl 季节性时间序列分解图

HoltWinters() 函数会给出时间序列自身时间段内的预测，生成的预测值存在于一个变量列表 fitted 中。可以用 plot() 函数绘制原始数据和预测值的图形查看预测效果。

❑ 使用格式：

```
HoltWinters(x, alpha = NULL, beta = NULL, gamma = NULL,seasonal = c("additive",
"multiplicative"),start.periods = 2, l.start = NULL, b.start = NULL,s.start = NULL,
optim.start = c(alpha = 0.3, beta = 0.1, gamma = 0.1),optim.control = list())
```

其中，x 为时间序列对象，alpha、beta、gamma 都是 HoltWinters 算法的过滤系数。beta 和 gamma 是 Holt 指数平滑法或 Winters 指数平滑法的参数。如果 beta 设置为 FALSE，该函数将做指数平滑；如果 gamma 指定为 FALSE，那么该函数适用于拟合非季节性模型；如果 gamma 与 beta 同时指定为 FALSE，那么该函数适用于简单指数平滑模型。通过 seasonal 参数选择 additive 或 multiplicative 季节性模型，默认选择 additive 而且仅在 gamma 非零时生效。start.period 是用于 x 对象的 frequency 自动检测，不能小于 2。l.start、b.start、s.start 分别表示启动值、趋势值和季节分量的初始值。optim.start 设置向量命名的组件 alpha、beta、gamma 包含优化的初始值，必须指定唯一需要的值，在只使用 alpha、beta、gamma 中的一个参数时忽略本参数。

HoltWinters() 函数仅得到预测模型，如果要对未来的时间做预测，需要调用 forecast() 函数。

由图 10-8 和图 10-9 可知，该餐馆的营业数据存在明显的趋势性与季节性。因此可以采用 Winters 线性和季节性指数平滑法进行建模预测。

```
> hw.sales = HoltWinters(sales,alpha = TRUE,beta = TRUE, gamma = TRUE)
> hw.sales
Holt-Winters exponential smoothing with trend and additive seasonal component.
Call:
HoltWinters(x = sales, alpha = TRUE, beta = TRUE, gamma = TRUE)
Smoothing parameters:
 alpha: TRUE
 beta : TRUE
 gamma: TRUE
Coefficients:
            [,1]
a   4790.861111
b    -54.833333
s1   110.763889
s2   159.805556
s3   130.597222
s4    46.722222
s5    -3.069444
s6   206.388889
s7    -4.444444
s8  -195.236111
s9  -205.611111
s10 -181.361111
s11  -90.694444
s12   26.138889
> plot(hw.sales)
```

餐饮营业额 Winters 模型拟合图如图 10-10 所示。

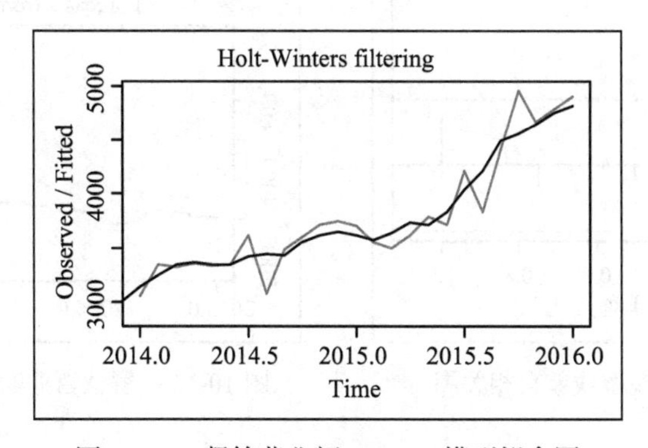

图 10-10　餐饮营业额 Winters 模型拟合图

❑ 实例：建模并对模型的残差进行自相关检验与白噪声检验。

```
>library(forecast)
>hw.model = forecast.HoltWinters(hw.sales,h=6,level=c(80,95))
>hw.model
```

```
Point Forecast     Lo 80    Hi 80    Lo 95    Hi 95
Feb 2016       4846.792 4640.947 5052.636 4531.980 5161.603
Mar 2016       4841.000 4380.718 5301.282 4137.060 5544.940
Apr 2016       4756.958 3986.759 5527.157 3579.041 5934.876
May 2016       4618.250 3490.794 5745.706 2893.955 6342.545
Jun 2016       4513.625 2987.043 6040.207 2178.919 6848.331
Jul 2016       4668.250 2704.620 6631.880 1665.138 7671.362

acf(hw.model$residuals)
Box.test(hw.model$residuals,lag = 10,type = 'Ljung-Box')
    Box-Ljung test
data:  hw.model$residuals
X-squared = 4.3666, df = 10, p-value = 0.9293
```

由 Winters 模型残差自相关图（见图 10-11）可知，各阶的残差系数都没有超过执行区间，可以初步判断该残差不是自相关的；通过白噪声检验 p 值为 0.9293，不能拒绝原假设，说明残差为白噪声序列，不存在自相关性。hw.model 模型对该餐饮营业额拟合的效果优秀。

通过模型残差的检验后，画出原始值与预测值的图形，以便直观观察未来半年的餐饮营业额的变化趋势。

```
> plot(hw.model)
```

餐饮营业额 Winters 模拟预测图如图 10-12 所示。

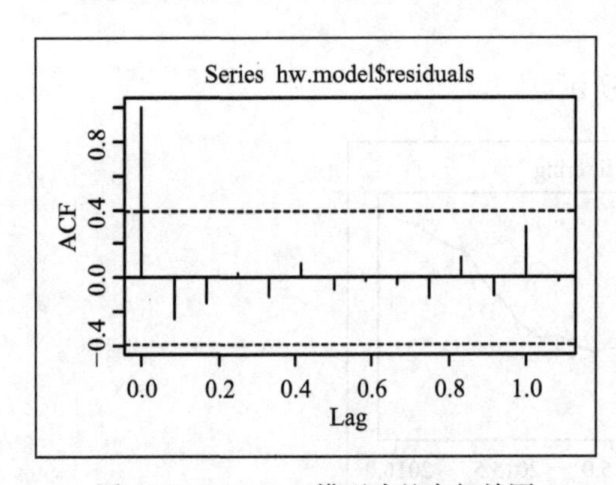

图 10-11 Winters 模型残差自相关图

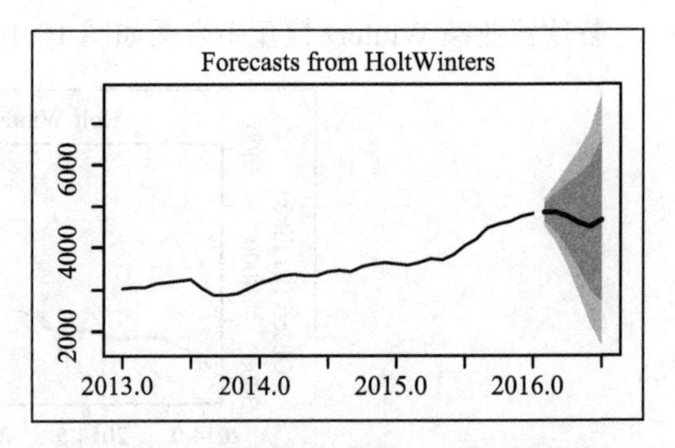

图 10-12 餐饮营业额 Winters 模型预测图

10.3 小结

本章重点介绍了时间序列建模在 R 语言中的实现过程。通过对本章的学习，应该掌握时间序列的在 R 语言中实现的步骤以及每一步骤如何通过 R 软件实现，从而实现应用时间序列模型预测时间序列将来的走势。

10.4 上机实验

1. 实验目的

❑ 掌握时间序列常用算法的建模及预测过程。

2. 实验内容

(1)时间序列平稳性检验

❑ 绘制时间序列图、自相关检验、偏自相关检验、单位根检验、白噪声检验。

(2)时间序列建模分析

❑ 非平稳时间序列处理、模型识别定阶、残差白噪声检验。

(3)时间序列模型预测

❑ 时间序列模型预测及绘制时间序列发展趋势图。

3. 实验方法与步骤

(1)实验一

根据餐厅营业额数据，使用 ARIMA 模型进行建模并预测半年后餐厅的营业额。

1)读取餐厅营业额数据。

2)将餐厅营业额数据转换为时间序列对象。

3)对时间序列对象进行平稳性检验，绘制时间序列、自相关检验、偏自相关检验、单位根检验、白噪声检验等图。

4)时间序列建模分析。如果时间序列是平稳序列，则可以直接进行 ARIMA 模型定阶，进而对所得模型做残差的白噪声检验；如果是非平稳序列，则需要先进行差分处理。

5)根据时间序列模型预测半年后餐厅的营业额并绘制时间序列发展趋势图。

(2)实验二

根据餐厅营业额数据，使用 HoltWinters 法建模并预测半年后餐厅的营业额。

1)读取餐厅营业额数据。

2)将餐厅营业额数据转换为时间序列对象。

3)对时间序列对象进行分解，画出时间序列的原始值、趋势部分、季节变动部分、随机部分的图形。

4)分析时间序列对象分解图，确定使用指数平滑法的模型。

5)对时间序列对象使用 HoltWinters 法进行建模分析，对所得模型做残差的白噪声检验。

6)根据时间序列模型预测半年后餐厅的营业额并绘制时间序列发展趋势图。

4. 思考与实验总结

对一个新的时间序列，如何进行序列的平稳性检验、建模分析以及模型预测。

第三部分 Part 3

Rattle 篇

Chapter 11 第 11 章

可视化数据挖掘工具 Rattle

11.1 Rattle 简介及其安装

作为优秀的统计软件包，R 语言提供了强大的数据挖掘工具，但是这些工具分散在数以千计的 R 包之中，而且编写脚本往往也会成为快速解决问题的障碍。rattle 包的出现很好地解决了这个问题。

11.1.1 Rattle 简介

Rattle 是一个用于数据挖掘的 R 的图形交互界面（GUI），可用于快捷地处理常见的数据挖掘问题。从数据的整理到模型的评价，Rattle 给出了完整的解决方案。Rattle 和 R 平台良好的交互性，又为用户使用 R 语言解决复杂问题开启了方便之门。Rattle 易学易用，不要求很多的 R 语言基础，被广泛地应用于数据挖掘实践和教学之中。

在 R 中，Rattle 使用 RGtk2 包提供的 Gnome 图形用户界面，可以在 Windows、MAC OS/X、Linux 等多个系统中使用。

Rattle 不仅仅是一个所见所得 GUI 工具，它还有很多扩展功能。pmml 包是在 Rattle 基础上发展起来的一个 R 包，它使用基于 PMML 的开放标准 XML ，或预测模型标记语言。按这种方式由 R 导出的模型可以输入类似于由云计算机驱动的 ADAPA 决策引擎的工具，从而可以在多个平台上运行。

11.1.2 Rattle 安装

以 Windows 系统中的安装为例说明，安装步骤如下所示。在 R 控制台输入：

```
install.packages("RGtk2")
install.packages("rattle")
```

即可完成 rattle 包的安装。

通过 library(rattle) 载入这个包，并通过 rattle( ) 命令调出 Rattle 界面。

```
library(rattle)
rattle( )
```

Rattle 初始界面如图 11-1 所示。

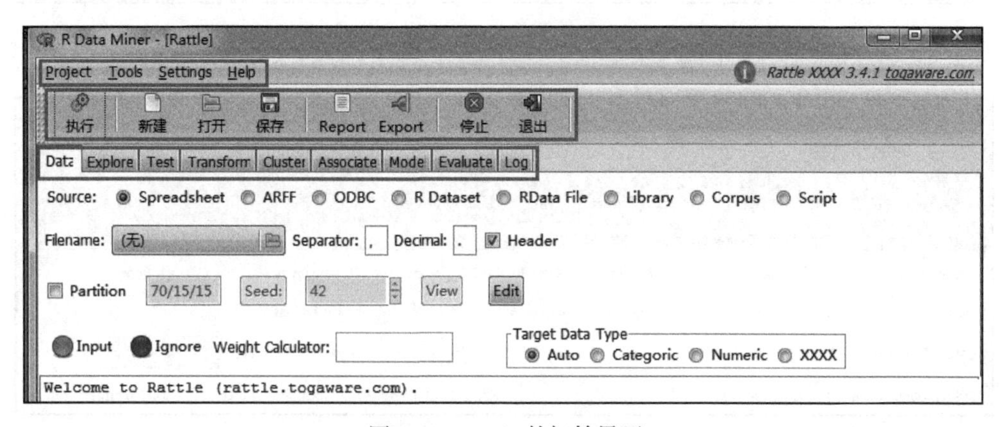

图 11-1　Rattle 的初始界面

11.2　功能预览

如图 11-1 所示，Rattle 的界面中依次是菜单栏、工具栏和标签栏，如图 11-2 所示。标签栏从左到右依次排列，各自完成数据挖掘工作中的一个相关步骤。

1）Data: 选择数据源，输入数据。

2）Explore：执行数据探索，理解数据分布情况。

3）Test：提供各种统计检验。

4）Transform：变换数据的形式。

5）Cluster：数据聚类，包括 K-Means 聚类、系统聚类和双聚类（biclustering）。

6）Associate：关联规则方法。

7）Model：内容最丰富的一个标签，包括多种算法：决策树、随机森林、组合算法、支持向量机、线性模型、人工神经网络、生存分析，如图 11-2 所示。

8）Evaluate：模型评估，在 Evaluate 界面中，程序包提供了一系列模型评估标准，其中有混淆矩阵（Error Matrix）、模型风险表（Risk）、模型 ROC 曲线（ROC）、得分表 (Score) 等各类模型评估指标，如图 11-3 所示。

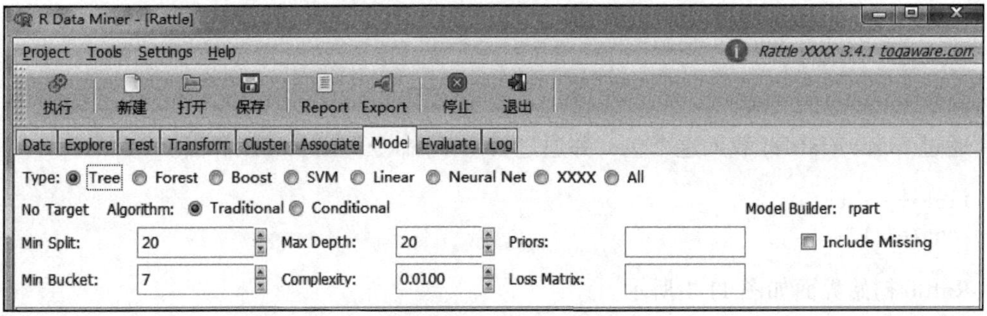

图 11-2 Model 界面

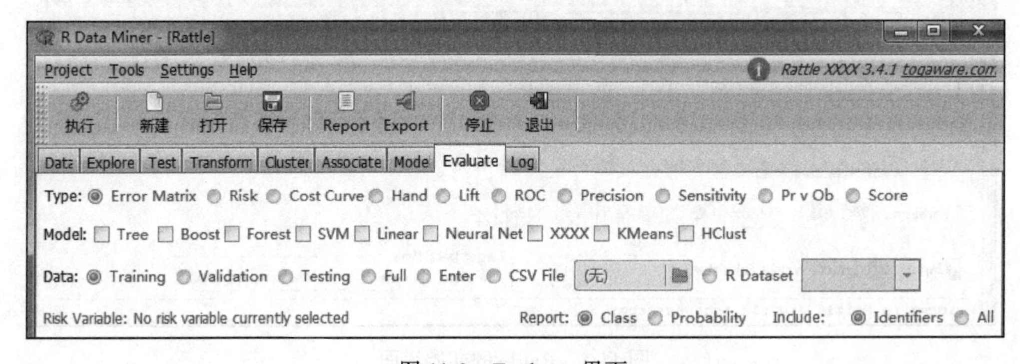

图 11-3 Evaluate 界面

9）Log：数据挖掘过程的纪录。选项 Log 主要用于记录以上所介绍的所有功能的具体执行情况，可以给出所进行 Rattle 操作的 R 代码。

11.3 数据导入

数据的来源可以有很多。R 内置许多数据集，也能从各式各样的来源中读取数据，且支持大量的文件格式。利用 R 语言强大的数据导入能力，Rattle 也可以直接访问这些数据。

11.3.1 导入 CSV 数据

有众多的格式和文本文件标准可用于存储数据。最常用于存储数据的通用格式为分隔符值（即 CSV 或制表符分隔文件）。

使用 Data 标签中的 Spreadsheet 按钮，我们就可以轻松将 CSV 文件导入 Rattle 中，如图 11-4 所示。

单击 Filename 可以打开文件选择对话框，选择需要导入的 CSV 文件。例如，想导入 rattle 包自带的天气数据集 weather.csv，如图 11-5 所示。

现在我们需要将数据从文件中导入 Rattle 中，通常单击执行按钮（或者按 F2 键），如

图 11-6 所示。导入结果如图 11-7 所示。

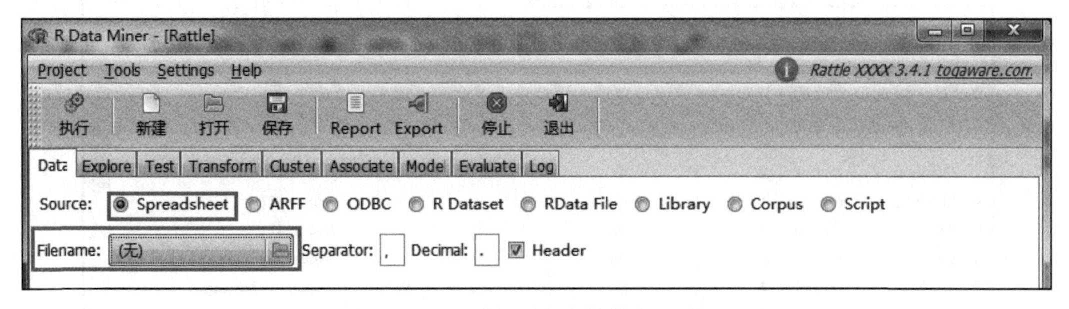

图 11-4　导入电子表格数据选项

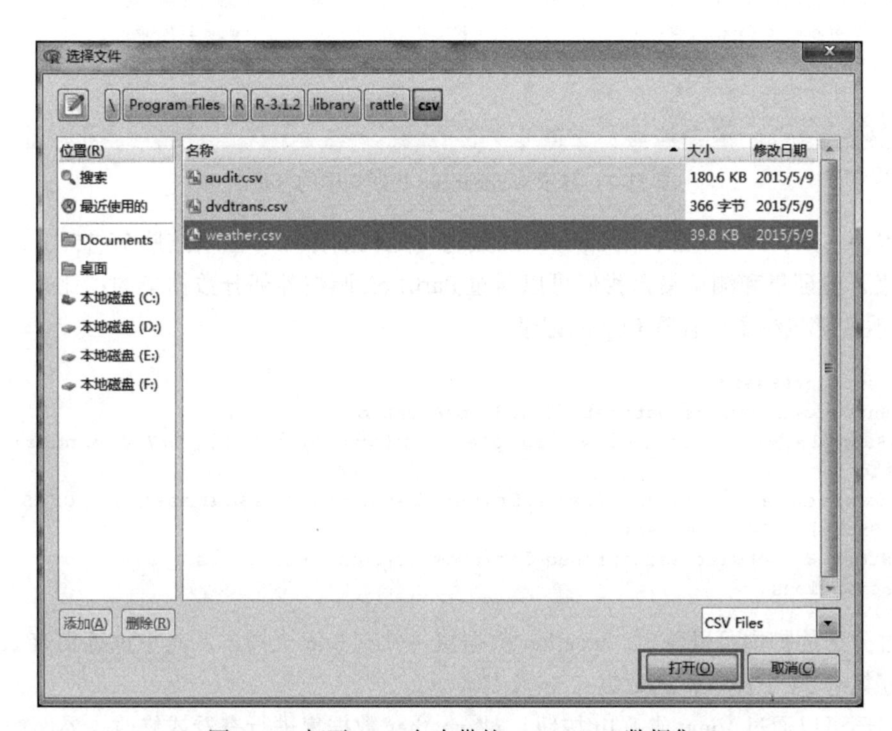

图 11-5　打开 rattle 包自带的 weather.csv 数据集

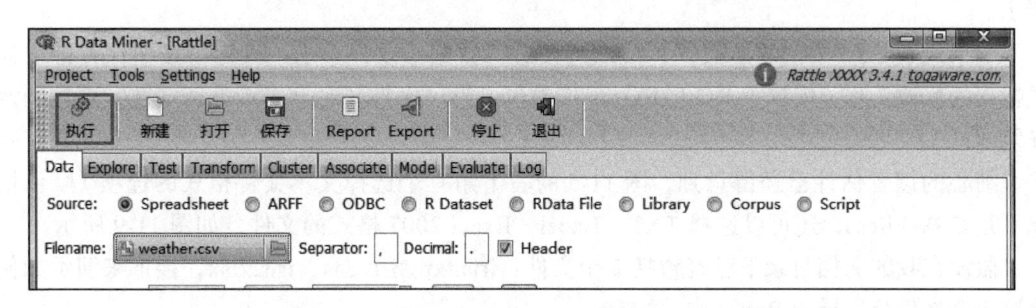

图 11-6　单击执行按钮，导入数据到 Rattle 中

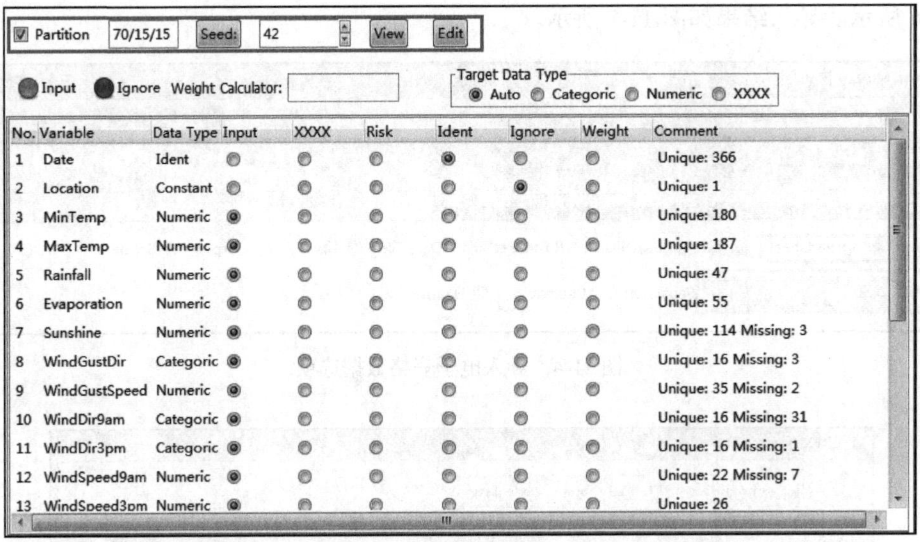

Partition 70/15/15 Seed: 42 View Edit

Input Ignore Weight Calculator:

Target Data Type: Auto Categoric Numeric XXXX

No.	Variable	Data Type	Input	XXXX	Risk	Ident	Ignore	Weight	Comment
1	Date	Ident							Unique: 366
2	Location	Constant							Unique: 1
3	MinTemp	Numeric							Unique: 180
4	MaxTemp	Numeric							Unique: 187
5	Rainfall	Numeric							Unique: 47
6	Evaporation	Numeric							Unique: 55
7	Sunshine	Numeric							Unique: 114 Missing: 3
8	WindGustDir	Categoric							Unique: 16 Missing: 3
9	WindGustSpeed	Numeric							Unique: 35 Missing: 2
10	WindDir9am	Categoric							Unique: 16 Missing: 31
11	WindDir3pm	Categoric							Unique: 16 Missing: 1
12	WindSpeed9am	Numeric							Unique: 22 Missing: 7
13	WindSpeed3pm	Numeric							Unique: 26

图 11-7 显示 weather.csv 数据集中的变量名

数据导入后，Rattle 会利用 sample 函数进行随机抽样，将样本按照 70:15:15 的比例分成训练集、验证集和测试集，我们可以通过 Partition 调整各部分数据集的占比，也可以通过 Seed 改变随机种子。查看 Log 的记录：

```
set.seed(crv$seed)
crs$nobs <- nrow(crs$dataset) # 366 observations
crs$sample <- crs$train <- sample(nrow(crs$dataset), 0.7*crs$nobs) # 256
observations
crs$validate <- sample(setdiff(seq_len(nrow(crs$dataset)), crs$train),
0.15*crs$nobs) # 54 observations
crs$test <- setdiff(setdiff(seq_len(nrow(crs$dataset)), crs$train), crs$validate)
# 56 observations
```

通过分区的脚本可以看出，weather 数据集一共有 366 个样本，其中训练集有 256 个样本，验证集有 54 个样本，测试集有 56 个样本。

我们还可以通过 View 或 Edit 按钮，对 weather 数据集进行查看或修改。界面如图 11-8 所示。

如果通过 Edit 按钮调出数据，可以直接进行数据修改再单击“确定”按钮保存即可完成数据的修改工作（依赖于 RGtk2Extras 扩展包，第一次打开时会提示是否安装，直接确定安装即可）。

细心的读者估计已经留意到，图 11-5 的右下角有个选择文本文件格式的选项（默认情况下是 CSV Files），还可以选择 TXT、Excel、Excel 2007 格式的文件，如图 11-9 所示。

假设在我的文档目录下已经包括 3 个文件：iris.txt、iris.xls、iris.xlsx，接下来演示如何将这 3 个文件分别导入 Rattle 中。

Rattle Dataset - dfedit version 0.6.1

	Date	Location	MinTemp	MaxTemp	Rainfall	Evaporation	Sunshine	WindGustDir	WindGustSpeed	WindDir9am	WindD
1	2007-11-01	Canberra	8	24.3	0	3.4	6.3	NW	30	SW	
2	2007-11-02	Canberra	14	26.9	3.6	4.4	9.7	ENE	39	E	
3	2007-11-03	Canberra	13.7	23.4	3.6	5.8	3.3	NW	85	N	
4	2007-11-04	Canberra	13.3	15.5	39.8	7.2	9.1	NW	54	WNW	
5	2007-11-05	Canberra	7.6	16.1	2.8	5.6	10.6	SSE	50	SSE	
6	2007-11-06	Canberra	6.2	16.9	0	5.8	8.2	SE	44	SE	
7	2007-11-07	Canberra	6.1	18.2	0.2	4.2	8.4	SE	43	SE	
8	2007-11-08	Canberra	8.3	17	0	5.6	4.6	E	41	SE	
9	2007-11-09	Canberra	8.8	19.5	0	4	4.1	S	48	E	
10	2007-11-10	Canberra	8.4	22.8	16.2	5.4	7.7	E	31	S	
11	2007-11-11	Canberra	9.1	25.2	0	4.2	11.9	N	30	SE	
12	2007-11-12	Canberra	8.5	27.3	0.2	7.2	12.5	E	41	E	
13	2007-11-13	Canberra	10.1	27.9	0	7.2	13	WNW	30	S	
14	2007-11-14	Canberra	12.1	30.9	0	6.2	12.4	NW	44	WNW	
15	2007-11-15	Canberra	10.1	31.2	0	8.8	13.1	NW	41	S	

确定(O) 取消(C)

图 11-8 单击 View 或 Edit 按钮调出 weather 数据集

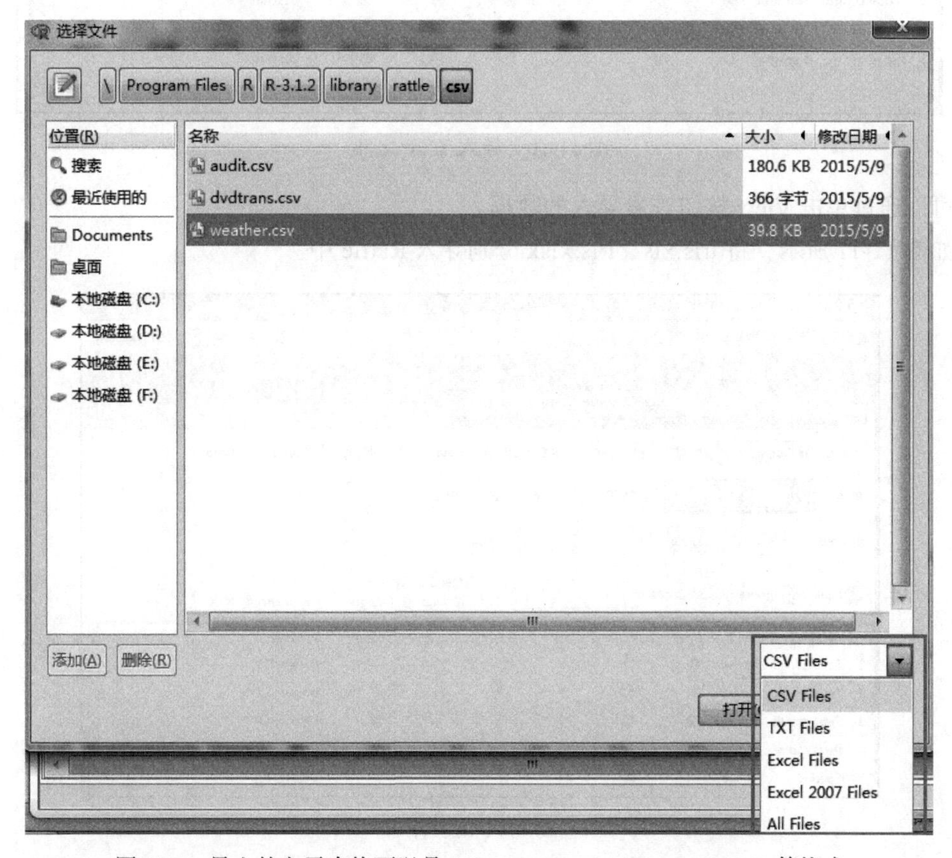

图 11-9 导入的电子表格可以是 CSV、TXT、Excel、Excel 2007 等格式

由于 TXT 文件是由制表符分隔（Tab-Delimited），所以需要将 Separator（分隔符）设置为“”（删掉逗号，因默认是导入 CSV 格式的文件），就能将 TXT 文件导入 Rattle 中，如图 11-10 所示。

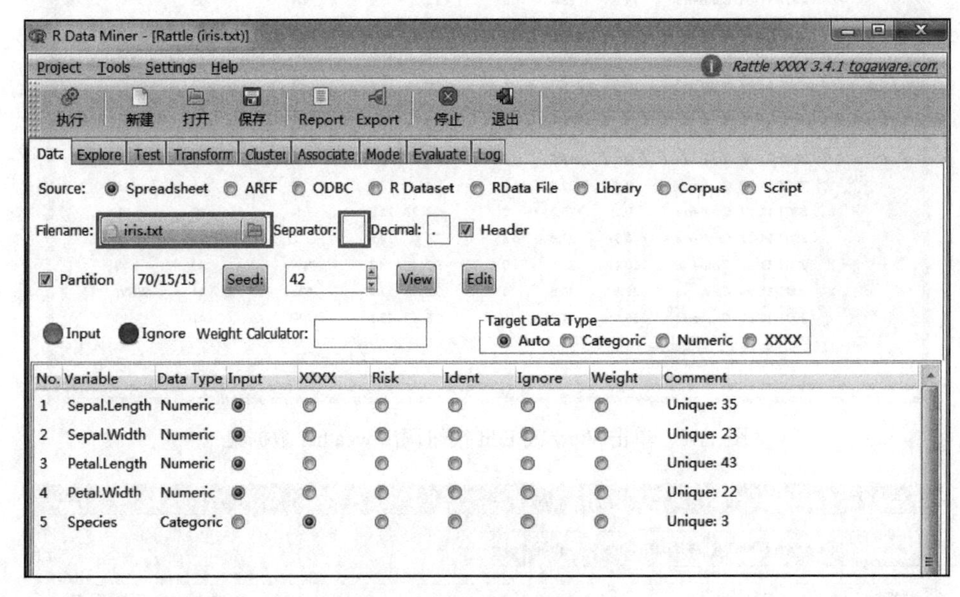

图 11-10 导入 TXT 文件

可以通过单击 View 按钮查看导入的数据。

如图 11-11 所示，将 iris.xls、iris.xlsx 分别导入 Rattle 中。

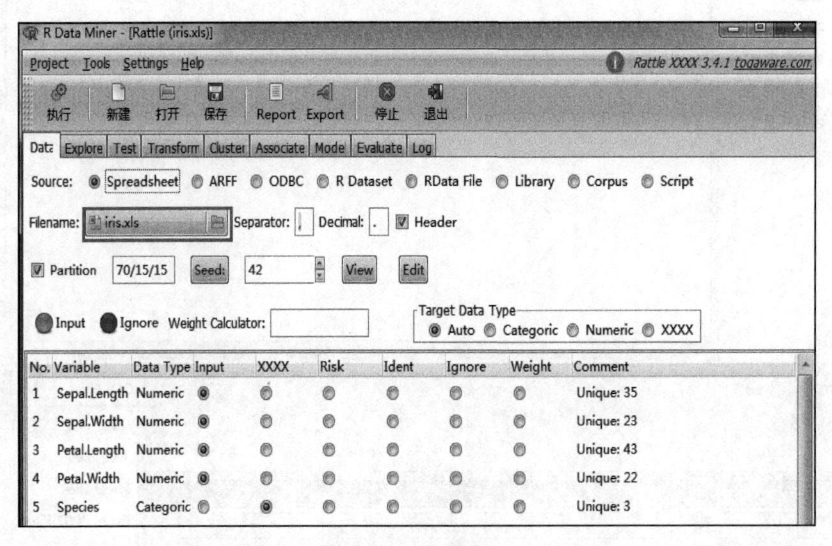

a）导入 xls 文件

图 11-11 导入 xls 文件和 xlsx 文件

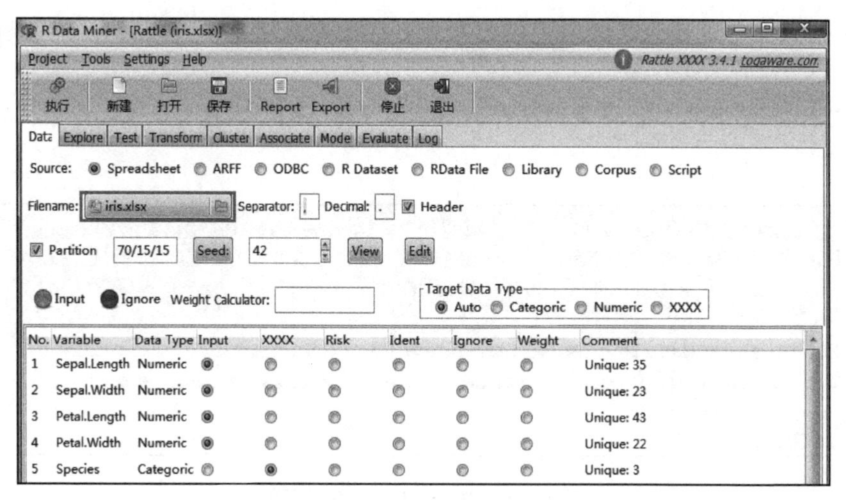

b）导入 xlsx 文件

图 11-11　（续）

通过 Log 查看记录可以发现，导入 xls 和 xlsx 文件都是使用 xlsx 包中的 read.xlsx 函数。

```
require(xlsx, quietly=TRUE)
crs$dataset <- read.xlsx("C:/Users/Think/Documents/iris.xls", sheetIndex=1)
crs$dataset <- read.xlsx("C:/Users/Think/Documents/iris.xls", sheetIndex=1)
```

备注：xlsx 包依赖于 rJava 包，需要在本地安装好 JRE 环境才能安装 rJava 和 xlsx 包。

11.3.2　导入 ARFF 数据

ARFF（The Attribute-Relation File Format）文件是 Weka 默认的储存数据集文件，主要由两部分组成：文件头和数据。

下面以 rattle 包自带的数据集 weather.arff 为例进行辅助说明。文件头包括 relation 说明和属性说明。

```
@relation weather @attribute Date date "yyyy-MM-dd" @attribute MinTemp numeric @
attribute RainTomorrow {'No','Yes'}
```

其中，属性部分声明属性名称和类别 (如果为枚举型则说明预设数据值)。

数据部分由 @data 引导。主要处理的数据类型有枚举型 (nominal)、数值型（integer real)、文本型 (string)、日期型 (date)。

```
@data
'2007-11-01','Canberra',8,24.3,0,3.4,6.3,'NW',30,'SW','NW',6,20,68,29, 1019.7,
1015,7,7,14.4,23.6,'No',3.6,'Yes'
'2007-11-02','Canberra',14,26.9,3.6,4.4,9.7,'ENE',39,'E','W',4,17,80,36, 1012.4,
1008. 4,5,3,17.5,25.7,'Yes',3.6,'Yes'
```

ARFF 格式文件的特点：各个记录相互独立，没有顺序要求，同时各个记录间不存在关系。

通过 Data 标签下的 Source 来源选择 ARFF 格式将 ARFF 数据导入 Rattle 中，如图 11-12 所示。

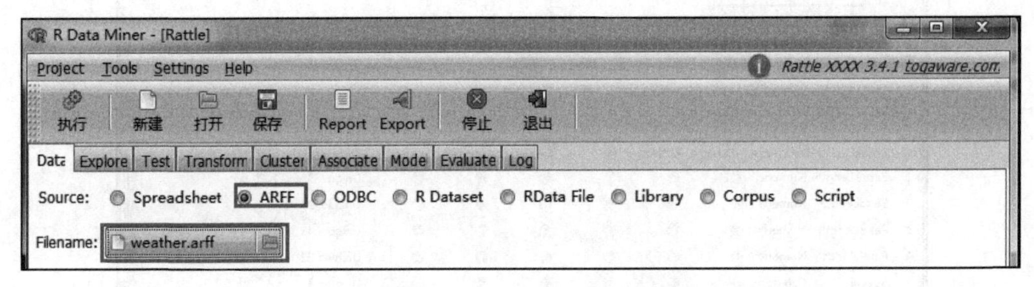

图 11-12 导入 ARFF 格式数据

查看 Log 记录，发现是通过 foreign 包的 read.arff 函数进行数据导入的。

```
# The 'foreign' package provides the 'read.arff' function.
require(foreign, quietly=TRUE)
# Load an ARFF file.
crs$dataset <- read.arff("file:///C:/Program Files/R/R-3.1.2/library/rattle/arff/
weather.arff")
```

11.3.3 导入 ODBC 数据

很多数据储存在数据库和数据仓库中。开放数据库连接（ODBC）标准已经发展为从数据库中访问数据的常用方法，该技术基于结构化查询语言（SQL）用于查询关系数据库。

在这里我们讨论如何直接从数据库中访问数据。Rattle 通过 ODBC 选项能获取任意一种拥有 ODBC 驱动的数据库，其实几乎就是市面上的所有数据库，如图 11-13 所示。

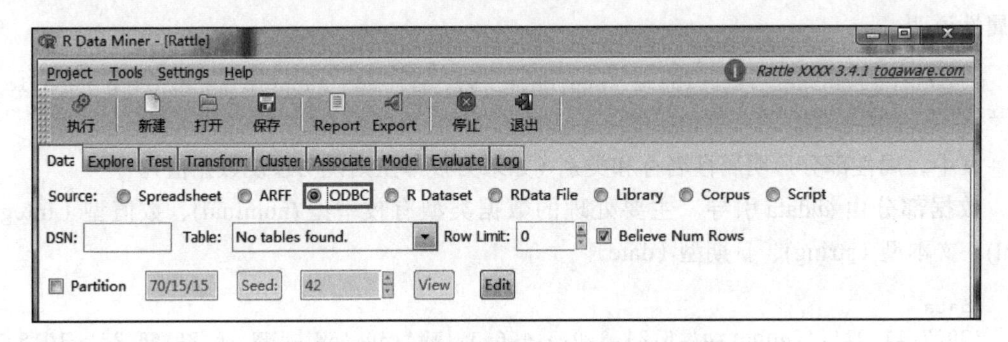

图 11-13 通过 ODBC 连据库数据导入数据

假设我们已经在 Windows 下安装了 MySQL，并通过 ODBC 数据源管理器配置好 MySQL 的 ODBC 驱动，如图 11-14 所示。

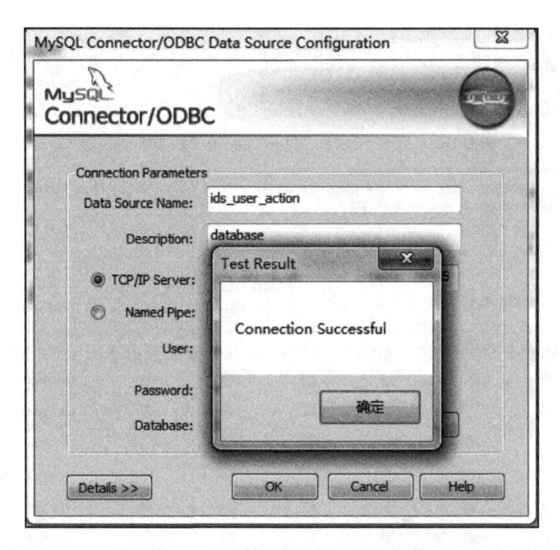

图 11-14　通过 ODBC 数据源管理器安装 ODBC 驱动

在 R 的控制台用 RODBC 包的 odbcConnect( ) 函数进行数据库连接：

```
> library(RODBC)
> odbcConnect("ids_user_action","Daniel.xie","xie@iedlan")
RODBC Connection 1
Details:
    case=tolower
    DSN=ids_user_action
    UID=Daniel.xie
    PWD=******
```

接下来，我们在 Rattle 的 DSN 中输入连接的数据库名，就可以在 Table 显示 ids_user_action 库中所有的数据表，如图 11-15 所示。

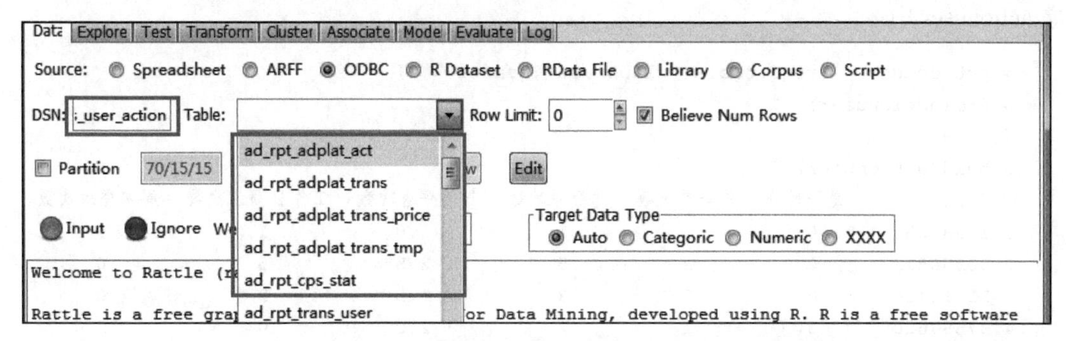

图 11-15　在 Rattle 中查看 ids_user_action 数据库中的数据表

如果我们想导入 ad_rpt_adplat_trans 的数据，只需要选中此表，然后单击“执行”按钮即可将该表导入 Rattle 中，如图 11-16 所示。

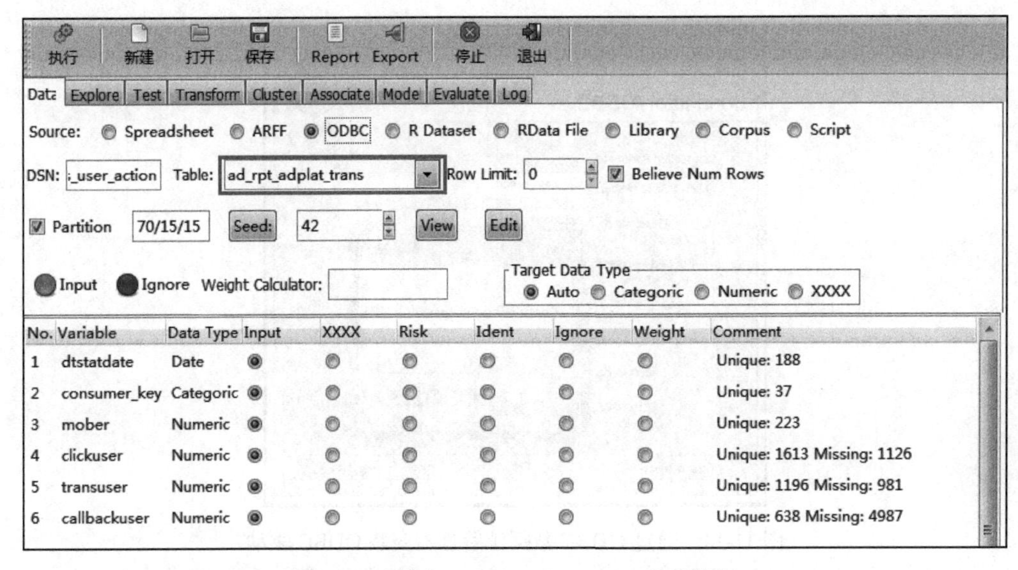

图 11-16 导入 ad_rpt_adplat_trans 表的数据

11.3.4 R Dataset——导入其他数据源

前面已经介绍了如何导入文本文件、ARFF 文件、数据库的数据，然而 R 支持从更多不同的数据源导入数据。例如，可以从剪贴板、其他专业的数据挖掘工具（SPSS、SAS）等进行数据导入，接下来要给大家演示如何将 R 当前环境中的数据对象导入 Rattle 中。

1. 从剪贴板读取数据

本地有一份关于用户活跃情况的数据，如图 11-17 所示。

通过 read.table（"clipboard", header = T）命令将剪贴板的数据导入 R，并保存在数据对象 actionuser 中：

```
> actionuser <- read.table("clipboard",header = T)
> dim(actionuser)
[1] 19  7
> head(actionuser)
用户 id        是否付费  总登录天数  总登录次数  日均登录次数  工作日登录次数  周末登录次数
1 14581052     0          1          1          1.0          1              0
2 30956813     0          2          5          2.5          5              0
3 31212114     0          2          3          1.5          3              0
4 37557610     0          1          2          2.0          0              2
5 40446697     0          1          3          3.0          0              3
6 44095085     0          2          5          2.5          5              0
```

接下来，就能在 R Dataset 的 Data Name 中选择数据对象 actionuser，如图 11-18 所示。

单击“执行”按钮后就能将 actionuser 数据导入 Rattle 中，可通过 View 按钮查看数据。

用户id	是否付费	总登录天数	总登录次数	日均登录次数	工作日登录次数	周末登录次数
14581052	0	1	1	1	1	0
30956813	0	2	5	2.5	5	0
31212114	0	2	3	1.5	3	0
37557610	0	1	2	2	0	2
40446697	0	1	3	3	0	3
44095085	0	2	5	2.5	5	0
45349067	1	2	2	1	2	0
50386599	0	1	1	1	1	0
52176150	0	1	3	3	3	0
53375068	0	1	2	2	2	0
53376666	1	8	40	5	28	12
60862676	0	1	1	1	1	0
67667471	0	4	15	3.75	11	4
69759354	0	1	2	2	0	2
71998699	0	1	2	2	2	0
76493565	0	1	1	1	1	0
76505180	0	8	41	5.125	31	10
81649003	0	1	2	2	0	2
81842163	0	1	2	2	2	0

图 11-17　选中数据并复制到剪贴板

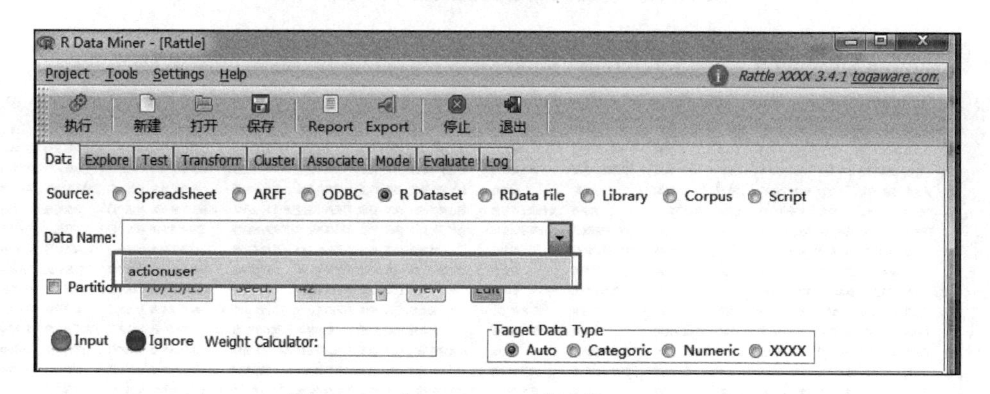

图 11-18　在 Data Name 中选择 actionuser

2. 加载 SPSS 数据集

利用 foreign 扩展包的 read.spss 函数可以将 SPSS 数据集读入 R 中。假如桌面有一份关于居民储蓄调查的数据，我们先将数据读入 R 中：

```
library(foreign)
mydataset <- read.spss("C:\\Users\\Think\\Desktop\\ 居民储蓄调查数据 .sav")
mydataset <- as.data.frame(mydataset)
```

然后在 R Dataset 的 Data Name 中选择数据对象 mydataset，将数据读入 Rattle 中，如图 11-19 所示。

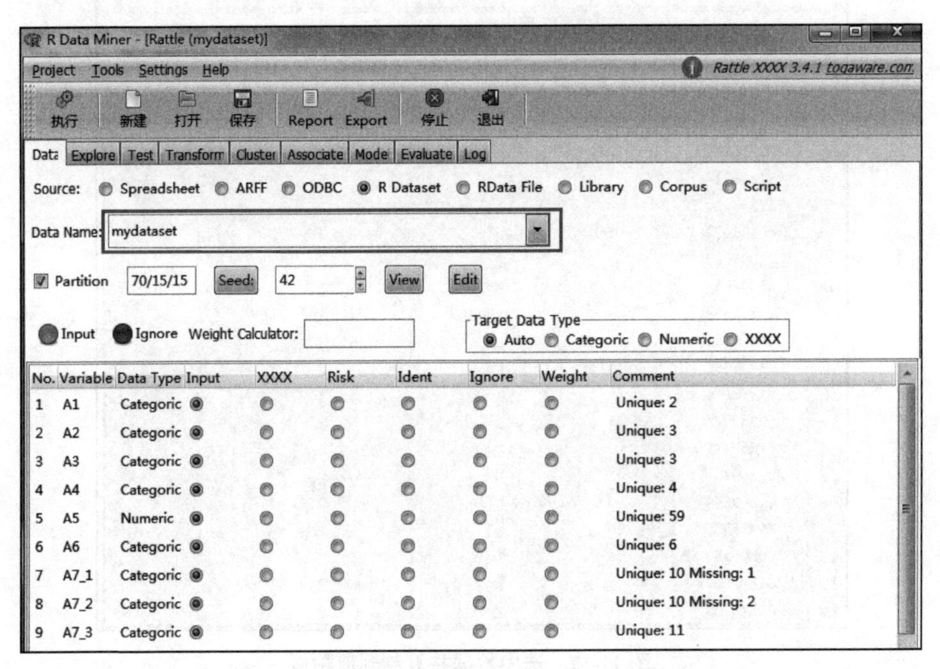

图 11-19 将居民储蓄调查数据导入 Rattle 中

单击 View 按钮查看导入的居民储蓄调查数据，如图 11-20 所示。

Rattle Dataset - dfedit version 0.6.1

	A1	A2	A3	A4	A5	A6	A7_1	A7_2	A7_3	A8	A9	A10	A11	A12	A13	A14	A15
1	买东西	基本不变	减少	300~800元	1400	活期	支付孩子教育费	养老金	防止意外事故	偏高	下降	继续存款	购买其他证券	日常生活用钱	城镇户口	文教卫生	35~50岁
2	存钱	基本不变	基本不变	300~800元	1407	活期	买高档消费品	正常生活零用	防止意外事故	偏高	稳定	购买其他证券	购买其他证券	日常生活用钱	城镇户口	退役人员	50岁以上
3	买东西	基本不变	增加	800~1500元	15000	活期	做生意	养老金	防止意外事故	偏高	稳定	购买其他证券	取钱买东西	生意周转金	城镇户口	工商运专业户	20~35岁
4	买东西	增加	增加	300~800元	6500	三年以下定期	结婚用	支付孩子教育费	防止意外事故	偏高	稳定	购买其他证券	购买其他证券	岁制购买中意商品	城镇户口	国家机关	20~35岁
5	买东西	增加	基本不变	800~1500元	700	活期	买高档消费品	正常生活零用	支付孩子教育费	偏高	稳定	购买其他证券	购买其他证券	日常生活用钱	城镇户口	公交建筑业	20~35岁
6	买东西	基本不变	基本不变	300~800元	1000	活期	支付孩子教育费	养老金	结婚用	偏高	稳定	购买其他证券	取钱买东西	购买国库券	城镇户口	经营性公司	20~35岁
7	存钱	基本不变	基本不变	300元以下	50	活期	正常生活零用	养老金	防止意外事故	偏高	稳定	购买其他证券	继续存钱	日常生活用钱	城镇户口	商业服务业	20岁以下
8	买东西	基本不变	基本不变	800~1500元	5000	三年以下定期	买高档消费品	结婚用	买房或建房	正常	稳定	购买其他证券	继续存钱	日常生活用钱	城镇户口	商业服务业	20~35岁
9	买东西	增加	增加	300~800元	500	活期	结婚用	买房或建房	养老金	正常	稳定	购买其他证券	取钱买东西	岁制购买中意商品	城镇户口	文教卫生	20~35岁
10	买东西	基本不变	基本不变	300~800元	500	三年以下定期	做生意	买房或建房	养老金	偏高	稳定	继续存款	取钱买东西	生意周转金	城镇户口	工商运专业户	35~50岁
11	买东西	基本不变	基本不变	300~800元	10000	三年以上定期	买证券及单位集资	养老金	防止意外事故	偏高	稳定	购买其他证券	购买其他证券	购买国库券	城镇户口	经营性公司	20~35岁
12	买东西	减少	基本不变	300~800元	500	三年以下定期	买高档消费品	支付孩子教育费	防止意外事故	偏高	稳定	购买其他证券	继续存钱	购买国库券	城镇户口	国家机关	20~35岁
13	买东西	增加	基本不变	800~1500元	10000	活期	结婚用	买房或建房	防止意外事故	正常	稳定	购买其他证券	购买其他证券	日常生活用钱	城镇户口	商业服务业	20~35岁
14	买东西	基本不变	基本不变	300元以下	18000	三年以下定期	正常生活零用	做生意	买房或建房	偏高	稳定	继续存款	取钱买东西	日常生活用钱	城镇户口	一般农户	35~50岁
15	买东西	增加	增加	300~800元	200	活期工资帐户	正常生活零用	支付孩子教育费	防止意外事故	偏高	稳定	提款购物	继续存钱	日常生活用钱	城镇户口	公交建筑业	20~35岁

确定(O) 取消(C)

图 11-20 查看导入的居民储蓄调查数据

11.3.5　导入 RData File 数据集

利用 RData File 选项可以将二进制的数据（通常是 RData File 的扩展）直接读入 Rattle 中，这些文件通常包含多个数据集。

假如桌面有一个 user.RData 数据，里面包括不同平台的用户信息，我们先在 Filename 中选择 user.RData，然后就可以选择里面包含的数据表，如图 11-21 所示。

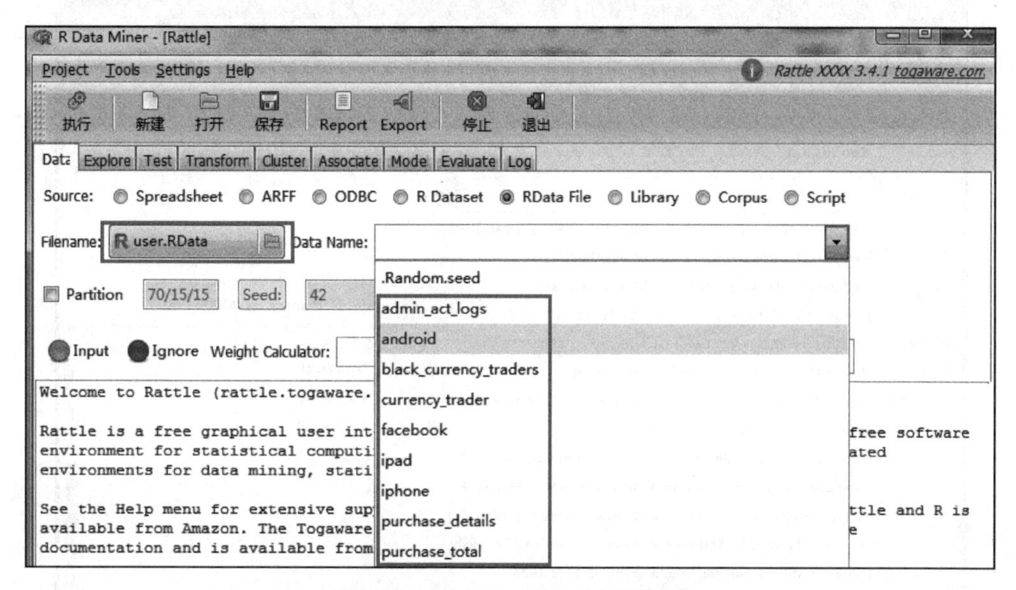

图 11-21　从 RData File 选择数据表

如选中 android 表，查看安卓用户信息，单击 View 按钮查看导入的数据，如图 11-22 所示。

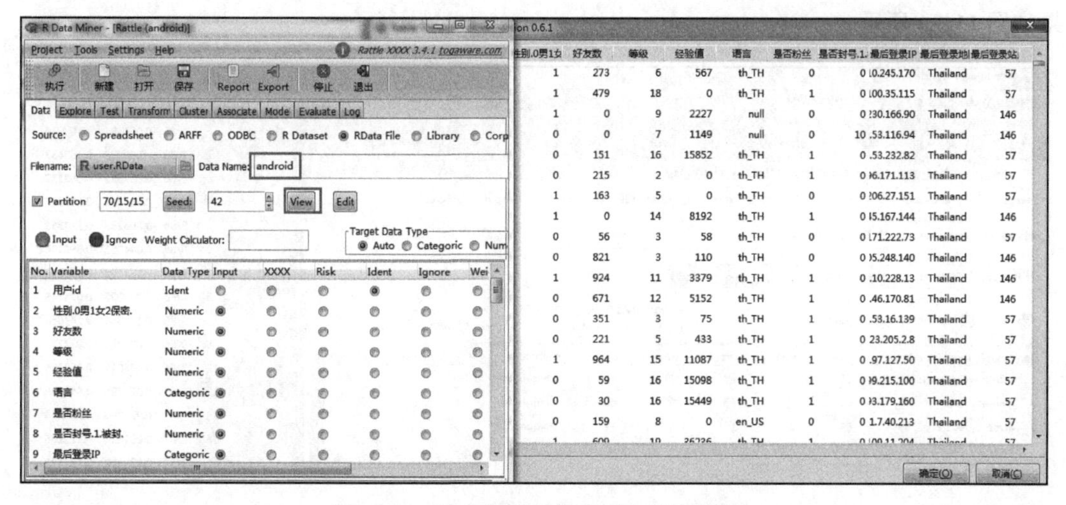

图 11-22　导入并查看安卓平台用户信息

11.3.6 导入 Library 数据

几乎每一个 R 包都提供了一些示例数据集，用于进行功能演示。如 rattle 包自带了 weather、dvdtrans、audit 数据集，我们通过 Library 选项可以很轻松地把这些数据集导入 Rattle，如图 11-23 所示。

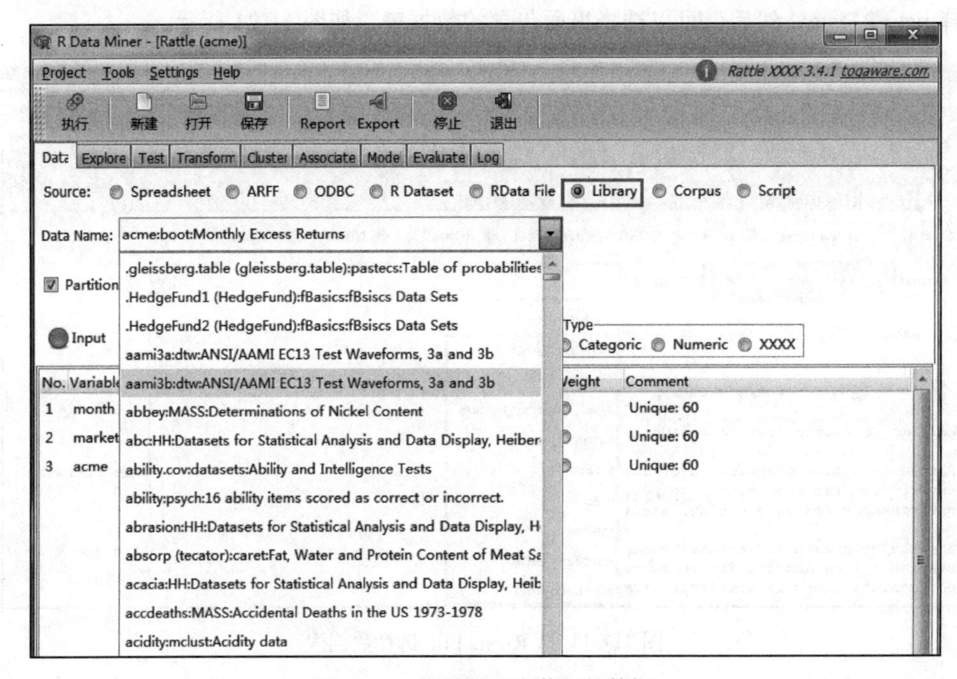

图 11-23 可选择已安装包的数据

如我们需导入 boot 扩展包中的 acme 数据集，选中该数据集后单击“执行”按钮，结果如图 11-24 所示。

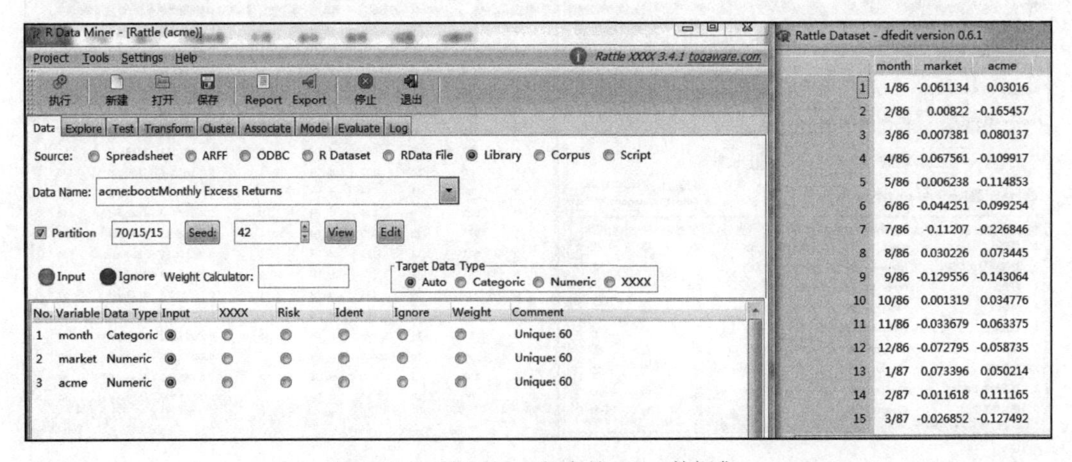

图 11-24 导入 boot 包中的 acme 数据集

11.4　数据探索

选项 Explore 主要用于数据探索，其界面如图 11-25 所示。

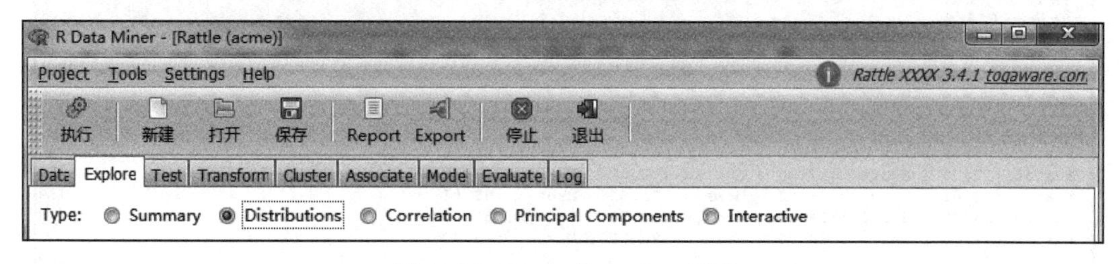

图 11-25　Rattle 的 Explore 界面

如图 11-24 所示，Rattle 中的 Explore 界面主要根据数据集输出数据集以下信息：数据总体概况（Summary）、数据分布情况（Distributions）、数据的相关系数矩阵（Correlation）、数据集的主成分分析（Principal Components）以及各变量之间的交互作用（Interactive）。

11.4.1　数据总体概况

我们从数据总体概况（Summary）开始介绍数据探索。虽然一图胜千言，但是数据总体概况在我们理解数据时仍扮演着重要的角色。

1. 基本概要

利用 base 包中的 summarry( ) 函数来获取描述统计量。summary( ) 函数对数值型变量提供了最小值、第一四分位数、中位数、均值、第三四分位数和最大值，对因子型或逻辑型变量提供了频数统计。

我们利用 rattle 包中自带的 weather 数据集进行演示，结果如图 11-26 所示。

由结果可知，Temp9am（在 9 点温度）的最小值是 0.10，第一四分位数是 7.20，中位数是 12.45，均值是 12.16，第三四分位数是 16.93，最大值是 24.70；RainTomorrow（明天是否下雨）有 215 天是晴天（No），41 天是雨天（Yes）。

2. 更详细的概要

利用 Hmisc 包中的 describe( ) 函数返回变量和观测的数量、缺失值和唯一值的数目、平均值、分位数，以及 5 个最大的值和 5 个最小的值，如图 11-27 所示。

由图 11-27 可知，训练数据集共有 256 条记录、22 个变量。其中 MinTemp（最小温度）共有 256 条记录，没有缺失值，唯一值数目是 154，均值是 7.011，接下来是各分位数值以及 5 个最小值和最大值。

如果是因子型变量，则返回的是观测的数目、缺失值和因子数，且计算各因子的数目及占比。如 RainTomorrow 变量的结果如下所示：

R Data Miner - [Rattle (weather.csv)]

Project Tools Settings Help　Rattle XXXX 3.4.1 togaware.com

执行 新建 打开 保存 Report Export 停止 退出

Data Explore Test Transform Cluster Associate Mode Evaluate Log

Type: Summary Distributions Correlation Principal Components Interactive

Summary Describe Basics Kurtosis Skewness Show Missing Cross Tab

```
1st Qu.: 6.00   1st Qu.:11.00   1st Qu.:64.00   1st Qu.:32.75
Median : 7.00   Median :17.00   Median :72.00   Median :43.00
Mean   : 9.81   Mean   :17.93   Mean   :71.62   Mean   :43.97
3rd Qu.:13.00   3rd Qu.:24.00   3rd Qu.:80.00   3rd Qu.:53.00
Max.   :41.00   Max.   :50.00   Max.   :99.00   Max.   :94.00
NA's   :4
 Pressure9am      Pressure3pm       Cloud9am        Cloud3pm
Min.   : 996.5   Min.   : 996.8   Min.   :0.000   Min.   :0.000
1st Qu.:1016.0   1st Qu.:1013.1   1st Qu.:1.000   1st Qu.:1.000
Median :1020.8   Median :1017.5   Median :3.000   Median :3.000
Mean   :1020.0   Mean   :1017.2   Mean   :3.656   Mean   :3.828
3rd Qu.:1024.5   3rd Qu.:1021.5   3rd Qu.:7.000   3rd Qu.:7.000
Max.   :1035.7   Max.   :1033.2   Max.   :8.000   Max.   :8.000
   Temp9am          Temp3pm       RainToday      RISK_MM        RainTomorrow
Min.   : 0.10   Min.   : 7.10   No :212    Min.   : 0.000   No :215
1st Qu.: 7.20   1st Qu.:13.80   Yes: 44    1st Qu.: 0.000   Yes: 41
Median :12.45   Median :18.15              Median : 0.000
Mean   :12.16   Mean   :19.01              Mean   : 1.265
3rd Qu.:16.93   3rd Qu.:23.75              3rd Qu.: 0.200
Max.   :24.70   Max.   :34.50              Max.   :39.800
```

图 11-26　利用 base 包中的 summary 函数对数据进行描述性统计分析

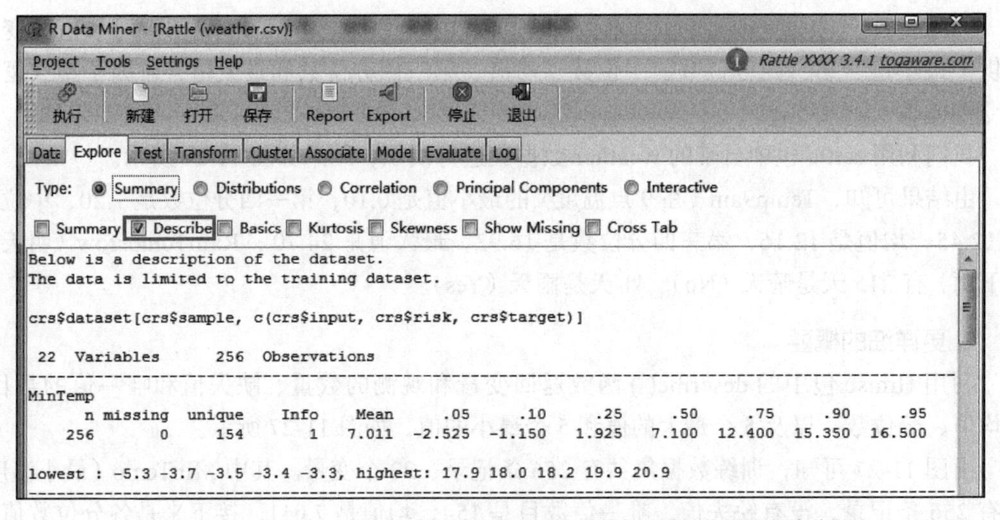

图 11-27　利用 Hmisc 包中的 describe 函数对数据进行描述性统计分析

```
RainTomorrow
n   missing  unique
256    0        2
No (215, 84%), Yes (41, 16%)
```

RainTomorrow 变量共有 256 条记录，没有缺失值，有两个因子，分别是 No 和 Yes，其中 No 的数目是 215，占总记录数的 84%，Yes 的数目是 41，占总记录数的 16%。

3. 数值型变量更详细概要

fBasics 包中的 basicsStats( ) 函数对数值型变量提供了更详细的描述性统计，包括以下统计指标：记录数、缺失值个数、最小值、最大值、第一四分位数、第三四分位数、均值、中位数、求和、均值标准误、均值 95% 置信区间的上下限、方差、偏度和峰度。MinTemp 变量的统计结果如图 11-28 所示。

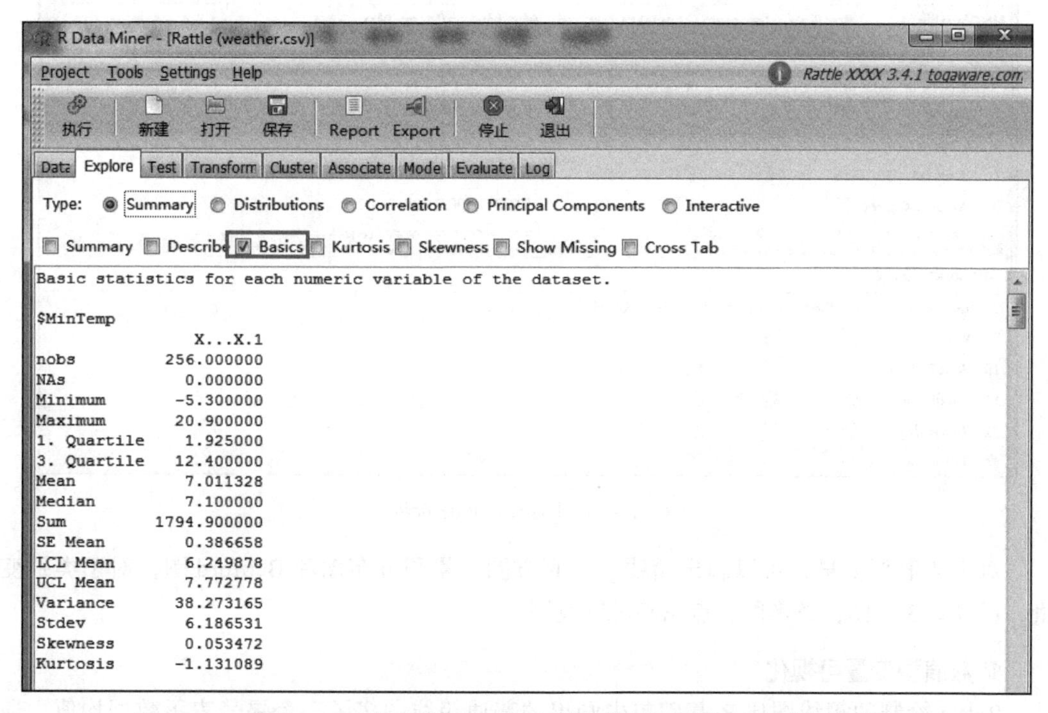

图 11-28　利用 fBasics 包中的 basicStats 函数对数值型变量进行详细描述统计

除了以上 3 种常用的数据概要统计方法外，还有峰度（Kurtosis）、偏度（Skewness）、显示缺失值（Show Missing）和交叉表（Cross Tab），如图 11-29 所示，请读者自行研究。

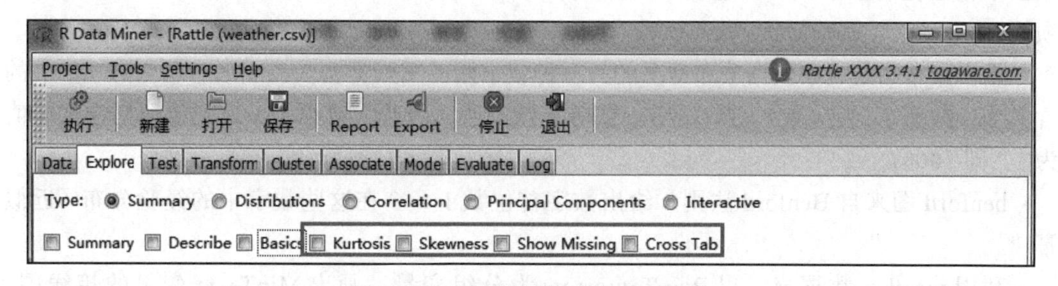

图 11-29　数据概要的其他统计方法

11.4.2 数据分布探索

利用 Rattle 的 Distributions 选项，可以以可视化的方式给出各个变量的分布特征，如图 11-30 所示。可以选择相应的图形选项，单击“执行”按钮绘图。

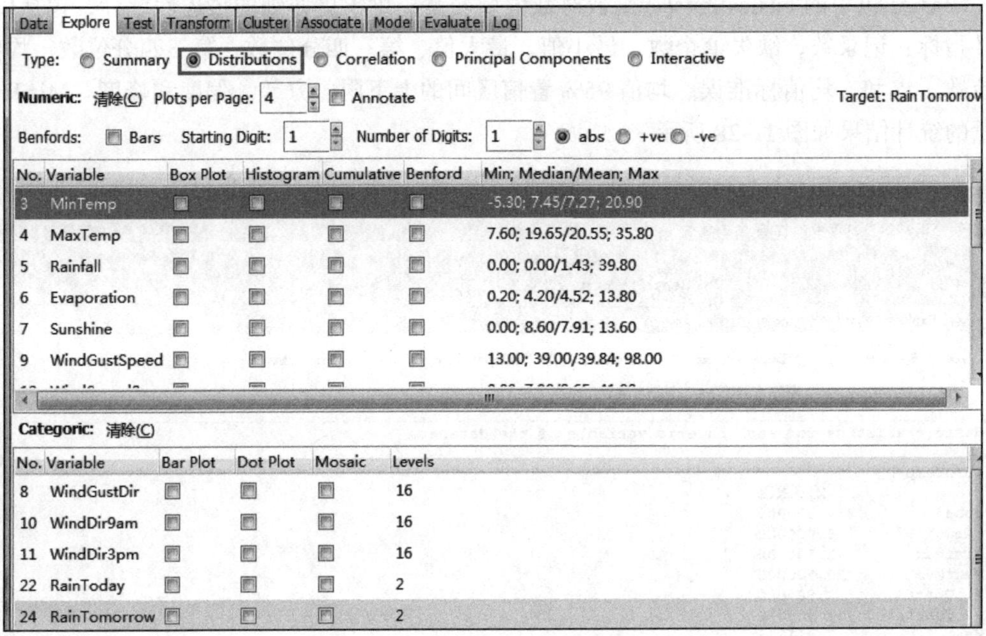

Data | Explore | Test | Transform | Cluster | Associate | Model | Evaluate | Log

Type: Summary | Distributions | Correlation | Principal Components | Interactive

Numeric: 清除(C) Plots per Page: 4 Annotate Target: RainTomorrow

Benfords: Bars Starting Digit: 1 Number of Digits: 1 abs +ve -ve

No.	Variable	Box Plot	Histogram	Cumulative	Benford	Min; Median/Mean; Max
3	MinTemp					-5.30; 7.45/7.27; 20.90
4	MaxTemp					7.60; 19.65/20.55; 35.80
5	Rainfall					0.00; 0.00/1.43; 39.80
6	Evaporation					0.20; 4.20/4.52; 13.80
7	Sunshine					0.00; 8.60/7.91; 13.60
9	WindGustSpeed					13.00; 39.00/39.84; 98.00

Categoric: 清除(C)

No.	Variable	Bar Plot	Dot Plot	Mosaic	Levels
8	WindGustDir				16
10	WindDir9am				16
11	WindDir3pm				16
22	RainToday				2
24	RainTomorrow				2

图 11-30 Distributions 选项

对于数值型变量，可以画出箱线图、直方图、累积分布图和 Benford 图；对于类别变量，可以画 3 个图：条形图、点图和马赛克图。

1. 数值型变量可视化

Rattle 绘制的箱线图比 R 基础包中画出的普通箱线图多了一个星号表示数据均值，通过中位数和均值的对比，可以得知数据的偏态情况。

Rattle 绘制的直方图包含 3 部分：首先是通过 x 轴将值域分割为一定数量的组，在 y 轴上显示相应值的频数，展现连续型变量分布的直方图，然后在直方图上叠加核密度图和轴须图。

累积分布图是观察数据分布情况的另一种较常用的图形类型。该图形中每个点 (x,y) 的含义为：共有 y（百分数）的数据小于或等于该 x 值，因此，数据中 x 最大值所对应的 y 值为 1，即 100%。

benford 图来自 Benford 法则，给出数字首位数 1 ～ 9 在这些数字中的经验分布（近似幂律）。

利用 weather 数据集，以 RainTomorrow 为分组变量，画出 MinTemp 变量的箱线图、直方图、累积分布图和 Benford 图，如图 11-31 所示。

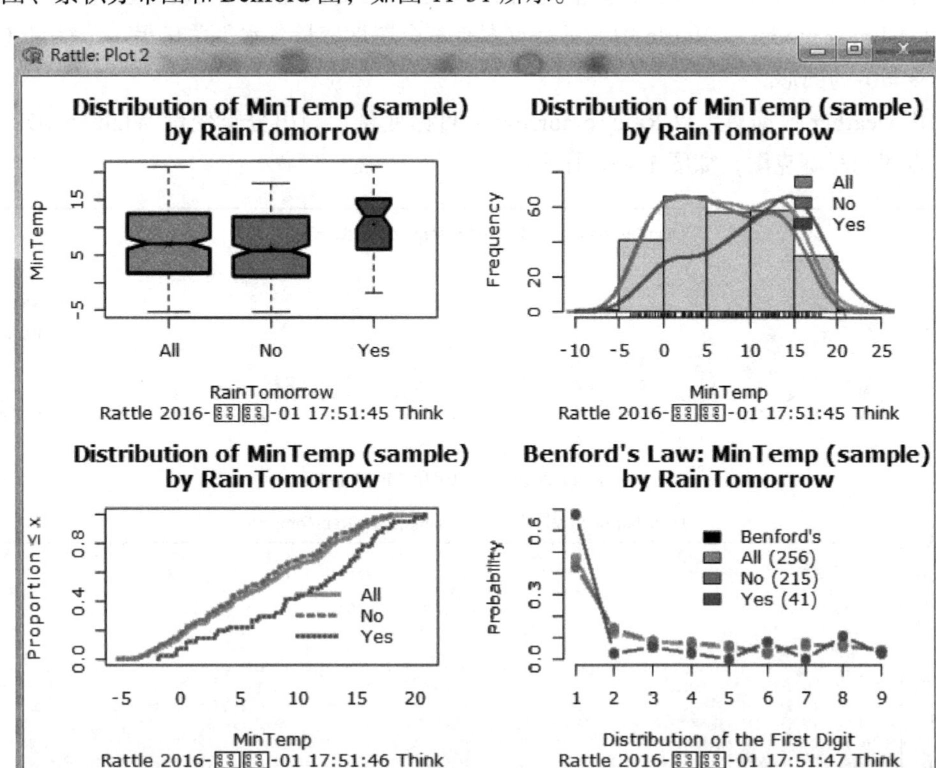

图 11-31　Rattle 对数值型变量数据可视化

箱线图（左上）的中间横线表示中位数，* 表示均值。从图 11-31 可以看出，当 RainTomorrow 为 No 时，均值大于中位数，说明数据处于正偏态分布（右偏分布）；当 RainTomorrow 为 Yes 时，均值小于中位数，说明数据处于负偏态分布（左偏分布）。

直方图（右上）的柱状图表示的是将变量 MinTemp 按照置于进行分组后再以 y 轴显示相应值的频数，3 条曲线表示变量 MinTemp 按照分组变量 RainTomorrow 画出的核密度图，可知当 RainTomorrow 为 No 时，处于右偏；当 RainTomorrow 为 Yes 时，处于左偏，与箱线图得出的结论一致。

在累积分布图中，RainTomorrow 为 Yes 时的曲线低于为 All、No 的曲线，说明为 Yes 时的 MinTemp 数据大于整合和为 No 时的数据。

2. 类别变量可视化

柱状图通过竖立的柱子展示了类别变量的分布（频数）。

点图提供了一种在简单水平刻度上绘制大量有标签值的方法。

马赛克图是表现多维列联表数据的一个工具。它的表现形式为与频数成比例的矩形块，整幅图形看起来就像是若干块马赛克放置在平面上。马赛克图背后的统计理论是对数线性模型（log-linear model）。Rattle 中的马赛克图是某个属性变量各水平关于另一个变量（一般是目标变量）的图形。

利用 weather 数据集，以 RainTomorrow 为目标变量，画出分类变量 WindGustDir 的柱状图、点图和马赛克图，如图 11-32 所示。

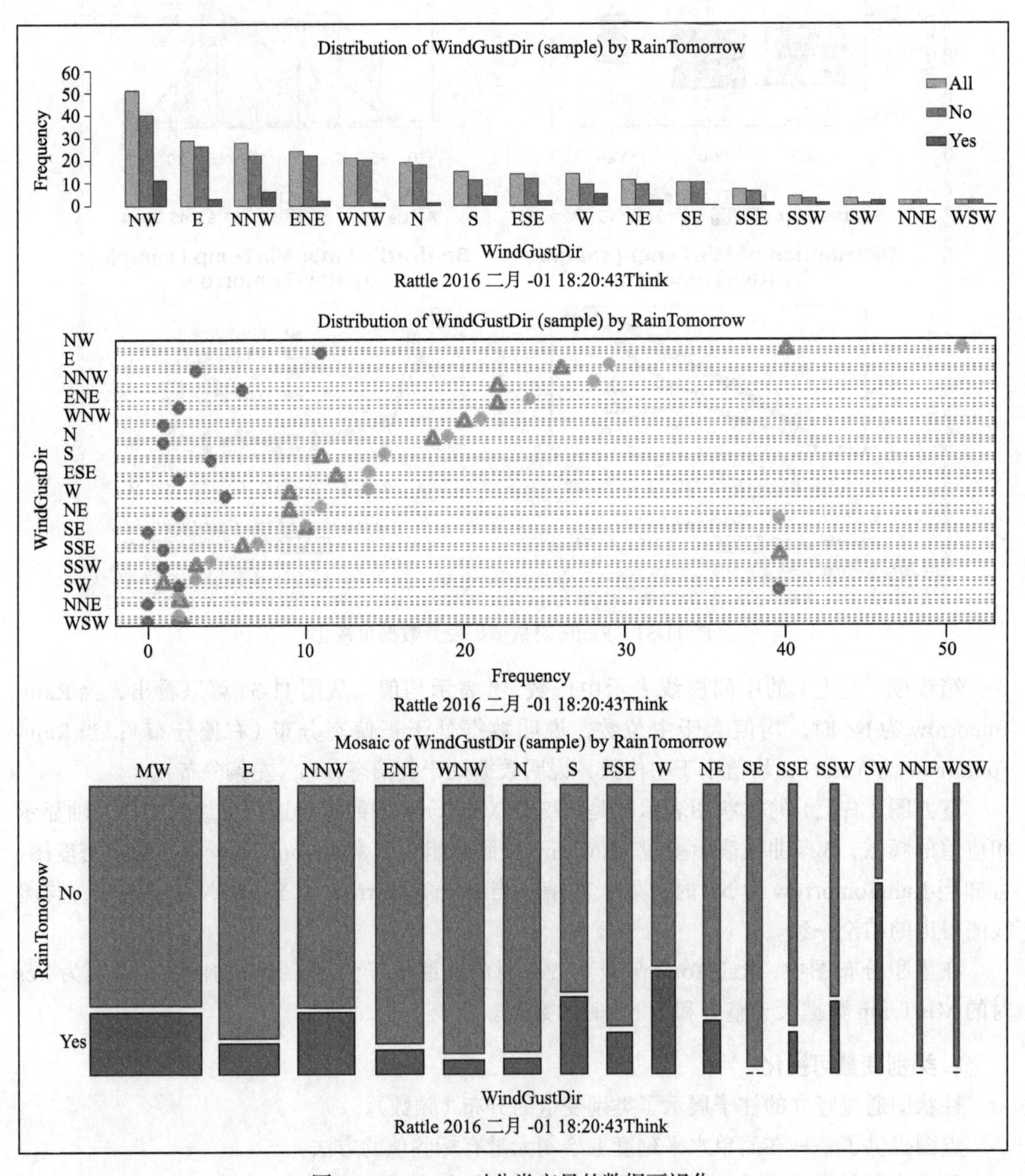

图 11-32 Rattle 对分类变量的数据可视化

从以上 3 种图形上可知，类别变量 WindGustDir 的各方位的晴天的频数均高于雨天。

11.4.3　相关性

利用 Rattle 的 Correlation 选项，可计算数值变量间的相关系数，并对结果进行可视化展示。

计算相关系数采用 Pearson、Kendall、Spearman 三种方法，默认是 Pearson，如图 11-33 所示。

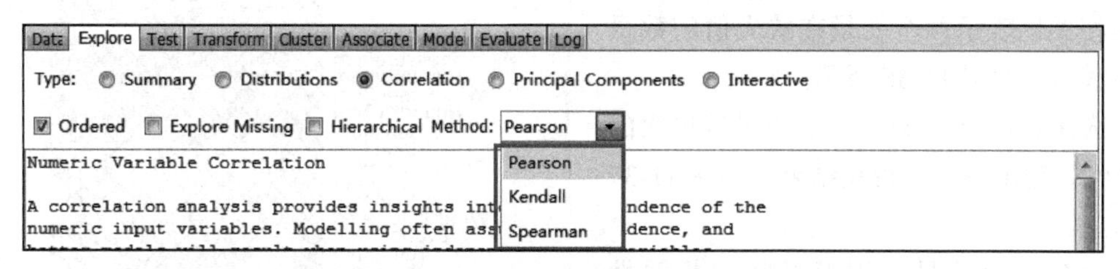

图 11-33　相关系数的计算方式

对 weather 数据集，计算出数值型变量的相关系数，结果如图 11-34 所示。

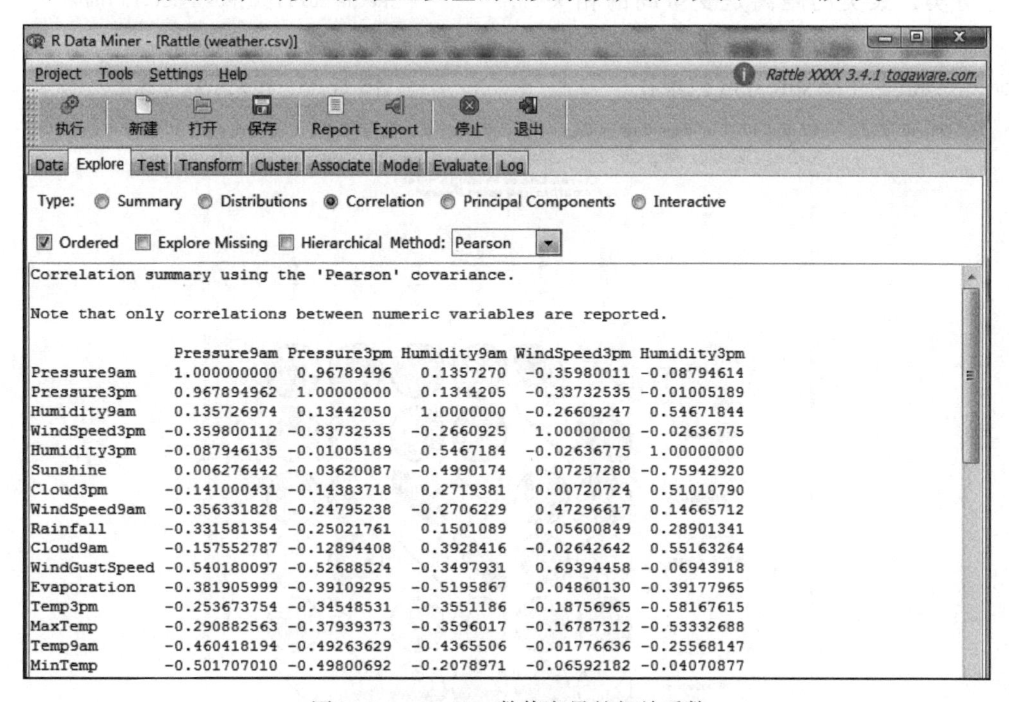

图 11-34　weather 数值变量的相关系数

Pressure9am 与 Pressure3pm 之间的相关系数约为 0.96789，具有强的正相关性。

Rattle 可以对相关系数进行可视化，如图 11-35 所示。

在图 11-35 中，红色表示负相关，蓝色为正相关。颜色越浅，相关系数（绝对值）越小。越接近直线，相关系数（绝对值）越大。变量 Pressure9am 与 Pressure3pm 交叉的椭圆蓝色很深，说明两者具有强的正相关性。

这个选项还可以探索缺失值的相关性。

数据集当中常有这样的情况：一个在某个变量上有缺失值的观测在别的变量上也很可能有缺失值。选择 Explore Missing 选择并执行后，会输出相关系数矩阵，这里的相关性表示两个变量在缺失值的数量上的联系，如图 11-36 所示。

选择 Hierarchical 选项，可计算层次的相关性，输出一个可视化结果，如图 11-37 所示。

这个图形就是使用变量间的相关性按照层次聚类法（系统聚类法）来对变量进行分类，聚类的距离是变量间的相关性。从聚类结果可知，强正相关的变量 Pressure9am 与 Pressure3pm 被聚在一类。

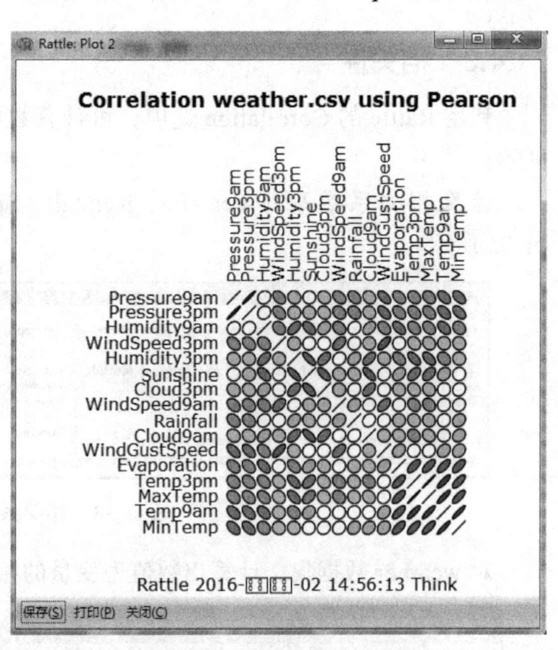

图 11-35 相关系数可视化

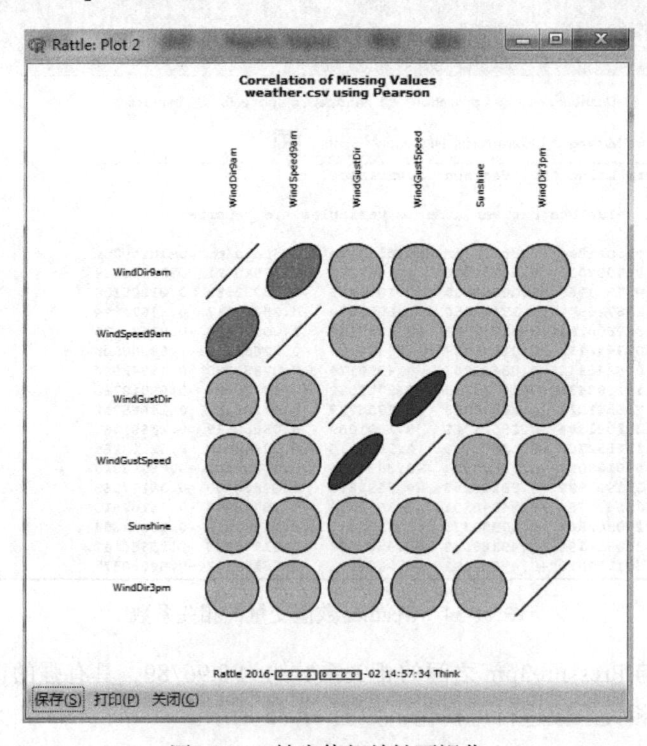

图 11-36 缺失值相关性可视化

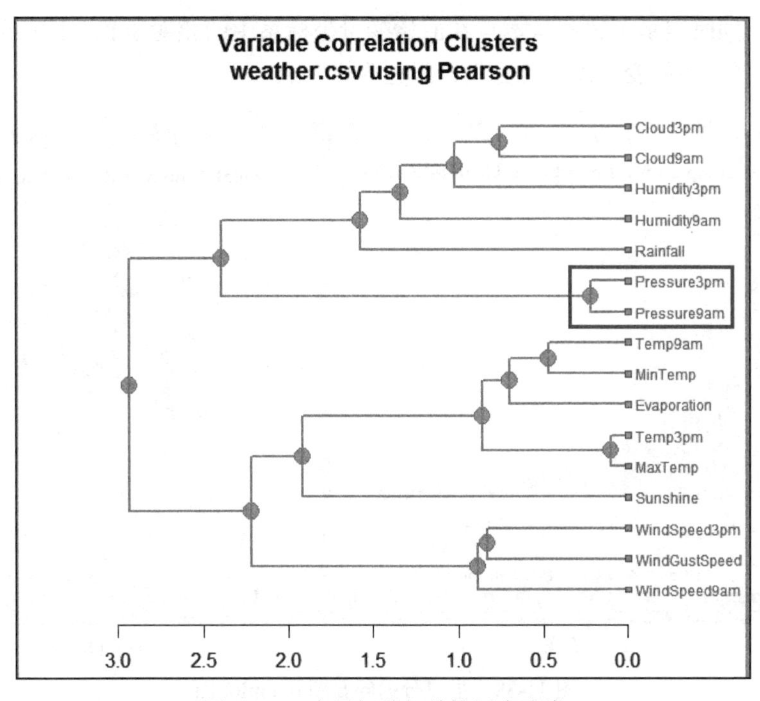

图 11-37 变量间的相关性层次聚类

11.4.4 主成分

Principal components 选项提供了主成分分析来探索数据。

通常主成分分析作为一种数据降维的方法，在数据探索当中可以用来发现数据集中用来解释样本方差的重要变量。样本的各个主成分就是用来描述数据最大方差的互不相关的原始变量的线性组合。

Rattle 计算主成分有两种方法：一种是计算样本协方差矩阵的特征值和特征向量（Eigen），另一种方法是对数据矩阵进行奇异值分解（SVD）。

作为结果，在 SVD 方法中，给出标准差、主成分系数和贡献率、累计贡献率。在 Eigen 方法中，只给出标准差和贡献率、累计贡献率。两种计算的结果是有差异的。同时，两种结果都会画出碎石图和 biplot 图。

下面是以洛杉矶街区数据（LA.Neighborhoods.csv）为例，以 SVD 方法进行主成分计算，结果如图 11-38 所示。

图 11-38a 所示碎石图用来表示各个主成分的相对重要程度，可以作为选择主成分的一种直观依据。可以看出，第一主成分的贡献率较大，而其他主成分的贡献率都不那么大，一直到第四主成分时，累积贡献率才超过 74%。

图 11-38b 所示 biplot 图给出了样本点在第一主成分和第二主成分坐标系下的位置（即

主成分得分)，同时表示了这些样本点在原始变量坐标系中的相对位置，图中红色箭头表示原始变量坐标系。原始变量以红色标出，黑色为样本点。

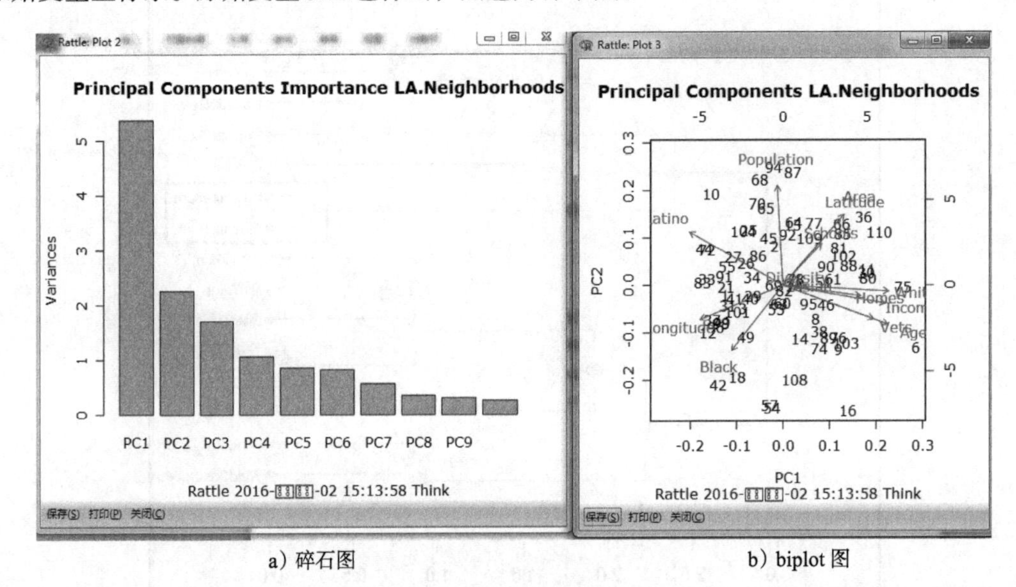

a）碎石图　　b）biplot 图

图 11-38　主成分的碎石图和 biplot 图

11.4.5　交互图

R 语言可以用 latticist 和 GGobi 两种方法，以交互的方式探索数据。其中 latticist 依赖 R 的 lattice 作图系统，而 GGobi 依赖同名的软件。需要安装 GGobi 软件，以及相应的 rggobi 包。

latticist 包可通过栅栏图方式探索数据集，CRAN 上没有 latticist 包，不过可以在 https://cran.r-project.org/src/contrib/Archive/latticist/ 下载历史版本来进行本地安装。

需对 mtcars 数据集进行交互图操作，执行如下代码：

```
library(latticist)
mtcars$cyl <- factor(mtcars$cyl)
mtcars$gear <- factor(mtcars$gear)
latticist(mtcars)
```

生成的界面如图 11-39 所示。

用户能通过下拉菜单和按钮直接创建 lattice 图形。如想将变量 cyl 作为分组变量，可以在 Groups/Color 下拉菜单中选择 cyl，结果如图 11-40 所示。

如果 *x* 轴选择数值变量，则得到的是核密度图；如果 x 轴选择分类变量，则得到的是柱状图，如图 11-41 所示。

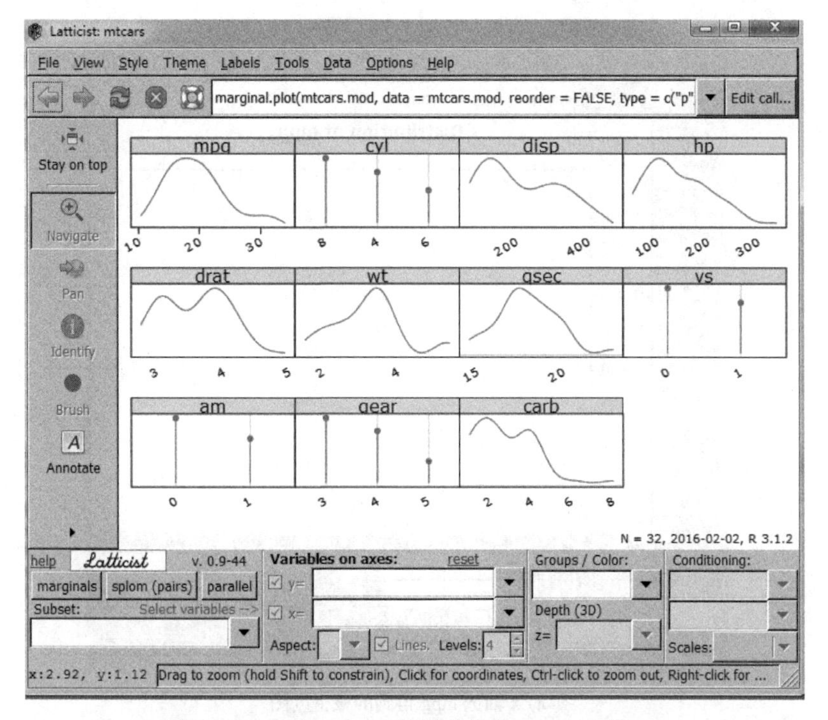

图 11-39　拥有 latticist 函数功能的 playwith 窗口

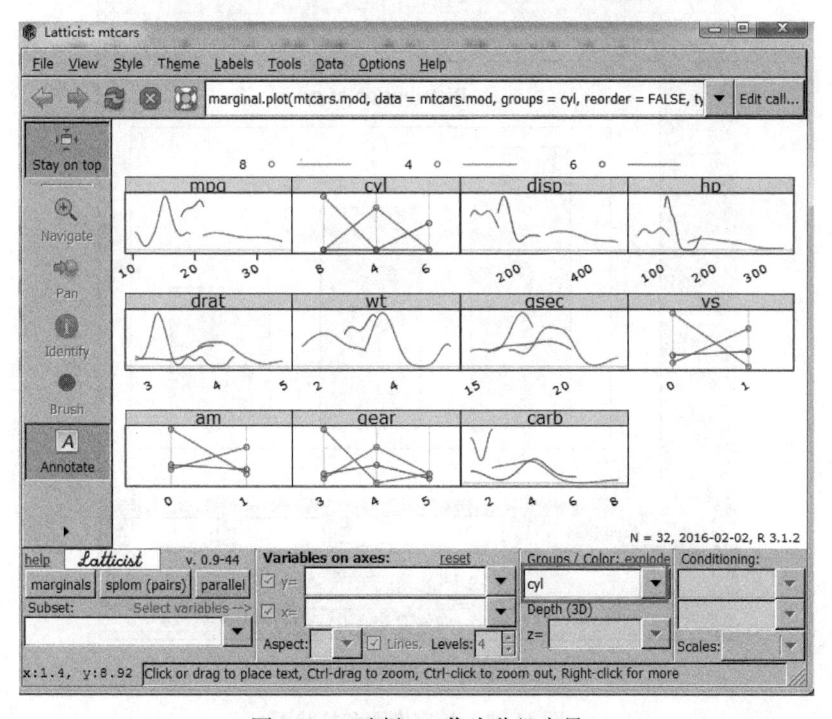

图 11-40　选择 cyl 作为分组变量

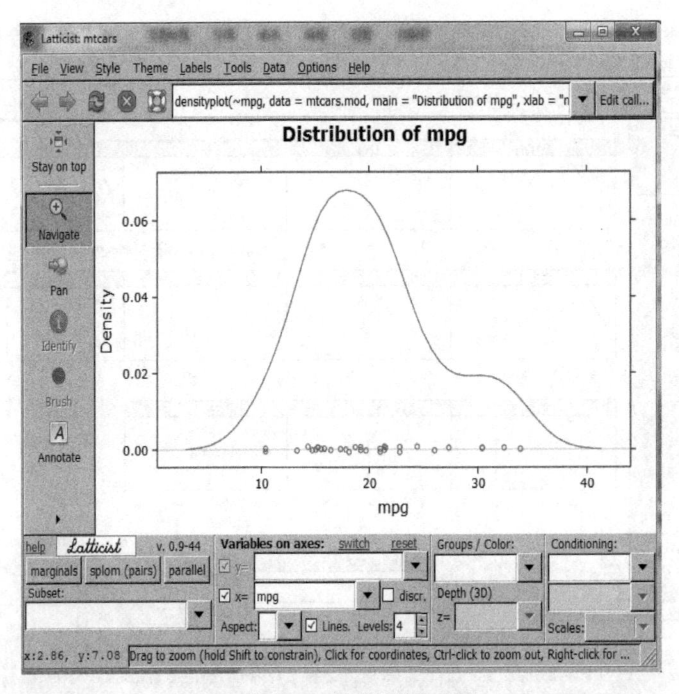

a）*x* 轴选 mpg 得到的核密度图

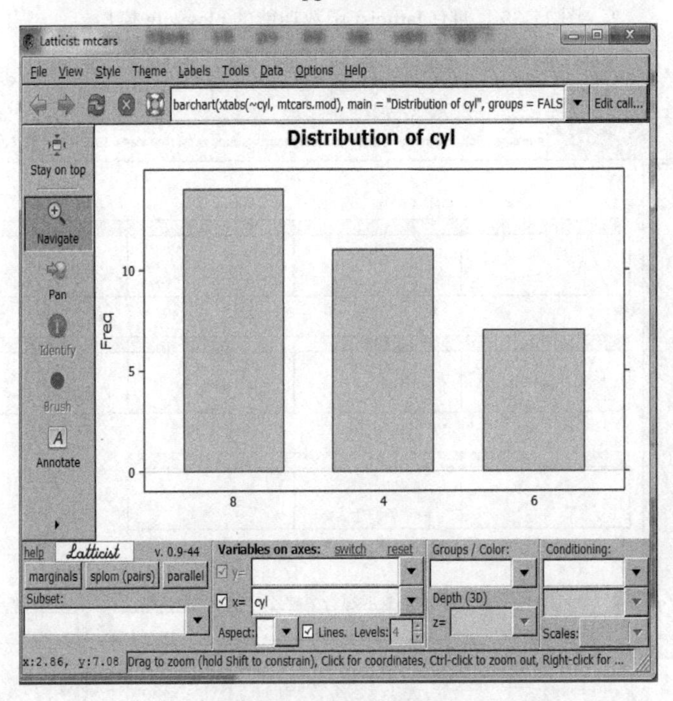

b）*x* 轴选 cyl 得到的柱状图

图 11-41　核密度图和柱状图

如果 x 轴选择分类变量，y 轴选择数值变量，则可以画出箱线图，如图 11-42 所示。

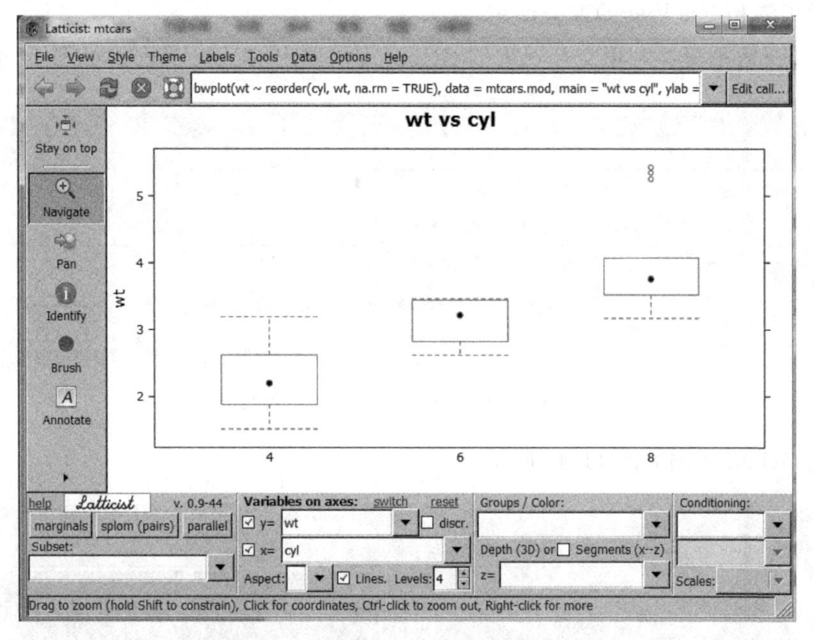

图 11-42　x 轴选 cyl、y 轴选 wt 的箱线图

除了可以设置分组变量（Groups/Color），还可以设置条件变量（Conditioning），如图 11-43 所示。

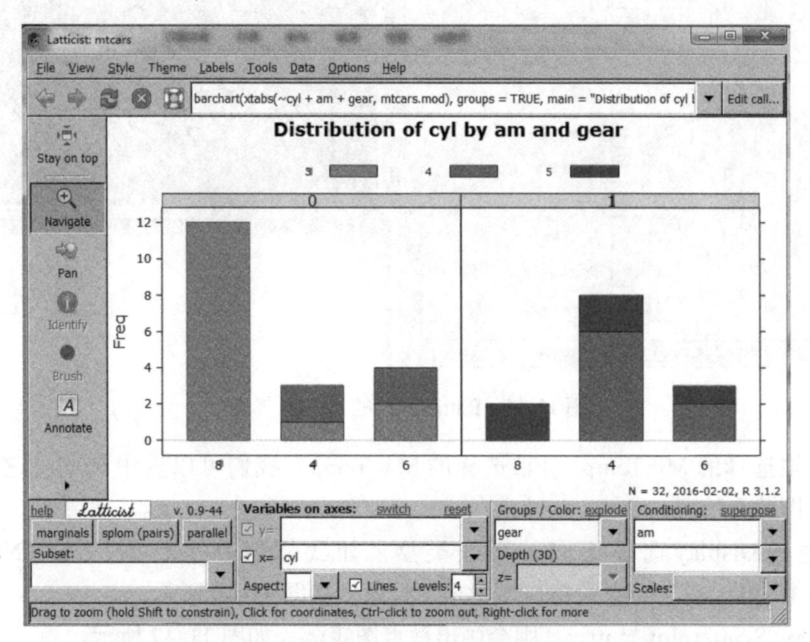

图 11-43　以 am 为条件，以 gear 为分组时与 cyl 的栅栏图

GGobi有许多吸引眼球的优点，包括交互式散点图、柱状图、平行坐标图、时间序列图、散点图矩阵和三维旋转的综合使用。

对weather数据集，利用交互选项的GGobi即可调出GGobi界面，如图11-44所示。

图11-44 Rattle中调出GGobi界面的选项

调出的GGobi界面如图11-45所示。

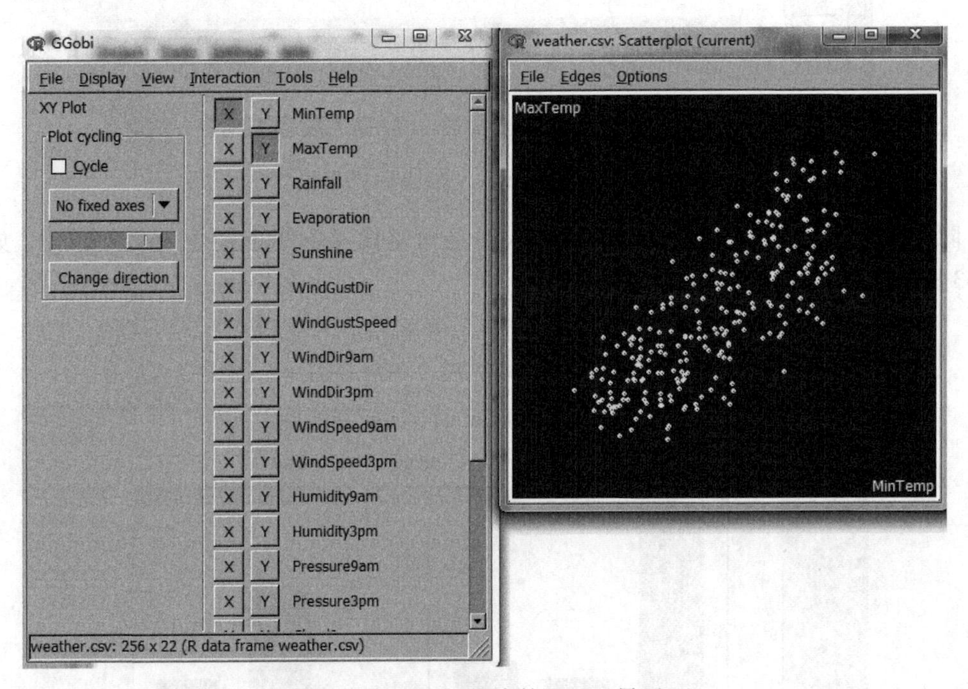

图11-45 Rattle调出的GGobi界面

目前x轴选择的MinTemp，y轴选择的MaxTemp，我们可以选中Cycle，查看不同变量间的散点图分布情况。

可以通过Display选择不同的图表类型，如我们想画平行图，选中New Parallel Coordinates Display后，会在新窗口中输出平行图，如图11-46所示。

选中New Scatterplot Matrix，则会画出散点图矩阵，如图11-47所示。

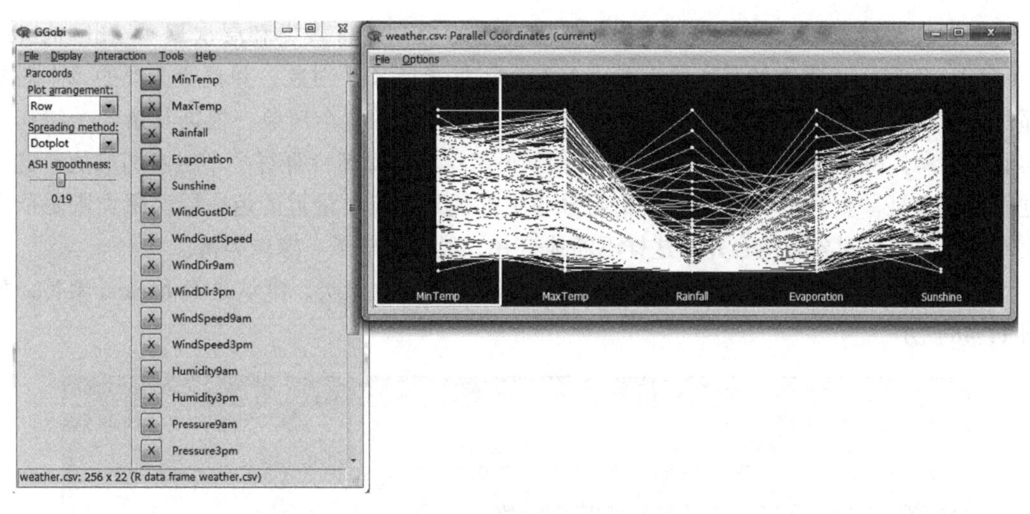

图 11-46 GGobi 画出平行图

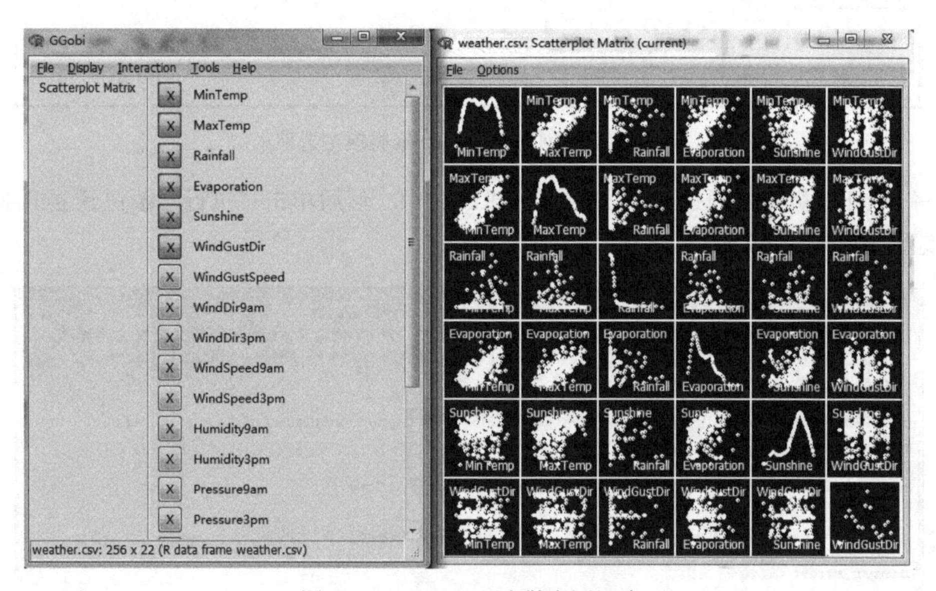

图 11-47 GGobi 画出散点图矩阵

11.5 数据建模

11.5.1 聚类分析

聚类分析是一种原理简单、应用广泛的数据挖掘技术。针对几个特定的业务指标，可以将观测对象的群体按照相似性和相异性进行不同群组的划分。经过划分后，每个群组内部各对象间的相似度会很高，而在不同群组之间的对象彼此间将具有很高的相异度。

聚类算法种类繁多，Rattle 可以实现最常用的 K-Means 聚类和层次聚类（hierachical cluster）。K-Means 聚类的基本原理是：首先，随机选择 K 个对象，并且所选择的每个对象都代表一个组的初始均值或初始组的组中心值；对剩余的每个对象，根据其余各个组初始均值的距离，将它们分配给最近的（最相似）小组；然后重新计算每个小组新的均值；这个过程不断重复，直到所有的对象在 K 组分布中都找到离自己最近的组。层次聚类则是依次让最相似的数据对象两两合并，这样不断地合并，最后形成了一棵聚类树。

Rattle 通过 Cluster 选项可以建立 K-Means 聚类和层次聚类，默认是 K-Means 聚类，如图 11-48 所示。

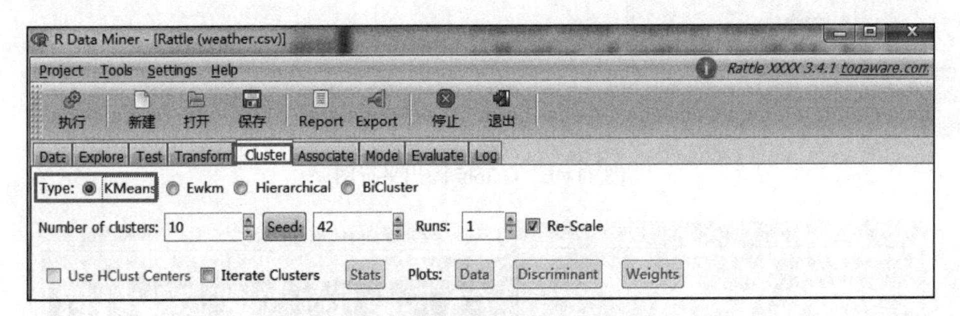

图 11-48 创建 K-Means 聚类模型选项

将 weather 数据集通过 Data 选项导入 Rattle 中，然后单击“执行”按钮建立 K-Means 聚类模型，如图 11-49 所示。

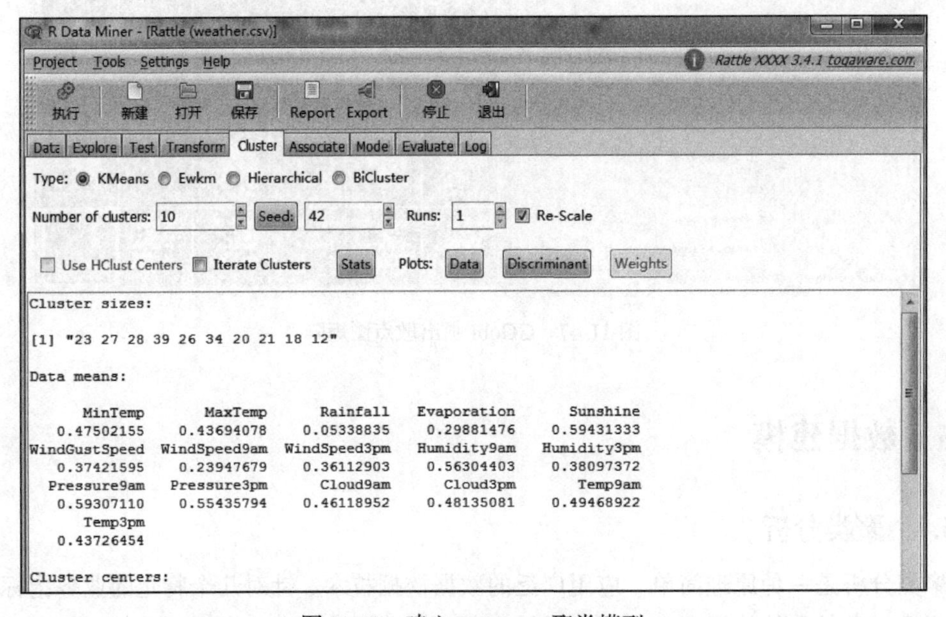

图 11-49 建立 K-Means 聚类模型

模型结果先输出各类别所包含的样本数：

```
Cluster sizes:
[1] "23 27 28 39 26 34 20 21 18 12"
```

接着输出训练数据集各变量的均值：

```
Data means:
      MinTemp       MaxTemp      Rainfall   Evaporation      Sunshine
   0.47502155    0.43694078    0.05338835    0.29881476    0.59431333
WindGustSpeed  WindSpeed9am  WindSpeed3pm   Humidity9am   Humidity3pm
   0.37421595    0.23947679    0.36112903    0.56304403    0.38097372
  Pressure9am   Pressure3pm      Cloud9am      Cloud3pm       Temp9am
   0.59307110    0.55435794    0.46118952    0.48135081    0.49468922
      Temp3pm
   0.43726454
```

然后输出各类别均值：

```
Cluster centers:
     MinTemp   MaxTemp     Rainfall Evaporation  Sunshine WindGustSpeed
1  0.3670760 0.1886703 0.0704415234  0.23978920 0.6400256     0.5929952
2  0.7233531 0.8392809 0.0238300316  0.54489338 0.8488562     0.3770576
3  0.6020992 0.5908498 0.0337763012  0.36958874 0.6326155     0.4042659
4  0.2250930 0.2765300 0.0121248261  0.15773116 0.6975867     0.2631766
5  0.7288608 0.4402021 0.1753130590  0.39685315 0.1781674     0.4220085
6  0.3718006 0.2678188 0.0177838577  0.15106952 0.3784602     0.2614379
7  0.1362595 0.1414234 0.0337209302  0.08409091 0.4257353     0.2986111
8  0.6581243 0.6039277 0.1675895164  0.43795094 0.6803221     0.4312169
9  0.4796438 0.5636659 0.0004306632  0.28030303 0.8010621     0.2993827
10 0.6186387 0.6520681 0.0161498708  0.50000000 0.8425245     0.5937500
```

最后给出各类别的组内平方和：

```
Within cluster sum of squares:
[1]  7.639349  6.021378 10.350511  7.617504 11.520617 10.775379  6.036238
[8]  8.683444  2.625241  2.778257
```

单击 Plots 中的 Data 按钮，会输出前 5 个数值变量的散点图矩阵，用不同颜色区分不同类别的样本，如图 11-50 所示。

单击 Plots 中的 Discriminant 按钮，则会生成样本投影图，并用数字标明每个样本所属类别，如图 11-51 所示。

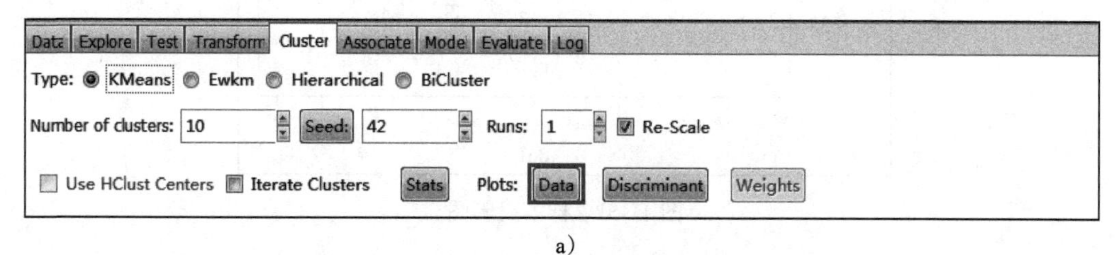

a）

图 11-50　打印出前五个数值变量的散点图矩阵

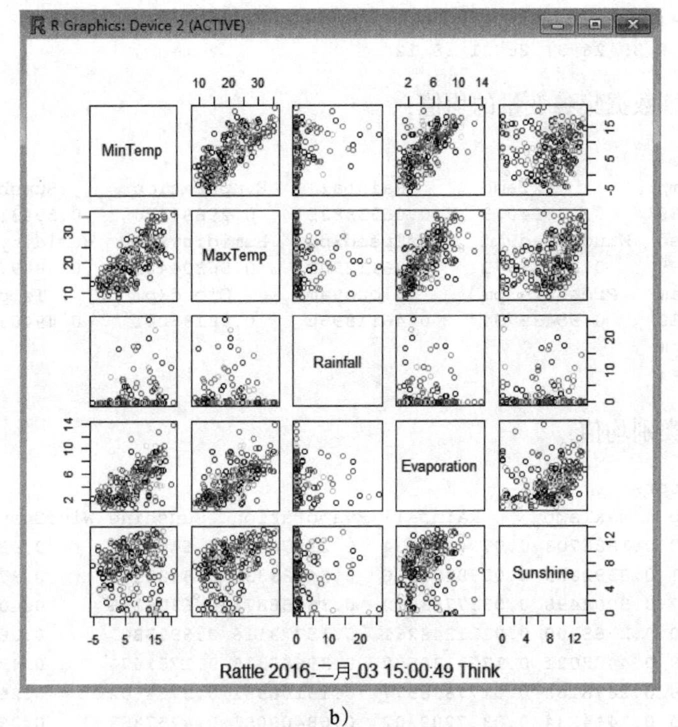

b）

图 11-50 （续）

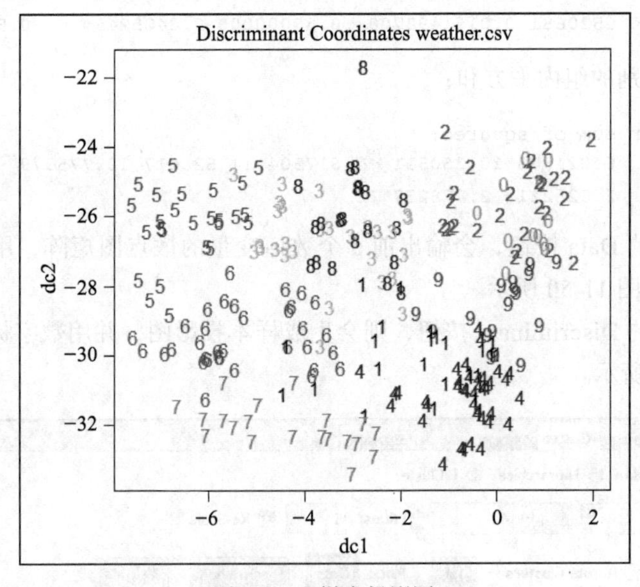

图 11-51 样本投影图

将 mtcars 数据集通过 Data 选项导入 Rattle 中，选择 Hierarchical 选项，单击“执行”按钮生成层次聚类模型，如图 11-52 所示。

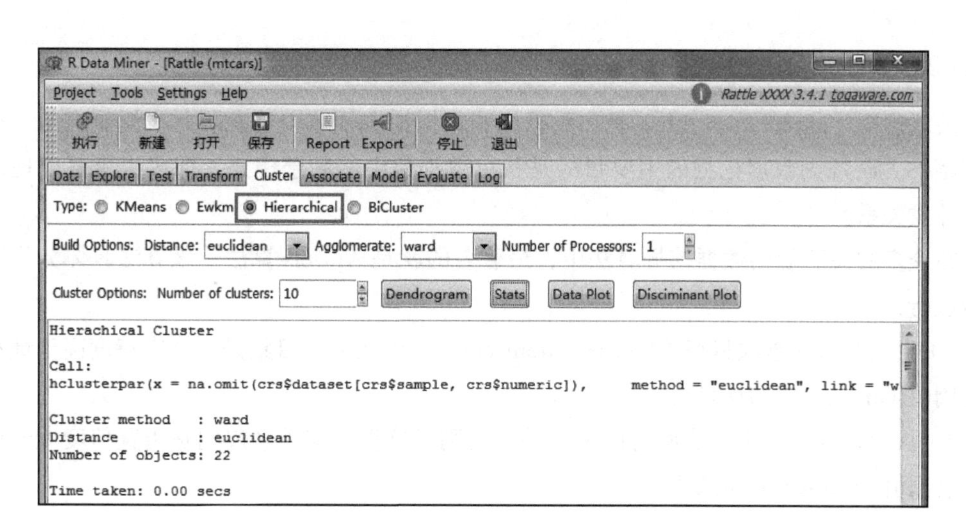

图 11-52 对 mtcars 数据集生成层次聚类模型

可以单击 Data Plot 按钮生成数值变量的散点图矩阵，单击 Disciminant Plot 按钮生成投影图，也可以单击 Dendrogram 按钮生成系统聚类树图，如图 11-53 所示。

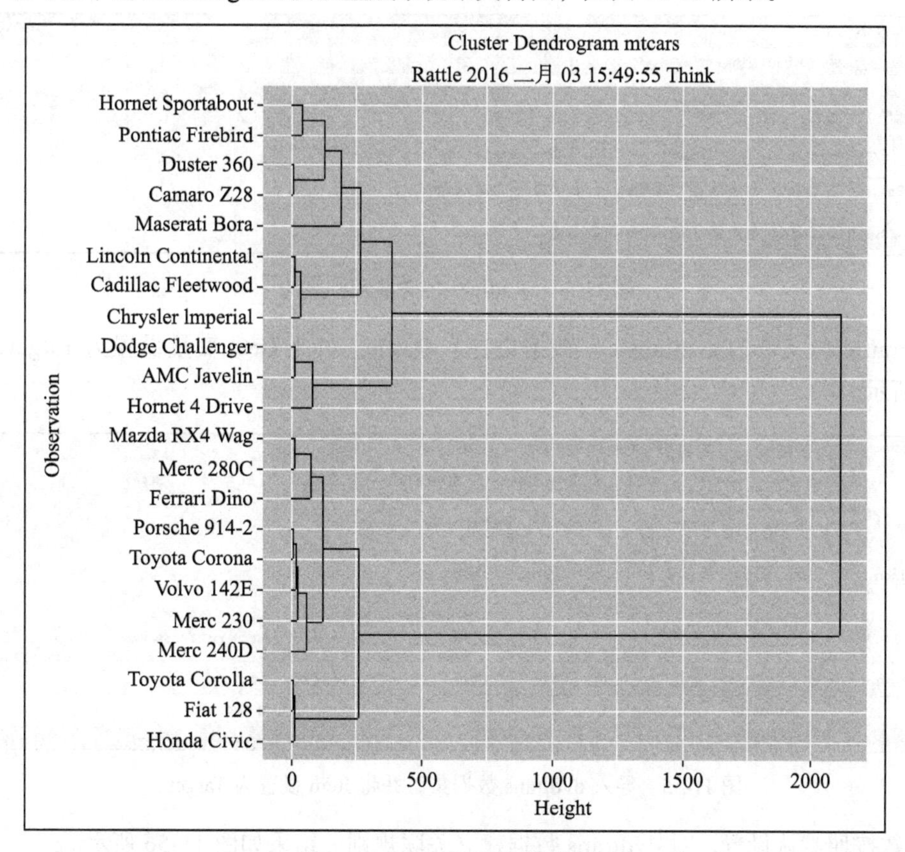

图 11-53 生成系统聚类树图

11.5.2 关联规则

关联规则（association rule）是在数据库和数据挖掘领域中被发明并广泛研究的一种重要模型。关联规则数据挖掘的主要目的是找出数据集中的频繁模式，即多次重复出现的模式和并发关系。

在众多的关联规则数据挖掘算法中，最著名的就是Apriori算法，该算法具体分为以下两步进行：

1）生成所有频繁项目集（frequent itemset）。一个频繁项目集是一个支持度高于最小支持度阈值（min-sup）的项目集。

2）从频繁项目集中生成所有的可信关联规则。这里可信关联规则是指置信度大于最小置信度阈值（min-conf）的规则。

Rattle中的Associate选项可以实现著名的Apriori算法。默认最小支持度阈值（min-sup）是0.100，最小置信度阈值（min-conf）是0.100，每个项集所含项数的最小值是2，我们可以根据实际情况进行调整参数设置，如图11-54所示。

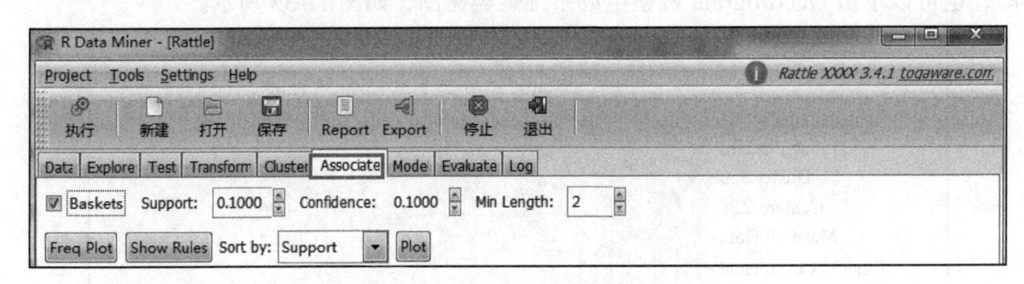

图11-54 Rattle中的关联规则算法

将rattle包自带的dvdtrans.csv数据集导入Rattle，并把Item变量设置为Target，如图11-55所示。

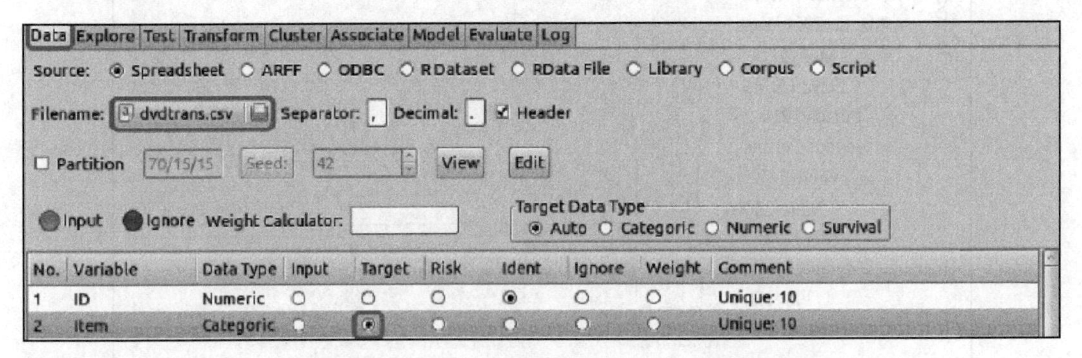

图11-55 导入dvdtrans数据集，并将Item设置为Target

参数按照默认设置，对dvdtrans数据建立关联规则，结果如图11-56所示。

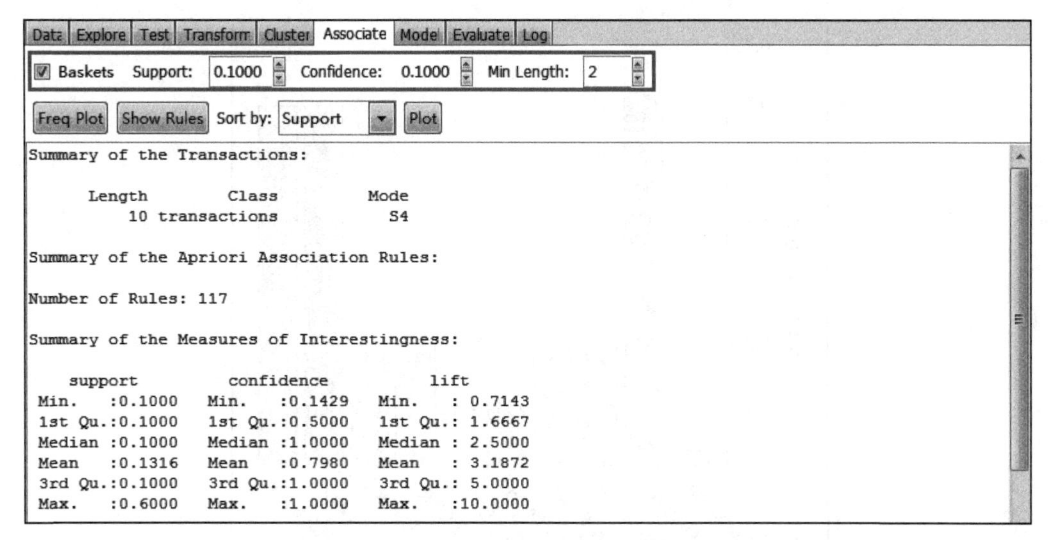

图 11-56　选择 Baskets 选项，生成关联规则

一共生成 117 条规则，同时给出了支持度、置信度和提升度的最小值、第一四分位数、中位数、均值、第三四分位数和最大值等重要信息。

可以单击 Show Rules 按钮，输出生成的关联规则，默认按照支持度进行降序排序，可以在 Sort by 下拉列表框中选择置信度或提升度排序方式，如图 11-57 所示。

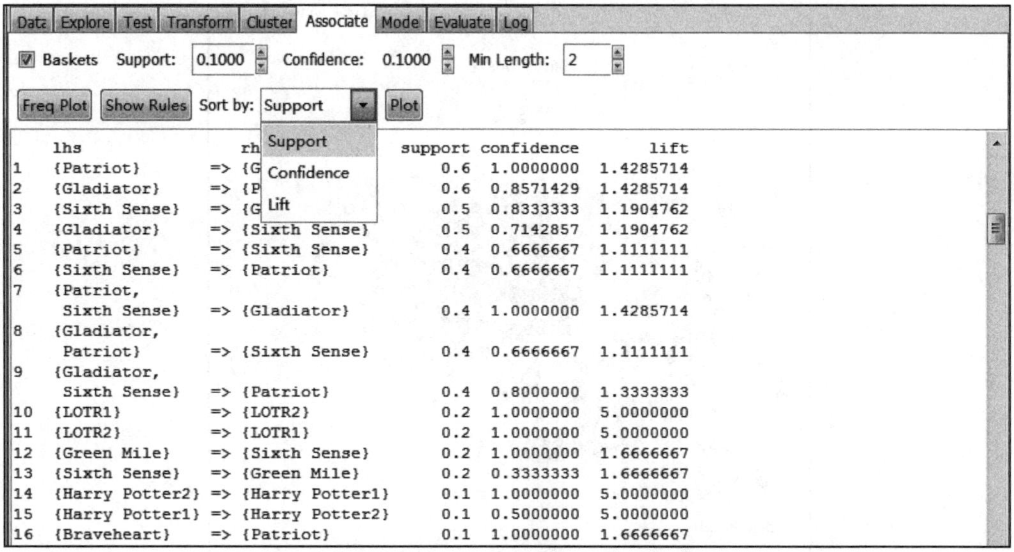

```
Data Explore Test Transform Cluster Associate Model Evaluate Log
Baskets Support: 0.1000 Confidence: 0.1000 Min Length: 2
Freq Plot Show Rules Sort by: Support Plot
                                    Support
   lhs                  rh          Confidence  support confidence      lift
1  {Patriot}         => {G          Lift            0.6  1.0000000 1.4285714
2  {Gladiator}       => {P                          0.6  0.8571429 1.4285714
3  {Sixth Sense}     => {G                          0.5  0.8333333 1.1904762
4  {Gladiator}       => {Sixth Sense}               0.5  0.7142857 1.1904762
5  {Patriot}         => {Sixth Sense}               0.4  0.6666667 1.1111111
6  {Sixth Sense}     => {Patriot}                   0.4  0.6666667 1.1111111
7  {Patriot,
    Sixth Sense}     => {Gladiator}                 0.4  1.0000000 1.4285714
8  {Gladiator,
    Patriot}         => {Sixth Sense}               0.4  0.6666667 1.1111111
9  {Gladiator,
    Sixth Sense}     => {Patriot}                   0.4  0.8000000 1.3333333
10 {LOTR1}           => {LOTR2}                     0.2  1.0000000 5.0000000
11 {LOTR2}           => {LOTR1}                     0.2  1.0000000 5.0000000
12 {Green Mile}      => {Sixth Sense}               0.2  1.0000000 1.6666667
13 {Sixth Sense}     => {Green Mile}                0.2  0.3333333 1.6666667
14 {Harry Potter2}   => {Harry Potter1}             0.1  1.0000000 5.0000000
15 {Harry Potter1}   => {Harry Potter2}             0.1  0.5000000 5.0000000
16 {Braveheart}      => {Patriot}                   0.1  1.0000000 1.6666667
```

图 11-57　按照支持度降序输出关联规则

通过单击 Freq Plot 按钮，可以生成商品的交易频率图，如图 11-58 所示。

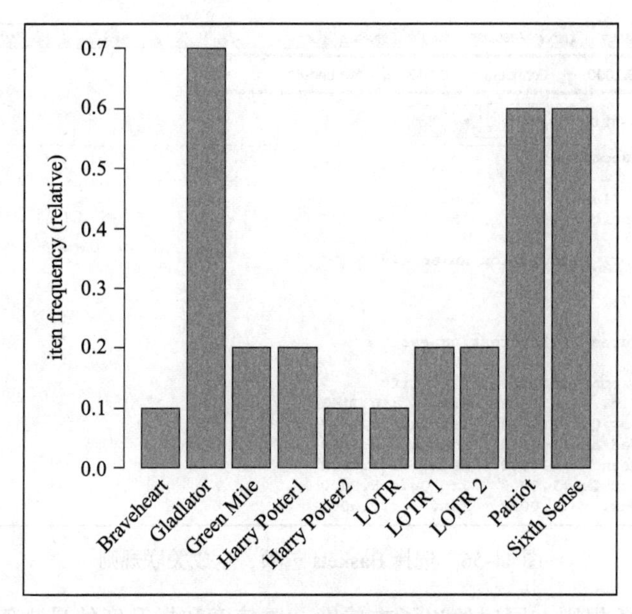

图 11-58 生成商品频率图

通过单击 Plot 按钮，可以调用 arulesViz 包对关联规则进行可视化，如图 11-59 所示。

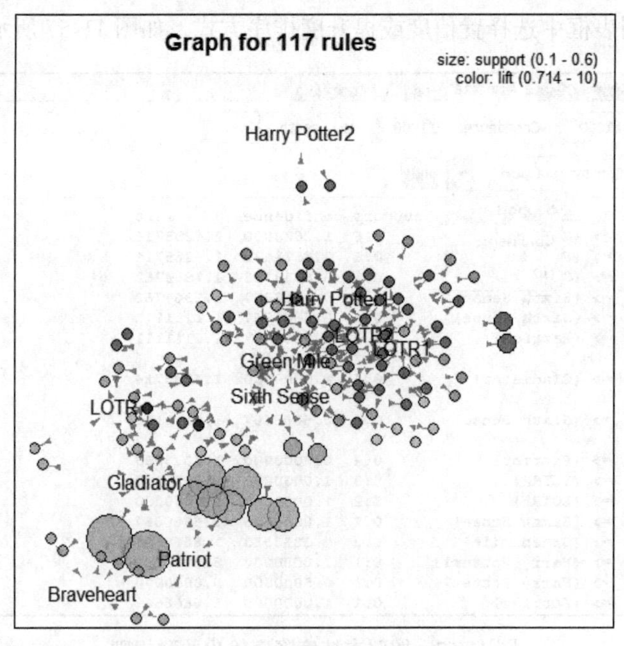

图 11-59 关联规则可视化

圆的大小代表支持度，颜色代表提升度，圆越大表示左项与右项间的支持度越高，颜色越深表示左项与右项间的提升度越高。

11.5.3　决策树

决策树（decision tree）是一种非常成熟、普遍采用的数据挖掘技术。决策树是一棵树状结构，它的每一个叶结点对应着一个分类，非叶结点对应着某个属性上的划分，根据样本在该属性上的不同取值将其划分成若干个子集。对于非纯的叶结点，多数类的标号给出到达这个结点的样本所属的类。构建决策树的核心问题是在每一步如何选择适当的属性对样本进行拆分。对一个分类问题，从已知类标记的训练样本中学习并构建出决策树是一个自上而下、分而治之的过程。

决策树方法在分类、预测、规则提取等领域有着广泛应用，主要原因在于决策树的构造不需要任何领域的知识，很适合探索式的知识发现，并且可以处理高维度的数据。另外，决策树对数据分布甚至缺失非常宽容，不容易受到极值的影响。

我们可以通过 Rattle 的 Tree 按钮实现决策树建模，它是基于 rpart 算法包中的 rpart 函数实现的，如图 11-60 所示。

利用 weather 数据集进行决策树建模，结果如图 11-61 所示。

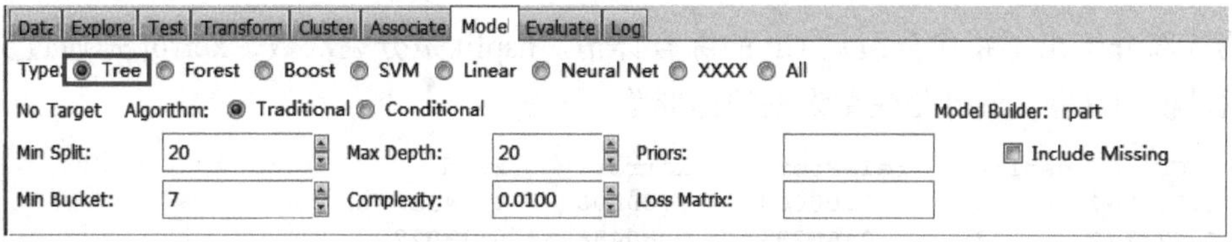
Data Explore Test Transform Cluster Associate Model Evaluate Log
Type: Tree Forest Boost SVM Linear Neural Net XXXX All
No Target Algorithm: Traditional Conditional
Model Builder: rpart
Min Split: 20
Max Depth: 20
Priors:
Include Missing
Min Bucket: 7
Complexity: 0.0100
Loss Matrix:

图 11-60　Rattle 实现决策树建模

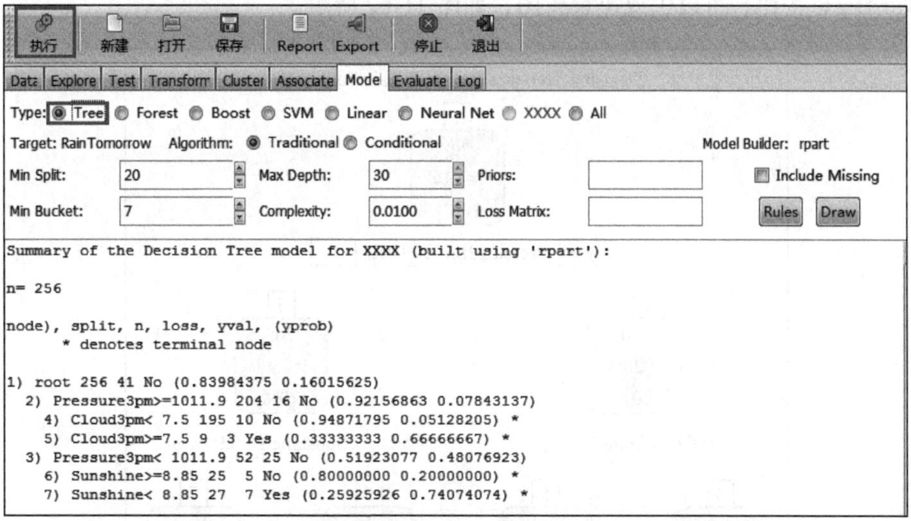
执行 新建 打开 保存 Report Export 停止 退出
Data Explore Test Transform Cluster Associate Model Evaluate Log
Type: Tree Forest Boost SVM Linear Neural Net XXXX All
Target: RainTomorrow Algorithm: Traditional Conditional
Model Builder: rpart
Min Split: 20
Max Depth: 30
Priors:
Include Missing
Min Bucket: 7
Complexity: 0.0100
Loss Matrix:
Rules Draw
Summary of the Decision Tree model for XXXX (built using 'rpart'):
n= 256
node), split, n, loss, yval, (yprob)
* denotes terminal node
1) root 256 41 No (0.83984375 0.16015625)
2) Pressure3pm>=1011.9 204 16 No (0.92156863 0.07843137)
4) Cloud3pm< 7.5 195 10 No (0.94871795 0.05128205) *
5) Cloud3pm>=7.5 9 3 Yes (0.33333333 0.66666667) *
3) Pressure3pm< 1011.9 52 25 No (0.51923077 0.48076923)
6) Sunshine>=8.85 25 5 No (0.80000000 0.20000000) *
7) Sunshine< 8.85 27 7 Yes (0.25925926 0.74074074) *

图 11-61　对 weather 训练集数据建立决策树预测模型

第一部分结果中，“n=256”表明训练集中的数据为 256 个样本数，“*”号表明该结点是叶结点，该模型共有 4 个叶结点。例如：

```
2) Pressure3pm>=1011.9 204 16 No (0.92156863 0.07843137)
```

上述语句的含义是：结点号为 2（node），结点分支条件是“Pressure3pm>=1011.9”（分裂值），此时包含样本 204，这个结点分类为 No，有 16 个样本被误分类，这表示有 92% 的可能明天不会下雨。该结点并非叶结点（无“*”号）。

第二部分给出了用于构建决策树的命令。

```
Classification tree:
rpart(formula = RainTomorrow ~ ., data = crs$dataset[crs$train,
    c(crs$input, crs$target)], method = "class", parms = list(split = "information"),
    control = rpart.control(usesurrogate = 0, maxsurrogate = 0))
```

第三部分给出了构建决策树的分裂变量。

```
Variables actually used in tree construction:
[1] Cloud3pm    Pressure3pm Sunshine
```

第四部分给出了根结点的错误率。

```
Root node error: 41/256 = 0.16016
```

第五部分给出了每次分裂后 CP 的综合详情。nsplit 是分裂次数，xerror 是通过交叉验证获得的模型误差，xstd 是模型误差的标准差。

```
       CP    nsplit    relerror     xerror      xstd
1 0.158537       0      1.00000    1.00000   0.14312
2 0.073171       2      0.68293    0.80488   0.13077
3 0.010000       3      0.60976    0.97561   0.14169
```

单击 Draw 按钮，可以生成决策树图，如图 11-62 所示。

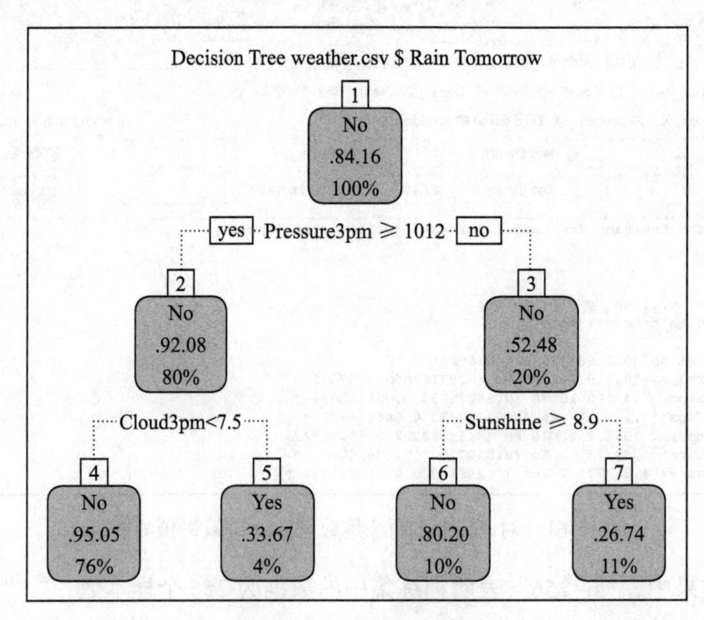

图 11-62 生成决策树图

11.5.4　随机森林

随机森林（random forest）算法的实质是基于决策树的分类器集成算法，其中每棵树都是基于随机样本的一个独立集合值产生的。

随机森林在运算量没有显著提高的前提下提高了预测精度。随机森林对多元共线性不敏感，结果对缺失数据和非平衡的数据比较稳健，可以很好地预测多达几千个解释变量的作用，被誉为当前较好的算法之一。

我们可以通过 Rattle 的 Forest 按钮实现随机森林建模，它是基于随机森林算法包中的 randomForest 函数实现的。以 weather 数据集为例建立随机森林，结果如图 11-63 所示。

如图 11-63 所示，首先给出的是建模命令。

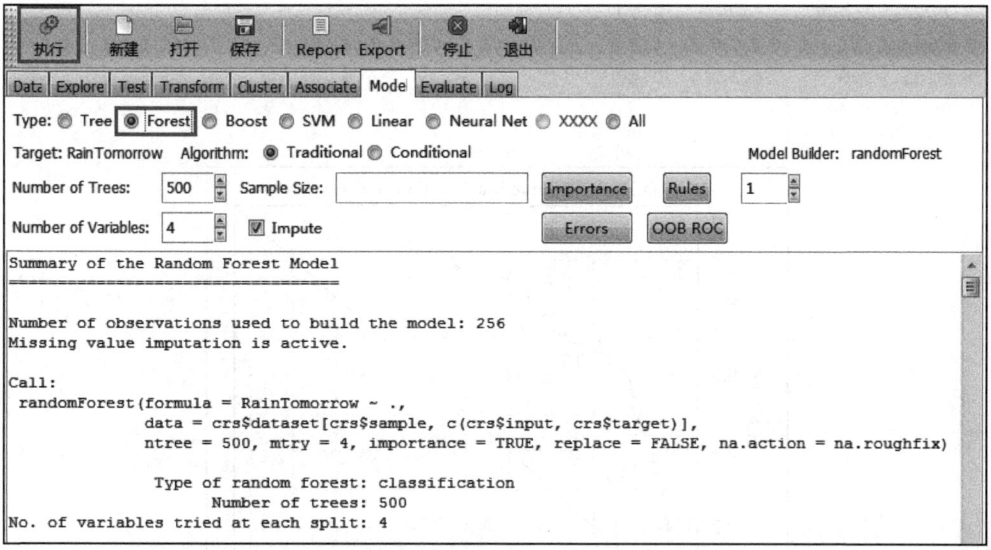

```
执行 新建 打开 保存 Report Export 停止 退出
Data Explore Test Transform Cluster Associate Model Evaluate Log
Type: Tree  Forest  Boost  SVM  Linear  Neural Net  XXXX  All
Target: RainTomorrow  Algorithm: Traditional  Conditional    Model Builder: randomForest
Number of Trees: 500  Sample Size:   Importance  Rules  1
Number of Variables: 4  Impute   Errors  OOB ROC

Summary of the Random Forest Model
==================================

Number of observations used to build the model: 256
Missing value imputation is active.

Call:
 randomForest(formula = RainTomorrow ~ .,
              data = crs$dataset[crs$sample, c(crs$input, crs$target)],
              ntree = 500, mtry = 4, importance = TRUE, replace = FALSE, na.action = na.roughfix)

               Type of random forest: classification
                     Number of trees: 500
No. of variables tried at each split: 4
```

图 11-63　利用 weather 训练集建立随机森林

接下来，给出一个误差率的 OOB 估计及基于 OOB 的分类矩阵。OOB 是英文 Out Of Bag 的缩写，由于每棵树都由自助法抽样得来，抽样是放回抽样，这样每次约有 1/3 的数据没有被抽到，这些观测值数据被称为 OOB 数据（口袋外面的数据）。

```
        OOB estimate of  error rate: 14.45%
Confusion matrix:
      No Yes class.error
No   205  10  0.04651163
Yes   27  14  0.65853659
```

由上可知误差率的 OOB 估计（OOB estimate of error rate）是 14.45%，也即，它的准确率是 85.55%，这是一个非常不错的模型。在基于 OOB 的混淆矩阵中，行表示实际值，列表示预测值，因此，有 27 个预测值是 Yes 的数目中实际值是 No。

可以单击 OOB ROC 按钮，生成 OOB ROC 曲线，如图 11-64 所示。同时给出了各变量重要性的度量，MeanDecreaseAccuracy 是从精确度来衡量变量重要性的，MeanDecreaseGini 则是从 Gini 指数来衡量变量重要性的。默认按照精确度由大到小排序，越靠前的变量越重要，如下所示：

```
Variable Importance
===================

                  No     Yes  MeanDecreaseAccuracy  MeanDecreaseGini
Pressure3pm    11.68    9.83                 13.57              4.40
Cloud3pm       11.56    8.06                 13.25              3.06
Sunshine       12.02    5.80                 12.89              3.99
WindGustSpeed   7.79    5.77                  8.80              2.47
Temp3pm         7.73   -3.00                  6.88              1.57
Humidity3pm     6.96    0.44                  6.43              2.43
......
```

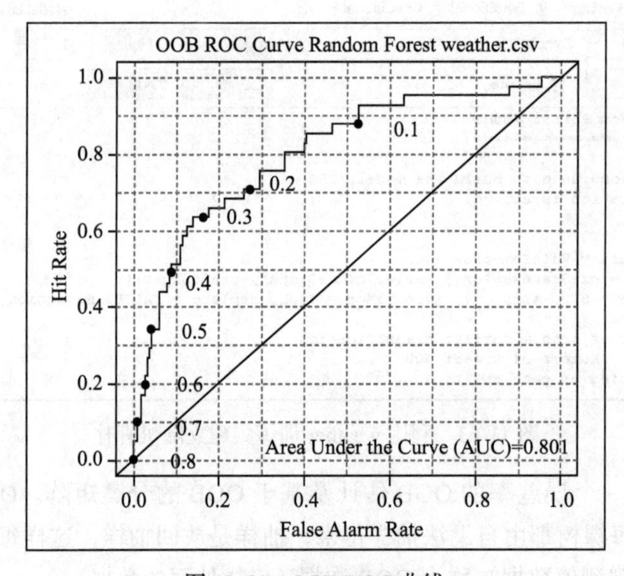

图 11-64　OOB ROC 曲线

可以单击 Importance 按钮，对各变量重要性进行可视化，如图 11-65 所示。

单击 Errors 按钮，可以生成每棵树的 OOB 及因变量为 Yes、No 时的误差率，如图 11-66 所示。

Rattle 还能实现基于决策树的组合方法（Boost）、支持向量机（SVM）、线性回归（Linear）、人工神经网络（Neural Net）和生存分析（Survival），感兴趣的读者可以自行去了解。

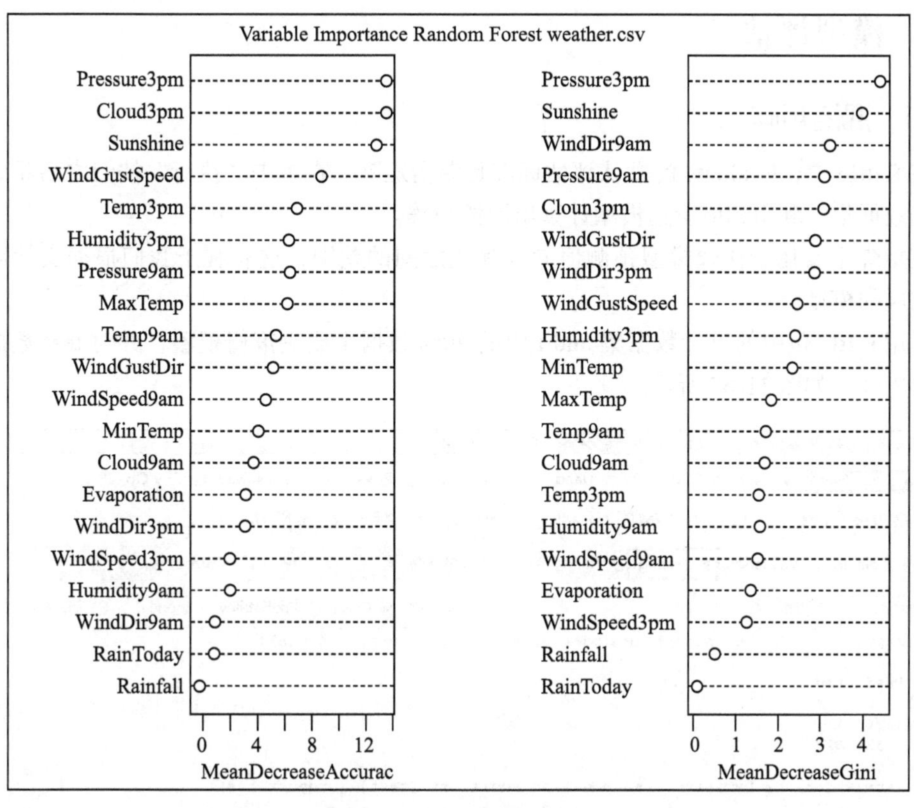

图 11-65 变量的相对重要性

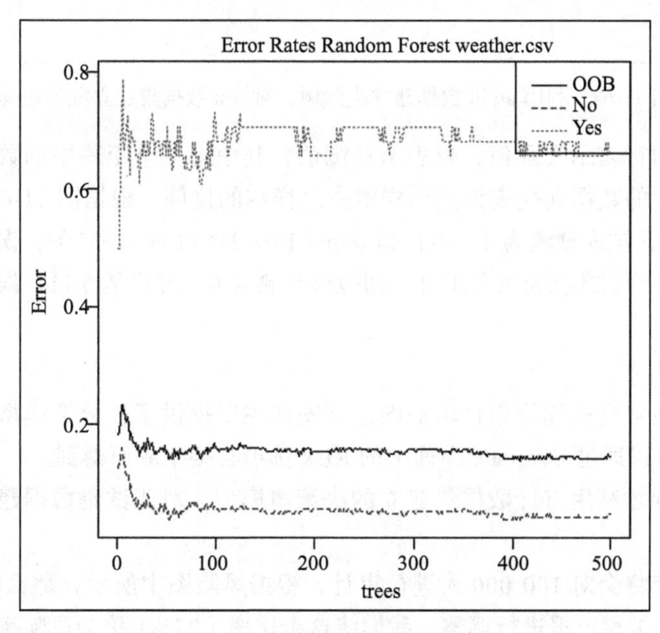

图 11-66 树的数量的错误率

11.6 模型评估

11.6.1 混淆矩阵

在 Rattle 中，Evaluate 的默认评估标准是混淆矩阵。在单击“执行”按钮之后系统会根据所选数据集，利用相应所选模型计算出混淆矩阵。

该矩阵主要用于比较模型预测值同实际值之间的差别，这有利于我们根据实际需求去调整相应的模型。

利用 rattle 包中的审计数据集 audit 中的 70% 数据生成决策树模型，并对 test 数据集建立混淆矩阵，如图 11-67 所示。

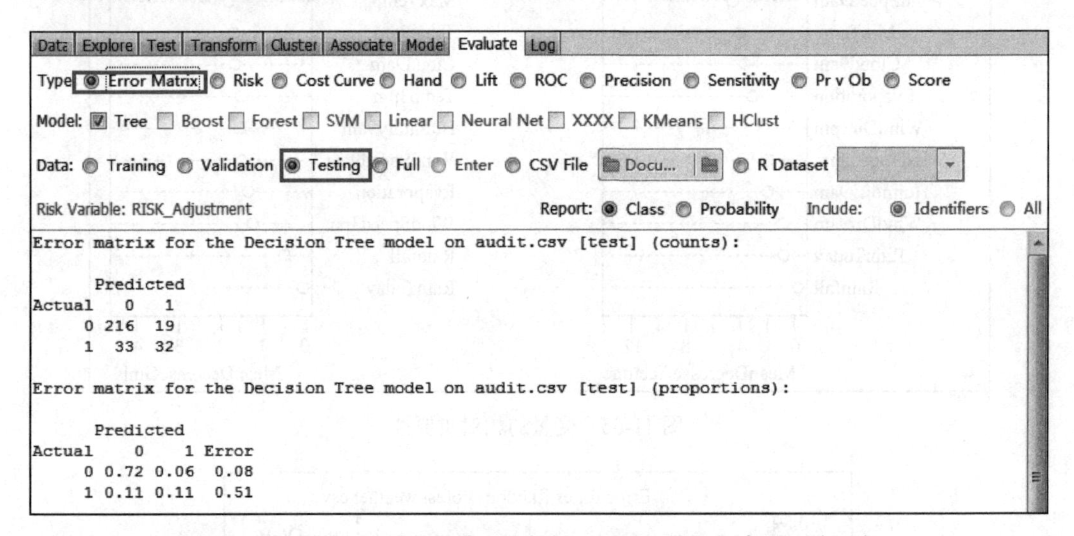

图 11-67 利用 audit 数据建立决策树，对 test 数据集建立混淆矩阵

混淆矩阵中的行表示实际值，列表示预测值，其中第一个矩阵中的数据表示样本的个数，另一个矩阵中的数据则代表该类别样本占总样本的比例。根据图 11-67 所示，有 19 个样本实际类别是 0，被误预测为 1，占比是 0.06(19/(216+19+33+32))，误差率是 0.08(19/(216+19))；有 33 个样本实际类别是 1，却被误预测为 0，占比是 0.11，误差率是 0.51。

11.6.2 风险图

模型风险图通常也被称为累计增益图，该图像主要提供了二分类模型评估中的另一种透视图，该图像可以通过 Evaluate 界面中的 Risk 选项直接生成而得到。

我们继续用刚才利用审计数据集建立的决策树模型，对测试集数据建立风险图，如图 11-68 所示。

假设我们每年将会对 100 000 人进行审计，根据风险图中所示，那么就会有 22 000 人需要对它们各自的纳税申报进行调整。我们将这个比率（22%）称为风险率（strike rate）。

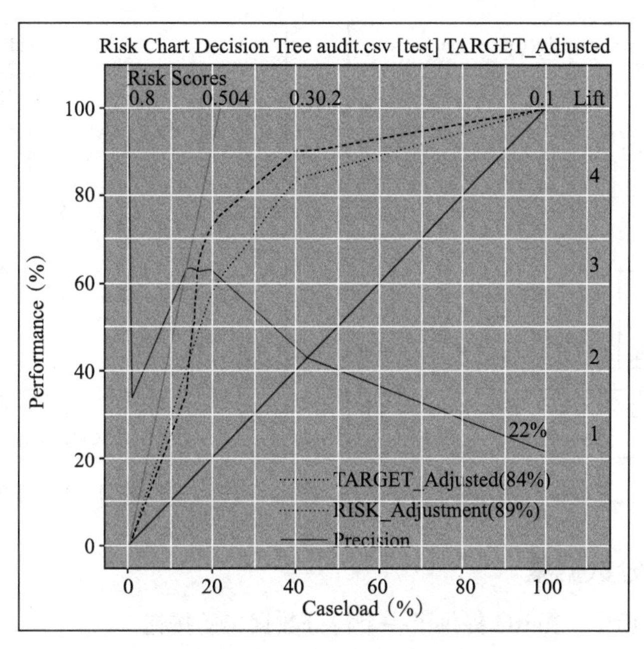

图 11-68 利用 aduit 数据建立决策树，对 test 数据集所建立的风险图

11.6.3 ROC 图及相关图表

模型的 ROC 图像同样是一种比较常见的用于数据挖掘的模型评估图。此外，与 ROC 图像相类似的图像还有灵敏度与特异性图像、增益图、精确度与敏感度图像，不过在这些图形中，ROC 图像是使用最广泛的。

模型的 ROC 图、精确度与灵敏度图、敏感度与特异性图、增益图分别如图 11-69 ～图 11-72 所示。

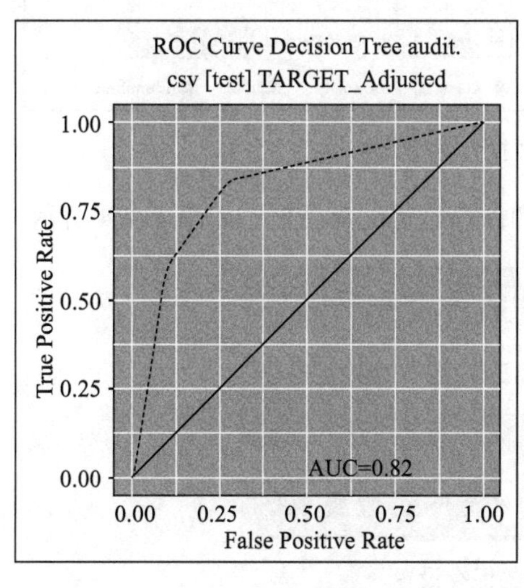

图 11-69 ROC 图

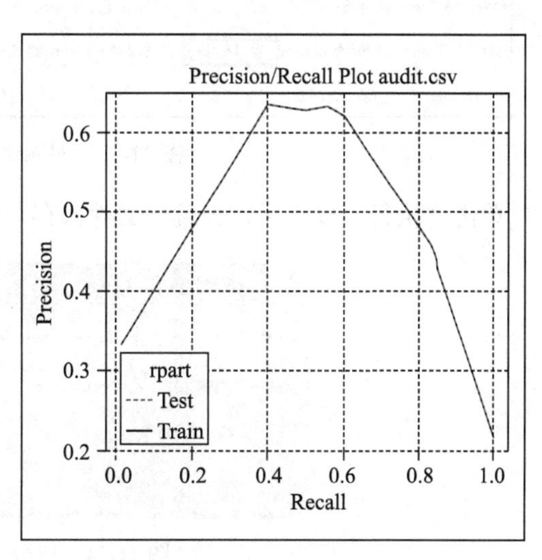

图 11-70 精确度与敏感度图

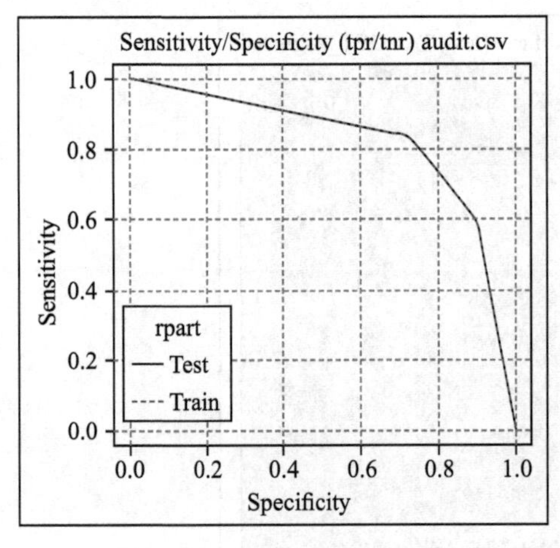

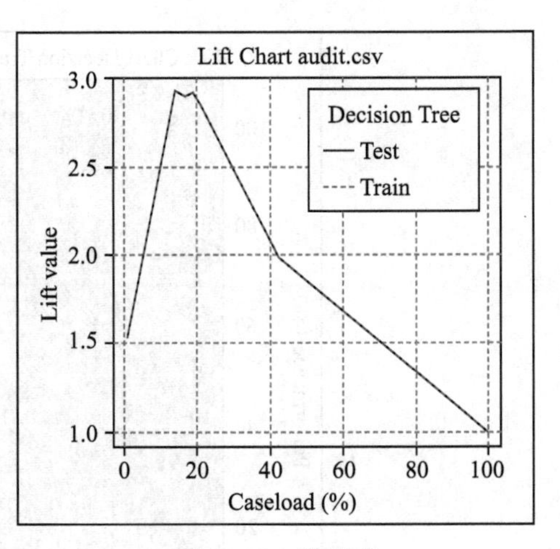

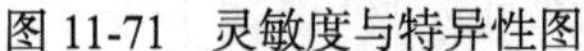
图 11-71 灵敏度与特异性图

图 11-72 增益图

11.6.4 模型得分数据集

在 Evaluate 界面中，Rattle 提供了一个得分数据集的按钮。

该按钮的主要作用是让我们能够将模型分析预测结果保存为文件的形式，以便我们能够对模型结果进行更多的分析活动，而不仅仅是跑一遍数据生成一个模型那么简单；会根据我们所选择的数据利用模型进行预测，并将预测结果以 CSV 文件的格式保存。

我们需要利用决策树生成的模型对测试数据集进行预测，Type 选择 Score，Data 选择 Testing，如图 11-73 所示。

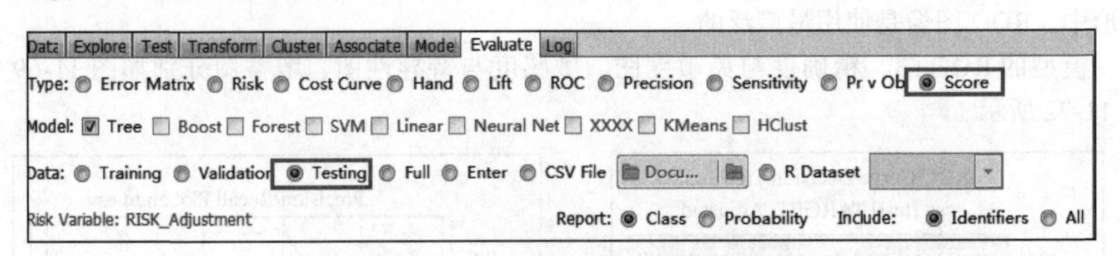

图 11-73 对测试集数据计算得分

单击“执行”按钮后，会跳出文件保存名称和保存路径的对话框，如图 11-74 所示。

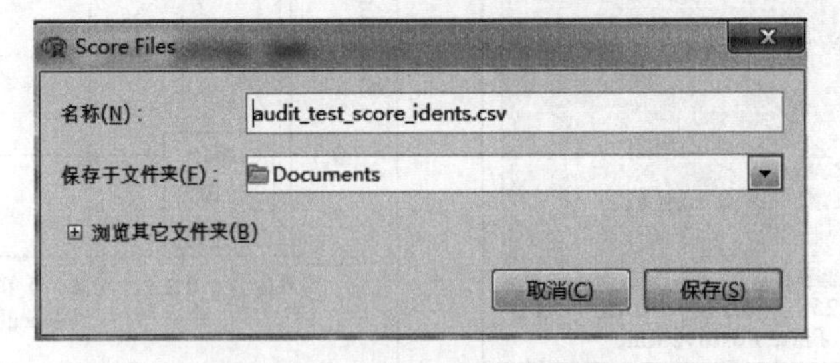

图 11-74 得分文件的保存设置

保存到本地的文件包含3列，第一列是样本的ID，第二列是因变量的实际值，第三列是决策树模型的预测结果，如图11-75所示。

ID	TARGET_Adjusted	rpart
1010229	0	0
1099084	0	1
1222601	1	1
1258702	0	0
1273089	0	0
1282955	0	0
1293079	0	0
1310818	0	0
1322745	0	0
1325704	0	0
1391108	0	0
1398832	0	0
1455874	0	0
1467638	0	1
1471496	0	0
1474194	0	0
1505676	1	0
1518173	1	1

图11-75　得分文件的保存内容

11.7　小结

本章详细介绍了Rattle的安装及使用方法，并且分别展示了数据导入、数据探索、数据建模和模型评估在Rattle中的实现过程。Rattle的数据挖掘过程会在Log中记录下来，它可以给出所进行的Rattle操作的R代码，利用这个标签，可以学习R的数据挖掘过程，也可以把纪录以文本形式输出，在R平台中实现R和Rattle的交互。通过对本章的学习，可在以后的数据挖掘过程中采用适当的算法并按所陈述的步骤实现综合应用。

11.8　上机实验

1. 实验目的

- ❑ 了解Rattle的安装及使用方法，熟悉基本的操作过程。

2. 实验内容

依据本章Rattle的安装方法，在计算机上安装Rattle，并使用Rattle实现建模过程。

- ❑ 完成Rattle的安装，并通过命令打开Rattle工具的图形界面。
- ❑ 使用Rattle工具建立客户流失模型，数据见“data/Telephone.csv”。对数据的总体概况进行探索，熟悉数据探索的过程。选择合适的变量构建模型并对模型进行评估。

3. 实验方法与步骤

实验一

1）打开 R，安装 rattle 包。

2）通过 library 命令加载 rattle 包，打开 Rattle 工具的图形界面。

3）熟悉 Rattle 工具的操作界面，掌握查看日志的方法。

实验二

1）打开 Rattle 工具的图形界面。

2）导入数据“data/Telephone.csv”，并将数据按照 70 ∶ 15 ∶ 15 的比例分成训练集、验证集和测试集。

3）单击 Explore 按钮，开始对数据进行探索。完成描述性统计分析、图形探索等操作。

4）在选项 Data 中选择合适的变量构建模型。

5）在选项 Model 中选择合适的分类模型，并对模型进行评估。

4. 思考与实验总结

对于一个新的未知的数据集，可以从哪些方面实现对数据的探索？

参考资料

[1] Robert I. Kabacoff. R 语言实战 [M]. 高涛，肖楠，陈钢，译 . 北京：人民邮电出版社，2013.

[2] Jonathan D. Cryer，Kung-Sik Chan. 时间序列分析及应用：R 语言 [M]. 潘红宇，等译 . 北京：机械工业出版社，2011：77-99.

[3] Ben Fry. 可视化数据 [M]. 张羽，译 . 北京：电子工业出版社，2009.

[4] Richard Cotton. Learning R [M]. USA：O'Reilly Media，2013.

[5] Joseph Adler. R 语言核心技术手册 [M]. 刘思喆，译 . 北京：电子工业出版社，2014.

[6] Hadley Wickham. ggplot2：数据分析与图形艺术 [M]. 统计之都，译 . 西安：西安交通大学出版社，2013.

[7] Nathan Yau. 鲜活的数据：数据可视化指南 [M]. 向怡宁，译 . 北京：人民邮电出版社，2012.

[8] 黄文，王正林 . 数据挖掘：R 语言实战 [M]. 北京：电子工业出版社，2014：121-129.

[9] 黎锁平，刘坤会 . 指数平滑优化模型及其应用 [J]. 天津：系统工程学报，2003，18(2)：163-167.

[10] 李诗羽，张飞，王正林 . 数据分析：R 语言实战 [M]. 北京：电子工业出版社，2014.

[11] 何大四，张旭 . 改进的季节性指数平滑法预测空调负荷分析 [J]. 上海：同济大学学报（自然科学版），2005，33(12)：1672-1674.

[12] 陈荣鑫 . R 软件的数据挖掘应用 [J]. 重庆：重庆工商大学学报 (自然科学版)，2011，28(6)：602-607.

[13] 于莉 . 常用的决策树生成算法分析 [J]. 天津：天津市财贸管理干部学院院报，2008，10(2)：19-20.

[14] 奚宁 . R 语言在统计学教学中的运用 [J]. 北京：科技资讯，2012，(1)：197.

[15] 叶文春 . 浅谈 R 语言在统计学中的应用 [J]. 贵州：中共贵州省委党校学报，2008，4(106)：123-125.

[16] 王怀亮 . 基于 R 语言的多元数据统计图形可视化 [J]. 武汉：企业导报，2013，(8).

[17] 闫启鹏 . R 语言在数据可视化中的应用 [J]. 北京：中国科技博览，2015，(5).
[18] 肖颖为，葛铭 .R 语言在数据预处理中的开发应用 [N]. 杭州：杭州电子科技大学学报，2012，32(6).
[19] 王怀亮 . R 软件在系统聚类分析中的应用 [J]. 石家庄：合作经济与科技，2011，(14)：126-127.
[20] 王赛芳，戴芳，王万斌 . 基于初始聚类中心化的 K- 均值算法 [J]. 长沙：计算机工程与科学，2010，32(10)：105-107.
[21] 刘聪，汪明 . R 软件在主成分分析中的应用研究 [J]. 合肥：电脑知识与技术，2011，07(13) .
[22] 张哲，张豪 . 浅谈 R 语言在生物统计学教学中的应用 [J]. 石家庄：教育教学论坛，2013，(27) .
[23] 王怀亮 . 统计数据异常值的识别及 R 语言实现 [J]. 电子技术，2012，(5) .
[24] 刘权芳，高蒙，刘莎 . 贝叶斯方法在基因预测中的应用及 R 语言实现 [J]. 成都：数字化用户，2014，(23).